"公共安全风险防控与应急技术装备"国家重点专项研究成果

城市公共安全保障技术

颜志国 胡士强 成 诚 蔡 烜 汪宙峰
吴金波 段 娜 贺纯明 贾恺雯 史慧欣 编著

东南大学出版社
SOUTHEAST UNIVERSITY PRESS
·南京·

内 容 提 要

本书以城市公共安全保障为关注点，从地下、地面、低空三个视角阐述了常见的公共安全保障技术体系，并结合近年来国家在产业转型、技术引领方面的系列推进政策，以及关键基础设施信息安全保护要求，从智慧城市、数字孪生体、物理空间、信息空间的不同视角阐述了城市公共安全中实体安全和信息空间安全实为一体两面的观念，并系统介绍了地下、地面、低空立体化安全防范理念。本书编写组立足典型业务应用，从安防、消防、城市综合治理、应急救援等多个维度切入，以点带面系统阐述城市公共安全保障的总体框架、技术构成和实施方案，力图为读者提供相对全景式的城市公共安全保障技术体系总览和应用图景。

本书适宜阅读对象为从事城市安全运营、智慧城市建设，以及安消融合应用、城市应急管理信息化的相关技术人员和行业管理人员，本书也可作为普通高等院校公共安全专业相关高年级本科生或研究生专业辅导教材使用。

图书在版编目(CIP)数据

城市公共安全保障技术/颜志国等编著.—南京：东南大学出版社，2022.6

ISBN 978-7-5641-9969-2

Ⅰ.①城… Ⅱ.①颜… Ⅲ.①城市—公共安全—安全技术 Ⅳ.①TU89

中国版本图书馆 CIP 数据核字(2021) 第 273646 号

东南大学出版社出版发行

(南京四牌楼 2 号 邮编 210096)

责任编辑：张绍来 封面设计：顾晓阳 责任校对：子雪莲 责任印制：周荣虎

全国各地新华书店经销 江苏凤凰数码印务有限公司印刷

开本：787mm×1 092mm 1/16 印张：18.75 字数：480 千字

2022 年 6 月第 1 版第 1 次印刷

ISBN 978-7-5641-9969-2

定价：49.00 元

本社图书若有印装质量问题，请直接与营销部调换。电话(传真)：025-83791830

前 言

城市公共安全是国家推进城市安全发展工作中的重要聚焦点。根据2018年1月中共中央办公厅、国务院办公厅联合印发的《关于推进城市安全发展的意见》,各地积极响应国家号召,因地制宜纷纷出台相关规划,坚定地走出了具有地方特色的城市安全发展道路,以城市安全发展科技为纽带,促进安全科技产业升级转型和发展动能转换。

以上海和杭州为代表的长三角经济带以"一网统管、一网通办""最多跑一次"等政务信息化改革引领现代信息业的孵化腾飞,更把城市安全治理同新兴产业发展紧密结合,以信息安全为底座,着力通过数字孪生体、人工智能、城市安全大数据等多种技术创新集成应用,实现现实世界和"元宇宙"的双向安全治理。2020年3月31日,习近平总书记在杭州城市大脑运营指挥中心调研时指出:"让城市更聪明一些、更智慧一些,是推动城市治理体系和治理能力现代化的必由之路,前景广阔。"《中国城市数字治理报告(2020)》指出,城市大脑正在成为城市治理新的基础设施,持续提升城市治理体系和治理能力现代化水平。2021杭州国际新型智慧城市公共安全展览会更是鲜明提出以"AI赋能共享城市安全"为主题。

中西部地区在城市安全发展方面也以弯道超车的姿态进行高水平的规划。以四川为例,2019年四川省委办公厅、省政府办公厅印发了《关于深入推进城市安全发展的实施意见》,要求逐步建立城市安全治理长效机制,提高城市运行风险防控水平,有效解决影响城市安全的突出矛盾和问题,加快推进城市安全协调发展。预计到2025年,该省100万人口以上城市基本建成省级安全发展示范城市,实现全省联动发展;到2035年,该省城市安全保障体系基本形成,所有市、县均建成以中心城区为基础,带动周边、辐射乡镇、惠及民生的安全发展城市,为社会主义现代化进程打下坚实基础。在城市安全治理方面,作为中西部地区的发展中枢和领跑者,川渝大地以自己的卓越远见和扎根实干,再一次昂首向前,充分利用后发优势进行弯道超车,打造特色鲜明的安全宜居城市新名片。

发展和安全是国家的两件大事。党的十九届四中全会公报强调,着力抓好发展和安全两件大事,健全公共安全体制机制。范维澄院士在2020国际安全和应急博览会上讲话时指出,"人""物"和"运行系统"是城市公共安全三要素,城市安全运行面临科技和管理的问题,构建"智慧安全韧性城市",应利用先进的公共安全管理理念与技术,结合大数据、云计算等新兴技术,开展城市安全全方位物联网监测、风险评估与精细化管理,提升对公共安全事件的抵御、吸收、适应、恢复、学习能力,编织全方位、立体化的城市公共安全网。

作为科技从业者,本书作者广泛参与过社区智慧管理、石化基地安全保障、产业园区安消一体化及重要区域智能安防等诸多城市级公共安全规划设计，对城市公共安全技术体系融合发展赋能城市智慧安全运营有着深刻的感受。本书部分内容为主编主持的国家重点研发计划项目课题“面向社区风险防范的网格化功能拓展技术与装备”（课题编号：2018YFC0809704）的研究成果，主编作为核心技术骨干参与的国家重点研发计划项目课题“航空旅客多源信息融合技术及其应用系统”（课题编号：2018YFC0809503）的部分研究内容也对本书有贡献。信息浪潮浩浩荡荡奔赴向前，城市数字孪生体和“元宇宙”应用研究风生水起，本书所述的相当一部分技术的应用形态可能在出版之时已经被一些更为新颖先进的应用模式取代，但应用场景和解决思路是相似的，我们希望本书能够为城市公共安全保障技术的研究人员提供一些借鉴和参考。

本书第2.6节由贺纯明撰写，第3.1节由汪宙峰撰写，第4章由蔡烜撰写，第8章由段娜撰写，其余章节由颜志国、成诚、吴金波撰写。全书由颜志国统稿，胡士强审阅，吴金波、贾恺雯勘误审查，工作组成员顾振华、王智芳也为本书制图、排版及勘误做出一定贡献。感谢海纳云史慧欣、星逻智能CMO仲惟姣、福建美营董斌总经理提供相关素材，本书在编写过程中得到了上海市防灾安全策略研究中心罗鲁民理事长的指导帮助，特此致谢。

编 者

2022年2月

目　录

1 城市公共安全风险概述

城市公共安全是城市安全运营的生命线。安全是基石，安全是底座，智慧城市、数字孪生城市等一揽子城市信息化建设项目，都有赖于城市公共安全的有效保障。有鉴于此，需要从总体国家安全观的角度审视城市运营中的风险，对现有城市公共安全保障技术体系进行系统梳理，为城市安全健康发展厘清安全保障脉络，夯实安全底座。

“城，所以盛民也。”习近平总书记指出，“城市管理应该像绣花一样精细”。作为生产空间、生活空间、生态空间的综合体，城市要实现生产空间集约高效、生活空间宜居适度、生态空间山清水秀，需要在细微处下功夫。城市创新管理已经成为地方政府的重要工作目标。尤其是伴随着新型城镇化建设进程的加快，城市安全管理日益成为城市管理工作的重中之重。

要改变现有城市管理工作中安全管理领域条块分割、数据封闭、应用孤立的问题，以大一统、大数据、大服务的全新视角审视城市公共安全保障体系，绝不仅仅是技术手段的简单堆砌，而是一个系统发展、融合创新的重大科学问题。

目前，很多高科技企业在城市公共安全保障方面做了大量的有益探索和规模推广示范应用，取得了明显的社会效益和经济效益。以地下、地面、低空“三张安全网”一体化融合的城市安全立体化防范理念，可谓是城市安全管理领域的集成创新之发轫。可以看到，城市安全管理理念的新变革正在风起于青蘋之末，浪成于微澜之间。伴随着党的十九大的春风，徐徐而来的是城市安全管理、社会创新管理的新气象。

公共安全以保障人民生命财产安全、社会安定有序和经济社会系统的持续运行为核心目标。安全发展理念是新时期重要的发展理念，构建安全保障型社会是实现强国目标的题中应有之义。在城市安全管理中，我们应当坚持“自主创新、重点跨越、支撑发展、引领未来”的指导方针，立足当前，着眼未来，加强高新技术应用和综合集成，强化实时感知预警、大数据分析决策、多功能智能化应急装备等关键技术的研发，聚焦“安全”和“智慧”，以科技创新为驱动，以风险预防为立足点，以有效应对和提高安全韧性为目标，构建全方位立体化的公共安全网，系统部署，重点突破，实现城市公共安全由被动应对型向主动保障型的转变。

秉持“不谋全局者，不足谋一域”的战略理念，我们始终以全局、系统、融合的宽广视角看待城市公共安全问题，以地下、地面、低空“三张安全网”和“城市公共安全智脑”为主要集成创新手段，一直不断研究城市公共安全的新问题和新需求，从物联网“万物互联万物生”的哲学发展观出发，提出以公安部第三研究所自主开发的海盾城市公共安全保障卫士这一新颖的多维度感知设备密织安全网格，弥补了“三张安全网”的前端集成感知设备空白，保障了城市公共安全大数据体系的鲜活数据来源。

我们立足于有所为有所不为的战略定位，集中资源做好核心主营业务，从大平台大服务的角度建设城市安全智能综合管理平台，涉及“三张安全网”建设、城市公共安全大数据解析服务、人员身份综合管理、“雪亮工程”建设、城市公共安全智脑等业务系统应用，夯实了城市立体化防范的应用框架，为行业内各技术领域一流企业提供了统一的应用商店式的服务框架和集成展示平台，以整体融合创新集成的高效科技服务为核心竞争力，汇聚融合优势资源为政府提供城市公共安全一揽子解决方案和产业驱动规划。在平台、系统、产品维度，我们自主规划开发城市公共安全视图库（视图中台）及综合应用平台、“天空地”一体化监测预警系统、城市公共安全立体化防范预警系统以及大量物联网多源感知智能分析终端产品，覆盖有限空间危爆液（气）体监测预警、地面安防态势集成感知处置、低空监测、无人机中继等立体保障技术手段，符合城市安全风险防范和视频监控联网数据共享和深度应用需求方向。

近年来，我国城市发展迅速，面貌日新月异。在城区面积和人口持续增加的背景下，如何进一步提高城市管理的科学化、精细化水平，成为一道现实课题。

一座城市的建设、发展与治理水平，关乎市民的获得感、幸福感与安全感。中央城市工作会议指出，抓城市工作，一定要抓住城市管理和服务这个重点，不断完善城市管理和服务，彻底改变粗放型管理方式，让人民群众在城市生活得更方便、更舒心、更美好。

2018 年年初，中共中央办公厅、国务院办公厅印发了《关于推进城市安全发展的意见》（以下简称《意见》），要求各地区各部门结合实际认真贯彻落实，文件主要内容如图 1.1 所示。《意见》指出：“随着我国城市化进程明显加快，城市人口、功能和规模不断扩大，发展方式、产业结构和区域布局发生了深刻变化，新材料、新能源、新工艺广泛应用，新产业、新业态、新领域大量涌现，城市运行系统日益复杂，安全风险不断增大。一些城市安全基础薄弱，安全管理水平与现代化城市发展要求不适应、不协调的问题比较突出。”

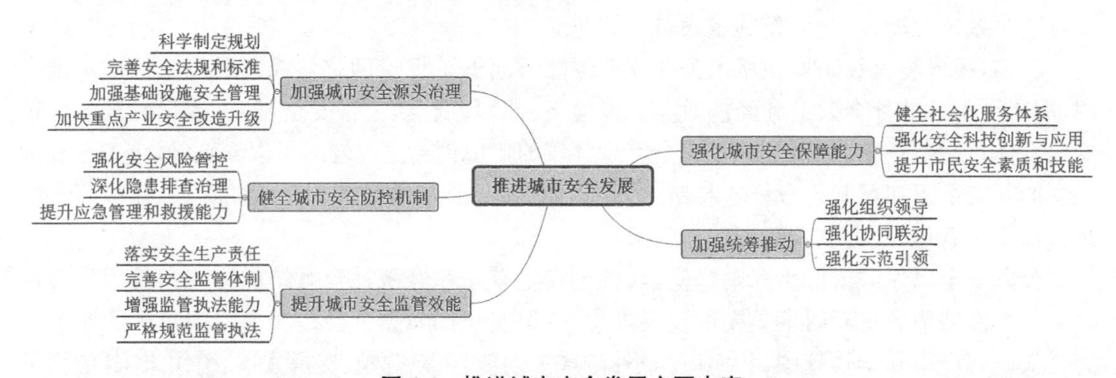

图 1.1　推进城市安全发展主要内容

《意见》要求：“坚持系统建设、过程管控。健全公共安全体系，加强城市规划、设计、建设、运行等各个环节的安全管理，充分运用科技和信息化手段，加快推进安全风险管控、隐患排查治理体系和机制建设，强化系统性安全防范制度措施落实，严密防范各类事故发生。”

《意见》强调要强化安全风险管控、深化隐患排查治理、提升应急管理和救援能力，从而健全城市安全防控机制。

1）强化安全风险管控，贯彻总体国家安全观

2014 年习近平总书记在主持召开中央国家安全委员会第一次会议时提出，坚持总体国家安全观，走出一条中国特色国家安全道路。习总书记提出的总体国家安全观强调，“既重视发展问题，又重视安全问题，发展是安全的基础，安全是发展的条件”，在城市安全领域我们也必须以全面、系统、动态、发展的视角审视城市安全问题，做好风险研判，以安全科技服务城市智慧运营和健康发展。

《意见》明确总体目标为到 2020 年城市安全发展取得明显进展，建成一批与全面建成小康

社会目标相适应的安全发展示范城市;在深入推进示范创建的基础上,到 2035 年,城市安全发展体系更加完善,安全文明程度显著提升,建成与基本实现社会主义现代化相适应的安全发展城市。持续推进形成系统性、现代化的城市安全保障体系,加快建成以中心城区为基础,带动周边、辐射县乡、惠及民生的安全发展型城市,为把我国建成富强民主文明和谐美丽的社会主义现代化强国提供坚实稳固的安全保障。

2019 年 7 月 24 日,《人民日报》刊文引用习总书记的指示"城市管理要像绣花一样"。文章指出,"作为生产空间、生活空间、生态空间的综合体,城市要实现生产空间集约高效、生活空间宜居适度、生态空间山清水秀,要在细微处下功夫"。文章进一步指出,"城市治理也是国家治理体系和治理能力现代化的重要内容"。2020 年 6 月,习总书记在专家学者座谈会上发表重要讲话,进一步强调,"人民安全是国家安全的基石"。在城市公共安全治理实践中,必须坚持总体国家安全观,坚持把人民生命安全放在第一位,健全城市公共安全预警响应机制。

2) 实体安全和信息安全一体两面

2021 年 4 月 27 日国务院第 133 次常务会议通过了《关键信息基础设施安全保护条例》(以下简称《条例》),并于 2021 年 9 月 1 日起实施。《条例》中指出:"本条例所称关键信息基础设施,是指公共通信和信息服务、能源、交通、水利、金融、公共服务、电子政务、国防科技工业等重要行业和领域的,以及其他一旦遭到破坏、丧失功能或者数据泄露,可能严重危害国家安全、国计民生、公共利益的重要网络设施、信息系统等。"目前,云计算中心、城市数据中心建设方兴未艾,作为城市安全运营信息系统的载体,城市公共安全保障天然地包括物理空间实体安全保障和网络空间信息安全保障两个层面的内涵。由此可见,作为城市公共安全大数据综合应用的载体和神经中枢,城市数据中心的安全运营可谓牵一发而动全身,不仅仅需要从安防、消防等物理维度考虑安全保障问题,更需要重点考虑其信息安全保障策略。基于总体国家安全观的视角,我们认为,物理安全和信息安全,即实体安全和数字孪生体的安全,是一体两面不可偏缺。城市关键信息基础设施的实体安全和信息安全,是城市公共安全的重要一环,不应疏漏缺席。

《上海城市运行安全发展报告(2019—2020)》指出,随着城市化进程的加快,城市人口不断增加,特别是上海"五大新城"规划的横空出世,城市中心和远郊的界线趋于模糊,一些以往按照中心城区和远郊进行划分的城市安全管理理念不再适用,城市运行系统日趋复杂,城市安全问题不断凸显。作为城市安全问题大视角下的重要一环,城市公共安全保障是城市安全运行的基本前提。该报告还提到,城市安全运行涉及多个范畴,包括公共卫生安全、生态环境安全、火灾消防安全、城市建设安全、自然灾害、设施运行安全、危险化学品安全、道路交通安全、特种设备安全和社会治安等多个维度,按照其基础性、承载性可以分为三层,如图 1.2 所示。

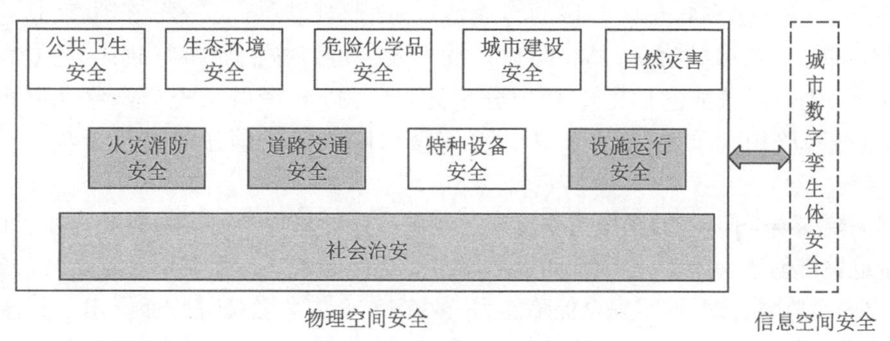

图 1.2　城市安全运行范畴

在城市公共安全治理中，人为根本。良好的社会治安是城市安全运行的最基础保障，也是城市综合治理的基本目标。一些公共服务和基础设施安全是城市安全运行的关键环节，包括火灾消防安全、道路交通安全、特种设备安全(压力容器、电梯等)及设施运行安全这一层面。在图 1.2 中的最上一层，公共卫生安全、生态环境安全、危险化学品安全、城市建设安全、自然灾害等领域的安全，有赖于下两个层面的安全保障，包括技术层面和城市管理层面。数字孪生世界映照现实世界，物联网技术的迅速发展，使得现实世界和信息世界的交互能动性大大增强，两者相互影响相互融合，因而，谈到城市公共安全时，城市数字孪生体的安全，是必须以创新视角着重考虑的环节。

在本书中，出于行业思维惯性，我们更多地从大安防的视角来解读城市公共安全，因而，我们所提的城市公共安全，更多的是聚焦在社会治安、火灾消防安全、设施运行安全，以及作为城市数字孪生体的信息空间安全上。

1.1 城市公共安全风险识别及分类

在国务院发布的《国家突发公共事件总体应急预案》中，公共安全事件主要分为四类，包括自然灾害、事故灾难、公共卫生事件、社会安全事件等。随着中国城镇化进程的加快，在城市场景下，以上四类灾害更容易因为人群聚集凸显后果放大效应。

在应急预案制定中，我们关注的视角从事后减灾救灾前置到事前防灾，因而，公共安全风险的识别，就是应急预案制定时需要全面分析、系统研判的重要环节。

风险识别的目标，是通过收集有关风险因素、风险事件、承灾载体和应急管理等方面的信息，识别出可能导致突发事件的风险。

风险识别的主要内容包括风险源类别、所在位置、风险事件、风险成因、影响区域、潜在后果、控制措施等，具体影响区域的承灾韧性及管制措施本身可能带来的衍生问题是需要谨慎全面考虑的因素。

实际工作中，需依据风险识别需求，考虑评估对象、评估要求，以及特定时间、空间特点，确定评估范围。风险识别的事件类型，应涵盖城市主要安全风险，其划分应符合《突发事件分类与编码》(GB/T 35561—2017)的相关规定，对于暂未列入其中的风险类别，由相关部门根据实际需要进行补充完善。

针对城市安全风险类型的多样性、突发性、关联性和耦合性等特点，考虑各行政区域辖区内各街镇(园区)和各行业领域的行业特点、产业现状、人员分布等因素，应进行单元划分，划分的单元应相对独立，具有明显特征界限。可以按照城市行政区划、功能区或行业划分单元，也可以按照它们的结合划分单元，还可以参考城市安全网络化管理中的既有网格，划分风险识别单元。油气、热力等安全风险较高的输送管道可单独划分为一个单元。

在国务院安委会印发的《国家安全发展示范城市建设指导手册》中，安委会要求以国家安全发展示范城市创建为抓手，推动全面提高城市安全保障水平。手册中重点从城市安全风险防控、城市安全监督管理、城市安全保障能力及城市安全应急救援等方面提出了具体要求，如图 1.3 所示。

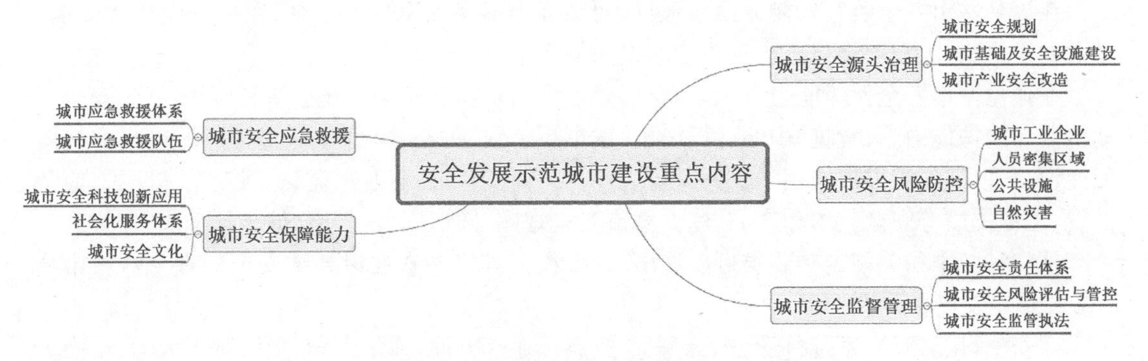

图 1.3　安全发展示范城市建设重点内容

1.2　安全科学系统方法论

城市公共安全领域是安全科学工程、系统工程等学科的主要研究方向，也是云计算、大数据、物联网、人工智能等先进前沿技术的最热门应用领域。城市公共安全管理早期以安防、消防，以及产业事故的有效预防及高效处置为主要目标，当前城市公共安全立足于保障城市安全发展、智慧运营，以系统科学的全面视角统筹考虑防灾减灾、城市与人的和谐发展，着力于保安全、谋发展、促民生，建设宜居城市，构建城市安全韧性，支撑城市发展。

在 2018 年印发的《意见》中重点提到了道路交通、建筑施工、食品药品、高危作业、危化品生产运输、人员密集场所等重点领域的安全防范工作，其中特别提到了基础设施安全及产业安全改造方面的要求：

“(六)加强基础设施安全管理”城市基础设施建设要坚持把安全放在第一位，严格把关。重点提到了城市地下管网按照综合管廊模式进行建设，加强城市交通、供水、供气、垃圾处理等市政设施配套改造，加强消防站和城市交通基础设置建设，加强城市旧城区安全改造。

“(七)加快重点产业安全改造升级”特别要求高危企业退城入园，中心城区安全生产，推动城市产业结构调整等问题。要求推进城市人口密集区危化品企业改造达标、搬迁或关闭工作，引导聚焦发展安全产业，提升安全装备水平，提升安全生产管理水平。

《意见》强化了城市安全防控机制建设，要求从强化城市安全风险管理、深化隐患排查治理、提升应急管理和救援能力等方面入手，转变城市安全工作思路，从事故处置、有限预防转化到风险甄别和风险管理领域。

在城市安全风险全面辨识评估方面，要求建立城市安全风险信息管理平台，按等级对城市安全风险绘制空间分布图、编制发布白皮书，完善重大安全风险联防联控机制，对大型场所、重点场合进行安全风险评估，建立大客流监测预警和应急管控处置机制。

在隐患排查治理方面，要对城市隐患排查建立治理规范，进一步完善城市重大危险源辨识及治理，建立动态管理数据库，加快提升在线安全监控能力。重点强化对生产经营单位、施工作业现场、老旧城区、桥梁隧道等重要场合的风险排查。

《意见》中明确提出提升应急管理和救援能力，要求加快推进建立城市应急救援信息共享机制，健全多部门协同预警发布和响应处置机制，提升防灾减灾救灾能力，提高城市生产安全事故处置水平。《意见》中明确提出应急预案管理和应急救援联动机制，健全应急物资储备调用机制，研发先进应急救援装备设施，强化有限空间应急处置技能。

在提升城市安全监管效能方面,《意见》明确提出落实安全生产责任、完善安全监管体制、增强监管执法能力、严格规范监管执法四方面的要求。

在强化城市安全保障能力方面,《意见》重点指出要强化安全科技创新和应用,提高安全自动检测和防护能力。《意见》中明确提出了"城市生命线"的概念,要求深入推进城市生命线工程建设,积极研发和推广应用先进的风险防控、灾害防治、预测预警、监测监控、个体防护、应急处置、工程抗震等安全技术和产品,建立城市安全智库、知识库、案例库,健全辅助决策机制。

从《意见》中相关规定和要求可以看出,国家相关机构一直在以系统安全的理念对城市公共安全事业进行规划和布局。

在安全科学领域,系统科学方法一直是热点。在这方面,清华大学、上海理工大学、中南大学等科研机构的系统科学学科成绩斐然。在城市安全科学理论研究方面,有专家指出,由于实用主义的功利意识、学科交叉融合创新匮乏、过于依附国外理论,我国的城市安全科学技术一直相对落后,直到近十年来,在清华公共安全研究院、公安部第三研究所、北京市新技术应用研究所等国内一流安全科学研究机构的引领下,在安全科学理论、方法、原理、模型、管理、示范工程领域的研究取得了显著进展。

国内知名安全科学专家对城市安全系统学进行了总结,提出了 14 个理论基础问题[1],分别是 E-O 关系问题(epistemology and ontology)、2W 问题(whole-life-cycle and worldwide-view)、3MS 耦合问题(micro-meso-macro-system)、6S 结合问题(sustainable-smart-service-systems-safety+security)、I-O 平衡问题(input and output)、2E 问题(emergency and emergence)、2I 问题(information and intelligence)、2S 问题(supervision and self-organization)、2C 问题(complex-city and complex-science)、2IS 问题(intrinsic safety and infrastructure safety)、PR 问题(precise-safety and risk)、R-P 问题(resilience and physics)、5M+EIC 要素(mission-man-machine-material-management+environment-information-culture)、3E+C 新内涵(engineering-education-enforcement+culture)。

在文献[2]中,研究者提出了城市安全运行的评价方法和评价指标体系,并从自然灾害、城市建设、设施运行、火灾消防、危险化学品及特种设备 6 个子系统方面基于评价模型对城市运行安全进行总体评价。文献[2]在考察城市安全运行的安全指征方面,将社会治安作为一个重要因素单独列出进行考量,说明领域内的研究者已经越来越就城市安全运行达成进一步的共识,即城市安全运行不仅仅体现在市政设施、消防、石化、特种设备等方面的风险甄别防范,也更多地体现在重点区域场所全面防范、关注目标行为研判、重点人员社会危害等方面的安全防范。此即为物理-信息空间安全一体化、安防消防一体化的社会发展大背景。

1.3 城市公共安全平台建设

城市安全保障立足于城市安全基础数据全面采集、城市运营大数据智慧解析、人工智能风险甄别等先进技术的集成应用,受益于智慧城市框架的整体建设成果,重点聚焦安全融合计算、城市安全数据中台、城市安全大脑等应用生态的培育发展。城市安全保障需要多维度系统考量安全发展问题,从解决思路上体现"平台+生态"的发展战略,从城市是"生命体、有机体"的视角出发强调解决方案的环境友好性和可持续性,以及全局性、穿透性和全覆盖性。目前,一些 IT 平台企业以解决城市发展过程中面临的诸多问题为目标,在城市洞察、城市治理、产业发展、民生服务等领域提供智能化的产品和解决方案，全面助力城市数字化转型升级。

面对城市公共安全大数据多模态、繁杂多变的特点，中台技术也在城市公共安全保障中发挥了重要作用。在智慧城市的整体建设框架内，城市感知中台、知识/数据中台、AI中台和智能交互中台组成的组合架构以智能新基建形式体现，面对复杂时变的多源数据时空关联融合，提供全栈AI的智能协同响应。从目前国内知名厂商建设的城市公共安全类大平台的业务实践来看，城市公共安全建设体现了场景需求牵引、AI深度赋能、顶层标准规划的典型特色。

1）场景需求牵引

目前，城市公共安全保障基于四类场景需求牵引。

（1）精准洞察城市公共安全态势

基于海量地图数据、POI(Point of Interest)数据、人口数据、车辆数据、物联网数据及互联网搜索数据，依托时空大数据引擎，对城市空间涉及公共安全的人、车、物、事件进行智能解析，全面掌握城市安全态势，实现智能洞察。

（2）大数据赋能城市精细化治理

在城市管理中，通过城市运行、公共安全、热点热线、出行强度、应急管理、生态环保等领域综合大数据研判支撑城市安全运营态势在图上统一实时显示、分析决策、智能调度，实现城市运行“一张图”总览，相关业务一网统管，一网通办。

（3）动能转换支撑产业高质量发展

在产业发展方面，结合国家重大技术发展方向瞄准前沿科技和新兴产业，依托产业图谱定制为城市发展功能转换提供产业规划布局依据，并通过技术孵化、人才培训、产业落地、资源链接等完善的产业赋能体系，深化产城融合，助力城市经济蓬勃发展。

（4）惠及民生服务提升人民安全感

结合大众安全服务需求，在家居服务、社区治理、旅游出行、医疗健康等领域，全面提升智能化水平和差异化高质量安全服务，切实提高民众满意度。

智慧城市框架中的城市公共安全保障技术体系受惠于城市大脑整体技术发展，体现在系统框架、基础共性服务、智能赋能等各方面的应用规划上的整体统一性和先进性。

2）AI深度赋能

（1）统一业务框架

部署自主可控的新一代智能城市安全共性服务云底座、构建云智一体的城市安全大脑、深度赋能安全及民生领域智慧应用场景，打造智慧安全城市总体架构，助力城市数字化转型、保障城市安全稳定运行。

城市安全公共平台相关建设中AI深度赋能体现在以城市安全大脑为核心，构建智能运营体系，服务城市公共安全态势洞察、城市治理、产业发展、民生服务等。涉及城市智能运行指挥中心（Artificial Intelligence Operation Center，AIOC）、应用支持中心、AI服务中心、数据服务中心和全域感知中心，如图1.4所示。

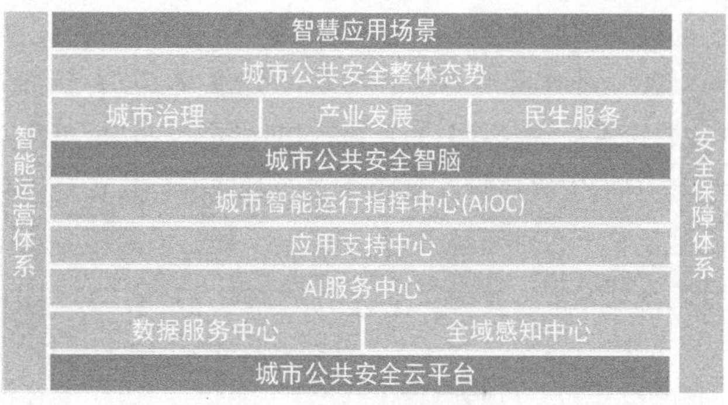

图1.4　城市大脑框架

(2) 安全底座筑基

以智能计算为基础，结合大数据、云原生应用与区块链技术，打造大规模弹性云计算基础设施，并通过 IaaS、PaaS、SaaS 三种形态为城市公共安全上层应用提供存储能力和计算支撑，如图 1.5 所示。同时，随着国家《关键信息基础设施安全保护条例》的颁布，以信息网络安全为抓手，夯实城市信息系统的安全底座也是题中之义。在图 1.5 中可以看到，安全运营体系贯穿资源层、设备层一直到平台服务，是覆盖云平台总体的全向安全底座。

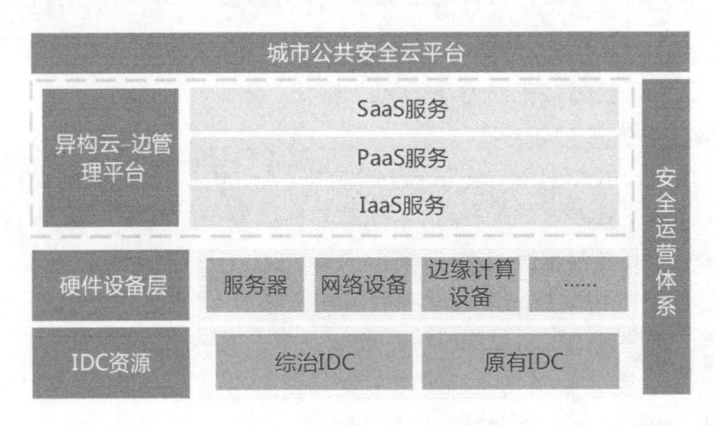

图 1.5　城市公共安全底座

(3)一个大脑赋智

依托自主可控的 AI 支撑技术、海量多模态数据汇集与处理能力、开放平台生态体系等方面的核心优势，构建包含全域感知中心、数据服务中心、AI 服务中心、应用支撑中心及城市智能运行指挥中心等城市公共安全云平台底座，将所有的城市公共安全态势解析及预警统一到城市公共安全智脑计算枢纽，实现城市全时空要素立体感知、全流程数据安全共享、全方位 AI 能力共用、全业务系统一个大脑赋智。

3) 顶层标准规划

2020 年 4 月，国务院安委会办公室印发《国家安全发展示范城市评分标准(2019 版)》。文件要求，要注重加强源头治理，强化城市安全基础设施建设，加快重点产业安全改造升级，提升城市安全水平。要聚焦重大风险防控，尤其是近年来发生的爆炸、火灾、路面塌陷等各类城市重特大事故，加强风险评估管控和隐患排查治理，强化各项安全治理措施落实。要不断夯实城市安全基础，推广应用城市安全科技，构建城市安全社会化服务体系，加强城市安全文化建设，不断提升城市安全保障能力。

2021 年国务院安全生产委员会颁发了《城市安全风险综合监测预警平台建设指南(试行)》(以下简称《指南》)，从城市生命线工程安全风险监测、公共安全风险监测、生产安全风险监测、自然灾害风险监测四个层面对城市公共安全风险平台建设提出了总体技术规范和工作机制要求。在《指南》中，着重提出了分析预警能力建设和联动处置要求，对于城市安全风险综合监测预警平台自身的信息安全也提出了要求。

2021 年 12 月 30 日，国务院颁发了《"十四五"国家应急体系规划》(国发〔2021〕36 号，以下简称《规划》)。《规划》指出，随着工业化、城镇化持续推进，我国中心城市、城市群迅猛发展，人口、生产要素更加集聚，产业链、供应链、价值链日趋复杂，生产生活空间高度关联，各类承灾体暴露度、集中度、脆弱性大幅增加，各种公共服务设施、超大规模城市综合体、人员密集场所、高层建筑、地下空间、地下管网等大量建设，导致城市内涝、火灾、燃气泄漏爆炸、拥挤踩踏等安全风险隐患日益凸显，重特大事故在地区和行业间呈现波动反弹态势。《规划》要求，坚持总体国家安全观，更好统筹发展和安全，以推动高质量发展为主题，以防范化解重大安全风险为主线，深入推进应急管理体系和能力现代化。《规划》要求到 2025 年，应急管理体系和能力现代化建设取得重大进展，形成统一指挥、专常兼备、反应灵敏、上下联动的中国特色应急管理体制，建成统一领导、权责一致、权威高效的国家应急能力体系，防范化解重大安全风险体制机制不断健全，应急救援力量建设全面加强，应急管理法治水平、科技信息化水平和综合保障能力大幅提升，安全生产、综合防灾减灾形势趋稳向好，自然灾害防御水平明显提升，全社会防范和应对处置灾害事故能力显著增强。《规划》指出，到 2035 年，建立与基本实现现代化相适应的中国特色大国应急体系，全面实现依法应急、科学应急、智慧应急，形成共建共治共享的应急管理新格局。

专家对此进行了解读，认为规划聚集目标研判和风险化解，聚集基础建设，并凝聚应急管理工作总体思路、目标指标、重点任务和重大战略举措，为应急管理事业改革发展“往哪走”“走到哪”“走得到”“走得好”奠定了坚实基础[3]。随着中国城镇化的不断推进，城市越来越成为应急管理的主战场。《规划》将对城市公共安全保障及城市应急预案管理提供顶层设计指导和重大实践指导。

1.4 城市安全风险治理实践

目前，国内学术界、产业界正在政府主管部门的引导下积极探索城市公共安全治理新模式。韧性城市的理念目前是学术界和产业界在风险治理方面的重要探索方向。

我国仍处于经济、社会、文化全面转型之中，社会治理的复杂性不断攀升，公共安全形势依然严峻，安全事故和风险正在从生产安全单一领域向社会全领域的公共安全转变，各类风险隐患增多且呈现相互叠加、相互耦合态势，各类风险、灾害类事件造成的损失严重。公共安全理念已从快速响应向风险预防转变，从传统的救灾减灾向韧性提升、风险治理、协同应对的可持续发展方向转变。我国著名公共安全学者袁宏永在应急管理部官网发文指出，城市公共安全治理的重大需求，需要靠技术、管理和文化三足鼎立支撑。

随着全球工业化进程加速向信息化、智能化转型，无论是自然灾害还是人为因素导致的事故灾难都变得日益纷繁复杂。保障人民生命财产安全、社会安定有序和经济社会系统的稳定运行已经成为国家公共安全的核心组成部分。

党的十八大以来，我国公共安全科技水平和应急综合保障能力迅速提升，防范化解重大风险和应对突发事件综合能力显著提升，公共安全治理成效显著。综合审视，我国公共安全和应急保障能力与水平当前处于行业蓄能、提升内功阶段，正在艰苦地爬坡过坎。公共安全科学技术研究是公共安全事业发展的重要保障，国家高度重视安全科技的研发与创新，并给予了大力支持。据测算，“十三五”以来，公共安全专项经费综合达数十亿元。截至 2018 年 12 月，科技部重点研发计划共计立项 640 项，429 家单位共获得 127 亿元国拨经费的资助，涉及社会发展、高新技术、农林科技和基础研究四大板块的38个专项。其中,社会发展和高新技术两大板块合计投入近90亿元,约占总经费的七成,而应对公共突发事件的“公共安全风险防控与应急技术装备专项”所获经费在所有公布专项中排名第一。科技部自2018年开始持续颁发公共安全领域的国家重点研发计划指南,通过社区风险防范、社区综合治理为窗口推动城市公共安全防范先进技术的体系化研发和示范应用。一批公共安全领域的科研机构和头部企业对一系列重大应急技术、装备产品和安全技术服务进行持续的研发和投入,结合公共安全科学理论和方法,在风险防控与应急管理、城市安全综合集成系统、消防安全和工业安全等领域走出一条自主创新研发的道路,培育发展了国家标准,不仅为安全产业带来新的发展契机,也培养了一批高层次安全科技人才队伍,为健全我国公共安全体系、提升公共安全保障能力提供坚实的产品支撑和人才支撑。

经过“十三五”期间的城市公共安全领域关键技术和应用模式集中攻关,各相关机构、单位在风险治理理论和方法,非常规突发事件演变规律,风险监测、预警技术体系,应急指挥技术与应急装备研发等方面都取得了一系列重大突破性成果,这些研究成果是我国公共安全事业和应急产业发展的重要支撑。但整体而言,我国与发达国家在公共安全技术研发水平上还存在一定差距。近年来,我国的城市公共安全科技发展体现了以下几个特点:

1) 强化创新推动安全科技水平提升

随着我国公共安全创新领域研究的持续深入推进,围绕“事件链预案链支撑的综合应急管理方法”“应急一张图”“国家应急平台及其技术体系”“精细化城市生命线工程安全管理新模式”等专业领域的创新技术研发取得了系列成果,在公共安全与应急工作中发挥重要作用。

2) 多技术协同助力关键技术突破

聚焦常规及未识风险的主动感知、智能预测和应急联动等,将研发与应用相结合,积极探索人工智能、互联网、大数据、物联网、区块链等技术与公共安全技术的融合发展,通过加大公共安全科技研发投入,持续加强前沿基础研究和关键技术研发,强化前沿基础研究成果在关键技术研发和技术系统构建中的应用,逐步建立较为完善的法律法规体系和标准规范,形成科技创新驱动防灾减灾的工作机制,不断增强国家自然灾害监测预警和风险防范的综合能力。

3) 公共安全承载韧性理念前置

公共安全理念已从快速响应向风险预防转变,从传统的救灾减灾向韧性提升、风险治理、协同应对的可持续发展方向转变。政府管理部门和产业界通过创新监管服务模式,物联网监测与快速预警,次生衍生事件预测预警,“数据+协同+体系化治理”等手段共同创建公共安全管理和风险防控新模式,其中包括多项核心技术,如综合风险识别与评估技术、智能预警信息精准靶向发布技术、城市安全运行监测预测预警技术、综合研判和应急决策支持技术、复杂灾害环境传感监测技术、公共安全大数据分析技术等。

4) 城市生命线保障工程效果显著

以地下管网、重大民生基础设施为重点保障对象的城市安全运行综合监测系统建设是城市公共安全治理新模式的典型应用。根据《意见》关于“深入推进城市生命线工程建设,积极研发和推广应用先进的风险防控、灾害防治、预测预警、监测监控、个体防护、应急处置、工程抗震等安全技术和产品”的要求，城市生命线工程的安全运行成为多个城市公共安全保障建设的重要组成部分。国内部分城市进行了示范应用，从保障城市整体安全运行的角度出发，以预防燃气爆炸、桥梁垮塌、路面坍塌、城市内涝、轨道交通事故、电梯安全事故、大面积停水停气等重大安全事故为目标，创建了“前端感知—风险定位—专业评估—预警联动”的城市生命线工程安全运行与管控精细化治理模式。通过科技创新和管理创新，落实城市空间风险源头治理、分级防控主动保障城市的安全，针对城市高风险空间致灾因子的实时动态监测、综合预警防控和处置决策支持的技术需求，建立了风险隐患识别、物联网感知、多网融合传输、大数据分析、专业模型预测和事故预警联动的“全链条”城市安全防控技术体系架构，形成燃气、供水/排水、热力、综合管廊、道路桥梁等城市生命线工程的城市安全空间立体化监测网，较好地解决了城市安全运行状态动态监测、安全风险评估、风险预警防控等问题。

随着城市生命线的建设发展，不同城市结合自身的特点，努力发展适合自身特点的技术和机制。例如：广东省佛山市发展出更为综合全面的城市综合风险监测体系，安徽省淮北市针对化工安全发展出工业危险源监测系统，湖北省武汉市江夏区发展出军运会核心区城市生命线精细化风险防控和城市治超工程，四川省泸州市发展出城市地下危爆气体监测中心，以及重庆市发展出城市地下智慧管网监测系统。这些建立在风险评估和物联网感知、大数据处理基础上的城市基础风险防控系统，真正成为城市安全守护神，实现了安全风险防控的关口前移。

5）技术、管理和文化三足鼎立支撑

城市公共安全治理工作中，管理机关力图通过构建城市基础安全保障的消防安全云、工业安全云、城市安全运行监控中心、应急指挥中心及安全文化教育基地等关键技术和系统，创新理论研究，实现城市基础单元安全风险的快速感知和早期预警，推动城市向更韧性、更安全的目标迈进。同时，一些安全服务厂商对自身的产品、平台和服务进行投保，创新安全金融保险，实现消防安全云和工业安全云服务实体单位的模式创新，激发实体单位的安全发展内生动力。将“安全＋”理念渗透于各领域、各行业，形成新技术、新产业、新业态的有机融合，有效提升社会本质安全水平和城市安全发展治理能力。

2019年10月31日党的十九届四中全会明确了“社会治理是国家治理的重要方面”，将社会治理的重要性提到了新的高度。党的十九届四中全会指出，“坚持和完善共建共治共享的社会治理制度，保持社会稳定、维护国家安全”，强调要完善正确处理新形势下人民内部矛盾有效机制，完善社会治安防控体系，健全公共安全体制机制，构建基层社会治理新格局，完善国家安全体系。随着十九届四中全会的胜利召开，在党和国家的号召和带领下，政企联动进一步推进公共安全技术、信息科技、人工智能、互联网＋、物联网创新等科技和新型服务模式的融合创新，推动公共安全技术研发及产品的高质量发展，提升城市公共安全治理能力，加快实现城市公共安全治理的现代化。

2020年10月29日党的十九届五中全会审议通过的《中共中央关于制定国民经济和社会发展第十四个五年规划和二〇三五年远景目标的建议》（以下简称《建议》），擘画了中国未来5年以及15年的发展新蓝图。其中，明确了“十四五”时期的社会发展目标，在国家治理和社会治理方面，要求“完善共建共治共享的社会治理制度”“加强和创新社会治理”。《建议》要求推进国家治理体系和治理能力现代化建设，指出2035年远景目标包括“社会治理特别是基层治理水平明显提高，防范化解重大风险体制机制不断健全，突发公共事件应急能力显著增强”

“构建网格化管理、精细化服务、信息化支撑、开放共享的基层管理服务平台。加强和创新市域社会治理，推进市域社会治理现代化”。

6）城市安全监测预警平台初见成效

如前所述，《规划》强调在“十四五”期间还将指导全国重点城市加快推进城市安全风险综合监测预警平台建设，使各地对燃气及相关各类城市生命线的风险做到“能监测、会预警、快处置”。《规划》体现了面向实战落地应用牵引的特点，部署了七方面重点任务，安排了五类共十七项重点工程，注重发挥重大工程项目的牵引和载体作用，“凝练”一批实实在在的工程项目。在产业示范引领方面，目前，徐州、合肥、佛山等地已经建立了城市生命线安全运行监测系统，对城市地下管网、地上重大基础设施、低空威胁目标等进行全方位感知和风险预警。

以徐州为例，2018 年年底，徐州经济技术开发区管委会和清华大学合肥公共安全研究院达成合作意向，研发建设城市生命线安全运行监测系统，在全省率先构筑物联网监测、评估与精细化治理的立体化城市安全网。根据公开报道，2019 年 9 月 15 日，徐州经济技术开发区城市生命线项目整体建设完成，共涵盖两座市政桥梁、50 km 燃气管网及相邻地下空间、25 km 热力管网。这套将安全监管与物联网、云计算、大数据、人工智能、互联网＋等信息科技深度融合的智慧化平台和系统，通过 24 h 监测值守和分析研判，保障了城市桥梁、地下管网等“生命线”的运行安全。随后，该系统进入并网上线运营阶段，到 2020 年 2 月，该系统已成功监测多起燃爆险情和结构健康险情，相关单位对报警也进行了及时联动处理，防止了公共安全事件的发生。

徐州经济技术开发区城市生命线系统将逐步扩容升级，实现对城市交通、供水、排水、热力、燃气、电梯、综合管廊等基础设施进行实时监测，及时分析运行风险及耦合关系，深度挖掘生命线运行规律，科学实现城市生命线安全风险可管可控，确保城市生命线主动式安全保障。

佛山市于 2018 年 5 月与清华大学在城市安全领域构建“政产学研用”全方位合作机制，投入 2.26 亿元高起点规划、高标准建设“智慧安全佛山”一期项目，构建“五平台合一、三中心一体”的城市安全治理“一网统管”体系，在市城市安全运行检测中心建设了集监测中心、指挥中心、研究中心三位一体的城市安全“智慧大脑”。该体系整合汇聚全市 35 个单位的 7 493 万条基础数据、1.5 万路监控视频、7 616 km 管网数据，构建了总量超过 22 TB 的城市安全大数据资源池，实现跨部门、跨区域、跨层级、跨系统的数据融合，形成城市安全运行状态“全景画像”。在城市应急管理科技服务效能方面，佛山市城市安全运行检测中心通过信息化手段，实现了各社区间数据的互联互通，在处理应急事件时，能进行可视化、扁平化的指挥调度，实现了更高效的应急指挥。据报道，“智慧安全佛山”一期燃气管网安全运行监测系统已经投入实战，多次及时报警窨井、排水井及燃气阀门井等地下场所危爆气体浓度超标，避免了多起地下安全事故发生。目前，佛山市城市安全运行检测中心已实现全链条指挥调度、全天候通信保障、全区域应急联动。

合肥市拥有重要桥梁 224 座，地下管线总长超过 3 万 km，已建地下综合管廊达 58 km。这些水电气管网及桥梁等基础设施，构成了城市平稳有序运行的“生命线”。合肥市以科技创新赋能城市安全运行，近年来先后启动了城市生命线工程一期项目、二期项目建设，按照“点”“线”“面”相结合的原则，优先选择全市高风险区域、重点敏感区域和关系民生保障的城市基础设施进行物联网建设。项目涵盖多个安全运行监测系统，主要包括燃气管网及相邻地下空间安全监测系统、供水管网安全监测系统、排水管网运行监测系统等。此外，结合合肥城市发展实际情况，专项配备了桥梁运行健康诊断系统及综合管廊安全监测系统。合肥联手清华大学技术团队研发"城市安全监测系统平台"。该平台以预防桥梁垮塌、燃气爆炸、路面塌陷和大面积停水停气停热等城市安全重大事件为目标，拥有城市生命线综合风险识别与耦合分析技术、大系统多源异构大数据融合集成技术、综合性桥梁安全分析与预警模型等相关核心技术，透彻感知桥梁、燃气、供水、排水、热力管网等城市生命线工程运行状况，实现城市安全运行状况的整体全面感知、早期预测预警和高效协同应对。该平台建立各类专业预警和人工智能模型，通过全天候监测值守和大数据分析挖掘，能够修正预警模型算法，不断完善监测预警体系，大幅提升合肥城市安全运行的精细化管理水平。

依托该平台，已经完成合肥市 84 km^2 范围地上建筑和 2 200 多千米各类地下管线，以及 51 座桥梁的三维建筑信息模型(Building Information Modeling, BIM)建模平台，建立了良好的城市信息模型(City Information Modeling, CIM)平台底座，为合肥防灾减灾提供了有力支撑。合肥市已经建立"合肥市城市生命线工程安全运营监测中心"，在城市生命线的管理、监测、动态预警等方面，正走在全国前列。下一步，该市规划集成更多功能应用，打造"城市安全监测预警平台"升级版。合肥在城市安全监测预警平台建设和运营的探索上，未来还计划构建城市安全监测云服务中心，形成基础数据汇聚、城市体检评估、隐患检测诊断、保险保障等综合服务体系，实现城市基础设施体系的数字化、智能化和智慧化。

城市地下空间的开发利用要在保障城市公共安全的前提之下，将城镇供水排水、燃气和污水处理等市政公用设施多源数据充分积聚融合，建设大数据共享交换平台，建设综合业务智能处理中心，逐步形成用数据说话、用数据管理、用数据决策的一系列新机制。泸州市城市安全智能综合管理平台遵循这一理念，以城市污水管网及化粪池监控预警智能处置系统为核心，融合对接城市安全管理其他业务系统，建设了综合业务智能处置平台，实现地下空间安全事件实时监测、智慧联动、高效处置，有效保障了城市公共安全。指挥中心建设了呼叫中心系统、应急指挥调试系统、指挥大厅集控系统等，统一托管了数十套业务子系统，贯通对接了多个综合业务平台，形成了以地下空间安全为核心的城市风险管理体系，促使城市安全管理从亡羊补牢转变为未雨绸缪，从事后应急转变为事前量化防控、事中精准处置，从习惯行政推动转变为积极发挥技术保障作用。

以上城市级的示范工程充分展示了国内最新城市风险治理的理论、方法和工程实践相结合的成果，对于在更大范围、更具差异性的广大区域验证推动城市公共安全保障领域的先进风险治理理念和城市安全运营具有重要的探索示范作用。

综上所述，我国城市化进程不断加快，城市运行体系日益复杂，安全风险不断增加，城市快速发展现状与城市安全治理能力的匹配存在较大失衡。城市安全管理涉及风险源头的治理和风险防控，通过实施主动风险管理，开展风险隐患的全方位物联网监测、评估与精细化治理，可以全方位提高数据汇聚与挖掘能力、智能分析能力等，用数字化、网络化、智能化、交互化的建设模式，打造全方位、立体化的公共安全网，从而形成良好的公共安全管理和服务运营模式，真正助力提升安全发展与安全管理的科学化水平，进一步提升公共安全治理能力的现代化和公共安全保障水平。

在后续章节，我们将从地下、地面、低空三个维度总体介绍城市公共安全立体化防范网主要支撑技术体系，如图 1.6 所示，并对典型应用场景解决方案、安消一体化发展趋势及公共安全视图人工智能竞赛方面做简要介绍。

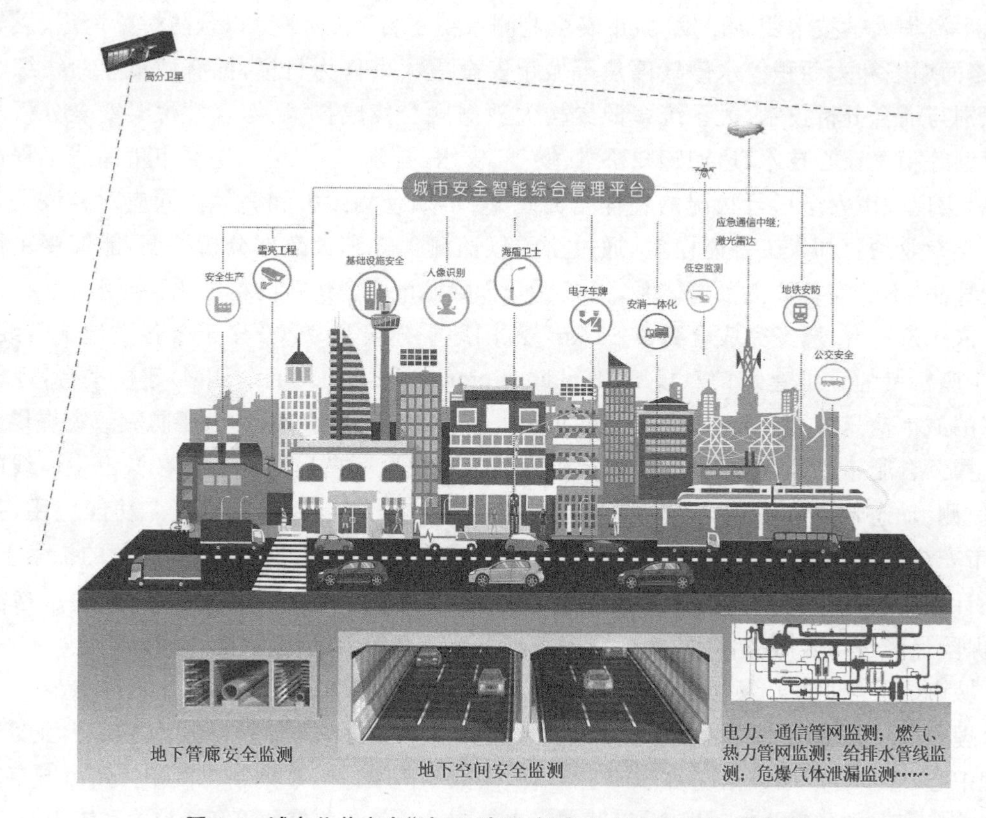

图 1.6　城市公共安全“地下、地面、低空安全网”立体防范体系

2 地面空间城市安全保障

城市公共安全保障技术是立体全方位全覆盖的技术体系，涉及地面、地下、低空全方位安全保障。本章主要介绍地面空间城市安全保障涉及的技术手段和简要原理。

2.1 图像解析技术

地面空间城市安全保障常见的技术手段涉及视频监控技术、射频识别技术、声纹识别技术、危爆气体检测技术等。其中，视频监控相关技术包括人证核验技术、动态人脸识别技术、多摄像机协同跟踪技术、中远距虹膜识别技术、大场景全景视频监控技术、立体云监控技术等。在实际应用中，射频识别技术、声纹识别技术经常和图像识别技术联用，这些技术都是以视觉感知为基础的高阶视频图像技术手段。作为视频监控智能解析技术的基础，视频结构化描述技术在本章中也做了简要介绍。

2.1.1 人证核验技术

1）基本原理

随着高科技的蓬勃发展，生物特征分析技术已经作为身份快速识别及视频监控等领域的最新增值点与应用点，在身份识别、智能安防、智能监控、出入管理、证件认证等方面发挥巨大作用。

人脸识别技术，是利用计算机图像分析、模型理论、人工智能技术的非接触性高端模式识别技术，可从复杂的图像场景中检测、检出特征人像信息，并进行匹配识别[4]。

人脸识别技术在通行闸机中的应用分为两种模式：一种是刷身份证通行，即人证一致性核验，简称人证核验，这种属于 1∶1 的人脸验证；另外一种是刷脸通行，这种是当前人脸和数据库中已登记的众多人脸照片的比对，属于 1∶N 人脸识别。

人证核验识别技术流程图如图 2.1 所示，人脸识别通行流程图如图 2.2 所示。其中人证核验属于 1∶1 人脸比对，人脸识别通行属于 1∶N 人脸识别。

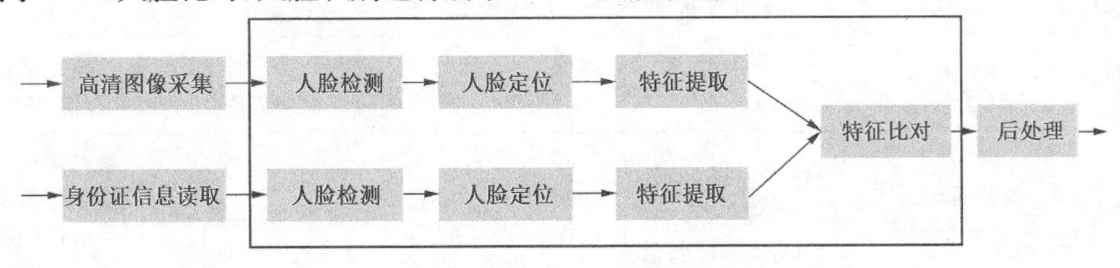

图 2.1 人证核验技术流程图

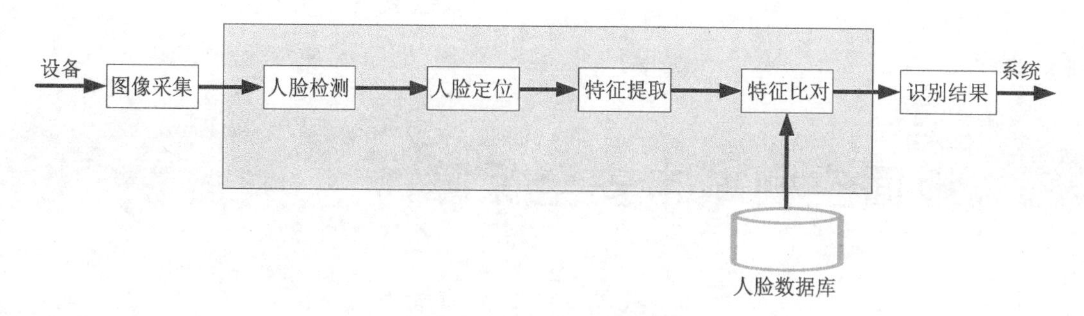

图 2.2　人脸识别通行流程图

2）应用概述

人证核验技术，是通过各种形态的设备读取当前人员身份证中的电子身份证照片，并和设备上配置的摄像头抓拍的当前人脸部图像进行比对，判断持证人是否为当前人，从而核实当前人的身份信息[5]。常见人证核验设备形态包括台式、立式设备，以及通道闸机设备。

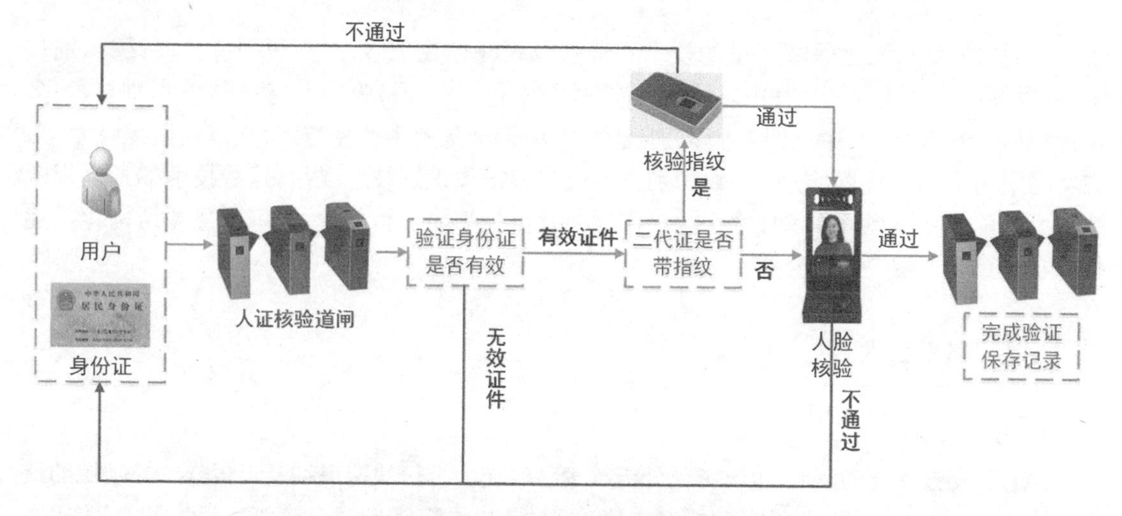

图 2.3　人证核验判断流程图

图 2.3 显示了人证核验判断流程图。在很多设备中，人证核验技术通常和指纹核验技术组合使用。人证核验可以在本地进行，也可以根据当前人员的身份证号远程对接人员信息库提取该人员图像特征向量后和本人当前图像特征向量进行比对。这两种方式都属于 1∶1 的人脸识别应用。两种应用模式的区别见表 2.1 所示。

表 2.1　人证核验模式

核验方式	源数据	待比对数据	应用模式	设备组成	备注
本地核验	身份证中电子照片	现场实拍人像照片	本地 1∶1 实时比对（不依赖人像库）	闸机、身份证阅读器、高清数字摄像机	应用数据存储在本地
远程核验	身份证电子照片特征向量	根据身份证号码从远程数据库抽取的人像特征向量	1∶1 比对（依赖远程人员信息库）	闸机、身份证阅读器、高清数字摄像机及联网设备	须对接远程人像特征库，前端和后台的特征提取算法须一致

人证核验自助通行时，闸机上集成的身份证件阅读器采集身份证电子照片(身份证内存储照片像素为 102×126，信息系统内存储的身份照像素为 358×441)，并和闸机上内嵌的摄像头(也可采用环境摄像头)摄取的通关人员人脸照片进行 1∶1 验证，根据核验结果予以放行或拒绝通行，如图 2.4 所示。相关技术包括身份证电子照片超分辨率重建技术、动态背景实时视频流人脸检测技术、脸部朝向检测技术等。对于已经进行过人脸注册的白名单库内人员，系统也支持刷脸方式自助通行，这种应用方式属于 1∶N 人脸识别。人脸识别中 1∶1 比对和 1∶N 比对的区别如图 2.1、图 2.2 所示。

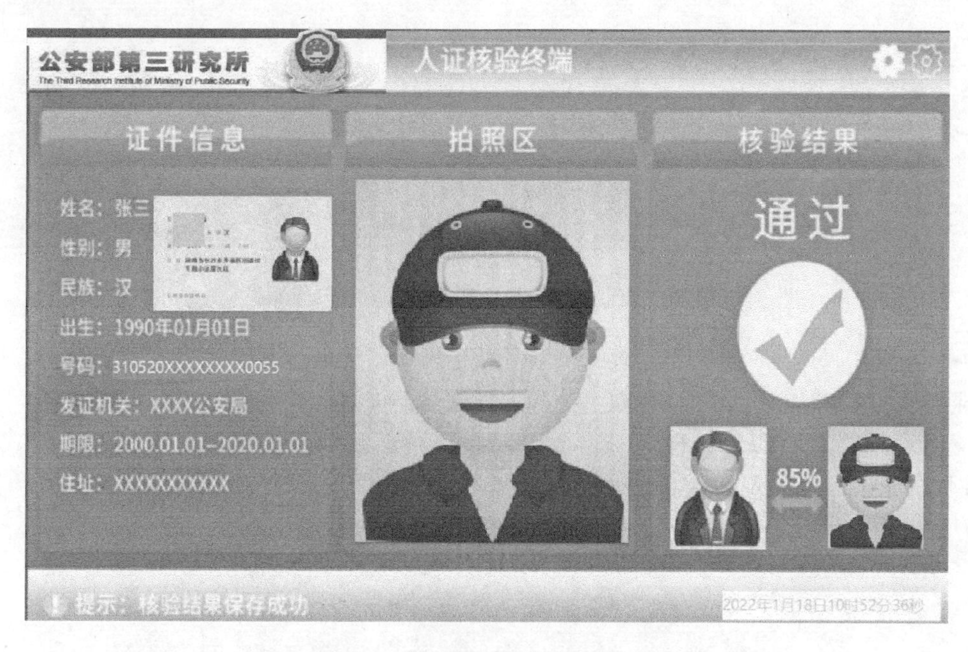

图 2.4　人证核验前端界面示意图

在社会公共安全应用场景下，有时候也会利用现场通道上方的监控摄像头抓拍的人脸图片和当前刷身份证人员的电子照片进行比对，实现自助通关通行，如图 2.5 所示。区别只是在于是采用设备自带的摄像头抓拍人脸还是采用外部监控摄像头抓拍人脸。

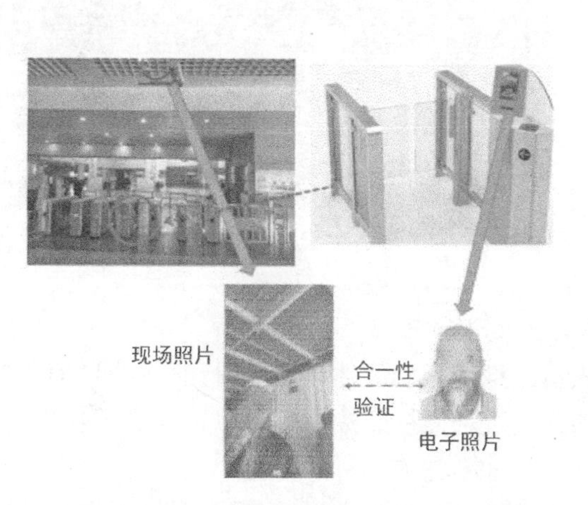

图 2.5　监控摄像头人证核验

人证核验系统主要部署于重要场所的通道式通行环境，可与行李安检通道等集成。该系统在地铁站和车管所的部署应用情况如图 2.6 所示。系统具有人证核验、重点人员视频布控、白名单验证等主要功能，可以根据实际情况进行功能切换。

图 2.6　通道式场景现场部署示意图及设备外观

(1) 人证核验

通行人员携带身份证件时，在右手侧身份证阅读器上进行自助刷卡，如身份证内电子照片与现场闸机拍摄人脸照片符合同一性要求，则被放行，否则系统报警。这种通行模式如图 2.7 左图所示。

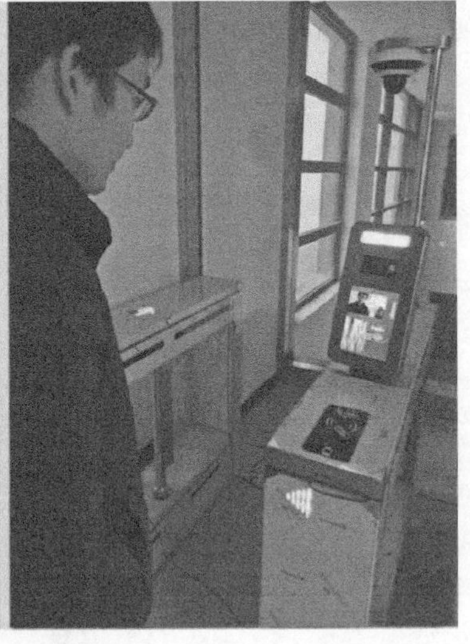

图 2.7　身份核验自助通行

(2) 重点人员视频布控

通行人员未携带身份证件时候，通行时按动界面上“无证通行”按钮，动态布控功能启动，系统将当前人员现场监控照片和后台重点人员照片进行比对，若是库内人员，则预警。

(3) 白名单通行

通行人员未携带身份证件时候，通行时按动界面上“刷脸通行”按钮，视频验证功能启动，系统将当前人员现场监控照片和后台白名单人员照片进行比对，若是库内人员则放行。这种模式即为“刷脸通行”,如图 2.7 右图所示。

目前,公安部第三研究所的人证合一验证闸机产品已经在新疆全疆公路检查站、长途场站,以及北京长途场站得到大规模部署应用,实战效果良好,产品性能稳定,各地应用需求旺盛。

基于现有系统改进的新一代人证核验闸机产品除了集成了指纹识别和护照读取功能外,正在进行虹膜采集功能定型和性能验证工作。产品技术水平在国内市场具有明显的领先优势。产品软件系统界面及功能模块基本定型成熟,通过进一步的敏捷开发,能够快速响应实战部署应用的需求。

设备常见形态为通道式闸机和台式(立式)验证机,也可根据客户需要提供手持式核验设备。台式及手持式核验设备常见外观及界面如图 2.8 所示。

图 2.8　台式及手持式核验设备外观及功能界面

以上两种形态产品在识别率等主要性能指标方面和通道式保持一致。

3) 管理系统需求

人脸识别技术的应用,为工作及生产带来很大便利,比如日常工作中的面部考勤签到、重要客户面部识别、来访人员面部识别等,这些应用为行业及单位降低了人员成本,提高了工作效率。

人脸道闸管理系统正是应用先进的人脸自动识别技术控制通道闸机的自动启闭,实现高通量快速自助通行。

(1) 系统特色

系统采用了高清摄像头与工业级主机及 TCP/IP 网为基础设备,并以人脸智能识别技术为核心,当人脸识别或人证核验结果通过时触发闸机开关信号,开启人行通道并且存储、分析所识别的人脸数据,生成统计信息与报表。系统应用架构主要有人脸采集与建库、人证比对与闸机触发两部分。

人脸采集与建库应用于无卡刷脸通行模式。采集工作中可通过摄像机采集当前人脸信息建模、入库,建立人员信息库。核验模式下,通过高清摄像头抓拍通行人员的人脸信息,并跟库中人员信息进行比对,如果识别结果正确,闸机将开启,允许通过。

人证比对与闸机触发应用于刷卡通行模式,人员刷二代身份证,系统读取二代身份证中的人脸图片信息,并与通过高清摄像头采集的人员人脸信息进行比对,如果识别结果正确,闸机将开启，允许通过。

（2）系统功能设计

① 人员信息数据库管理：通过人脸信息采集及证件、部门、职务等信息登记，建立分类数据库。

② 管理人员信息库基本资料：包括面部信息、证件号、部门等，可以不同参数为索引、排列、查询，并可以生成相关人员信息报表。

③ 设备管理及系统设置：可以对人脸识别设备进行管理，如修改 IP 地址、修改设备编号及开启采集与识别功能。可进行系统的用户及权限信息管理，实现系统参数设定管理。

④ 人脸识别管理：实现对通过闸机出入的人员进行人脸识别比对，通过显示屏显示出识别结果，并保存识别通过结果。

⑤ 系统扩展接口：系统提供与用户单位其他业务系统的开发接口，实现面部识别闸机系统与其他业务系统的结合使用，方便生产场所的业务管理，提高工作效率。

⑥ 查询统计报表：系统可以对识别通过的信息进行查询统计，并生成相应工作报表，为用户单位进一步提供有针对性的考勤管理、访客管理，以及为区域准入控制提供信息决策支持，如图 2.9 所示。

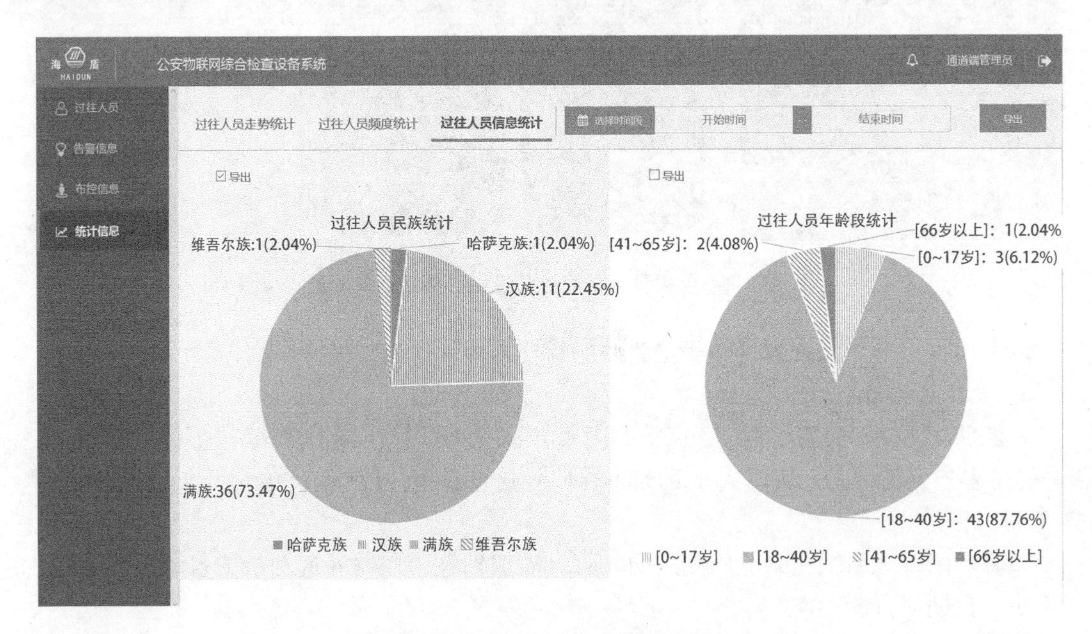

图 2.9　通行人员分类统计功能

设备主要组成部分为工控机主板、显示器、高清摄像头、身份证阅读器，以及闸机机械部件。主板 USB 接口与身份证阅读器、刷卡器、指纹仪等连接，串口开关信号用于驱动闸机通道开启或关闭。

2.1.2　动态人脸识别技术

1）应用场景及要求

动态人脸识别技术涉及城市公共安全中重点区域人员管控、出入境、通关、反恐等多个应用领域。以高通量场景动态人像抓拍比对应用来说，涉及清晰人脸图像获取、人脸姿态和年龄估计、人脸图像高质量重建、多源人脸数据融合处理等关键科学问题，其流程图如图 2.10 所示。特别是，对于具有巨大瞬间峰值流量的机场、高铁站等场所，高通量动态背景实时视频流的多姿态人脸检测模型、人脸姿态估计和正面最优人脸判别机制[6]更是人脸识别过程中需要前置解决的棘手问题。

城市安全领域人像比对深度应用对基于视频流的实时动态人脸识别技术提出了更高的要求。年龄分析、性别分析、伴行者分析、衣着佩饰特征及面部疤痕特征等基于面部特征拓展的更高功能需求，都是对城市视频监控大数据的融合检索的进一步要求。

机场候机厅、高铁安检通道等场景下，动态人脸识别技术具有明确且广阔的应用需求。我们在国家重点研发计划项目“航空旅客多源信息融合技术及其应用系统”(2018YFC0809503) 中进行了“机场大厅—安检通道—舱内场景”的动态人脸识别技术应用研究，通过枪球联动高清抓拍及三维人脸识别技术解决复杂高通量场景下跨摄像头人脸高精度识别和检索。课题着力于开发基于人脸识别的安检—登机人员实时跟踪定位技术和舱内有效信息实时识别分析技术。研究完成了人证合一、多摄像机人员检测跟踪、舱内音视频数据实时识别，以及“安检—登机—舱内”多源信息实时融合方法等技术；研制完成人证合一验证闸机、移动式舱内监控设备；可以获得旅客身份、行为、场景、轨迹等实时数据，实现目标旅客的准确识别、跟踪定位、风险感知等功能。以上场景对动态人脸识别技术的准确度和实时性要求很高。

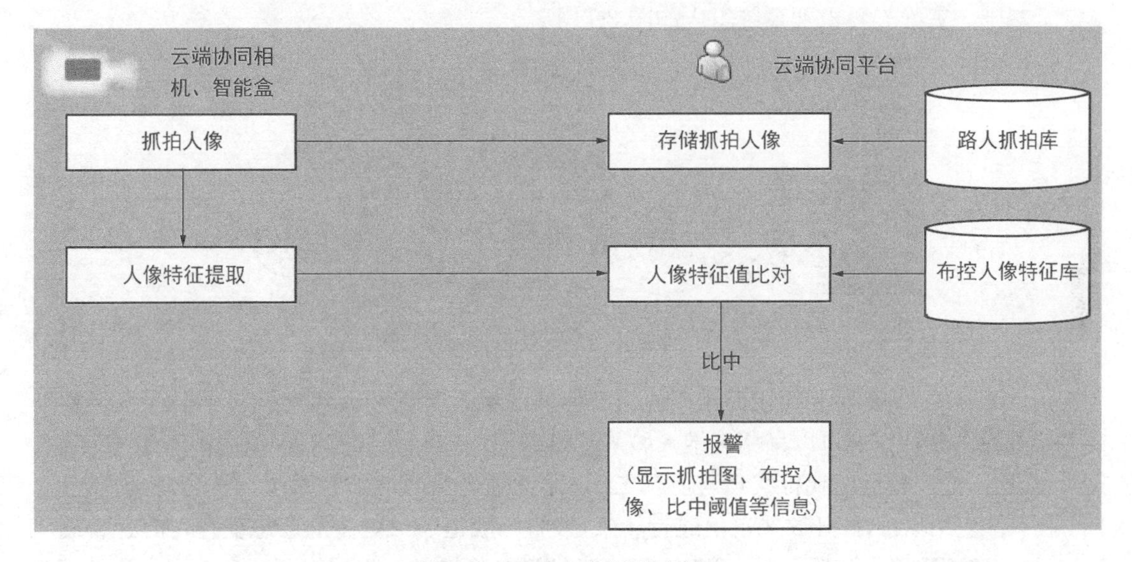

图 2.10　动态人脸识别流程图

2) 主要技术指标

对于开放场景的动态人脸识别，机场、长途车站的候车厅及室外广场、交通换乘通道等高通量人流密集场所，动态人脸识别需要满足以下要求：应用智慧前置的高清智能人脸抓拍摄像头，实现多模态人脸大数据融合；建立基于千万级人脸数据的年龄估计模型；实现多摄像机协同工作机制，搭建基于枪球摄像机联动的无盲区高效人脸识别系统，支持正常步行速度(3～5 km/h)下的人脸实时布控识别。

在千万级数据库规模下，目前动态人脸识别技术的应用处于各地自发建设状态，从前端采集设备到应用平台业务接口都没有统一的规范要求，涉及治安自建人像抓拍系统实时分析和社会面自建监控系统的动态抓拍图片的离线分析等不同应用模式，针对不同应用领域具有很强的定制性和差异性等，因此需要综合考虑当前城市公共安全保障应用中的具体使用需求，结合各种设备和技术的特点，提出符合社会公共安全管理实际需求的技术方案、设备升级需求并加以实用性分析。具体内容包括：

① 分析当前典型应用场景下动态人脸识别技术的应用现状，分析其在大数据警务模式下的反恐维稳与立体化社会治安防控中的不足，结合雪亮工程完善前端布点建设。

② 分析针对动态人脸识别设备的功能要求，论证其在采集端行人检测、人脸检测等方面的硬件实现和系统级芯片(System on Chip，SoC)层面模式识别算法设计方面的细分技术路线，研究云-边协同机制下的动态人脸识别前端设备的轻量化人工智能架构。

③ 探讨如下主要技术指标的科学性和先进性：安检通道或候车大厅中远距离(3～4 m)无遮挡正常步行速度(3～5 km/h)下动态识别精度＞85％，误识率(False Acceptance Rate，FAR)＝0.1％，1 000 万级底库比对时间＜1 s。验证其是否符合当前实际需要，验证是否能满足一定时期内的发展需要。

近年来，高精度三维人脸采集技术得到了进一步发展，三维人脸采集设备在维持较高采集精度和速度的情况下，设备的成本持续降低且集成度越来越高，比如川大智胜软件股份有限公司研制的高精度三维全脸照相机、苹果公司在 iPhone X 手机中集成的 TrueDepth 三维传感器和 FaceID 人脸识别技术等。采集设备的技术进展为超高准确度人脸识别系统的研制与应用奠定了基础。三维人脸识别系统组成如图 2.11 所示。

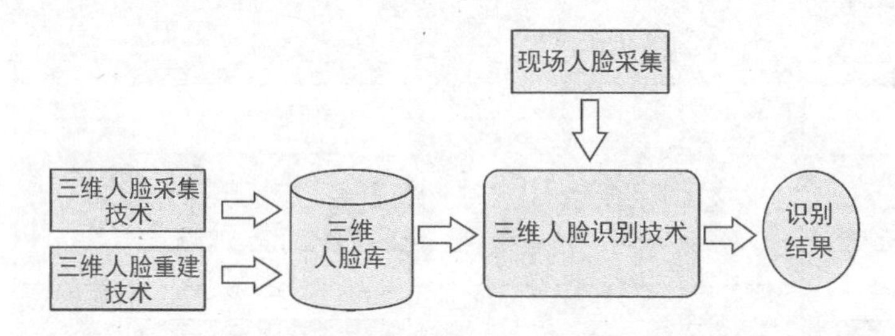

图 2.11　三维人脸识别系统组成示意图

相比于三维人脸识别，使用三维人脸模型辅助二维人脸识别近年来引起了研究人员越来越多的重视。这种方式可以采用三维人脸采集设备建库，在识别时则无须使用专门的三维人脸采集设备，能以较低的代价实现与现有二维人脸数据库和视频监控系统的无缝对接。

在一些应用场景，如开放式自由通行场景，人脸一般呈现出更多的姿态变化(如低头、侧脸等)，正面人像识别作用有限。3D-2D 人脸识别，即通过将二维人脸图像匹配到三维人脸模型来进行识别，比 3D-3D 人脸识别更具普适性，比 2D-2D 人脸识别更加精准。三维人脸识别相比二维人脸识别具有更多的优势，特别是高精度三维仪器采集的人脸数据，对照片、视频甚至人皮面具等仿冒手段，比二维识别具有更强的防伪能力。公安部第三研究所“航空旅客多源信息融合技术及其应用系统”项目组在此领域开展了一系列研究，并成功地在机场等场景下进行了部署应用。

2.1.3　多摄像机协同跟踪技术

在城市立体化视频监控系统的实际应用中采用了高、低点及移动的多摄像机多维布控实现对城市网络化分区管理。多摄像机之间的协同联动由高点摄像机掌握监控区域的整体情况，实现重点监视区域视频全局覆盖，并通过增强现实视频联动技术调用监控区域周边的低点摄像机，从不同角度查看监控区域及关注目标的视频，实现同层多个摄像机之间、高低摄像机之间对关注目标的连续跟踪和自动切换[7-8]。图 2.12 所示为高低摄像机多维联动布控示意图。

在城域级宏大场景中，多摄像机之间的视场大部分情况是不具备重叠关系的。对于一些重要场所，摄像机点位布置比较密集，一些固定摄像机的视场可能存在重叠，但是，如果设备是云台摄像机，那么，初始存在重叠视场的情况，也会随着摄像机的平移及变倍变焦动作 PTZ (Pan, Tilt, Zoom)动作，导致再和周围摄像机具有重叠视场。由此可见，城市级的摄像机监控网络，视场不重叠是常态，具备重叠视场是少数情况。图 2.13所示为园区场景下由非重叠视场的高低摄像机组成的多摄像机立体防控的实际应用界面。

从图 2.13 中可以看出，摄像机点位包括部署在两侧楼顶的高空摄像机，部署在地面道路转角两侧的地面摄像机及园区进出口处的摄像机。各个摄像机之间不是全部具有重叠视场的，这种就是实际应用中最常见的部署情况。

图 2.12　高低摄像机多维联动布控

图 2.13　园区场景高低摄像机联动协同

在重要场景或定点摄像机监控网络中的视场重叠情况下，我们一般基于 SIFT 等图像特征匹配、摄像机配准等技术来确定摄像机之间的关系，实现摄像机之间的协同跟踪[8-9]。图 2.14所示为多摄像机协同跟踪实现的室外人员轨迹图。

图 2.15 所示为多摄像机协同检测识别实现的室内人员活动轨迹。该技术可参见《多摄像机协同关注目标检测跟踪技术》一书。

在实际的多摄像机组网应用中，摄像机的类型可能是枪型摄像机、云台摄像机及鹰眼摄像机等多种摄像机，有时候需要对重点目标连续跟踪，跟踪的时长可能跨白昼黑夜，得到的监控

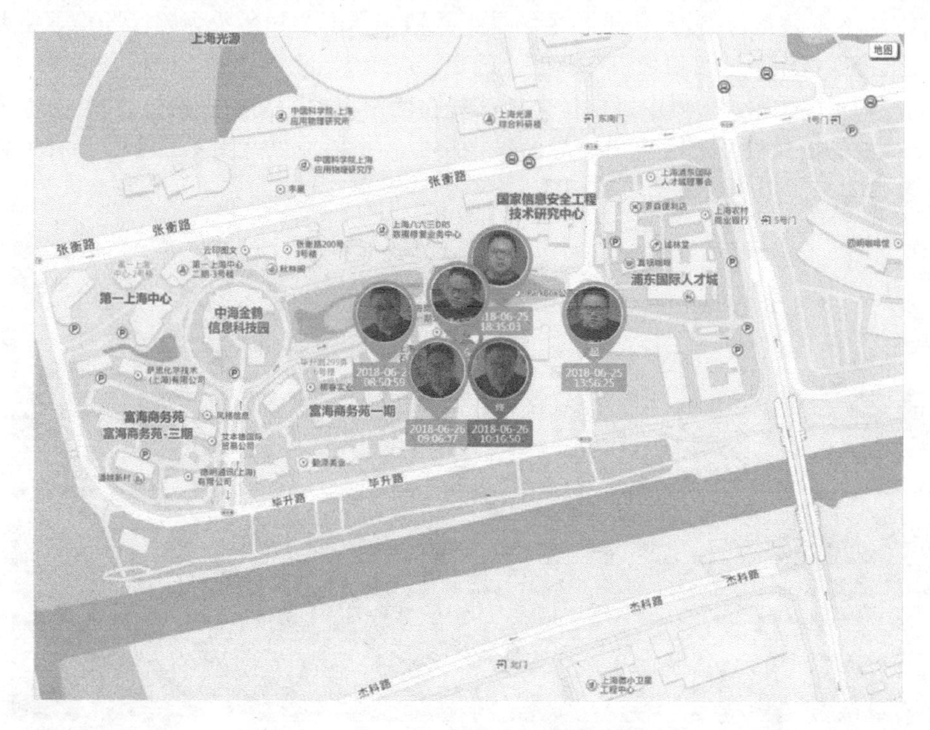

图 2.14　基于多摄像机协同的人员轨迹图

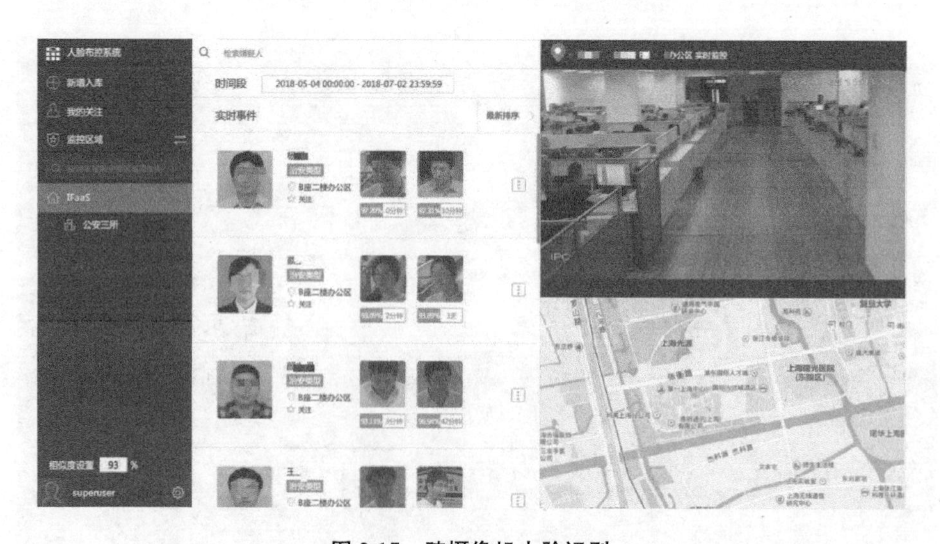

图 2.15　跨摄像机人脸识别

画面可能是自然光照的彩色监控图片和夜晚红外模式的灰度监控图像。因而，多摄像机协同更广泛的应用场景是多类型摄像机跨光谱图像下的行人协同跟踪和重识别，其原理框架如图2.16所示。

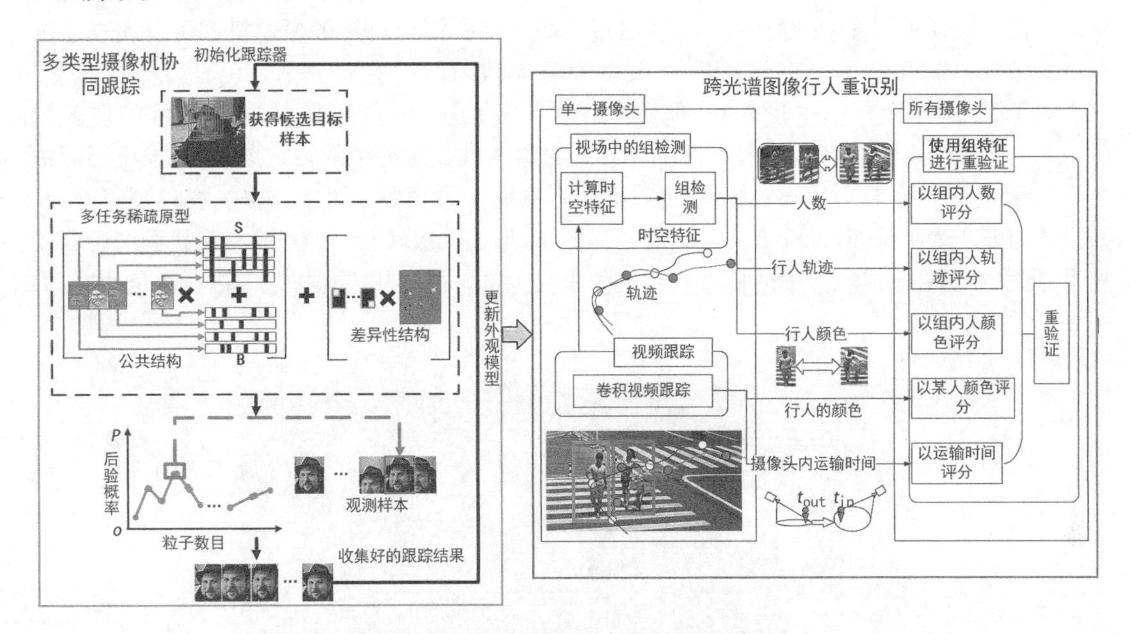

图 2.16　跨光谱多摄像机协同跟踪原理框架

上海交通大学航空航天学院胡士强教授团队对多摄像机协同跟踪技术领域进行了深入研究，获得了多项国家科研项目支持，产品成果在众多场景进行了示范应用，技术性能得到多方面验证。该团队和公安部第三研究所联合主编的技术标准《基于目标位置映射的主从摄像机协同系统技术要求》(GA/Z 1736—2020)于2020年8月7日由公安部发布并在2021年1月1日正式实施推广，为规范城市安全领域多摄像机协同应用制定了系统框架和功能性能要求。该团队研发的多摄像机协同系统室外场景下对运动目标的协同跟踪效果如图2.17所示。

图 2.17　双摄像机室外运动目标协同跟踪效果

对于立体化视频监控联动系统，要解决两个基本问题，一个是摄像机位置的共享，另一个是画面的点击联动。

对于第一个问题，现在很多监控摄像机已经自带 GPS 模块，支持通过网络共享点位信息。在更广空间的立体视频防控系统中，各摄像机通过网络实时向摄像机系统上报自身的三维坐标，如 GPS 坐标，或经过标定的摄像机的相关空间坐标映射，实现在多摄像机系统中的位置共享。在任一摄像机的视频画面中，对监控区域或关注目标同样可视的摄像机都可以实现显示在该摄像机的视频画面中，实现多摄像机之间的联动跟踪。

对于第二个问题，在主摄像机视频画面中，可手工标定从摄像机本身或感兴趣区域(Region of Interest, ROI)，如图 2.18 所示。通过单击视频画面中的标定点，主摄像机画面中会弹出标定点子窗口，形成画中画，实现对标定点画面实时预览。再次双击子窗口预览画面，则预览画面变为主画面，继续点击主画面的标定点，形成二级联动。通过多摄像机画中画联动技术，可以实现处于局域网中的任意一台摄像机在主摄像机与从摄像机之间进行角色切换，如图 2.19 所示。

图 2.18　主摄像机中框选 ROI 示意图

图 2.19　从摄像机调度跟踪 ROI 示意图

从上述多摄像机应用模式的简单描述可以看出，在城市公共安全领域，视频监控摄像机网络之间的协同工作已成为最常见的应用模式，能够有效地解决单一摄像机视场角有限、大场景与分辨率两者不能兼顾的矛盾，可以通过图像配准、PTZ 协同调度等技术实现大画面拼接及特写高清画面获取[10]。在城市视频监控前端布点规划中，多摄像机协同的部署方案需要考虑城市热点目标（治安领域中需重点布控的目标）的分布情况，从提升城市监控系统整体效能的角度来进行优化配置，研究者在文献[11]中提出了基于 AHP-DEMATEL（Analytic Hierarchy Process，Decision Making Trial and Evaluation Laboratory）的方法，构建了多摄像机协同防控评价模型，建立了用于指导治安领域视频监控前端布点建设的评价指标体系。

随着增强现实（Augmented Reality，AR）技术及虚拟现实（Virtual Reality，VR）技术的进一步实际应用，视频监控技术在城市公共安全保障中发挥越来越重要的作用，在社区网格化治理和监控视频大数据应用中都是常见模式，如图 2.20 所示。

图 2.20 中的“立体监控”即为高低摄像机协同联动应用。立体监控中特写摄像机的使用，又为人员大数据提供了多视角数据来源。

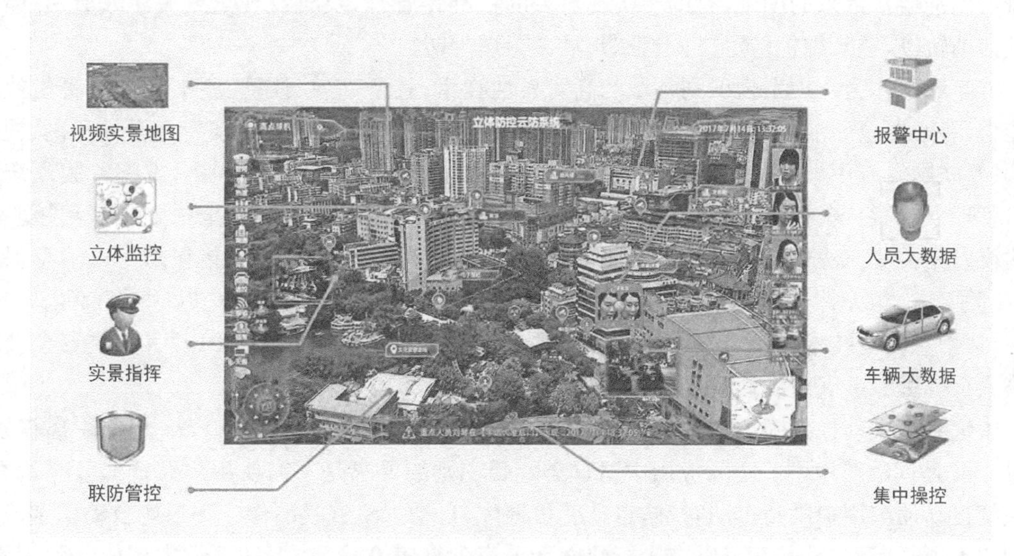

图 2.20　城市公共安全视频大数据综合应用

2.1.4　中远距虹膜识别技术

虹膜识别主要用于安防领域人员身份识别，建设虹膜综合应用系统，加强虹膜多算法融合、提升虹膜应用效能，充分满足城市公共安全保障工作中特定人群管控的需求，是城市重要场所的现实安全需求。目前相关部门正在建设用于公共安全保障的虹膜身份核验系统，在法律法规允许的范围内提供身份核验公共服务，通过满足信息系统数据安全设计的虹膜特征数据存储，构建统一的虹膜数据库，提供采集核查比对服务，进一步发挥虹膜技术支撑服务维护稳定、打击犯罪、促进社会管理精准化的效能。虹膜识别技术原理示意图如图 2.21 所示。

虹膜识别具有唯一性、稳定性、防伪性和非接触识别等的先天优势，是当前最快速、最精准的生物特征识别技术之一。可将人的身份信息与其虹膜生物特征进行一对一绑定，通过虹膜识别技术快速、精准地确定人员真实身份，可解决伪造冒用证件、漂白身份及整容等手段给常

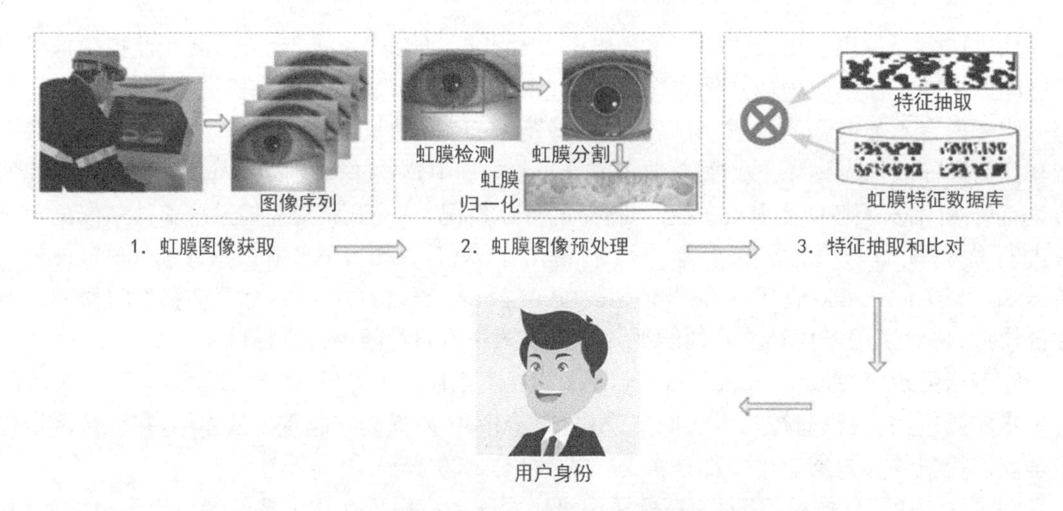

图 2.21　虹膜识别技术原理示意图

规身份识别经常带来的困难，有助于实现对人的精准化管理，及时发现重点关注人员，并能追溯其活动轨迹，提升维护稳定、打击犯罪、社会管理等能力。

虹膜识别作为一项生物识别领域的高可靠性技术，具备高效、便捷、精准的人员身份核查等能力，有必要全面加强虹膜系统建设，拓宽虹膜技术的应用领域，全面支持电子政务网、视频专网、互联网等应用渠道，将虹膜技术充分融入各项城市管理信息工作当中，发挥虹膜系统对人口管理、维护稳定、打击犯罪、社会管理的技术支撑作用。城市公共安全中虹膜采集核验项目建设以相关法律法规、国家标准、行业标准为基础，应满足《中华人民共和国个人信息保护法》相关要求，相关标准规范有《信息技术　生物特征识别数据交换格式》(GB/T 26237.4—2014)、《信息安全技术　网络安全等级保护基本要求》(GB/T 22239—2019)、《信息安全技术　网络安全等级保护安全设计技术要求》(GB/T 25070—2019)等。

中远距离主动式虹膜识别是未来发展的趋势[12]。一般认为，超过 50 cm 是中距离识别，超过 1 m 是远距离识别。实际应用中对这类虹膜识别的要求是不需要用户做任何姿态调整，由系统自动侦测用户眼睛自动对准，自动变焦聚焦，自动采集虹膜图像。理想的自动识别流程是用户无须任何配合，甚至可以在步行状态下采集到虹膜图像，在不知不觉中完成虹膜识别。这种识别方法具有很好的人机友好性，更容易被用户所接受。

中远距虹膜采集识别技术是一种弱配合或非配合式的无感知身份核验技术，能够和现有通道式身份核验闸机系统集成使用，组成人像、指纹、声纹、虹膜多生物特征身份核验系统，有效解决室外场景下单一人像比对技术的短板和应用弊端，实现精准的身份核验[13]。

图 2.22 所示为虹膜采集前端设备的演变，从左到右分别是望远镜式贴合式虹膜采集设

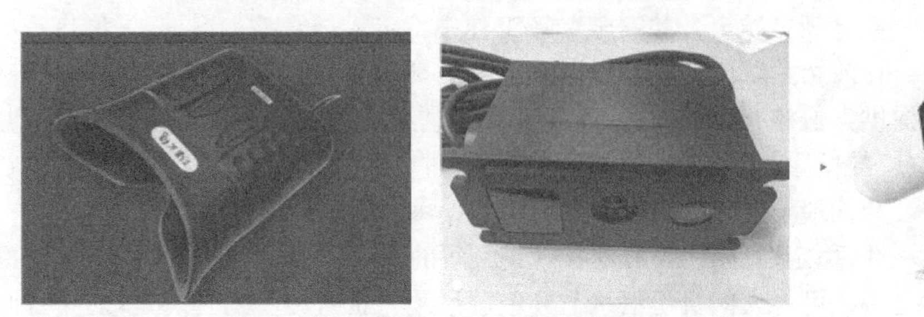

图 2.22　虹膜采集前端设备演变

备、可见光红外一体式近距虹膜采集设备，以及带云台自动俯仰定位眼部区域的中远距虹膜自动采集设备。

1）市场需求

目前绝大多数虹膜采集设备的工作距离都不超过 30 cm，即用户站在 30 cm 以内才能拍摄到虹膜图像，而且要通过语音、灯光等方式指导用户配合。这种采集方式复杂，需要较多的用户交互，采集时用户根据语音、灯光的提示前后反复调整位置，整个采集流程持续时间长，用户吞吐量很低。长期以来，正是虹膜图像采集的难题限制了虹膜识别技术的进一步推广应用。

市场应用的发展，需要能够解决超过 1 m 的中远距离虹膜识别问题。更进一步，如果在虹膜图像采集入库方面也能实现自然步行状态下中远距离的无配合式自动采集，则虹膜识别技术在城市公共安全领域的应用将大大拓展。

中远距离虹膜识别系统（平台），需要满足以下几个方面的要求：

(1) 采集空间(capture volume)

采集空间是指某一空间区域，在此区域内一幅高质量的虹膜图像可以被采集到，而且该虹膜图像可被用来提取纹理特征并产生编码。一般来说，采集空间所对应的空间区域在采集设备主光轴±15°的视野范围内。

(2) 采集距离(stand-off distance)

采集距离是指图像采集设备和虹膜之间的距离。在某些情况下，会有两个采集距离，即“摄像机—虹膜距离”和“照明系统—虹膜距离”。中远距离虹膜识别系统，以上两个采集距离应该大于 0.5 m。

(3) 驻留时间(residence time)

驻留时间是指虹膜需要停留在采集空间区域内，以便摄像头拍摄虹膜图像的时间。中远距离虹膜识别系统，用户的驻留时间应该不大于 2 s。

(4) 运动采集(acquisition in motion)

运动采集即动态采集，指用户步行走向采集设备时，系统可以实现虹膜图像的自动采集。中远距离虹膜识别系统，在用户的运动速度不大于 1 m/s 的情况下可以完成采集。

为保证系统支持大规模海量虹膜数据比对的准确性和效率，系统建设应遵循公安部制定的虹膜采集相关技术标准及规范。系统在虹膜采集方面遵循《安防虹膜识别应用图像技术要求》(GA/T 1429—2017)，入库的虹膜图像应高于此标准，以满足表 2.2 中指标为宜。

表 2.2　虹膜图像采集常规指标要求

指标名称	性能要求
虹膜图像尺寸	单目虹膜图像宽不低于 640 像素，高不低于 480 像素
虹膜图像采样分辨率	不小于 20 pixel/mm
虹膜图像灰度等级	每个像素点灰度量化级不小于 256 级
虹膜图像灰度等级利用率	不小于 6 比特
虹膜图像虹膜半径	不小于 100 个像素
对比度	虹膜与巩膜对比度不小于 10，与瞳孔对比度不小于 30

（续表）

指标名称	性能要求
虹膜有效区域占比	大于60%
边界裕量	虹膜外边界的拟合圆到图像上边界、下边界、左边界和右边界的距离分别大于$0.2r_i$、$0.2r_i$、$0.6r_i$和$0.6r_i$，其中r_i为虹膜半径

（5）功能要求

应用平台应具有以下综合应用功能：

① 虹膜采集：提供在线虹膜采集、特殊采集方式、存储采集对象信息、存储采集人信息、读取二代身份证件信息、虹膜注册、质量检测等功能。

② 虹膜识别：提供在线虹膜识别、显示虹膜识别比对成功结果、显示虹膜识别未能比中结果、查看识别历史记录等功能。

③ 查询统计：提供采集记录查询、采集情况统计、识别记录查询、识别情况统计、报警信息查询、报警情况统计、列表显示等功能。

④ 信息维护：提供人员信息维护、误采删除、当前采集点设置、预采数据管理、临时关注设置、筛选人员记录等功能。

⑤ 后台管理：提供虹膜图片管理、人员信息管理、人员标签管理、数据质量管控、数据上报管理、数据源管理、虹膜专题库管理、虹膜分析研判、布控管理、工作任务管理等功能。

⑥ 系统维护：提供参数维护、日志管理、用户管理、权限设置及设备管理等功能。

平台采用多设备接入引擎，提供统一的、开放的、标准的设备接入接口，不同厂商均可根据接入接口进行终端SDK的封装，实现设备按照平台标准的接入应用。同时，多设备接入引擎也提供客户端虹膜采集质量检测及质量管理。

虹膜系统应采用多核心算法池，按照统一的数据、应用等标准规范体系，支持多算法融合应用，全面提升系统兼容性、比对效率和运行稳定性。

虹膜核验系统应采用统一的数据解析接口，数据解析对用户不透明，虹膜特征数据存储按照“可用不可见”原则调用。虹膜比对引擎的调用由系统根据负载均衡原则自主优化分配，对于用户来说，虹膜引擎模块属于“可用不可见”，系统架构迁移上云，实现动态扩容、资源伸缩，保障服务的一致性、稳定性、可靠性和扩展性。

随着虹膜采集数量的不断增加，迫切需要开展虹膜的采集、归一化、存储、比对、应用等全流程标准规范体系建设，加强城市综合治理系统的对接、校验和质量检测，并制定适合虹膜技术特点的管理制度与要求。

在虹膜采集核验系统建设中，必须注意遵循相关法律法规和虹膜信息、人员信息等国家级标准规范，提供支持多算法、高并发、高可用的虹膜采集、存储及应用服务。虹膜综合应用系统通过城市安全综合应用平台，对接人员基础信息一体化采集设备，实现虹膜数据的采集、建库与比对应用；对接城市公共安全保障业务应用系统，提供虹膜比对服务；对接大数据平台，获取人员身份、背景、标签等信息，并为其提供虹膜数据与服务；依托城市电子政务网、视频专网、互联网，为城市管理多窗口的业务实战应用及社会面应用提供虹膜采集、比对等服务。

电子政务网数据中心存储人员身份信息、标签信息、虹膜信息、虹膜特征等较为敏感、关键的信息，提供虹膜采集、虹膜比对和虹膜识别身份鉴别服务。互联网、视频专网仅作为虹膜信息的采集渠道，存储脱敏的虹膜特征信息，提供脱敏后的虹膜采集、虹膜比对识别服务。

虹膜综合应用系统的业务需求主要有：多厂商设备接入、多算法融合、虹膜数据采集、虹膜比对、数据融合及迁移、系统管理、联动协同支撑、对外服务等。虹膜应用多级联动协同框架如图 2.23 所示。

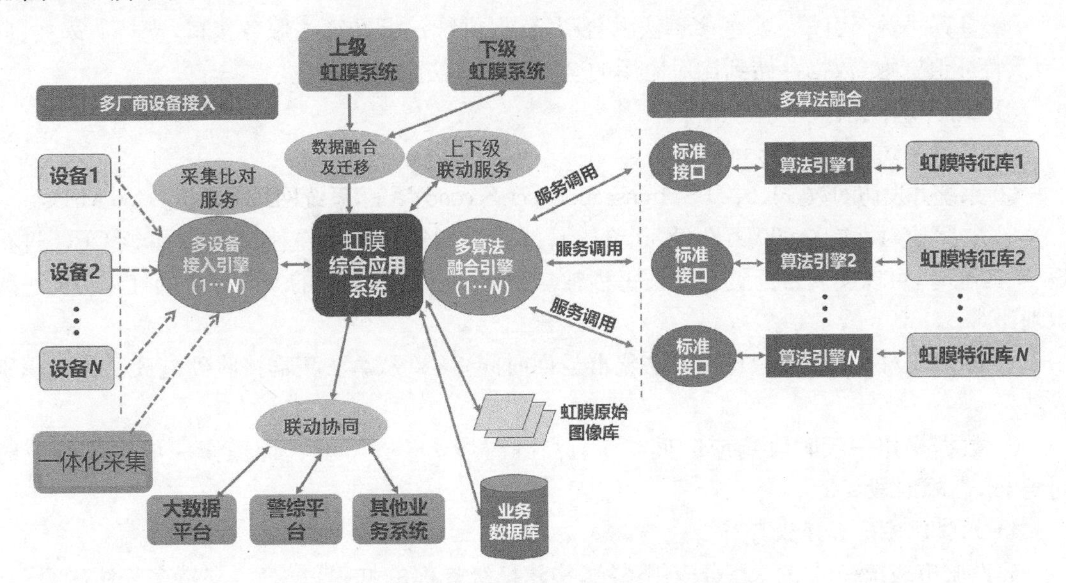

图 2.23　虹膜应用多级联动协同框架

虹膜综合应用系统提供统一标准设备接入开放设备接口，支持不同厂商的设备按照统一标准进行设备接口的封装接入系统应用。

系统涵盖了虹膜采集、入库、比对、更新等的全生命周期，均支持多算法融合。经检测合格的算法，均可集成进入虹膜综合应用系统，支持对多个虹膜识别算法的调度、管理，以及相关算法所需虹膜数据的更新维护，提供统一、标准的虹膜算法服务，支撑多算法融合应用。

系统提供基于多厂商、多算法的虹膜数据采集入库，能够检测虹膜数据质量及虹膜数据问题，确保虹膜数据的标准与质量。

系统汇聚多元虹膜相关算法和服务，支撑虹膜注册、虹膜比对、虹膜注销等业务需求。

应用支持将本地虹膜系统和各地虹膜采集的虹膜信息数据、人员信息数据及虹膜识别结果数据汇聚入库至上一级系统，实现数据、算法、服务的迁移与平滑升级。

系统提供服务及接口状态、设备接入情况、检查站等调用情况、系统对接情况、预警情况、数据汇总信息等可视化展示等功能。

系统提供采集识别、查询统计、信息维护、综合应用、参数维护、日志管理、系统设置、设备管理等系统管理功能。

对于有本地虹膜库建设需求的地方，支持本级库与上级库动态级联与服务联动，并能与城市公共安全大数据平台对接，交互虹膜数据、人员信息等数据。

通过业务网、视频专网、互联网等渠道，支撑对外多场景的虹膜比对、虹膜采集、数据共享等接口服务。

2）比对算法引擎

虹膜比对算法引擎应具有以下功能：

① 虹膜服务：提供虹膜注册、虹膜比对、虹膜注销等服务。

② 设置功能：提供数据比对范围确定、采集入库要求提示、比对模式选择、高质量入库、比对时间要求等功能。

③ 比对分项技术功能：提供比对集群、高效查询虹膜数据、负载均衡、比对服务、库容要求等功能。

④ 多算法融合引擎：实现多算法融合引擎，提供统一标准算法服务接口，支持从采集、归一化、特征值选取、数据存储到比对应用的全流程多算法融合应用。

3）性能指标要求

① 支持在线用户数≥5 000。

② 系统并发访问数≥100；TPS(Transaction per Second)≥50，系统网络吞吐量≥150 MB/s。

③ 虹膜比对性能≥500 万/s(X86 单核)；虹膜识别比对算法在使用 X86 单核 CPU 进行 1∶N 匹配时，可以实现目标虹膜特征每秒钟与内存中已预先加载的 500 万个的虹膜特征进行识别比对。

④ 虹膜比对：系统虹膜比对算法集群返回时间≤2 s(从算法集群接收到虹膜图像到识别成功)。

⑤ 数据操作一般时段响应时间≤3 s，高峰时段≤6 s；简单查询操作一般时段响应时间≤2 s，高峰时段≤3 s。

4）虹膜比对平台建设目标

建设城市级统一的虹膜综合应用系统，构建亿级规模的虹膜数据库，支持多算法融合，支撑业务网、视频专网和互联网等多渠道多场景的设备接入与比对应用，依法依规采集、存储、管理、使用相关生物特征信息，为维护稳定、打击犯罪、社会管理等城市安全治理工作提供人员身份快速识别、精准核验能力。

虹膜综合应用系统建设完成后，各下级业务单位可直接通过服务对接的方式，使用虹膜采集、存储、比对等相关服务，也可以结合本地工作需求，按照统一的标准规范、系统架构、接口服务体系搭建省级虹膜应用系统，实现部省联动应用。具体建设目标如下：

(1) 统一规范建库

按照统一的标准建设省级虹膜信息库，以服务的形式向各类业务开放共享，为各类业务应用系统提供高效的虹膜比对服务；实现数据采集与数据应用工作的同步开展。制定统一的数据采集、质量检测、数据存储、比对服务，以及人员信息、分类、机构等标准规范和字典项。

(2) 确保数据质量

虹膜采集建库采用“先质量检测，再入库存储”的方式，每一个虹膜入库前都要先进行质量检测，对于质量合格的虹膜数据将开展多算法全库比对，确定同一算法下不存在重复虹膜特征后，存储虹膜原始图像数据和虹膜特征数据，充分保证虹膜建库的多算法兼容与数据高质量，为多算法快速精准虹膜识别奠定基础。

(3) 建设比对算法融合应用

建设高性能虹膜比对算法引擎，为各警种提供高效的虹膜比对服务，支撑快速、精准确定被核查人身份。采用集群部署方式，虹膜库规模可根据需要进行动态扩容。基于现有成熟的核心比对算法进行多算法融合应用，提供标准算法接入支撑，能够接入各厂商的符合标准的算法。

(4) 多渠道开展服务应用

在业务网、视频专网、互联网等网络提供虹膜数据接口接入和虹膜识别比对服务，为各警种的业务实战应用及社会面应用提供支撑,拓展公安业务应用、社会面业务应用场景。

(5) 确保客户端兼容性

通过浏览器进行访问,基于 HTML5 等标准,构建简单、快捷、统一的操作界面,支持 IE、谷歌、火狐等常见客户端浏览器。

(6) 采集设备统一接入

制定虹膜采集识别设备标准规范,对符合标准的虹膜设备及集成虹膜采集功能一体化的采集设备均可通过接入使用。

(7) 支持多种采集方式

支持在线采集和离线采集两种模式。能够连接业务网的采集点,采用在线方式采集虹膜并自动入库;不能够连接业务网的采集点采用离线方式采集虹膜,网络条件具备后再将计算机接入业务网,系统自动将已采集的虹膜信息批量入库。

5) 总体设计与技术要求

系统基于云平台建设,构建基础资源层、核心数据层、核心服务层、综合应用层。核心数据层包括虹膜图像、虹膜算法特征、人员信息、识别记录、告警信息、其他信息等。核心服务层处于系统的业务核心,提供虹膜采集、虹膜注册、虹膜比对、识别算法服务、质量检测、数据管理、数据交换、数据共享等服务,核心服务以 API 网关的形式为业务应用提供服务。综合应用层基于比对算法引擎、多算法融合引擎、多设备接入引擎提供综合应用、联动协同支撑等功能,并在业务网、视频专网与互联网提供虹膜应用服务,为各警种业务实战应用及社会面应用提供支撑。图 2.24 所示为虹膜识别服务平台的总体应用框架。

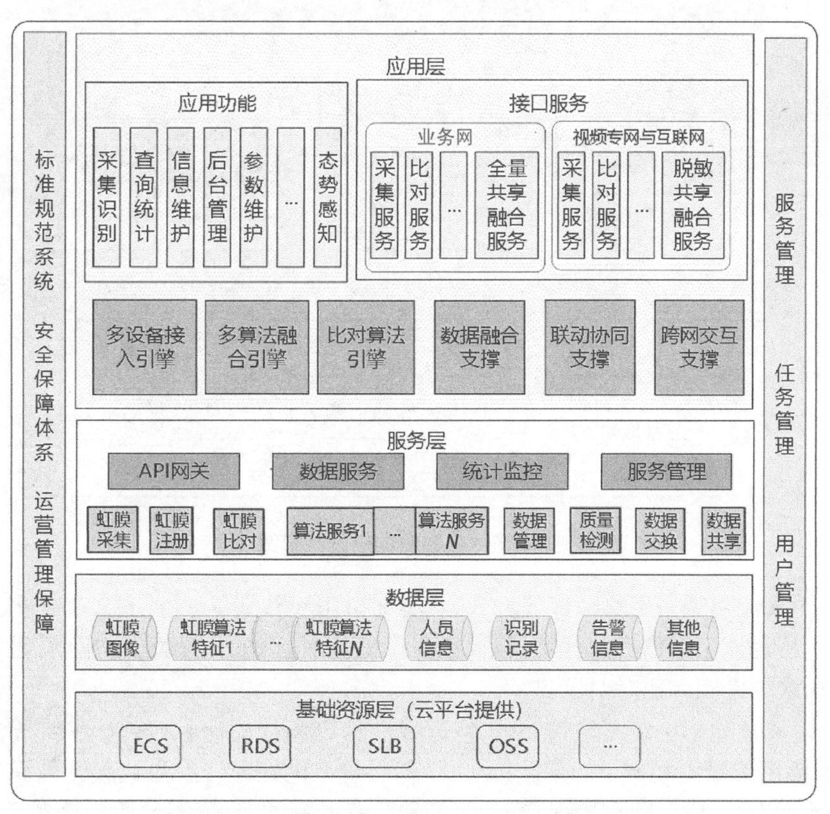

图 2.24 虹膜识别服务平台总体应用框架

① 应用层：包括采集识别、查询统计等应用功能，业务网、视频专网和互联网的接口服务，以及多设备接入引擎、多算法融合引擎、比对算法引擎、数据融合支撑、联动协同支撑和跨网交互支撑等应用支撑。

② 服务层：包括 API 网关、数据服务、统计监控、服务管理，以及虹膜采集、注册、比对服务，算法服务，数据管理、质量检测、数据交换和数据共享等服务。

③ 数据层：包括虹膜图像数据、多算法特征数据、人员信息、识别记录、告警信息等相关数据。

④ 基础资源层：由云平台提供计算、存储、网络、安全等基础设施。

6）应用支撑

（1）比对算法引擎

比对算法引擎主要包括虹膜注册、虹膜比对、虹膜注销等功能。

虹膜比对算法引擎在采集建库过程中自动滤重，采用“先比对，再入库”的方式，确定不存在重复虹膜特征后方可入库，充分保证虹膜建库的高质量。虹膜比对算法引擎应实现全库虹膜比对时间不超过 2 s，全库比对能返回唯一的准确结果。虹膜图像注册示意图如图 2.25 所示。

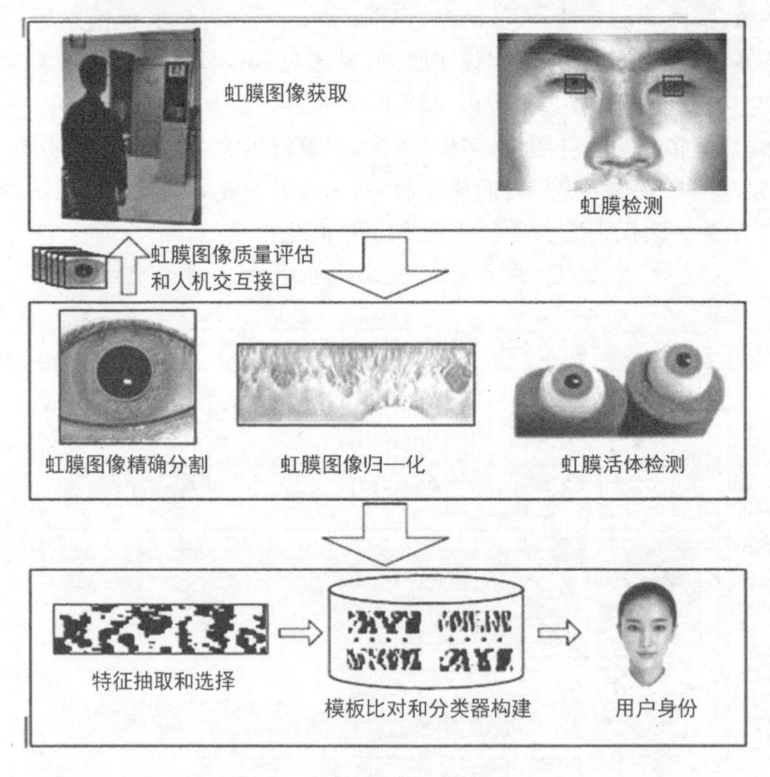

图 2.25　虹膜图像注册示意图

虹膜比对算法引擎采用集群部署方式，具有高可用性和高扩展性，可动态扩容比对算法服务单元，来支持规模不断扩大的比对请求，充分保证比对性能。在实际应用中，需考虑负载均衡，将比对请求分发到各比对引擎。

虹膜比对算法包括虹膜图像预处理、特征提取编码和特征比对三部分。虹膜图像预处理主要包括虹膜图像质量检测、虹膜的定位、分离与归一化处理。因为虹膜图像采集的难度很大，也容易受到光线、成像距离、人眼活动等各种因素的影响，虹膜图像质量检测算法则可以排除不满足质量要求的虹膜图像，减轻计算负担，从而提高运行效率；虹膜定位与分离算法在获取到的眼部图像中定位虹膜和瞳孔的内边界及虹膜与巩膜的外边界，将虹膜纹理区域从眼部图像中分离出来，其分离的精度直接影响虹膜特征分析的有效性；虹膜归一化算法采用极坐标，将虹膜的环形图像转换成固定大小的条形图像，减小虹膜尺寸和收缩带来的变化。虹膜特征提取编码，是指从归一化虹膜图像中提取个性化的纹理信息，用于标识当前虹膜的特征，然后对特征进行编码存储，用于后期比对分析。虹膜特征比对，是将现场提取的虹膜特征码与存储在虹膜库中的虹膜特征码进行比对后确定人员身份。

(2) 多算法融合引擎

该引擎对通过检测、符合标准的多家算法提供统一支撑。

虹膜服务的多方调用机制参见图 2.23，具有以下特征：

① 图像共用、特征自用：系统采集、存储虹膜设备采集到的原始虹膜图片，原始虹膜图像提取、转换、编码形成的虹膜特征数据，以及被采集人基本信息。在虹膜数据存储时，原始图片统一单独存储，可供所有算法共同使用；针对不同算法抽取的所需的特征数据，各算法自用自存，保障了算法引擎的高效性和多算法融合的兼容扩展性。

② 算法兼容性：按照统一标准实现多算法融合的接口，兼容各算法的差异处理过程，实现多算法融合引擎的归一化服务和松耦合拓展。

③ 拓展性：除了对多算法、新增算法的扩展外，系统还支持运算单元的动态扩展，可按照实际数据量和比对识别运算的需要，动态扩展运算单元，保障系统的处理运算能力和效率。

(3) 多设备接入引擎

因不同虹膜设备厂商的驱动和接口不尽相同，为满足不同厂商的设备能够顺利接入平台使用，平台提供客户端设备接入的开放接口，可以兼容不同厂商的各种设备，各设备厂商只需按照平台标准进行设备接口的封装，即可完成接入过程。

符合平台虹膜设备接入标准的不同厂商的设备，均可通过对接多设备接入引擎接入平台使用。通过多设备接入引擎也可以进行虹膜图像质量的检测和管理，如图 2.23 中所示。

多设备引擎作为多种设备接入系统的中介，能够提供对警综平台、一体化采集等系统的统一终端设备应用和支持。

通过多设备引擎的接入和调度，不同厂商的设备在应用端可以使用相同的操作界面和操作流程，使得应用系统用户不会因为设备的更换而导致操作习惯的变更。

(4) 数据融合支撑

支持上级虹膜系统，以及各地虹膜采集的虹膜信息数据、人员信息数据及虹膜识别结果数据的清洗、转换、上报、对账和标准化入库，支持数据、算法、服务的迁移与平滑升级。

汇集各层级已建虹膜库，统一纳入上级虹膜综合应用系统进行管理。对汇集虹膜综合应用系统的虹膜采集、识别数据进行转换与清洗，统一数据信息项，统一数据格式，规范图片质量，对不合格的数据进行标记或清除。

按数据内容划分，项目汇集的信息资源分为以下几类：人员的基本信息数据(含重点关注人员身份标签信息)、人员的虹膜特征模板数据、人员的原始虹膜图像数据，以及人员的身份证照片数据。系统利用以上资源可进行信息查询、数据统计等处理。

(5) 跨网交互与接口

跨网交互支撑是指在安全边界的基础上通过接口实现网络之间的数据交换。

在视频专网或互联网将虹膜比对识别到的人员 ID 信息写到安全边界对应一侧数据库或文件中；该数据通过安全边界传输至业务网一侧；在业务网一侧监听该数据变化情况，调用人员信息匹配服务，通过人员ID获取人员基本信息、身份信息、标签信息等数据进行记录；在业务场景需要的情况下，将匹配到的人员信息数据进行脱敏，再通过安全边界传输至视频专网或互联网一侧；在视频专网或互联网监听读取该匹配结果的脱敏数据进行业务应用。跨网数据交换也涉及以下接口服务：

① 虹膜采集服务：系统在业务网提供虹膜采集服务，业务网存储原始虹膜图片、虹膜特征以及绑定的人员信息。

系统提供虹膜库采集接口，可将虹膜采集功能嵌入到各业务系统中，实现业务系统直接进行虹膜采集的功能，采集到的数据自动传输到省部级虹膜综合应用系统，并可在业务系统中保存。

本服务是基于HTTP协议的REST类接口，请求参数使用POST方法进行提交，服务结果以JSON格式返回，使用UTF-8编码进行传输。

在应用程序一体化采集界面上，通过点击虹膜采集按钮打开采集页面，同时传入采集机构、采集人、被采集人身份等信息，采集完成后，采集结果实时反馈给应用程序一体化采集页面。

② 虹膜查验及核验服务：虹膜查验服务是省级虹膜综合应用系统平台提供的服务，用于接收前端虹膜采集设备采集的虹膜数据，根据虹膜数据获取所对应的个人身份信息，并返回处理结果。虹膜查验服务将检查虹膜图片质量，不接收不符合质量要求的查验请求。

虹膜核验服务是部级虹膜综合应用系统平台提供的服务，用于接收前端虹膜采集设备采集的虹膜数据，根据虹膜数据比对其绑定的证件信息，与本次上传的证件信息是否一致，并返回处理结果。虹膜核验服务将检查虹膜图片质量，不接收不符合质量要求的核验请求。

③ 虹膜比对服务：系统在业务网、视频专网、互联网分别提供虹膜比对服务。业务网存储全国原始虹膜图片、全国虹膜特征及绑定的人员信息；视频专网和互联网存储虹膜特征及人员ID。

系统能以接口服务的形式向全国各地业务机关开放共享，为各类应用系统提供快速准确的虹膜比对服务。本服务是基于HTTP协议的REST类接口，请求参数使用POST方法进行提交，服务结果以JSON格式返回，使用UTF-8编码进行传输。接口内容包括虹膜查验服务和虹膜核验服务。

④ 共享融合服务：系统在业务网存储全国原始虹膜图片、全国虹膜特征以及绑定的人员信息，为视频专网和互联网上的应用共享虹膜特征及人员ID数据。

系统提供数据共享融合访问接口，共享融合的数据主要为虹膜采集识别数据。数据共享融合接口主要为综治系统、大数据平台等业务网其他业务系统提供数据，将虹膜采集识别数据作为人员轨迹跟踪和综合研判的基础数据。另外，也为视频专网和互联网共享虹膜特征及人员ID数据。

本服务是基于HTTP协议的REST类接口，请求参数使用POST方法进行提交，服务结果以JSON格式返回，使用UTF-8编码进行传输。

在接口内容方面，对于业务网而言，需查询指定证件号的全部采集识别记录，主要信息项包括人员姓名、身份证号码、性别、民族、出生年月、采集时间、采集地点、采集人、人员分类、识别时间、识别地点等信息。

对于视频专网和互联网，需查询全国虹膜特征及人员ID的信息。

在网络设计方面重点保障系统所需的网络带宽。

2.1.5 视频结构化描述技术

视频监控是城市公共安全防范系统的重要组成部分。视频监控以其直观、准确、及时和信息内容丰富而广泛应用于许多场合。近年来，计算机、网络及视频图像处理、传输技术的飞速发展，推动了视频安防监控行业的发展，公安、金融、工业等不同行业对视频安防提出了不同的监控需求。高清、智能、融合、联动等视频技术日臻成熟，视频监控在智慧城市监测中起到越来越大的作用，同时也对视频监控软硬件提出了更高的要求，技术和行业需求互相促进，共同推动了智慧城市建设的发展。

视频监控同时也面临着深度应用的巨大挑战。传统视频监控网络存在缺乏深度应用的模式、监控网络的智慧化程序不高、系统建设的投入产出比低等突出问题。其应用的瓶颈是视频信息如何高效提取，如何同其他信息系统进行标准化数据交换、互联互通及语义互操作。解决这一问题的核心技术就是视频结构化描述技术。用视频结构化描述技术改造传统的视频监控系统，使之形成新一代的智慧化、语义化、情报化的视频监控系统。

视频结构化描述技术是在语义网架构基础上发展起来的一种面向内容解析的智能视频分析技术，它以 RDF 三元组的标准描述方式对视频内容进行结构化描述，进而实现视频内容的自动标注和结构化的文本表达，能够实现海量视频资源的自动信息化提取和文本-视频模式的高效视频检索，是视觉语义感知技术体系的关键支撑技术。视频结构化描述技术以规范的表达方式实现从视频内容到文本信息的结构化表达，可以广泛地应用于社会公共安全监控视频自动分析及高效检索，也可以拓展用于民用视频门户网站上传视频资源的自动标注，在安防视频监控和民用视频娱乐两方面都具有广阔的应用前景[14-15]。

1）视频结构化描述的定义

原始监控视频是一种非结构化的数据，不能直接被计算机理解。视频结构化描述技术是将视频图像这种非结构化的数据采用时空分割、特征提取、对象识别等数字视频图像处理手段，对视频图像中出现的目标贴上对应的标签，变为可通过某种条件进行搜索的结构化数据的技术。从数据处理的流程看，视频结构化技术能够将监控视频转化为人和机器可理解的信息，并进一步转化为城市公共安全实战所用的情报，实现视频图像数据向信息、情报的转化。

视频结构化描述技术由公安部第三研究所提出并已在成都、南昌、苏州等市实现应用。公安部第三研究所对视频结构化描述的定义是：视频结构化描述的是一种视频内容信息提取的技术，它将视频内容按照语义关系，采用时空分割、特征提取、对象识别等处理手段，组织成可供计算机和人理解的文本信息的技术，如图 2.26 所示。它包括两层含义：一是视频内容语义化，即在标准化的视频内容描述规范组织下，把视频中各个感兴趣的目标和其特征及行为识别出来，以文本的方式来描述视频内容，这是一个视频信息情报化提取的过程；二是视频资源关联化，建立单(跨)摄像头视频资源的语义互联，使得利用数据挖掘手段进行高效分析和语义检索成为可能，也使得视频资源与其他信息系统资源进行语义互联成为可能，这是一个视频信息组织、管理与挖掘，并辅助业务需求的过程。

简单地说，视频结构化描述技术将非结构化的视频数据转化为类似于网页的结构化文本信息，使得一线警员可以像订阅微博信息一样获得前端摄像头的预警信息，也可以像使用百度搜索功能一样从海量视频数据中检索特定目标。在视频结构化描述技术的框架下，各种有效感知信息获取智能化、海量数据实用化、隐藏信息可推理，可以解决多源异构数据解析、数据融

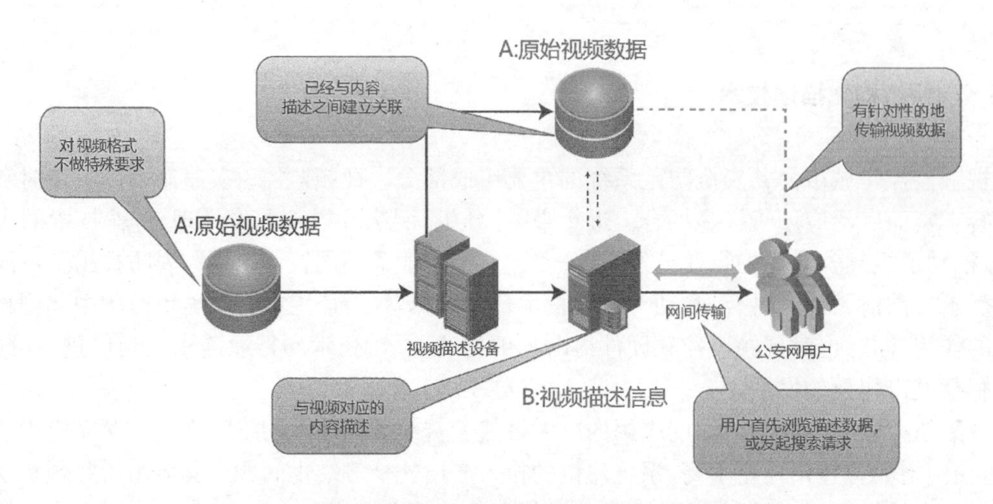

图 2.26　视频结构化描述原理及实现图

合、数据共享、信息利用方面的关键难题。

视频结构化描述技术是构造新一代视频监控网络的基础，实现视频监控网络的情报化、智慧化和语义化，使得视频监控系统级、网络化、跨警种、多元化的应用成为可能，实现视频监控系统由单纯的数据采集模式向融合数据采集、内容处理和语义信息服务为一体的集成化模式的转变；该技术也是与多级联网相耦合的多级视频解析中心建设的基础，可以为跨域跨警种提供统一的高层次警务视频情报化服务体系，为业务图像信息化、视频侦察、三级联网建设等提供支撑，进一步提升应急管理部门的工作效率，增强业务机关利用视频监控系统打防控管的能力和安全维稳的能力，促进视频警务工作模式的创新。

2）视频结构化描述的发展

我国的智慧城市建设已走过十余个年头，各类业务自建监控点位数量稳步提升，视频监控覆盖范围逐步扩大，视频图像信息在业务机关打击犯罪、治安防控及城市管理等各项业务工作中业已发挥了不可替代的重要作用。随着视频大数据时代的到来，需要一种解决方案将视频智能分析与业务解耦，专注于海量视频的智能分析，专注于大数据分析处理和用户的业务需求。

如图 2.26 所示，视频描述单元对应于视频内容结构化描述的专门视频处理硬件设备、软件程序或者其他理解和解释视频的手段。它的输入是视频数据，输出是原视频数据的内容描述。此时视频与内容描述之间建立了确定的对应关系。视频结构化描述强调特定场景（典型室外场景及室内场景）下特定信息（关注目标涉及的人、车、物、事件）的提取和描述，因此这一过程是在一定的知识模型的指导之下完成的。简单地讲，知识模型是对视频监控应用经验、视频内容本身特点等规律性的总结和形式化的表达。

视频资源基于内容的智能分析和结构化表达的实现，必须在包括场景应用知识建模与管理、视频理解和视频信息表达在内的视频结构化描述技术上实现突破，同时解决视频数据和描述数据的存储管理技术，利用语义互联网技术构建基于面向服务的架构（Service-Oriented Architecture，SOA）的视频语义感知系统的软件支撑环境。

监控视频内容信息标准化表达技术研究从视频解析的知识库出发，通过对视频特征的分析，提出有关视频描述的元数据列表，并以此建立有关视频内容的描述模型，定义相应的描述语言，对视频描述的知识样本进行管理，提供有关视频特征提取和描述的软件工具。监控视频内容信息标准化表达示意图如图 2.27 所示。

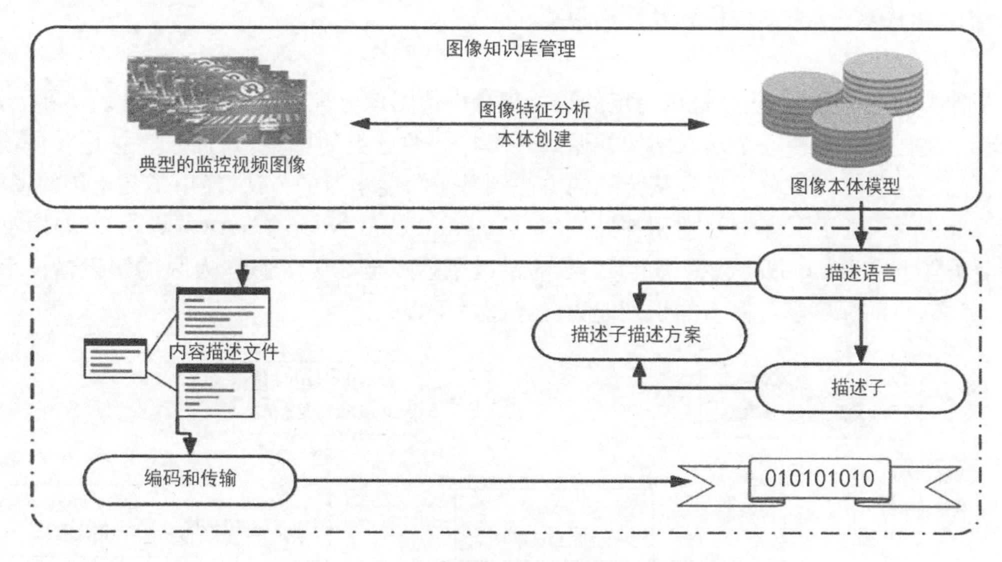

图 2.27　监控视频内容信息标准化表达示意图

在视频结构化描述系统中，视频首先传送到描述设备，机器在这里对内容进行分析理解，并产生结构化的描述信息输出；接着对描述数据进行传输和存储，原始视频存储方式不变。

视频结构化分为目标识别与轨迹提取、视频图像二次结构化描述两个阶段。

第一阶段是目标识别与轨迹提取，采用目标检测、特征提取、对象识别、深度学习等分析技术提取视频图像中的目标对象及运动轨迹。对目标对象进行分类识别如人、车、物、行为、事件等不同类别。将视频进行目标识别和轨迹提取后，视频分析技术首先分将视频中出现的目标分类为人员、车辆、物品等几大类，生成快照索引信息，然后提取活动目标的轨迹信息。

利用上述分析结果，我们可以对视频结构化描述信息进行简单的应用，比如人员、车辆、非机动车、物品等的分类搜索；活动目标的轨迹搜索，如通过目标运动轨迹进行运动方向、运动区域、绊线等搜索；通过主颜色搜索目标；通过目标快照的特征值进行相似度搜索(以图搜图)等。

第二阶段是视频图像的二次结构化描述，进一步提取目标的高维度特征包括目标颜色特征、分类特征、速度特征等，并把目标的轨迹信息及高维特征形成高效的索引数据。在原有目标分类的基础上，通过深度学习的算法，对目标的属性进行精细化识别，描述更多更细的属性，同时提取目标的个性化特征实现跨摄像头下的目标跟踪，提取轨迹信息，大大提升了目标属性的准确率、目标特征检索的召回率和检索查询的速率。

3) 结构化解析

计算机视觉技术，属于人工智能领域。核心问题是如何让计算机能够像人一样去“看”，识别物体的类型、特征、位置，推断事物的结构逻辑关系、动作和轨迹等。安防监控领域的需求是对前端摄像机采集的视频内容进行分析，提取出画面中关键的、感兴趣的、有效的信息，以便进行实时处理或事后分析。在视频数据的语义结构化描述过程中，摄像机相当于人眼，而视频分析算法相当于大脑，借助与前后端芯片或处理器的数据处理功能，对海量数据进行高速分析，形成结构化的数据，用于深度信息的挖掘应用。深度学习和图数据库的最新进展极大地推动了视频分析算法的发展。

下面介绍基于深度学习模型的视频结构化描述技术常见的五类应用，包括图像分类、目标检测、细粒度图像分类、图像检索及目标跟踪。

(1) 图像分类

跨种类的图像分类,核心是从给定的分类集合中给图像分配一个标签的任务。实际上,这意味着分类任务是分析一个输入图像并返回一个将图像分类的标签,并且标签总是来自预定义的可能类别集。图像分类任务从传统的方法到基于深度学习的方法,经历了几十年的发展,如图 2.28 所示,基于深度学习卷积神经网络(Convolutional Neural Networks, CNN)模型的图像分类任务在 ImageNet 数据集上 Top5 的错误率已降至 3.5%附近,人眼的辨识错误率大概在 5.1%,目前深度学习模型的识别能力已经超过了人眼。

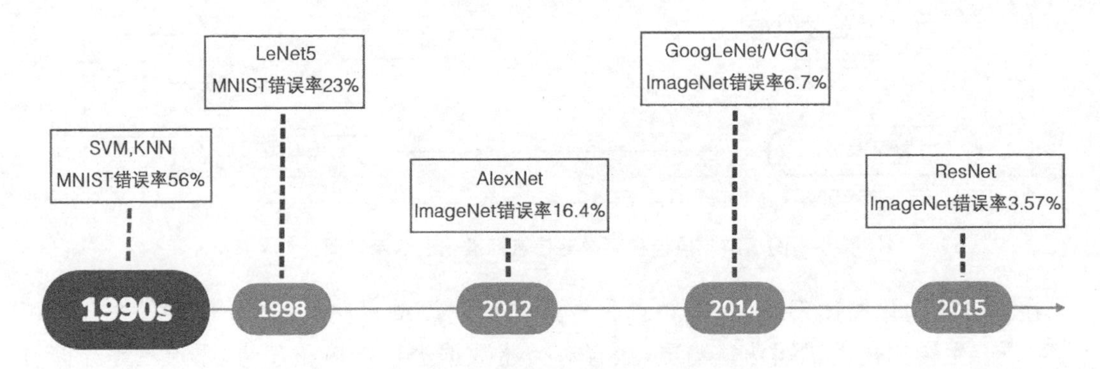

图 2.28 图像分类识别技术发展

下面介绍几种常见的深度学习神经网络。

① CNN:传统 CNN 包含卷积层、全连接层等组件[16],并采用 softmax 多类别分类器和多类交叉熵损失函数,一个典型的卷积神经网络如图 2.29 所示,我们先介绍用来构造 CNN 的常见组件,分别是卷积层、池化层、全连接层。

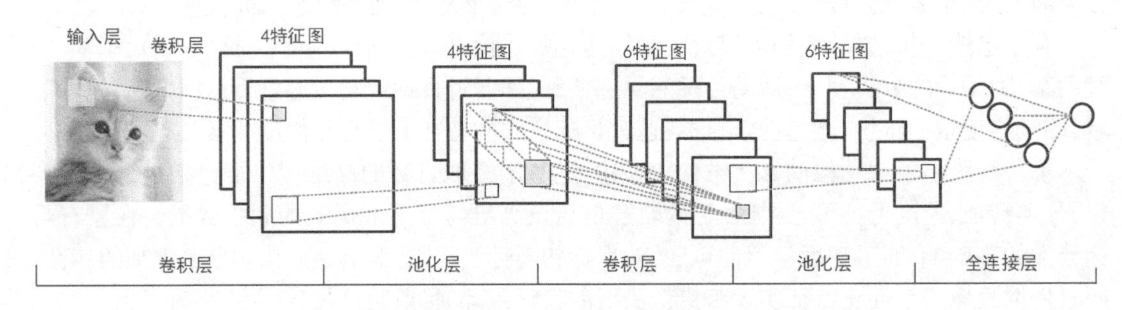

图 2.29 CNN 网络示意图

卷积层的作用就是通过不断地改变卷积核,来确定能初步表征图片特征的有用的卷积核是哪些,再得到与相应的卷积核相乘后的输出矩阵。通过卷积操作对输入图像进行降维和提取底层到高层的特征,发掘出图片局部关联性质和空间不变性质。

池化层通过卷积操作,完成对输入图像的降维和特征提取,但特征图像维数还是很高。维数高不仅耗时,而且容易导致过拟合。池化层实现降采样操作,通过取卷积输出特征图中局部区块的最大值(max-pooling)或者均值(avg-pooling)。降采样也是图像处理中常见的一种操作,可以过滤掉一些不重要的高频信息,同时具有平移和旋转不变性。

全连接层中全连接就是矩阵乘法,相当于一个特征空间变换把前面所有有用的信息提取整合。输入层到隐藏层的神经元是全部连接的。卷积层、全连接层后面一般都会接非线性变化函数，最常使用的是 ReLu 激活函数，用以避免非线性变化过程中的梯度消失。

在模型训练阶段随机让一些隐层节点权重暂时不工作(dropout，即丢弃)，用以提高网络的泛化能力，在一定程度上防止过拟合。

另外，在训练过程中由于每层参数不断更新，会导致下一次输入分布发生变化，这样导致训练过程需要精心设计超参数(超参数是在开始学习过程之前设置值的参数，而不是通过训练得到的参数数据)。一些研究者提出 Batch Normalization 算法对网络中的每一层特征都做归一化，使得每层分布相对稳定。BN 算法不仅起到一定的正则作用，而且弱化了一些超参数的设计。经过实验证明，BN 算法加速了模型收敛过程，在后来较深的模型中被广泛使用[17]。

② VGG：2014 年 ILSVRC 竞赛上由牛津大学超分辨率测试序列组(Visual Geometry Group，VGG)提出的模型，被称作 VGG 模型[18]。该模型相比以往模型进一步加宽和加深了网络结构，它的核心是五组卷积操作，每两组之间做最大池化(max-pooling)空间降维。同一组内采用多次连续的 3×3 卷积，卷积核的数目由较浅组的 64 增多到最深组的 512，同一组内的卷积核数目是一样的。卷积之后接两层全连接层，之后是分类层。

由于每组内卷积层的不同，有 11、13、16、19 层这几种模型，图 2.30 展示了一个 16 层的网络结构。VGG 模型结构相对简洁，提出之后也有很多文章基于此模型进行研究，如在 ImageNet 上首次公开超过人眼识别的模型就是借鉴 VGG 模型的结构。

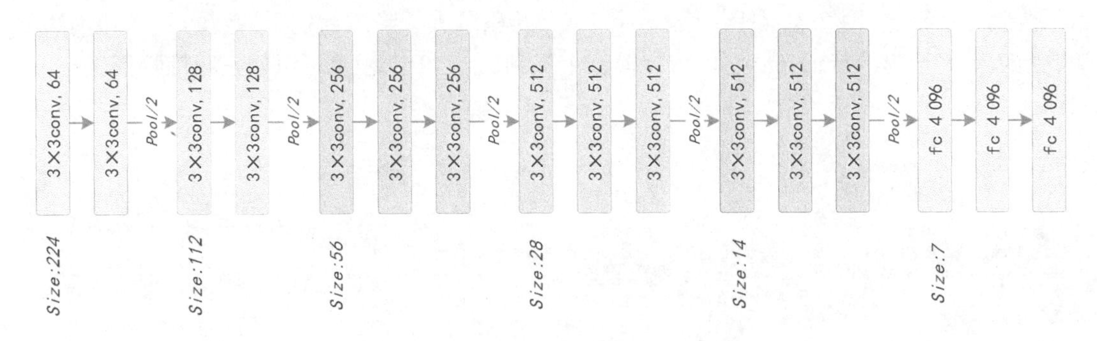

图 2.30　用于 ImageNet 的 VGG16 模型

③ GoogLeNet：GoogLeNet 是 2014 年克里斯蒂安·塞格德(Christian Szegedy)提出的一种全新的深度学习结构[19]，在这之前的 AlexNet、VGG 等结构都是通过增大网络的深度(层数)来获得更好的训练效果，但层数的增加会带来很多负作用，比如过拟合、梯度消失、梯度爆炸等。

GoogLeNet 在 2014 年 ILSVRC 竞赛上获得了冠军，在介绍该模型之前我们先来了解 NIN(network in network)模型和 Inception 模块。GoogLeNet 模型由多组 Inception 模块组成，模型设计借鉴了 NIN 的一些思想。

NIN 模型主要有两个特点：第一，引入了多层感知卷积网络(Multi-Layer Perceptron Convolution，MLPconv)代替一层线性卷积网络。MLPconv 是一个微小的多层卷积网络，即在线性卷积后面增加若干层 1×1 的卷积，这样可以提取出高度非线性特征。第二，传统的 CNN 最后几层一般都是全连接层，参数较多。而 NIN 模型设计最后一层卷积层包含类别维度大小的特征图，然后采用全局均值池化(avg-pooling)替代全连接层，得到类别维度大小的向量，再进行分类。这种替代全连接层的方式有利于减少参数。

一般来说，提升网络性能最直接的办法就是增加网络深度和宽度，深度指网络层次数量，宽度指神经元数量。但这种方式存在以下问题：参数太多，如果训练数据集有限，很容易产生过拟合；网络越大、参数越多，计算复杂度越大，难以应用；网络越深，容易出现梯度弥散问题（梯度越往后穿越容易消失），难以优化模型。

所以，深度学习的效果很大程度上取决于调参。解决这些问题的方法当然就是在增加网络深度和宽度的同时减少参数，为了减少参数，自然就想到将全连接变成稀疏连接。但是在实现上，全连接变成稀疏连接后实际计算量并不会有质的提升，因为大部分硬件是针对密集矩阵计算优化的，稀疏矩阵虽然数据量少，但是计算所消耗的时间却很难减少。

那么，有没有一种方法，既能保持网络结构的稀疏性，又能利用密集矩阵的高计算性能？大量的文献表明可以将稀疏矩阵聚类为较为密集的子矩阵来提高计算性能，就如人类的大脑可以看作神经元的重复堆积，因此，GoogLeNet 团队提出了 Inception 网络结构，就是构造一种“基础神经元”结构，来搭建一个稀疏性、高计算性能的网络结构。Inception 的提出则从另一种角度来提升训练结果，能更高效地利用计算资源，在相同的计算量下能提取到更多的特征，从而提升训练结果。

Inception 模块如图 2.31 所示。图 2.31 左图是最简单的设计，输出是 3 个卷积层和一个池化层的特征拼接。这种设计的缺点是池化层不会改变特征通道数，拼接后会导致特征的通道数较大，经过几层这样的模块堆积后，通道数会越来越大，导致参数和计算量也随之增大。为了改善这个缺点，图 2.31 右图引入 3 个 1×1 卷积层进行降维，减少参数量，从而让网络更深、更宽、更好地提取特征，同时如 NIN 模型中提到的 1×1 卷积也可以修正线性特征。

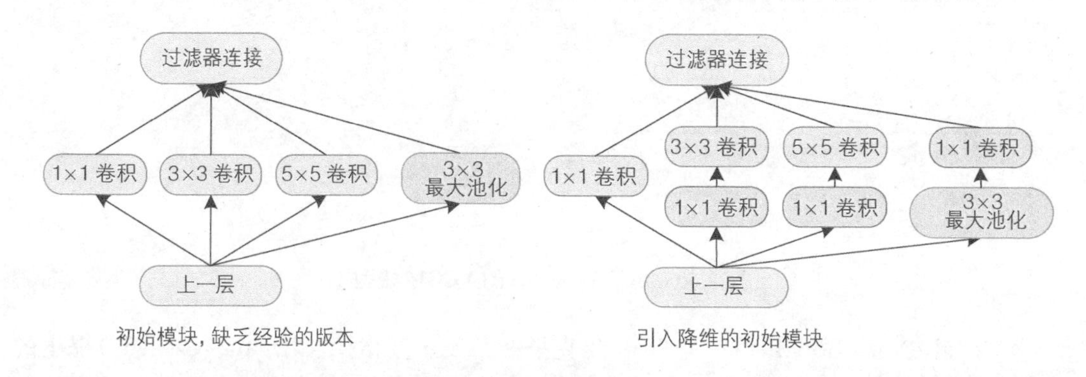

图 2.31　Inception 模块

GoogLeNet 由多组 Inception 模块堆积而成。另外，在网络最后也没有采用传统的多层全连接层，而是像 NIN 网络一样采用了均值池化层。与 NIN 不同的是，GoogLeNet 在池化层后加了一个全连接层来映射类别数。

除了这两个特点之外，由于网络中间层特征也很有判别性，GoogLeNet 在中间层添加了两个辅助分类器，在后向传播中增强梯度并且增强正则化，而整个网络的损失函数是这三个分类器的损失加权求和。

GoogLeNet-v1 整体网络结构，总共 22 层网络：开始由 3 层普通的卷积组成；接下来由三组子网络组成，第一组子网络包含 2 个 Inception 模块，第二组包含 5 个 Inception 模块，第三组包含 2 个 Inception 模块；然后接均值池化层、全连接层。GoogLeNet-v2 引入 BN 层；GoogLeNet-v3 一些卷积层做了分解，进一步提高网络非线性能力和加深网络；GoogLeNet-v4 引入下面要讲的 ResNet 设计思路。从 v1 到 v4 每一版的改进都会带来准确度的提升，这里不做详细介绍了。

④ ResNet：残差网络(Residual Network，ResNet)是 2015 年 ImageNet 图像分类、图像

物体定位和图像物体检测比赛的冠军[20]。深度学习之前的进展取决于初始权值选择、局部感受野、权值共享等技巧，但使用更深层的网络时(层数＞100)，依然要面对反向传播时梯度消失这类传统困难。此外，还存在退化问题，即层数越多，训练错误率与测试错误率反而升高。

针对随着网络训练加深导致准确度下降的问题，ResNet 在已有设计思路(BN，小卷积核，全卷积网络)的基础上引入了残差模块，提出了用残差学习方法来减轻训练深层网络的困难。每个残差模块包含两条路径，其中一条路径是输入特征的直连通路，另一条路径对该特征做两到三次卷积操作得到该特征的残差，最后再将两条路径上的特征相加。

残差模块如图 2.32 所示。左边是基本模块连接方式，由两个输出通道数相同的 3×3 卷积组成；右边是瓶颈模块(bottleneck)连接方式，之所以称为瓶颈，是因为上面的 1×1 卷积用来降维(图示例即 256→64)，下面的 1×1 卷积用来升维(图示例即 64→256)，这样中间 3×3 卷积的输入和输出通道数都较小(图示例即 64→64)。

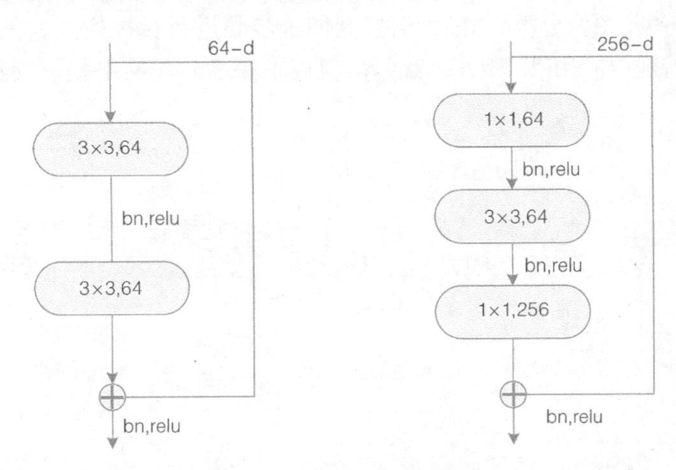

图 2.32　ResNet 残差模块

(2) 目标检测

目标检测任务是找出图像中所有感兴趣的目标(物体)，包含目标定位和目标分类两个任务，同时确定它们的类别和位置，如图 2.33 所示。目标分类任务负责判断输入图像或所选择图像区域(proposals)中是否有感兴趣类别的物体出现，输出一系列带可能性的标签表明感兴趣类别的物体出现在输入图像或所选择图像区域中的可能性。目标定位任务负责确定输入图像或所选择图像区域中感兴趣类别的物体的位置和范围，输出物体的包围盒、物体中心、物体的闭合边界等，通常使用方形包围盒，即用 bounding box 来表示物体的位置信息。

图 2.33　目标检测边界框及得分

目前主流的目标检测算法主要是基于深度学习模型，大概可以分成 Two-Stage 目标检测算法及 One-Stage 目标检测算法两大类别。Two-Stage 这类检测算法将检测问题划分为两个阶段，第一个阶段首先产生候选区域(region proposals)，包含目标大概的位置信息，然后第二个阶段对候选区域进行分类和位置精修，这类算法的典型代表有 R-CNN、Fast R-CNN、Faster R-CNN 等。One-Stage 目标检测算法将 object detection 的问题转化成一个 regression 问题。给定输入图像，直接在图像的多个位置上回归出目标的 bounding box 及其分类类别。One-Stage 相比于 Two-Stage 目标检测算法不需要 region proposals 阶段，整体流程较为简单，比较典型的算法有 YOLO、SSD 和 DetectNet。

目标检测模型的主要性能指标是检测准确度和速度，其中准确度主要考虑物体的定位以及分类准确度。一般情况下，Two-Stage 目标检测算法普遍存在运算速度慢的确定，而 One-Stage 算法解决了运算速度慢的问题，提出了将物体分类和定位在一个步骤中完成。

① Two-Stage 方法 R-CNN(Region-CNN)：R-CNN 是将深度学习应用到目标检测的开创性工作之一[21]，其基于卷积神经网络(CNN)、线性回归和支持向量机(Support Vector Machine，SVM)等算法，实现目标检测。R-CNN 遵循传统目标检测的思路，同样采用提取框，对每个框提取特征、图像分类、非极大值抑制四个步骤进行目标检测。只不过在提取特征这一步，将传统的特征(如 SIFT、HOG 特征等)换成了深度卷积网络提取的特征。R-CNN 框架如图 2.34 所示。

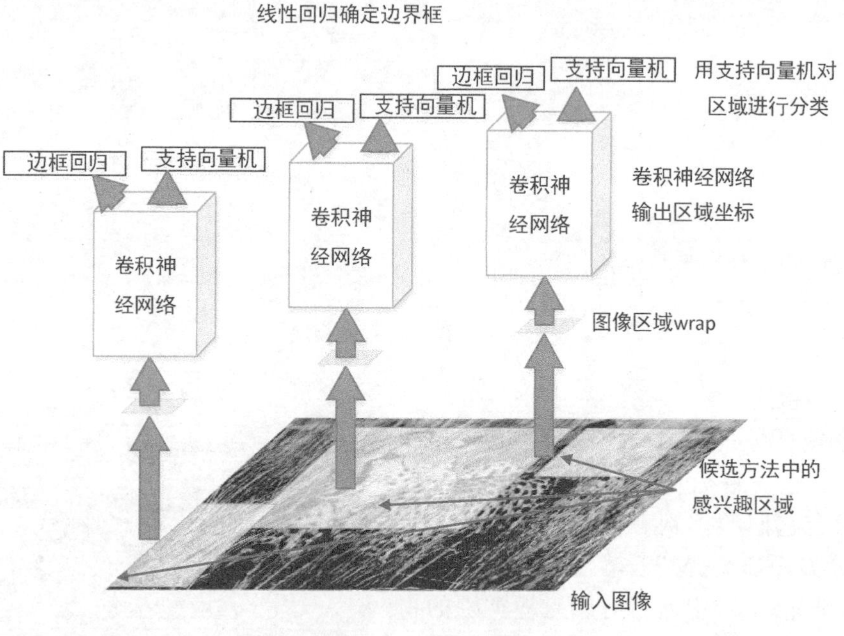

图 2.34　R-CNN 框架

R-CNN 速度较慢，每个候选区域都要通过前向传播，许多候选区域是相互重叠的，Fast R-CNN 还是通过选择性搜索得到候选框，但 Fast R-CNN 是将输入图像直接通过预训练模型，将候选框映射到特征图中来提取感兴趣区域，然后不同大小的区域通过 RoI Pooling 层得到相同大小的特征向量，最后通过两个全连接层得到类别和边界框的预测。

Fast R-CNN 需要通过选择性搜索得到许多候选框，才能得到较准确的精度，Faster R-CNN[22]针对这一问题，提出将选择性搜索替换成区域候选网络(Region Proposal Network，RPN)，通过网络自动学习提取好的候选区域，从而减少候选区域的数目，提高速度并保证了精度。具体做法是将特征提取的网络输出通过一个填充为 1 的 3×3 的卷积层变换为通道为 512 的特征图，这样特征图的每个单元都有 512 维的特征向量，以每个单元为中心，生成 9 个不同的锚盒(3 个大小及 3 种高宽比的组合)并标注它们,使用单元的特征向量预测锚框的二元类别及位置坐标,最后使用非极大值抑制去除相似重复的目标边界框。

② One-Stage 方法 YOLO:YOLO 是一个可以一次性预测多个 box 位置和类别的卷积神经网络[23],能够实现端到端的目标检测和识别,YOLO 可实现 45 帧/s 的运算速度,能满足实时性要求(24 帧/s)。事实上,目标检测的本质就是回归,因此一个实现回归功能的 CNN 并不需要复杂的设计过程。YOLO 没有选择滑动窗口(silding window)或提取 proposal 的方式训练网络,而是直接选用整图训练模型。这样做的好处在于可以更好地区分目标和背景区域,相比之下,采用 proposal 训练方式的 Fast-R-CNN 常常把背景区域误检为特定目标。

YOLO 检测网络如图 2.35 所示,包括 24 个卷积层和 2 个全连接层,卷积层用来提取图像特征,全连接层用来预测图像位置和类别概率值。YOLO 主要分为三个部分:卷积层、目标检测层、非极大值抑制(Non - Maximum Suppression, NMS)筛选层。

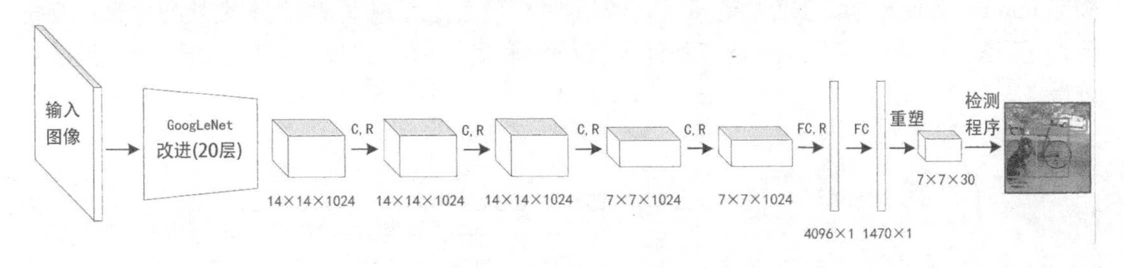

图 2.35　YOLO 网络结构

卷积层借鉴了 GoogLeNet-v1 分类网络结构,对应图 2.35 中的第一阶段,共 20 层。卷积层主要进行特征提取,从而提高模型泛化能力。不同的是,YOLO 未使用 inception module,而是使用 1×1 卷积层(此处 1×1 卷积层的存在是为了跨通道信息整合),并关联一个 3×3 卷积层简单替代。

目标检测层先经过 4 个卷积层和 2 个全连接层,最后生成 7×7×30 的输出。4 个卷积层的作用是为了提高模型泛化能力。YOLO 将一幅 448×448 的原图分割成了 7×7 个栅格,每个栅格负责检测中心点落在该栅格中的目标,每一个栅格预测两个边界框(bounding boxes),以及这些边界框的置信度(confidence scores)。这个置信度反映了模型对于这个栅格的预测:该栅格是否含有物体,以及这个 box 的坐标预测得有多准。

YOLO 虽然运算速度快,但是也存在以下缺点:因为一个栅格只负责预测两个框、一个类别,YOLO-v1 对密集场景或小目标的检测效果不好,容易产生物体的定位错误。目前,最新版本为 YOLO-v5。

YOLO-v5 是 One-Stage 的目标检测算法,该算法在 YOLO-v4 的基础上添加了一些新的改进思路,使得其速度与精度都得到了极大的性能提升,具体包括:输入端的 Mosaic 数据增强、自适应锚框计算、自适应图片缩放操作、Focus 结构、CSP 结构、SPP 结构、FPN+PAN 结构、CIOU_Loss 等。

③ SSD:针对 YOLO 类算法的定位精度问题,2016 年 12 月北卡大学教堂山分校的研究者提出 SSD 算法[24],将 YOLO 的回归思想和 Faster R-CNN 的 anchor box 机制结合,通过在不同卷积层的特征图上预测物体区域,输出离散化的多尺度、多比例的 default boxes 坐标,同时利用小卷积核预测一系列候选框的边框坐标补偿和每个类别的置信度。

在整幅图像上各个位置用多尺度区域的局部特征图边框回归,保持 YOLO 算法快速特性的同时,也保证了边框定位效果和 Faster R-CNN 类似。但因其利用多层次特征分类,导致其对于小目标检测困难,最后一个卷积层的感受野范围很大,使得小目标特征不明显。

如图 2.36 所示为 SSD 与 YOLO 模型比较,其中 SSD 的框架网络使用了 6 个不同尺寸的特征图来进行预测,分别是 38×38、19×19、10×10、5×5、3×3 和 1×1。这 6 个特征层会分别经过 3×3 的卷积后形成分类头和检测头,分别用于预测坐标偏差值和类别置信度(包含背景)。相比于 YOLO-v1 和 YOLO-v2 可以发现,SSD 的优点就是它生成的 default box 是多尺度的,这是因为 SSD 生成 default box 的 feature map 不仅仅是 CNN 输出的最后一层,还有利用比较浅层的 feature map 生成的 default box。所以 SSD 对于小目标的检测一定会优于 YOLO-v1(小目标经过高层卷积后特征几乎都消失了)。同时,又因为 SSD 生成的多尺度 default box 一定有更高概率找到更加贴近于 Ground Truth 的候选框,所以模型的稳定性是肯定比 YOLO 的强(YOLO 的 bounding box 很少,只有 98 个,如果距离 Ground Truth 比较远,那么修正 bounding box 的线性回归就不成立,训练时模型可能会跑飞,即 loss 突然变大且居高不下)。但是 SSD 的候选框数量是三种经典网络中最多的,有 8 732 个,所以训练时应该会比较慢。

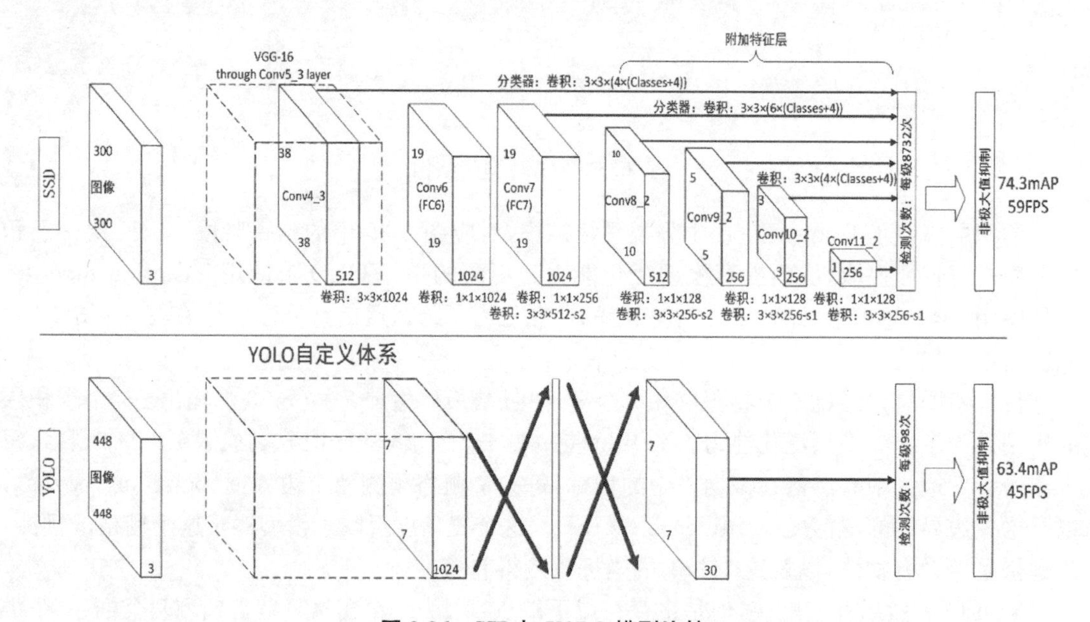

图 2.36　SSD 与 YOLO 模型比较

(3) 细粒度图像分类

细粒度图像分类又称作子类别图像分类,是在区分出基本类别的基础上,进行更精细的子类划分,如区分人的衣着款式、车的款式、人的种族等。以图 2.37 为例,通用的图像分类任务是将“人”和“车”这两个物体大类做区分,从外观、形态等方面,二者较容易被区分出来;而细粒度图像分类任务则要求将“车”该类别下细粒度的子类区分出来,如将“大众-Polo”“大众-高尔夫”的图像分辨出来,根据车前脸的细粒度特征需要分辨出“大众-高尔夫-2019/2020”“大众-高尔夫-2021”。对普通人来说,细粒度图像任务的难度和挑战无疑也更为巨大。

刚才提到,细粒度物体的差异仅体现在细微之处。如何有效地对前景对象进行检测,并从中发现重要的局部区域信息,成为细粒度图像分类算法要解决的关键问题。根据监督方式的

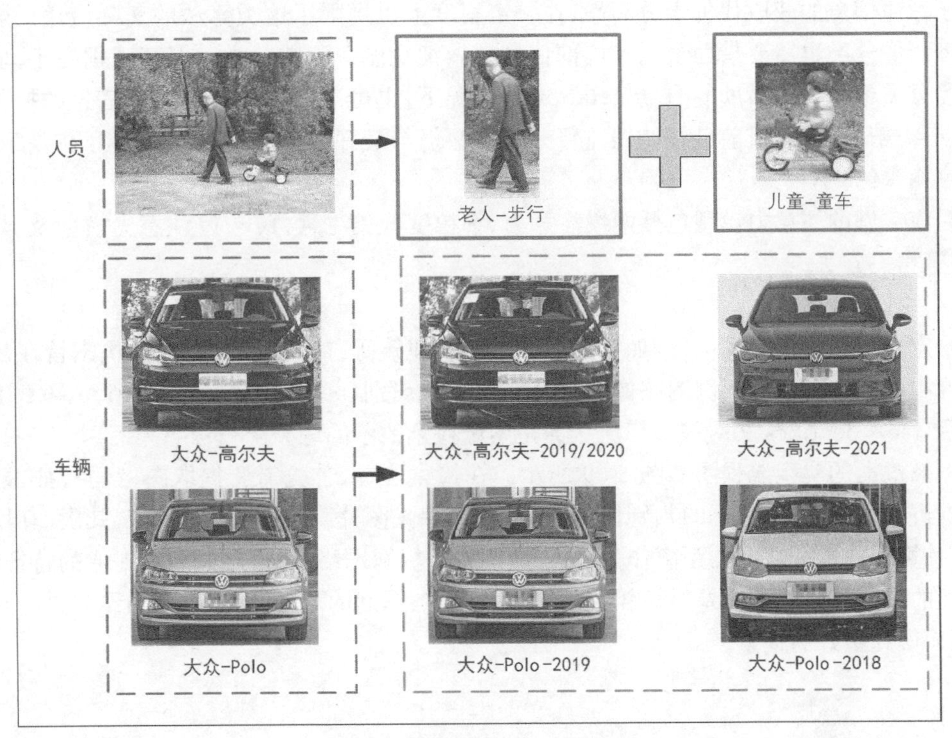

图 2.37　细粒度图像分类示例

不同，细粒度图像分类算法可分为强监督和弱监督两种，如图 2.38 所示。

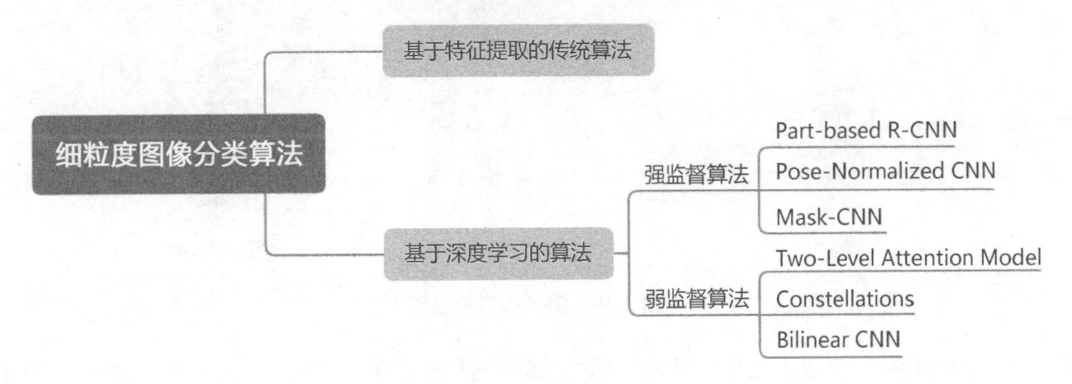

图 2.38　细粒度图像分类算法

① 强监督细粒度图像分类：这种方法是指在模型训练时，为获得更好的分类精度，除了图像的类别标签外，还使用了物体标注框（object bounding box）和部位标注点（part annotation）等额外的人工标注信息。常见的强监督细粒度分类包括 Part-based R-CNN、Pose-Normalized CNN 及 Mask-CNN。

细粒度图像分类问题也促进了 Mask-CNN[25] 模型的发展。该模型也分为两个模块，第一是 part localization，第二是全局和局部图像块的特征学习。基于筛选的 Mask-CNN 在仅依靠训练时提供的 part annotation（不需要 bounding box，同时测试时不需要额外监督信息），取得了目前细粒度图像分类最高的分类精度（在经典 CUB 数据上，基于 ResNet 的模型对 200 类不同鸟类的分类精度可达 87.3%）。

② 弱监督细粒度图像分类：强监督细粒度图像分类模型虽然取得了较满意的分类精度，

但由于标注信息的获取代价十分高昂，在一定程度上也局限了这类算法的实际应用。弱监督细粒度图像分类也需要借助全局和局部信息来做细粒度级别的分类。但其区别在于，弱监督细粒度分类希望在不借助 part annotation 的情况下，也可以做到较好的局部信息的捕捉。当然，在分类精度方面，目前最好的弱监督分类模型仍与最好的强监督分类模型存在差距，分类准确度相差约 1%～2%。

目前常见的注意力模型包括两级注意力、细粒度分类注意力、FCN 注意力模型及 Bilinear CNN 等相关方法。

(4) 图像检索

给定一个包含特定实例(例如特定目标、场景、建筑等)的查询图像，图像检索旨在从数据库图像中找到包含相同实例的图像。常见的行人重识别(person re-identification, Re-ID)、人脸识别(face identification)等被广泛认为是图像检索的子问题。

图像检索的典型流程图如图 2.39 所示。在检索之前，首先需要提取图像的特征，即将图片数据进行降维，提取数据的判别性信息，一般将一张图片降维为一个向量。其次，利用度量函数，计算图片特征之间的距离作为 loss，训练特征提取网络，使得相似图片提取的特征相似，不同类的图片提取的特征差异性较大。最后，利用数据间的流形关系，对度量结果进行重新排序，从而得到更好的检索。

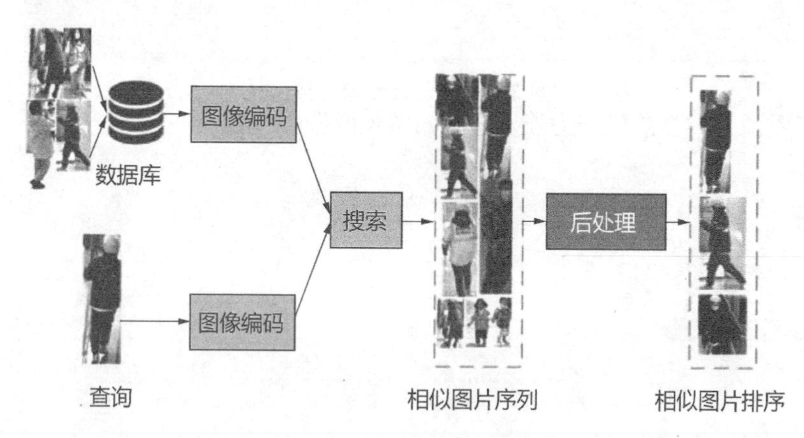

图 2.39 图像检索流程图

行人重识别[26]被视为图像检索的一类关键子问题。它是利用计算机视觉算法对跨设备的行人图像或视频进行匹配，即给定一个查询图像，在不同监控设备的图像库检索出同一个行人。旨在弥补目前固定的摄像头的视觉局限，并可与行人检测/行人跟踪技术相结合。

当前提出的行人重识别方法，可按 4 种分类方法进行分类。按照识别的对象类型来区分，可以划分为基于图像的行人重识别和基于视频的行人重识别；按照方法类型来区分，大致可以划分为深度学习方法、度量学习方法；按是否有监督来区分，可以划分为有监督方法和无监督方法；按应用场景来区分，大致可以划分为常规行人重识别、遮挡场景行人重识别、跨分辨率行人重识别、跨模态行人重识别、换衣行人重识别等。

行人重识别的基础流程图如图 2.40 所示，分为两个步骤：行人检测与行人重识别。

随着深度学习研究的爆发和行人数据集的不断增长，基于深度学习的行人 Re-ID 研究取得了突破性进展，此类方法的研究大体可以分为如下四个方向。

① 基于度量学习的行人 Re-ID：与人脸识别方法的研究类似，行人 Re-ID 研究也可以基

于分类思想进行度量学习的研究，此类方法本质上是学习一个映射空间，使得同类的样本距离

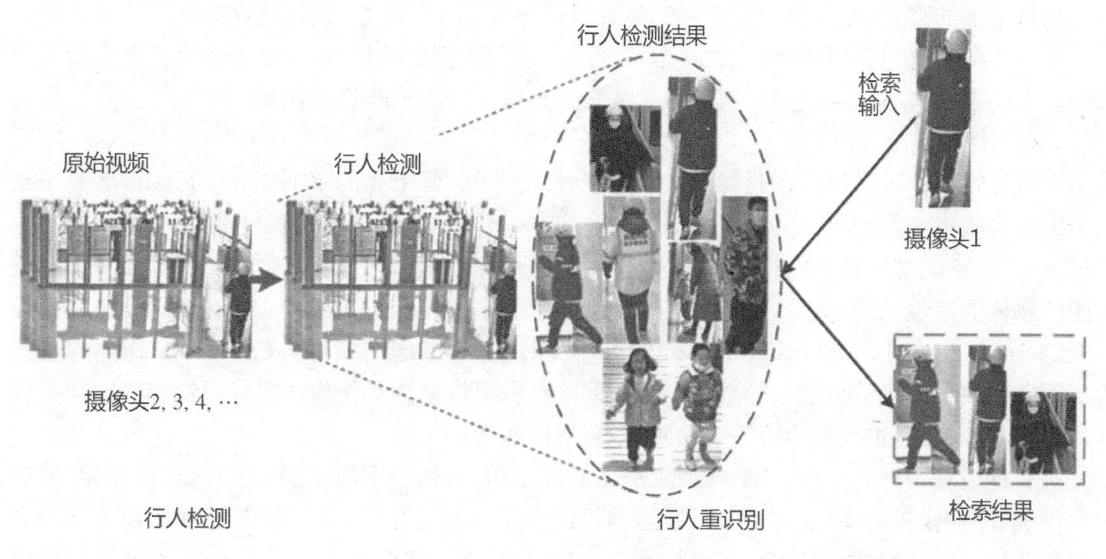

图 2.40　行人重识别流程图

更近，不同类样本距离更远。使用度量学习的行人重识别通过特征变换得到一个行人特征子空间，经过训练，利用损失函数进行约束，使得相同行人距离减小，不同行人距离增大。使用度量学习的方法关键在于确定训练样本的组合方式和使用高效的损失函数。常用的度量学习损失方法有对比损失(contrastive loss)、三元组损失(triplet loss)、四元组损失(quadruplet loss)等。

② 基于表征学习的 Re-ID 方法：不同于人脸识别，行人的穿着、姿态、其他物体的遮挡等给行人重识别带来了很多挑战，如果仅用行人的类别标签以分类的思想研究行人重识别问题，不足以学习出一个泛化能力足够强的模型。有些研究者引入行人的性别、上下衣颜色、是否背包等属性来增加模型的泛化能力，提高行人重识别的准确率。这类模型结合了行人的类别标签和属性标签，通过多种标签的组合使模型的表征能力更强。

③ 基于局部特征的 Re-ID 方法：前两种方法只专注于全局特征，会漏掉一些重要细节，致使识别方法在一些非理想化的情景中识别能力较差。与全局特征相比，局部特征具有数量丰富、特征之间的相关性小等特点。在行人重识别中，行人描述子可以通过融合多个局部特征的方法形成，常用的方法有图像切块、姿态估计、注意力机制等模型方法。此类方法融合了图像的局部特征和全局特征使模型的表征泛化能力更强。

④ 基于生成对抗网络(generative adversarial networks, GAN)生成图的 Re-ID(重识别)方法：Re-ID 有一个非常大的问题就是数据获取困难，最大的 Re-ID 数据集也就小几千个 ID，几万张图片。Re-ID 有一个问题就是不同的摄像头存在着偏离，这个偏离可能来自光线、角度等各个因素。为了克服这个问题，文献[27]使用 GAN 将一个摄像头的图片转移(transfer)到另外一个摄像头。除了摄像头的偏离，Re-ID 还有一个问题就是数据集存在偏离，这个偏离很大一部分原因就是环境造成的。为了克服这个偏离，文献[28]使用 GAN 把一个数据集的行人迁移到另外一个数据集。为了实现这个迁移，GAN 的损失稍微设计了一下，一个是前景的绝对误差损失，一个是正常的判别器损失。判别器损失是用来判断生成的图属于哪个域，前景的损失是为了保证行人前景尽可能逼真不变。

Re-ID 的其中一个难点就是姿态的不同，为了克服这个问题，文献[27]使用 GAN 造出了一系列标准的姿态图片，每一张图片都生成这样标准的 8 个姿态，最终用这些图片的特征进行一个平均池化，得到最终的特征。这个特征融合了各个姿态的信息，很好地解决了姿态偏离问题。总的来说，GAN 生成网络都是为了从某个角度上解决 Re-ID 的困难。

(5) 目标跟踪

跟踪物体的运动轨迹，即目标跟踪，是视频理解中非常重要的一项任务。目标跟踪要求在给定的视频中，对指定的物体——有时会指定某些类别的所有物体，确定其在每一视频帧上的位置，并将不同视频帧上的相同物体进行关联，从而得到每个指定物体的完整运动轨迹。按照跟踪物体的数量，目标跟踪任务可以分为单目标跟踪(single object tracking，SOT)和多目标跟踪(multiple object tracking，MOT)两类；按照跟踪时考虑的摄像头数量(同一物体的轨迹不间断的情况下跨越摄像头的数量)，目标跟踪任务可以分为单摄像头目标跟踪和跨摄像头目标跟踪，后者有时也被称为跨镜(头)跟踪、跨域跟踪等。

目标追踪也存在一些问题，从而限制了它的应用，包括但不限于形态变化、尺度变化、遮挡与消失、图像模糊等情况。总的来说，运动目标发生姿态变化时，会导致它的特征及外观模型发生改变，容易导致跟踪失败；当目标尺度变化时，由于跟踪框不能自适应跟踪，会导致目标模型的更新错误；跟踪框容易将遮挡物及背景信息包含在跟踪框内，会导致后续帧中的跟踪目标漂移到遮挡物上面。若目标被完全遮挡时，由于找不到目标的对应模型，会导致跟踪失败；光照强度变化、目标快速运动、低分辨率等情况会导致图像模糊，尤其是在运动目标与背景相似的情况下更为明显。

当前多目标跟踪的方法通常分为两大类：

① 两步法 MOT：使用两个独立的模型，首先用检测模型定位图像中目标的边界框位置，然后用关联模型对每个边界框提取重识别特征，并根据这些特征定义的特定度量将边界框与现有的一个跟踪结果联结起来。其中检测模型中的目标检测是为了发现当前画面所有的目标，Re-ID 则是将当前所有目标与之前帧的目标建立关联，然后可以通过 Re-ID 特征向量的距离比较和目标区域交并比(intersection over union，IoU)来使用卡尔曼滤波器和匈牙利算法建立关联。两步法的优点在于，它们可以针对每个任务分别使用最合适的模型，而不会做出折中。此外，它们可以根据检测到的边界框裁剪图像补丁，并在预测 Re-ID 功能之前将其调整为相同大小，这有助于处理对象的比例变化。

② 单步法 MOT：在进行目标检测的同时也进行 Re-ID 特征提取，核心思想是在单个网络中同时完成对象检测和身份嵌入，以通过共享大部分计算来减少推理时间。现有的方法比如 Track-RCNN、JDE(joint detection and embedding)直接在 Mask R-CNN、YOLO 的检测端并行加入 Re-ID 特征向量输出。这大大节约了计算时间，但研究发现此类方法存在目标 ID 错误关联的问题。

近年来，将检测和 Re-ID 统一到一个网络之中来完成多目标跟踪的方法取得了巨大的突破，且引起了研究人员的广泛关注。然而当前的一体化跟踪器仅依赖于单帧图片进行目标检测，在遇到一些现实场景的干扰，如运动模糊、目标相互遮挡时，往往容易失效。在 ICCV2021 及 AAAI2022 会议上有多名研究人员对此领域发布了最新研究成果，基于摄像机和激光雷达传感器的三维目标检测与跟踪的联合目标检测和跟踪框架在自动驾驶领域具有广阔的应用前景。

4）视频结构化描述元数据

视频数据作为物联网数据的主要组成部分，提起视频监控的语义分析，不得不提“元数据（metadata）”。在《物联网信息交换和共享 第3部分：元数据》（GB/T 36478.3—2019）中，关于物联网数据和元数据的定义分别为“感知数据以及与感知对象关联的数据的统称”“描述物联网数据及其相关信息的数据”。元数据通常用于对数据的自动检索和数据挖掘。视频监控系统中的元数据由两个层次组成，即基本属性信息及描述场景内容的信息。基本层次的元数据（基本属性信息）无须通过智能视觉分析算法的输出即可得到，如录像时间、地点信息、摄像机的参数等；描述场景内容的信息元数据（场景内容信息）来自对场景视频进行实时分析的结果，按照其描述的范围分类，主要有局部场景内的元数据（来自智能前端设备的分析输出）和全局场景内的元数据（由分布式视频监控中心的上下文感知算法产生）。视频监控中的常见图像元数据如图2.41所示。

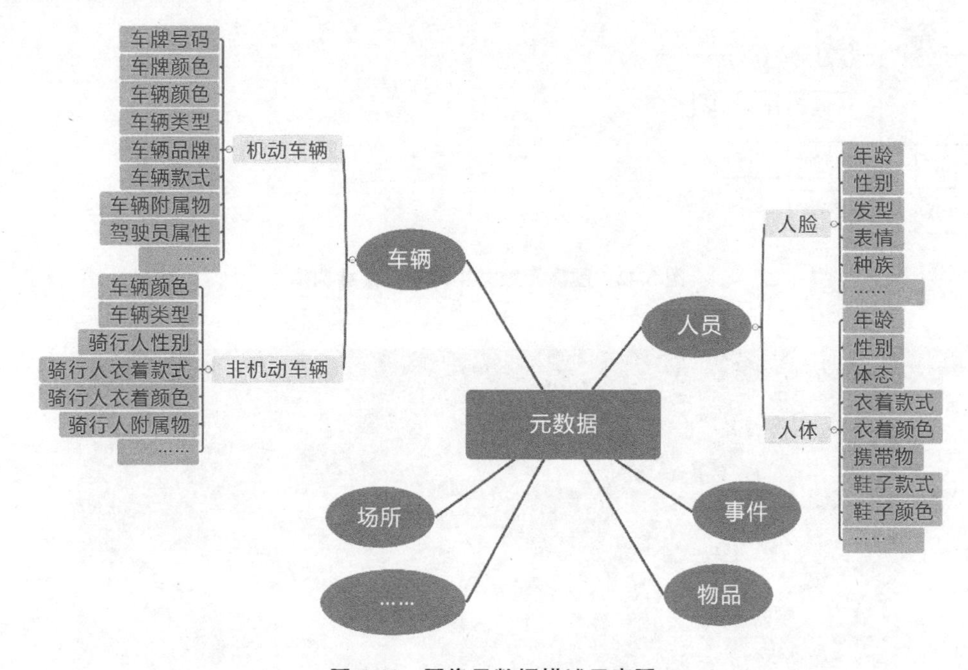

图2.41 图像元数据描述示意图

在公安信息技术领域，由公安部第三研究所组织起草的《公安物联网视频图像内容元数据描述规范》技术标准中给出了图像元数据实体及元素结构图，如图2.42所示。

安防监控领域关注的视频对象主要是人员、车辆、物品、事件、行为、场景等。根据图2.41所示，椭圆标记分为两大类，一类为对象，一类为对象属性。视频监控画面中出现的目标对象作为一个可描述的个体展现出来，再根据对象的不同类别来描述对象的属性。其中包括人员结构化描述、车辆结构化描述、物品结构化描述、事件结构化描述、场所结构化描述和其他对象结构化描述。例如：图2.43所示的视频场景中出现的人员和非机动车对象，用结构化描述技术对象1可表达为“青年男性、戴头盔、穿黄色外套、骑灰色电动车”，对象2可表达为“中年男性、未戴头盔、穿黄色短袖、骑红色电动车”。

人员结构化描述主要包括人脸描述、人体描述、步态描述、人员行为描述等。

人脸描述是对视频图像进行面向人脸的检测和解析，提取人脸图片、人脸特征值及相关的特征属性信息，如人员的性别、年龄范围、发型、种族、表情、佩饰物等。

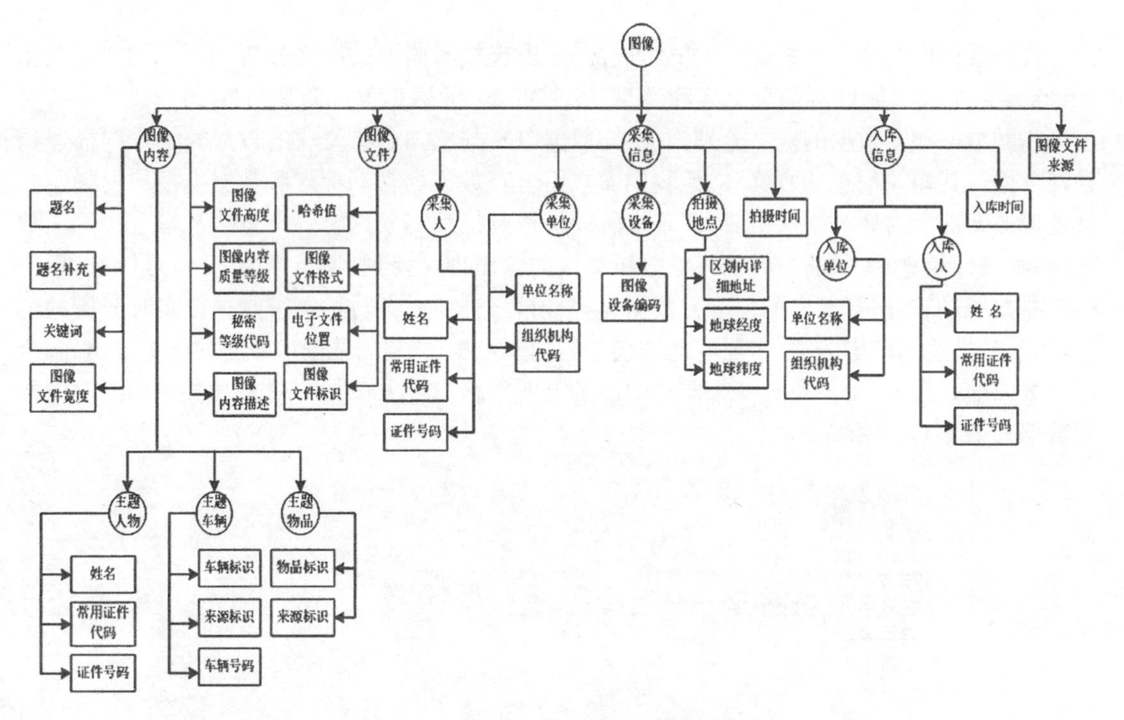

图 2.42 图像元数据实体及元素结构图

图 2.43 非机动车检测画面

人体描述是对视频图像进行面向人体的检测和解析，提取人体图片、人体特征值及相关的特征属性信息，如身高、体态、衣服纹理、上身/下身衣着颜色、上身衣着类型、鞋子类型、鞋子颜色、携带包类型、携带包颜色、附属物等。

步态解析是对视频图像进行面向人员步态的检测与解析，提取出该人步态特征值。

人员行为描述是对视频图像进行面向人员行为的检测与解析，提取人员的行为属性信息，如尾随、徘徊、开车、打电话等行为。

车辆结构化描述包括机动车描述、非机动车描述、车辆行为描述等，提取车辆图片、车辆图片特征值和车辆的特征属性信息、车辆行为等。

机动车描述是对视频图像进行面向机动车的检测和解析，提取机动车图片、机动车特征值及机动车特征属性信息，如车牌、车辆颜色、车辆类型、车辆品牌、车辆型号、车辆装饰(年检表、纸巾盒、遮阳板、挂件、摆件等)、驾驶员及副驾驶员特征(戴口罩、戴眼镜、是否系安全带、是否打电话等)等。

非机动车描述是对视频图像进行面向非机动车的检测与解析，提取非机动车图片、非机动车特征值及非机动车属性信息，如有无车牌、车辆类型(自行车、三轮车、电动自行车、电动摩托车、摩托车等)、车身颜色、骑行人性别、骑行人年龄范围、骑行人衣服纹理、骑行人上身衣着颜色、骑行人附属物(头盔、口罩、面纱、帽子等)、骑行人数量等。

车辆行为描述是对视频图像进行面向车辆行为的检测与解析，提取车辆的行为属性信息，如车辆启动、驻车、直行、转弯、变道、压线、运动方向等。

物品结构化描述是对视频图像进行面向物品的检测与解析，提取物品图片、物品图片的特征值和物品的特征属性信息，如物品名称、形状、颜色、大小等。

事件结构化描述是对视频图像进行面向事件的检测与解析，如特定案件(火焰、烟雾等)、关注事件(追踪、人群聚集、打斗等)等。场所结构化描述是对视频图像进行面向场所的检测与解析，提取场所图片和场所的特征属性信息，如天气情况、道路情况、建筑情况等。其他对象结构化描述是对于输入的视频图像进行面向其他对象的检测与解析，如动物(狗、猫等)等。

5) 视频结构化描述的应用

智能视频图像分析系统需要自动识别监控对象，及时感知目标对象所发生的变化，而当异常情况出现时能够实现自动报警等功能。我们知道，“监”和“控”是相辅相成的，要做到前一部分的“监”并不太难，而要真正做到后一部分的“控”才是至关重要的。要想更好更快地实现“控”的要求，就必须通过视频结构化描述技术，来提升“监”的有效性。

近年来，视频结构化描述技术得到了迅速发展，如图 2.44 所示为城市级视频结构化解析框架。

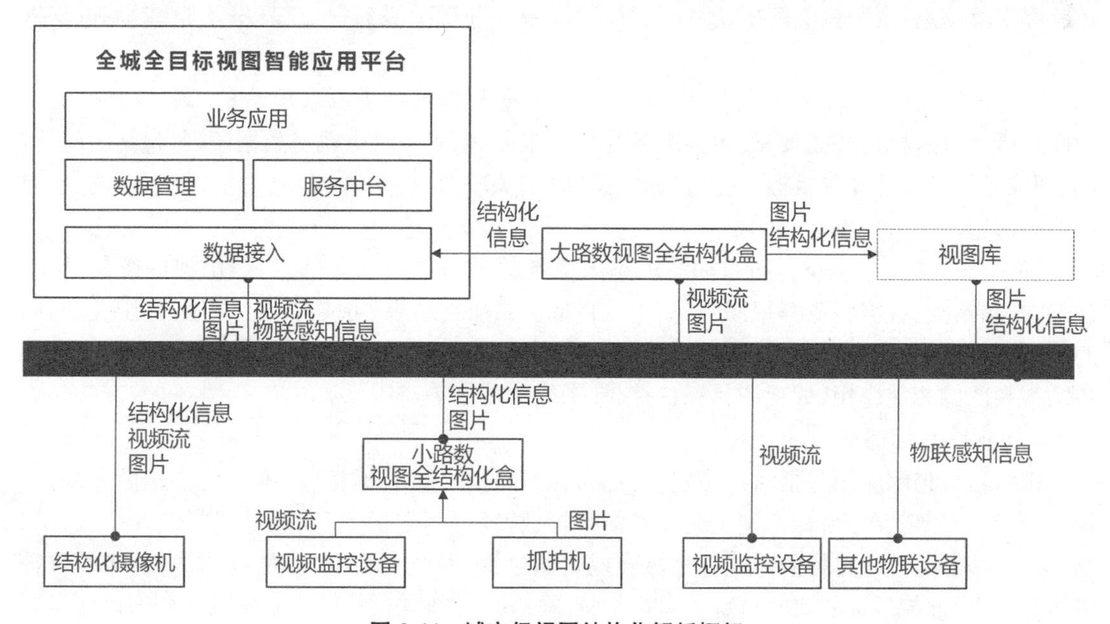

图 2.44 城市级视图结构化解析框架

视频结构化描述技术和现有的安防产品相结合可形成一些共性应用服务(图 2.45)。

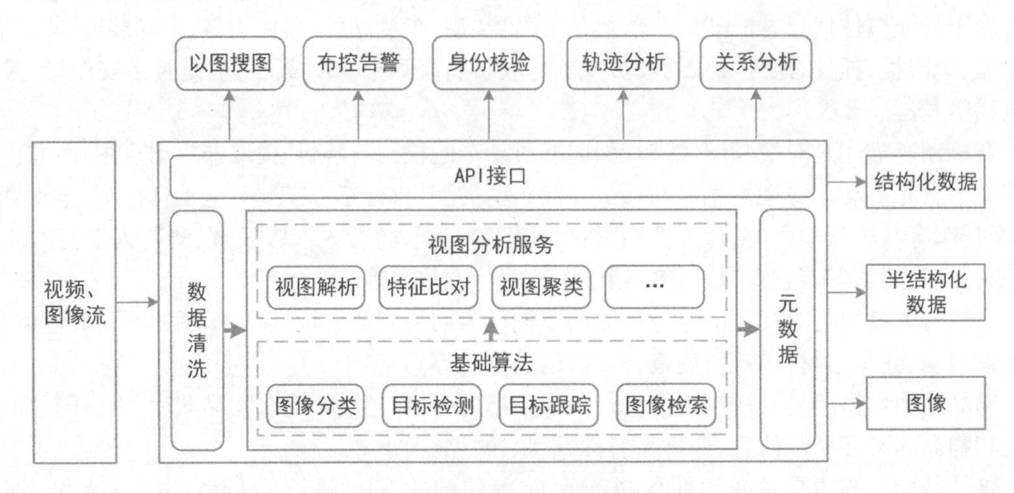

图 2.45　视频结构化描述共性服务架构

(1) 共性应用服务

共性应用服务包括以图搜图、布控告警、身份核验、轨迹分析及关系分析。

① 以图搜图：依据待检索目标的视频图像及检索要求、结果返回要求等信息，调用视图解析、特征比对等视图服务，生成搜图结果信息序列，可支撑目标布控、目标检索、目标核验等应用。

② 布控告警：依据布控目标（如重点人员、车辆等）的视频图像信息及布控要求、告警信息要求等信息，调用视图解析、特征比对、数据服务、以图搜图等视图服务，生成告警信息，可支撑目标布控等应用。

③ 身份核验：依据待核验目标的视频图像信息（如人员或车辆的证件照、抓拍视图等）及核验要求等信息，调用视图解析、特征比对、数据服务等视图服务，生成身份核验结果，可支撑目标核验等应用。

④ 轨迹分析：依据待分析目标的视频图像信息及轨迹分析要求等信息，调用视频联网、视图解析、特征比对、视图聚类、数据服务等视图服务，生成跨时空轨迹数据序列（包括时间、空间、图像等信息），可支撑目标布控、目标检索、时空关联、伴随关联、归属关联、行为预测、态势预测等应用。

⑤ 关系分析：依据待分析目标的视频图像及关系研判要求等信息，调用视图解析、特征比对、视图聚类、数据服务等视图服务，生成目标关系研判结果，可支撑时空关联、伴随关联、归属关联、行为预测、态势预测等应用。基于上述视频图像共性应用，在不同的业务系统中扩展各类视频图像相关应用，如视图目标追踪、视图线索挖掘等应用。

(2) 视图目标追踪

视图目标追踪应用包括目标识别、目标布控、目标检索、目标核验，满足关注目标发现、预警、锁定等业务需要。目标识别是通过视图解析、特征比对等服务，实现对视频图像中人、车、物、事件、场所等关注目标的识别。目标布控是通过视图解析、特征比对、以图搜图、布控告警等服务，发现被控目标的实时行踪。目标检索是通过视图解析、特征比对、数据服务、以图搜图等服务，实现关注目标历史数据的查询检索，掌握其历史行踪。目标核验是通过视图解析、特征比对等服务，实现对视频图像中的人员、车辆等关注目标具体身份的确认。

(3) 视图线索挖掘

视图线索挖掘应用包括时空关联、伴随关联、归属关联，满足特定目标时空、伴随和归属关系刻画和线索挖掘的业务需要。

时空关联是通过轨迹分析、规律分析、关系分析等服务，实现视频图像中同一对象时空信息的自动关联及研判。伴随关联是通过轨迹分析、规律分析、关系分析等服务，实现人员间或车辆间伴随关系的自动关联及研判。归属关联是通过结合目标身份解析、轨迹时空分布、行为特征等，并在经验知识库的支撑下，研判视频对象之间的归属关系。

6) 视频结构化描述的展望

在大数据时代，利用视频结构化描述技术实现视频图像内容的规范化表达、提取和检索，将是业务机关实现安防大数据应用的重要基础建设。从应用前景看，视频监控技术所面临的巨大市场潜力为视频结构化描述提供了广阔的应用前景。尤其在安防行业，他们希望建设一个结合图像处理技术、大数据技术和云计算技术来实现视频图像结构化处理的平台系统，实现以机器自动处理为主的视频信息处理和分析，快速提取实时监控视频或监控录像中的视频信息，并存储于中心数据库中。平台能够实时对监控区域的录像文件进行特征分析，使原来需要数小时查看的文件，可以在几分钟内快速浏览查看。用户通过结构化视频合成回放，可以快捷地预览视频覆盖时间内的可疑事件和事件发生时间，并可根据结构化短片中的单个事件索引，直接链接播放可疑事件的原始视频，观看整个事件的真实情况。

此外，视频结构化技术紧紧抓住视频内容信息处理和网络化共享应用的主线，全面实现监控视频信息的情报化、视频监控网络的智慧化，强化警务视频应用的普适性：实现以机器自动处理为主的视频信息处理和分析，并且通过技术手段将其转化为业务工作可用的情报；实现监控网络之间、终端之间、警种之间的信息共享和主动互操作，实现主动监控、自动联网分析等网络功能；拓展视频在警务工作中的应用模式，大幅度提高技术的易用性，实现以业务民警为中心的随时随地的灵活、简单、多样的视频按需服务应用。

除了安防行业，视频结构化技术的应用场景也可以在智能交通和城市道路管理中展开。对涉案车辆可以通过道路交通监控(电警卡口)中获取重要的线索，一些特种车辆的管理(如渣土车、混凝土搅拌车、油罐车等)也可以通过道路交通监控中获取行驶信息。电警卡口对于车辆的抓拍角度是相对固定的，便于开发出相应的车辆特征识别技术并进行深度应用，电警卡口属于业务需求和技术实现的一个很好的匹配点。部分厂家已经开发出的摄像机具有视觉测量功能，能突破平面图像特征的局限，得到更多三维信息，如人体数量、高度，物体长度、速度等。为此，人们对于监控视频中有价值的信息挖掘不仅仅局限于当前车辆、人的基本信息，在应用市场的不断推动下，可以不断对视频结构化提取的关键信息进行有效补充，为城市公共安全大数据平台提供更有价值的数据入口。海量监控视频中蕴含着巨大的信息量，把数据挖掘出来，视频结构化技术及其产品不仅让视频大数据成为可能，更为深度的行业应用提供源源不断的动力。

基于视频结构化描述技术构建视觉语义感知系统，实现视频监控系统由单纯的数据采集模式向融合数据采集、内容处理和语义信息服务为一体的集成化模式的转变，可以有效解决当前视频监控中的突出问题：

① 将视频数据转化为机器可理解的文本信息，实现城市公共安全领域关注信息的准确快速查找及高效预警。

② 根据内容信息设计和实现与内容相关的数据存储策略，最大限度地保存公安关注信息。

③ 实现视频监控信息与其他信息系统的互操作：视频结构化描述技术在挖掘视频信息

化的深度应用方面具有很强的应用创新性支撑，比如大范围视频共享和检索非常方便，实现视频内容浓缩处理可以大大减轻一线干警看视频的工作量并按视频内容设计不同的存储策略，变被动监控为主动监控，根据监控视频的内容，对网络中的多个摄像头直接操控，实现数据接力、集群运动、联合布控等功能。

④ 发展内容描述数据的创新应用模式，如新一代语义检索引擎等。

视频结构化描述系统“活化”视频数据，是视频监控信息化工作的基础和重要组成部分。视频结构化描述技术对“大情报、大信息”系统中图像信息化子系统的建设提供基础性工作，视频结构化描述工作必将推动社会治安监控模式的转变，推动智能监控的深入应用，带动相关产业的良性发展，促进智能视频分析的研究进展。

视频监控应用的深度发展，一方面强调“智能化”，另外一方面也对视频监控本身的信息安全提出了更高的要求。前几年一些互联网厂商的网络摄像头被攻击，大量家庭监控视频被网上曝光，引起轩然大波。同样的事情，在一些安防视频监控大厂的产品中也发生过，某大牌厂商网络摄像头曾因为弱口令被攻击导致大量网络摄像头权限被窃取，造成严重公共安全隐患，影响极其恶劣。有鉴于此，业内开始关注视频监控系统的信息安全。在《公共安全视频监控联网信息安全技术要求》(GB 35114—2017)中，规定了公共安全领域视频监控联网视频信息及控制信令信息安全保护的技术要求，涉及公共安全视频监控联网信息安全系统的互联结构、证书和密钥要求、基本功能要求、性能要求等技术要求。该标准适用于公共安全领域视频监控系统的信息安全方案设计、系统检测、验收，以及与之相关的设备研发与检测。该标准将视频前端设备按照安全能力分为三级，由弱到强分别是A级、B级、C级，如表2.3所示。

表 2.3　视频前端设备安全能力分级

要求及目标	基于数字证书和管理平台双向认证能力	基于数字证书的视频数据签名能力	视频加密
	身份真实	视频来源可溯源且检验是否篡改	内容加密
A级	√		
B级	√		
C级	√	√	√

该标准与《公共安全视频监控联网系统信息传输、交换、控制技术要求》(GB/T 28181—2016)是目前视频监控领域两大基础性应用标准。

在北京冬奥会上，公安部第三研究所基于该标准对所有涉及冬奥会的上万台视频传输网络、计算机系统和专有设备进行了高强度漏洞扫描与运行状态分析，并在冬奥会前完成了这些重点信息基础设施的安全加固工作。公安部第三研究所视频安全团队在竞赛场馆和非竞赛区域部署自主研发的基于国产编码 SVAC 2.0(Surveillance Video and Audio Coding)技术和高安全性国密密钥管理系统的全链路视频监控安全防护系统，实现信令和视频数据的全程加密、防窃取、防篡改，圆满完成复杂跨域的视频监控加密改造的建设任务，在重要场馆和场地视频系统全面实现满足视频监控加密国家标准(GB 35114 C级)的高强度加密防护，有效保障视频系统和个人隐私安全，助力冬奥会各项赛事及开、闭幕式的有序开展。

综上所述，视频结构化有其广泛的应用空间，在推进视频结构化深度应用领域，应从智慧、安全两个维度全面考虑，加强顶层规划和设计能力，同步构建标准体系。标准化是信息共享的基础。通过对视频结构化技术自身特点和应用模式的研究，建立有关视频结构化描述的标准体系模型，制定覆盖技术实现和应用系统的标准化体系，有步骤地制定相关标准，以规范技术研究和设备开发，指导系统建设、运行及评估的各个方面，从源头上为视频信息应用的全面展开打好基础。与此同时，需要广泛研究城市公共安全各行各业视频应用特色，建立监控视频结构化描述的业务模型，研究涉及关键应用的描述数据库管理技术、图像视频语义检索技术和相应的数据服务技术。

2.2 射频电子车牌技术

2.2.1 应用背景

1）社会发展背景

截至 2021 年 9 月，我国机动车保有量达到 3.9 亿辆，汽车保有量突破 2.97 亿辆。为进一步提升汽车管理的信息化水平，国家有关部门纷纷出台相关政策，要求利用汽车电子标识加强机动车管理水平。

汽车电子标识将车牌号码、车主信息、年检记录等信息存储在射频标签中，能够自动、非接触、不停车完成车辆的识别和监控，是物联网无源射频识别(Radio Frequency Identification，RFID)技术在智慧交通领域的延伸。汽车电子标识系统用于全国车辆真实身份识别及基于真实身份的衍生应用，由公安部制定标准并予以推广，与汽车车辆号牌并存，法律效力等同于车辆号牌。

2017 年 2 月，国务院《“十三五”现代综合交通运输体系发展规划》中明确提出：“示范推广车路协同技术，推广应用智能车载设备，推进全自动驾驶车辆研发，研究使用汽车电子标识。”

2017 年 12 月发布的机动车电子标识 6 项国家标准如图 2.46 所示，标准规定自 2018 年 7 月 1 日开始，新出厂机动车应在前挡风玻璃上预留汽车电子标识微波窗口。

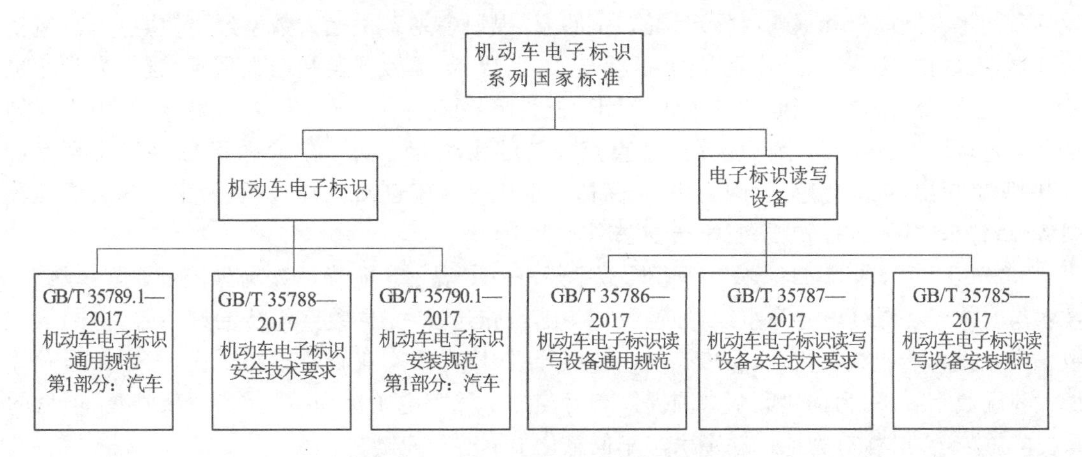

图 2.46　机动车电子标识 6 项国家标准

自 2017 年颁布汽车电子标识 6 项国家标准以来，基于 RFID 的车辆身份检测技术已经成熟。汽车电子标识成为车联网重要入口之一。

伴随汽车数量的急剧增加，涉车案件呈逐年上升趋势，城市道路拥挤现象已经从大城市向中小城市蔓延，机动车犯罪和环保问题也备受关注。传统的涉车涉驾管理手段已经无法适应经济发展、机动车辆和机动车驾驶员数量增长对信息化管理的要求，如何通过精准管理和个性化服务引导“汽车社会”朝着有益于人们生活水平的提高、有益于社会稳定进步和可持续发展的轨道前进，是摆在政府、企业和研究人员面前的重大课题。

此外，2019 年年末爆发的新型冠状病毒疫情也对交通信息化、智能化提出了迫切需求。推广应用汽车电子标识，通过大数据分析追踪移动轨迹可以对人员流动进行精准防范，对出行信息数据进行统计分析以建立个体关系图谱，在精准定位疫情传播路径、防控疫情扩散方面发挥着重要作用。监管部门通过汽车电子标识获得的交通大数据，将为违法车辆稽查布控、道路运行指数监测、交通信号配时、交通诱导发布、交通指挥决策、警力调度、路网规划，以及交通信息服务提供重要技术支撑。

应用汽车电子标识系统平台，加快 AI＋大数据系统在疫情联防联控领域的应用，可以从疫区车辆管控、疫区车辆定位和追踪、车辆和人员的分级分类精准管理等入手，逐步完善平台功能，同时为优化城市治理提供更高效、更精准、更安全的信息化手段。

近年来，相关部门出台的促进汽车电子车牌发展的相关产业政策包括以下方面：

《“十三五”国家政务信息化工程建设规划》（国函〔2017〕93 号）；

《推进智慧交通发展行动计划（2017—2020 年）》（交办规划〔2017〕11 号）；

《车联网（智能网联汽车）产业发展行动计划》（工信部科〔2018〕283 号）；

《国家车联网产业标准体系建设指南》（工信部联科〔2018〕109 号）；

《数字交通发展规划纲要》（交规划发〔2019〕89 号）；

《交通强国建设纲要》（中共中央、国务院 2019 年）；

《智能汽车创新发展战略》（发改产业〔2020〕202 号）；

《“十四五”大数据产业发展规划》（工信部 2021 年）。

2021 年 3 月 11 日，十三届全国人大四次会议表决通过了关于国民经济和社会发展第十四个五年规划和 2035 年远景目标纲要的决议。规划和纲要对未来数字经济、数字化发展和工业互联网等发展前景和远景目标定调。“十四五”规划中划定了七大数字经济重点产业，包括云计算、大数据、物联网、工业互联网、区块链、人工智能、虚拟现实和增强现实，这七大产业也将承担起数字经济核心产业增加值占 GDP 超过 10%目标的重任。可以看出，规划中不仅划定七大重点产业，也给每个产业提出了重点发展的领域和方向。在专栏 8“数字经济重点产业”中明确提出，推动传感器、网络切片、高精度定位等技术创新，协同发展云服务与边缘计算服务，培育车联网、医疗物联网、家居物联网产业。

2022 年 1 月，国务院印发《“十四五”数字经济发展规划》，明确以数据为关键要素，以数字技术与实体经济深度融合为主线，加强数字基础设施建设，完善数字经济治理体系，协同推进数字产业化和产业数字化，赋能传统产业转型升级，培育新产业新业态新模式，不断做强做优做大我国数字经济，为构建数字中国提供有力支撑。汽车电子标识系统作为“新基建”项目的重要实施内容，必将有力地推动牵引汽车信息化上下游产业链。

2）技术发展背景

目前车辆管理主要基于可视化的车辆号牌，车牌视频识别技术是治安卡口和视频监控系统的核心。但假牌、套牌、污牌现象的增多，为车辆道路交通管理和各类涉车案件的侦破带来了极大困难。这是因为视频识别技术主要依赖汽车号牌的可视信息，受光照条件影响较大，一旦污损、遮挡或者出现雨雪雾霾，极容易出现误判乃至失效，同时摄像机对非可视身份防伪信息没有识别能力，无法判别外观一致的假牌、套牌车辆。因此亟须新的信息技术弥补视频技术的缺陷，实现对车辆身份的准确识别。

近年来，物联网技术得到飞速的发展，特别是在国家推出《"十三五"国家战略性新兴产业发展规划》《"十三五"国家信息化规划》之后，物联网关键技术中的 RFID 技术、智能视频技术、嵌入式技术、云计算和大数据等关键技术都发展迅速，并开始产业化规模应用。面向万物互联需求，很多头部 IT 企业正积极发展物联网搜索引擎、E 级高性能计算、面向物端的边缘计算等技术和产品，开展深度学习、认知计算、虚拟现实、自然人机交互等领域前沿技术研发，提升信息服务智能化、个性化水平。这些技术的成熟为我们解决当前涉车业务面临的难题提供了技术支撑和保障，为汽车电子标识系统的推广和应用做好了技术铺垫。

RFID 技术是一种利用射频通信实现的非接触式感知识别的应用技术。RFID 标签具有体积小、容量大、安全性高、寿命长的特点，可在较远距离支持快速读写、移动识别、多目标识别，非常适合作为车辆的"电子牌照"使用。利用自主研发的视频射频联动技术，可以实现车辆射频信息与视频信息的互相校验，唯一确认车辆身份。作为视频技术的有效补充，RFID 汽车电子标识为车辆信息采集提供了可靠的技术手段，对道路交通监控网络来说是一次革命性的提升，它为涉车管理、执法、服务提供了先进可靠的技术保障。

通过建设汽车电子标识识别应用综合管理平台系统，可以为政府相关管理服务部门提供车驾管理信息，同时也为涉车服务企业和车主提供定制服务。该系统以涉车信息资源为核心，通过为汽车安装符合行业标准规范的汽车电子标识，建立起面向多行业、多领域的、开放式的信息公共服务平台，力争从根本上解决当前涉车管理难度高、资源消耗大、执行效率低、群众不满意的四大问题，同时实现涉车信息资源集成开放和跨行业共享服务的目标。

建设汽车电子标识识别应用综合管理平台系统可为提升公安、交通、环保等多个领域的信息化水平和管理水平提供支持，为道路交通运输行业的可持续性及创新发展提供技术保障[29-30]。

下面简要介绍一下相关技术发展现状。

(1) 感知技术

汽车电子标识识别应用相关感知技术主要包括 RFID 技术、嵌入式技术、智能视频技术。从大的层面来说，这些都属于物联网感知技术，所产生的数据为物联网数据。国家标准《物联网信息交换和共享》(GB/T 36478)在总体架构、通用技术要求、元数据、数据接口四个方面对物联网数据的深度交互应用制定了技术规范。

一般的 RFID 并不能作为汽车电子标识的载体，因为车辆具有很高的移动速度，车辆距离道路和卡口有一定的距离，这要求读写器在较远的距离上可以高速灵敏地感知标签。随着芯片设计水平和工艺的进步，在特高频(UHF)频段的 RFID 读写速度和灵敏度不断提高，部分产品具有较高的灵敏度和读写速度，使电子标签粘贴在车内前挡风玻璃信息窗作为汽车电子标识成为可能，特别是配备了高性能 RFID 读写设备的前端感知系统，具有极高的识别速度和可靠的性能，读写距离较远，可读取速度达 200 km/h 的移动标签，具有良好的加密适应性。采用无源汽车电子标识能够真正实现城市道路交通管理、停车场管理、高速公路自由流收费，从而满足城市内交通监管、高速公路车辆通行计费管理的需要。基于 RFID 的汽车电子标识应用工作原理如图 2.47 所示。

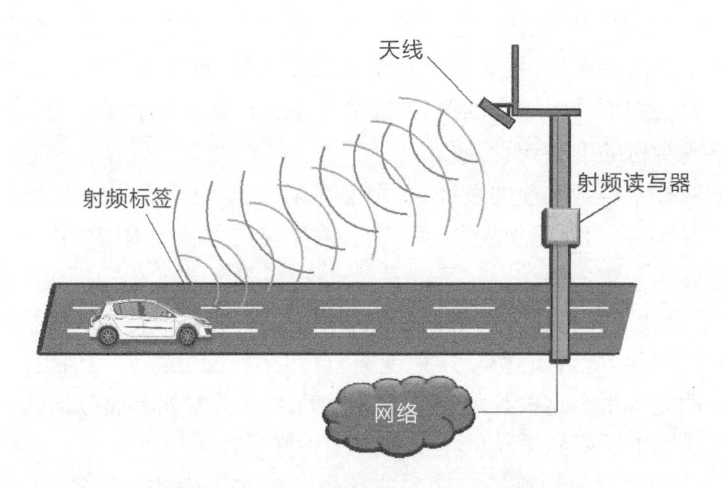

图 2.47　汽车电子标识应用工作原理

智能视频技术随着这几年人工智能及大数据技术的发展取得了长足进步。智能视频技术更加符合人们认识事物的习惯,但由于视频感知本身存在的先天局限性,比如容易被复制、受环境因素影响大等,目前在车辆监控方面,RFID 和视频技术的联动不仅可有效解决视频技术的缺陷问题,同时还可以继续保留人们对于车辆管理习惯的问题。

智能感知技术的发展离不开嵌入式技术的发展,嵌入式技术提供了一个低功耗高性能的前端运算核心,为感知技术的智能响应提供了可能,并且可以将感知信息处理功能前置,提高响应速度。近几年嵌入式系统在 DSP 高性能运算和 ARM 低功耗事物处理等硬件技术设计方面发展迅速,为智能感知技术的实体化提供了物质保障。依托于嵌入式技术,智能感知的触角无处不在。

(2) 云计算

云计算技术代表的是对互联网软硬件资源的认知、规划和服务。云计算的普及,首先意味着资源的柔性和高可用性。基于云计算技术,无论是硬件服务、网络服务还是软件服务、平台服务,都具有这种可伸缩、按需配置的能力。因此,云计算为快速规划复杂、可变的信息资源提供了出路。在电子车牌系统建设中,可以利用商用的云资源实现跨地区的应用部署,也可以设计私有云服务,为智能感知终端的动态伸缩功能提供技术保障。云计算逐渐进入重新定义服务模式,由基础设施虚拟化向智能计算资源化方向发展。由于物联网需要云环境来运行和执行,因此云和物联网两者密切相关。

(3) 移动互联网

随着 5G 网络的大规模部署和 5G 终端的推广应用,移动互联网得到了进一步的发展,相关的生态也进一步完善,物联网、智慧传感的应用模式催生了创新性的变革。5G 网络的推出恰逢产业互联网发展的关键期,产业互联网的建设以物联网的建设为重要基础,移动互联网将与物联网进行深度融合,构建出更多传统行业的应用场景。

在 5G 网络下,终端数据传输不再是制约深度应用的瓶颈,基于边缘计算的智能计算本地化得到极大发展,万物互联的结果必然是万物智能。目前随着大数据的发展,深度学习、自然语言处理、计算机视觉、机器人学等领域迎来前所未有的发展契机,工业 4.0 发展日新月异。

从技术来看,移动互联网技术在 5G 网络成熟后,以往制约大体量数据传输的时延问题已不再是瓶颈，信息传输的实时性和安全性得到进一步提升，用户对移动互联网的信任感和依赖性都在增加；从趋势来看，政务服务、商用服务和社交都离不开移动互联网，移动互联网思维已经深入人心，移动终端的智能前置和计算节点的下放，将是5G时代物联网应用的必然特征。

车牌与人的生活息息相关，要充分发挥汽车电子标识信息资源价值服务社会，就需要和社会的人时刻保持联系，这种极致的信息需求在5G时代得到充分满足，个人终端应用App和管理平台的极速信息流动，极大地便利了人车身份一体化的衍生应用，催生孵化更新的汽车服务产业经济。

(4) 大数据

汽车电子标识感知基站众多，城域、省域范围卡口流量总和是一个非常巨大的体量。在采用大数据技术之后，可以节省大量的硬件投资费用，用相对经济的成本就可以搭建数据中心的核心组件。通过时空大数据池化、服务化，形成服务资源池，内容包括数据服务、接口服务、功能服务、计算存储服务、知识服务；扩充车辆实体、感知定位及交通事件模拟推演API接口，形成电子车牌应用接口；新增车辆检索引擎、业务流引擎、知识引擎、服务引擎。在此基础上，开发任务解析模块、物联网实时感知模块、互联网在线抓取模块、可共享接口聚合模块，创建开放的、具有自学能力的大数据智能化技术系统。

在上述大数据解析体系的支撑下，综合运用交通科学、系统方法、人工智能、知识挖掘等理论与工具，深度挖掘交通运输相关数据，能够显著提升行业资源配置优化能力、公共决策能力、行业管理能力、公众服务能力。

(5) 区块链技术

区块链是一个信息技术领域的术语。从本质上讲，它是一个共享数据库，存储于其中的数据或信息，具有不可伪造、全程留痕、可以追溯、公开透明、集体维护等特征。基于这些特征，区块链技术奠定了坚实的信任基础，创造了可靠的合作机制，具有广阔的运用前景。

2019年1月10日，国家互联网信息办公室发布《区块链信息服务管理规定》。2019年10月24日，在中央政治局第十八次集体学习时，习近平总书记强调，“把区块链作为核心技术自主创新的重要突破口”“加快推动区块链技术和产业创新发展”。“区块链”已走进大众视野，成为社会的关注焦点。

区块链在物联网和物流领域可以天然结合。通过区块链可以降低物流成本，追溯物品的生产和运送过程，并且提高供应链管理的效率。因而，电子车牌系统结合区块链的应用，将为智能交通、智慧物流带来革命性的创新。区块链提供的去中心化的完全分布式域名系统(Domain Name System, DNS)服务通过网络中各个节点之间的点对点数据传输服务就能实现域名的查询和解析，可用于确保重要的基础设施的操作系统和固件没有被篡改，可以监控软件的状态和完整性，发现不良的篡改，并确保使用了物联网技术的系统所传输的数据没有经过篡改[31]。

3) 已建RFID项目情况

下面以2017年12月汽车电子标识6项国家标准颁布为分界线，对国标颁布前后电子车牌系统建设情况进行简要介绍。

(1) 国标颁布前的建设情况

电子车牌国标颁布之前，各地在物联网技术蓬勃发展的背景下，已经有了一些探索性的应用。下面简要介绍武汉、上海、南京、兰州四地在此阶段的典型应用。

武汉自2010年率先启动了智慧城市建设试点工作，智慧城市建设又率先启动了智能交通建设，其建设目标就是建成城市道路自由流系统，在新建的长江大桥上实现实时扣费，以缓解长江大桥收费拥堵的问题。

项目建设的第一个阶段，武汉全市发放了60万张ETC双片式OBU作为收费的载体。但由于OBU交易需要读卡、通信、结果回写等操作，全过程耗时过长，邻道干扰非常严重，车速稍快或者车辆稍多就无法计费，要成功计费就必须降低车速，减少车流量，完全违背了自由流系统的初衷。于是项目在2011年进入了第二个阶段，OBU不作为计费的依据，而仅仅作为流量统计的新源，用于交通管理部门统计车流时间序列。随着后台系统的完善，武汉项目进入了第三阶段，抛弃了OBU的本地回写卡操作，直接利用5.8 GHz微波信源作为车辆数字标识，在车辆通过计费卡口的时候自动记录通过时间，后台实现计费。

武汉城市道路自由流系统从设计初衷上并没有考虑将车载OBU作为汽车电子标识来使用，仅仅将其作为收费的一个媒介。但双片卡的先天缺陷决定它无法在城市道路自由流中发挥作用，后期采用后台记录的方式让5.8 GHz通信单元获得新生，但也付出了沉重的经济代价，并且由于OBU有源标签寿命短、灵敏度不如二代超高频的缺点，它仍然不能担负汽车电子标识的重任。

上海世博会是一个具有国际影响力的区域型大规模会议活动，需要对进出世博园区的车辆进行严格的身份识别和认证，从而在通道口对车辆实现严密管控。为保障进出世博园区的车辆交通秩序和通行速度，需要对通道口车辆进行快速放行。在技术上如何同时实现对车辆的严密管控和快速放行，似乎是一个难以同时做到的矛盾问题。

2009年1月1日，世博园区正式启用由公安部第三研究所为主研发的基于无源超高频UHF频段RFID技术的"世博园车辆证件查验系统"。系统前端部署于世博园的各车辆进出通道口，具备长距离自动识别验证过往车辆、自动放行、自动报警等功能。运行一年来，系统已经为各类车辆发放证件达1.2万张，服务进出世博园区的车辆超过270万辆/次，有效同时实现了对进出世博园区车辆的"严密管控"和"快速放行"。

在车辆交通安全方面，采用RFID技术的驾车安全管理系统，具有车辆和驾驶员电子证件双卡配对、过车自动检测、图像触发抓拍、车牌图像智能识别、自动放行、黑名单布控及即时报警等功能，为世博会区域车驾安全提供坚实保障。

南京基于电子车牌的特种车辆管理项目由公安部第三研究所承建，是国家发改委2009年批复的83个第一批国家信息化试点项目之一，共建设监控卡口50个，为南京市2万辆特定车辆装配"汽车数字化标准信源"，实现以治安防控为主要内容的管理和服务，建设南京特定车辆治安防控体系。

该项目在课题试点取得成功的情况下，由南京市政府投资2.7亿元进行推广建设。截至项目完工，建设点位1 051个，其中南京市主城区建设点位206个，其余各区建设点位845个，实现对南京市区所有道路的全覆盖。由该系统编制的强大防控网络实现了"人留影像、车留牌痕、手机留信息、违章能查处、犯罪能取证、轨迹能刻画"的"三能三留"目标，使涉车犯罪无路可逃。

截至项目验收时，平台已上传汇聚各类图片信息超过20亿张，在治安、交通管理方面发挥显著成效，据不完全统计，发现违法犯罪嫌疑车辆2万多辆。

兰州市以出租车高效科学管理为RFID电子车牌应用探索目标。2010年以来，兰州物联网感知交通管理服务系统建设步入加快推进阶段，兰州市先后对"电子围栏"管控点、城区区域分界点、城区拥堵区管控点进行了勘测。2011 年 2 月前，兰州市完成了该系统工程的设计方案和卡管系统设计方案。

兰州市在 2011 年首届中国车联网大会上表示，加快以“无线城市”为重点的信息基础设施建设，2～3 年内全市主要区域基本实现无线宽带覆盖，结合“市民卡”工程建设，利用 RFID 技术，实现城市交通违章、高速公路、城市路桥、交通拥堵路段、停车场等收费的电子支付。同时，兰州还整合资源，推动城市管理“多网合一”，实现规划、应急指挥、治安监管、交通管控、城管执法等为一体的城市精细化、智能化、数字化管理，加快实施以感知交通管理服务系统为核心的工程建设力度，建设路口信息采集基站，对全市机动车统一安装汽车数字化标准信源，实现涉车涉驾信息的全面感知。

2011 年车联网大会后，兰州依托车联网技术，在城市出入口和主要路段设立卡口基站，安装 RFID 和高清摄像双模管理系统，实现对外地车辆及物流货运、危险品运输、工程施工等大型车辆在市区行驶轨迹的检测统计、汇总分析、科学管控。

自 2012 年起，兰州全面启用“车联网”系统，同时成为全国第四个使用车辆电子信息卡的城市。

(2) 国标颁布后的建设情况

2016 年年初，首批符合国标的电子车牌在无锡开展示范应用，用于货运车辆，发放 10 万张；同年 2 月，深圳启动电子车牌的试点应用工作，主要涵盖重型货车、泥头车、校车等八类重点车辆，发放 20 万张；同年 5 月，北京召开雾霾治理问题提案办理协商会，电子车牌作为拥堵费征缴过程中识别车辆信息、扣费支付的物理基础，在交通拥堵收费方案中推广；2017 年，天津为 3 600 多辆危化品运输车安装电子车牌，探索基于电子车牌的危化品运输车辆管理和服务新模式。

电子车牌国标颁布后最引人关注的应用是 2019 年军运会汽车电子标识项目，掀开了汽车电子车牌全国大规模应用的帷幕。由武汉市公安局交通管理局发起的第七届军运会汽车电子标识项目，项目用途为“通过汽车电子标识基础建设及综合应用管理平台建设，实现对交通数据的挖掘和实时研判，全面提升信息研判科学决策能力”。此次武汉项目汽车电子标识设置点位超过 1 000 个，2.1 万辆车安装电子标识全程监管。

汽车电子标识识别应用综合管理平台首要的职能是满足交通车辆管理和涉车业务服务社会公众的需要，在满足上述需要的过程中实现企业价值，拉动社会经济。电子车牌的推广模式应以市场为导向，以企业为主体，但从系统的投资规模、范围、职能、技术和国家安全角度看，实施的门槛很高。这需要项目组织方具有强大的科研技术实力、经济实力和社会资源协调能力，并且符合国家安全的要求，从而才能建成一个面向社会的具有公信力的涉车公共服务平台。

4) 应用范畴

为了更好地提升城市和公路智能交通管理水平，更好地落实习近平总书记提出的“政治建警、改革强警、科技兴警、从严治警”的新时代公安工作方针，有必要建设省级汽车电子标识识别应用综合管理平台系统。该系统建成后，将在车辆行驶管理、重点车辆监管、机动车环境管理、公交信号优先、套牌、冒牌、假牌车辆把控，预防涉车暴力恐怖犯罪、维护国家安全和社会稳定等领域应用。同时，该系统应用于疫区车辆管控、疫区车辆定位和追踪，对车辆和人员进行分级分类精准管理，智能调度运营车辆、特种车辆等资源，使政府充分利用涉车大数据，有效提升城市综合治理能力和水平。

省级汽车电子标识识别应用综合管理平台系统将在全省范围内投放汽车电子标识，建设路面感知基站，构建基于RFID与视频技术有机融合的新一代的具有高灵敏度和高准确性的车辆感知网络。同时基于大数据技术、云计算技术构建后台的数据和服务中心，并通过后台数据和业务的整合，为未来的涉车信息资源的开发和系统社会化服务的扩展打下基础，面向社会公共管理和服务领域的多行业、多部门提供服务。

① 在应用范畴上，应该建立平台和应用App。其中，平台层面建设基于"超高频射频"识别技术的"汽车电子标识"省级联网应用"汽车电子标识智能交通综合管理平台系统"(以下简称"政府综合管理平台系统")。政府综合管理平台系统将"汽车电子标识"基础应用与公安、交通、环保等行业应用相结合，将汽车的纸质"年检标""保险标"等多证合一升级为"永久性电子标签"，提升城市和公路智能交通管理水平。在车辆行驶管理、重点车辆监管、机动车环境管理、公交信号优先、套牌、冒牌、假牌车辆把控，预防涉车暴力恐怖犯罪、维护国家安全和社会稳定等领域开展示范应用。

② 与此同时，建设配套于政府综合管理平台系统的基于"超高频射频"识别技术的"汽车电子标识"使用者服务平台App。使用者服务平台将"汽车电子标识"基础应用与涉车公共管理、停车管理、智慧高速等应用场景相结合，方便公众出行、降低政府管理成本，更好地服务广大车主。

③ 在工程实施方面，应针对各市路网，在城市主要干道和出入口安装电子标识信息采集设备，构建针对交通管理模式的"卡口"基站断面，逐步构建城市汽车电子围栏，强化机动车运行安全监控。

通过汽车电子标识识别应用综合管理平台系统的建设为获取汽车的基础信息和时空信息，搭建起信息化、数字化的技术支撑平台奠定基础，为整体提升涉车业务管理部门对汽车的管控能力和交通管理的信息化水平提供支持。

通过建设基于射频识别和视频识别的感知网络可大大提高车辆身份信息采集的精度，突破了基于车辆可视化号牌的视频识别技术在采集车辆身份信息上较大的局限性。

通过汽车电子标识与传统牌照信息的有机结合，可完全杜绝假牌、套牌和克隆车现象，可进一步完善城市机动车管控体系，构筑立体城市治安防控网络，提高车辆监控的准确性和时效性。

通过采集车辆身份信息、车辆运行信息及道路交通流量信息等关键数据，可构建动态的车辆运行数据库。在此基础上，通过分析、挖掘车辆运行数据库，并以专题的方式组织、形成相关的统计报表及文档，为政府职能部门制定涉车管理、交通管理等方面的决策提供数据支持。

2.2.2 关键技术

汽车电子标识核心为RFID技术，配合防拆、防紫外线等设计形成可以牢固安装的车载"电子身份证"。用于车辆汽车电子标识的RFID标签具有体积小、容量大、寿命长、灵敏度高的特点。利用RFID射频识别、视频识别等信息采集设备和基于云计算、大数据平台的物联网技术对城市车辆全面感知、深入管理，形成分层级的感知数据存储、管理和服务，通过数据交换平台面向政府、行业和社会提供涉车交通分级信息，通过平台服务建立跨组织机构的涉车业务流，为城市公共安全中涉车涉驾应用提供信息支撑。

在智能交通领域，2022 年的“国家质量基础设施”（National Quality Infrastructure，NQI）立项指南中规划了三个相关专题，分别是“异构设备智能计算关键技术标准研究与应用”“车载环境感知传感器计量测试关键技术研究与应用”“人车路协同无人驾驶可信性评价关键技术与标准研究”，如表 2.4 所示。

表 2.4　NQI 专项在智能交通领域立项情况

项目名称	研究内容
异构设备智能计算关键技术标准研究与应用	针对异构设备智能计算质量评价方法和标准缺失问题，研究面向异构设备的智能计算性能度量技术，建立多维度的计算性能评价体系；研究“端—边—云”环境下的资源调度与算力协同机制，构建协同智能计算关键技术标准；研究面向多源异构数据的智能计算与隐私保护方法，建立安全可信智能计算技术标准；研究物联网场景下大软件在轻量设备上的加载运行方法，构建跨设备的软件加载运行技术标准；研制面向异构设备的端边云协同智能计算质量评估平台，并在典型应用场景中进行验证
车载环境感知传感器计量测试关键技术研究与应用	在车载环境感知传感测试技术方面，项目研究面向车载环境感知新型智能传感器计量与测试需求，研究特征雷达散射截面(RCS)参数、印刷电路板材料介电特性和调频连续波信号的关键计量与测试技术；研究毫米波雷达等环境感知传感器的运动学参数校准技术；研究车载天线与空间接口性能测试(OTA)的关键计量与测试技术，构建商业应用车载天线与 OTA 系统；研究在复杂电磁环境下的新型智能传感器电磁照射与面向脉冲场的电磁兼容技术；研究用于新型智能传感器在整车状态下性能测试的电磁混响室测试技术，并开展 NQI 协同应用示范
人车路协同无人驾驶可信性评价关键技术与标准研究	在人车路协同驾驶方面，项目主要针对动态、复杂、不确定的交通环境下，无人驾驶车辆适应性和安全性较弱的问题，研究人车路协同分布式环境的无人驾驶安全可信性评价体系；研究数据驱动的符合智能软件工程化、标准化流程的测试方法和技术；研究无人驾驶多模态感知数据融合完整性、数据安全性和隐私性、实施安全策略的计量方法和分级；研究基于人车路协同的无人驾驶安全可信智能交互和协同技术评价体系，实现智能化识别与理解的准确性；开发可信集群无人驾驶自主管控理论及测评信息基础平台；研究特定应用领域无人驾驶可信服务规范和标准，并选取典型场景、典型区域和典型车辆进行验证和应用

从以上各个专题研究内容的设置可以看出，电子车牌技术只是智能交通领域的某一个侧面，但是，该技术的发展必然牵一发而动全身，将直接拉动智能交通在传感技术、AI 异构计算、自动驾驶技术等相关技术体系的全面发展。

1）前端感知技术

感知技术是物联网的核心技术，感知的本质是识别和互动。感知技术主要有射频识别、生物识别和图形码识别三大类。以 RFID 为代表的是射频识别技术，射频识别的特点是需要附加额外的数字身份芯片和通信模块以实现感知能力；生物识别是模拟人对物体的识别方式，以物体声、光、味等人体可以区分的特性为判别方式对物体身份进行识别的技术；图形码也是额外附加数字标识，但不具备电气特性，需要用图像解码获得预存信息。

车辆身份主要采用可视化车牌和 RFID 射频技术相结合作为感知源。

(1) RFID 技术

RFID 技术也称为电子标签技术,它通过无线射频信号实现非接触方式下的双向通信,完成对目标对象的自动识别和数据的读写操作。RFID 技术可识别高速运动物体并可同时识别多个标签,该技术具有无接触、精度高、抗干扰、速度快,以及适应环境能力强等显著优点,可广泛应用于诸如交通运输、物流管理、医疗卫生、商品防伪、资产管理及国防军事等领域,被公认为 21 世纪十大重要技术之一。

① RFID 工作原理：RFID 读写器通过发射天线发送一定频率的射频信号,当射频卡进入发射天线工作区域时产生感应电流,射频卡获得能量被启动。射频卡将自身编码等信息通过卡内天线发送出去。读写器接收天线接收到从射频卡发送来的载波信号,经天线调节器传送到读写器,读写器对接收的信号进行解调和译码后送到后台软件系统处理。后台软件系统根据逻辑运算判断该卡的合法性,针对不同的设定做出相应的处理和控制,发出指令信号控制执行相应的动作。如图 2.48 所示是 RFID 系统简要工作流程图。

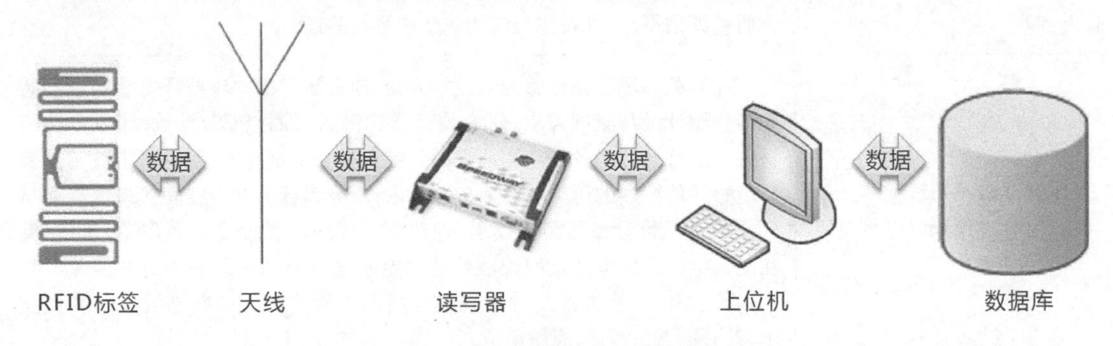

图 2.48 RFID 系统简要工作流程图

RFID 的电气特性按照供电方式、工作频率、通信方式分为不同种类。

按供电方式分为有源(Active)标签和无源(Passive)标签。按工作频率分为低频(LF)标签、高频(HF)标签、超高频(UHF)标签和微波(uW)标签。按通信方式分为主动式标签、半主动标签和被动式标签。按标签芯片分为只读(R/O)标签、读写(R/W)标签和 CPU 标签。

其中频率是 RFID 最重要的电气特性,它决定了 RFID 基本电气特性和适用场景。RFID 工作频率如表 2.5 所示。

RFID 的工作模式取决于工作频率。低频和高频采用电感耦合的方式,超高频和微波采用电磁耦合方式。由于二者的电磁波性质不同,其识别距离、应用场景也不相同。电感耦合主要使用在近场环境,而电磁耦合使用在需要远距离识别的交通、物流等领域。

表 2.5 RFID 工作频率分布

参数	低频(LF)	高频(HF)	超高频(UHF)	微波(uW)
频率	125～134 kHz	13.56 MHz	433 MHz,840～960 MHz	2.45 GHz,5.8 GHz
技术特点	穿透及绕射能力强;速度慢、距离近	性价比适中,适用于绝大多数环境;但抗冲突能力差	速度快、作用距离远;但穿透能力弱;既可用于无源也可用于有源	一般为有源系统,作用距离远但抗干扰力差
作用距离	<10 cm	1～80 cm	3～15 m	>20 m

② 用于车辆管理的标签类型：车辆可以使用多种 RFID 产品，但汽车电子标识具有特定的使用场景和要求，能够车载的电子标签未必满足“汽车电子标识”要求。

车辆是具有较长生命周期、经常在户外高速移动的物体，因此汽车电子标识对使用寿命、读写速度、识别距离等特性有综合的要求，汽车电子标识至少需要具备如下六种特性：具有较高的灵敏度，能够在足够远的距离可靠感知，一般为 10～15 m，最远可达 30 m；具有较高的读写速度，能够可靠识别速度超过 200 km/h 的移动标签（车辆速度为 150 km/h 以下时，可准确识读标识符区和车辆登记注册区内容，速度为 150～200 km/h 时可识读标识符区）；具有全球唯一的编码，不可复制；信息容量较大，可以存储车牌号、车架号、发动机号和其他静态、管理和动态信息；具有可靠的防护机制和数据保护能力，加密适应性强，可以满足复合加密方案的设计要求；具有与车辆使用年限相当的寿命，即超过 20 年。

我国高速公路 ETC 系统一般采用有源 5.8 GHz 微波频段，其具有识别距离远、本地数据加密性强的特性，采用双片设计，可以进行 IC 卡计费工作。从实际应用中来说，ETC 系统也可以实现汽车电子标识的标识功能，但是现有 ETC 系统中的车载 OBU 是有源 5.8 GHz 射频标签，电池寿命短，单元结构复杂，兼具高频读卡和微波通信双片功能，制造使用成本居高不下，加之其读取信息需要首先唤醒标签，然后读取用户 IC 卡，响应流程复杂，导致它读卡操作过程时间较长，单次操作高达 100 ms 以上，一次交易耗时 1～2 s，交易过程还要避免邻道干扰，否则易产生误操作导致计费失败或者错误、重复计费，极大影响了通过速度。由此可见，现有的 OBU 在车辆众多、车速较快的复杂城市道路交通环境中难以发挥作用，不适合作为汽车电子标识的技术载体。从发展趋势看，越来越多厂商和监管部门认可 800～900 MHz 无源超高频汽车电子标识。这是由于这个频段的标签识别距离较远，可达 10～15 m，甚至可达 20～30 m，虽然较之有源 2.45 GHz、5.8 GHz距离较短，但和目前视频识别距离接近，易于联动触发，距离太远反而造成过多信号重叠，不利于识别，而且第一类第二代(C1G2，即 ISO 18000-6C)超高频 RFID 灵敏度高、抗冲突能力强、读写速度较快，更加适合建立城市道路自由流系统。

无源与有源微波技术的比较如表 2.6 所示。

表 2.6　无源与有源微波技术的区别

	5.8 GHz OBU	C1G2 900 MHz RFID
识别距离	可超过 50 m	3～15 m，最大超过 20 m
读写速度	4 Mb/s	40～640 Kb/s
信息容量	大	比较大
抗冲突能力	较强	强
抗干扰能力	差	强
安全性	高	高
标签成本	非常高	低
寿命	2～3 年，最长 5 年	20 年以上

在 10 m 左右距离（典型的交通识别距离为 7～15 m），无源超高频和有源微波的感知性能

相当，但其价格只有有源微波的十分之一，寿命至少5倍于有源微波，抗干扰能力优于有源微波，而且无源电子标签功耗低，无需电池，生命周期内免维护，更加符合节能环保的要求，因此无源超高频RFID完全可以在车辆标识应用中取代昂贵的有源微波卡。

从上述分析可知，综合性能、安全、寿命、成本等各方面因素情况下，汽车电子标识采用无源超高频技术具有显著的优势。本方案内容也是基于无源超高频而制定的。

③ 空中接口协议：2004年12月16日，非营利性标准化组织EPCglobal批准了全球统一的空中接口新标准——EPC Gen2，这一标准是无线射频识别技术、互联网和产品电子代码组成的EPCglobal网络的基础。EPC Gen2的数据保持为10年。UHF Gen2协议标准具有标准开放统一、尺寸小、存储量大、唯一编码安全性高、兼容性强、频谱广泛、抗冲突能力强等优点。采用跳频技术设计的读写器可以大大提高多标签并发访问性能。

2014年5月国家质检总局和标准化委员会公布兼容EPC Global Class1 Gen2（EPC C1G2）标准的《信息技术射频识别800/900 MHz空中接口协议》（GB/T 29768—2013）。国家法律层面的认可极大地提高了超高频电子标签的生命力，加之众多高科技企业的支持和改良，这种标准在性能、安全、兼容性、环境适用性、使用寿命、抗冲突能力、成本等综合方面具有较强的优势。空中接口协议的安全要求见《信息安全技术射频识别（RFID）系统通用安全技术要求》（GB/T 35290—2017）中5.3节的规定。

(2) 视频智能解析技术

智能视频技术是通过先进的光电成像技术、嵌入式高性能计算技术、人工智能技术、模式识别技术、智能视频分析技术及知识图谱等技术来识别人类通过视觉信息认知的世界。

智能视频技术的最大优势在于它的信息表达和人类感知的世界完全一致，符合人类获取信息的习惯。智能视频识别系统的基本工作原理如下：通过电荷耦合器件（Charge Coupled Device, CCD），把光信号转换成电信号；嵌入式处理系统通过模数转换系统把信号转换成数字信号，并以连续图像的方式采集起来；运行于嵌入式处理系统的各种智能算法，通过分析识别连续的视频图像，最终把人们所需要的信息提取出来并上传到中央控制系统。

智能视频解析技术随着这几年国家加大对智慧城市的建设得到了长足的进步。智能视频技术发展呈现以下趋势：视频信息高清网络化、视频解析异构化、视频分析智能化。

视频监控高清数字网络监控技术已经发展到一定阶段，4K级的高清监控（摄像头达到800万物理像素）已经得到了广泛使用，现在的摄像机看得更加清楚，信息传输不受干扰和损失，网络化后使得信息更加容易被分享使用。

视频智能识别的核心支撑技术为视频结构化描述技术，如2.1.5节所述。

以内容分析、场景理解为表征的视频资源的智能分析技术从监控前端到应用平台两个层面提升了视频监控行业整体技术发展水平，以监控系统IP化、视频终端高清化、普适智能前置化、视频资源情报化、视频传输无线化等五大发展趋势为特征的新一代视频监控网络日新月异。在新一代视频监控网络架构中，视频结构化描述技术实现了视频资源的自动智慧解析，是视频资源情报化的关键支撑环节。

视频结构化描述技术改变了以往监控视频网络中视频监控被动、单向式数据采集的模式，实现了主动视觉感知、信息自动提取和主动推送，是建设新一代视频监控系统的基础。视频结构化解析和知识图谱的结合协同推进视频智能解析技术的发展，实现从视频数据到内容规范解析到知识网络生成。

(3) 视频与射频联动识别技术

传统的交通管理依赖摄像头对车辆进行监控和分析，由于缺少配套的数字验证手段，遇到假牌、套牌情况不能唯一确定被管理车辆身份，因此也很难以视频识别结果作为涉车业务的信息统一基础。射频识别虽然准确无误，但它缺少影像证据，不能作为处罚、计费等涉车结算业务的凭证。因此，只有将射频与视频二者集成，实现射频、视频联动触发，射频信息用于跟踪识别，视频信息为佐证，才能真正实现对车辆身份的认定，从而顺利实现管理、服务的各项业务功能。

视频与射频联动可以有 3 种形式：视频触发射频确认；射频触发视频取证；地感、雷达等第三方设备触发二者同时工作，获取信息。

视频与射频技术集成的结果，就是设计研发带有读写模块的智能摄像头，内置触发接口和调度接口，通过以太网进行信息交换。

2) 边缘计算技术

移动互联网的迅捷发展，为智慧前置、分布计算提供了可能，促进了边缘计算的发展。

智能交通的发展，必然将驾驶员和行驶车辆都纳入移动互联网的范畴，通过 4G/5G 技术为驾驶员、乘客乃至车辆本身提供基于互联网的智能服务。

边缘计算是在靠近物或数据源头的网络边缘侧，融合网络、计算、存储、应用核心能力的分布式开放平台，就近提供边缘智能服务，以满足行业数字化在敏捷连接、实时业务、数据优化、应用智能、安全与隐私保护等方面的关键需求。它可以作为连接物理和数字世界的桥梁，使能智能资产、智能网关、智能系统和智能服务。边缘计算具有第一入口、约束性、分布性、融合性等特性。边缘计算有助于系统与系统之间、子系统与子系统之间、服务与服务之间、新系统与旧系统之间等基于模型化的接口进行交互，简化集成。基于边缘计算模型，可以实现软件接口与开发语言、平台、工具、协议等解耦，从而简化跨平台的移植。

信息与通信技术(Information Communication Technology, ICT)行业在网络、计算、存储等领域面临着架构极简、业务智能、资本支出和管理成本降低等挑战，正在通过虚拟化、软件定义网络(Software Defined Network, SDN)、模型驱动的业务编排、微服务等技术创新应对这些挑战。边缘计算作为运营技术(Operational Technology, OT)和 ICT 融合的产业，其参考架构设计需要借鉴这些新技术和新理念。同时，边缘计算与云计算存在协同与差异，面临独特挑战，需要独特的创新技术。边缘计算的参考架构如图 2.49 所示。

对于车联网应用，车-路协同感知过程中车载激光雷达、毫米波雷达及车载多摄像头时刻对路网环境、邻近车辆运行状态等进行采集，如果这些数据交由云中心处理，将会导致巨大的网络负担，而且也不能满足实时性要求，如果这些数据依托于云计算处理，网络延迟滞后将导致自动驾驶完全不可行。

对基于位置的导航类应用来说，终端设备可以根据自己的实时位置把相关位置信息和数据交给边缘节点来进行处理，边缘节点基于现有数据进行判断和决策，在整个过程中网络开销都是最小的，用户请求能够极快响应。

云计算适用于非实时、长周期数据、业务决策场景，而边缘计算在实时性、短周期数据、本地决策等场景方面有不可替代的作用。边缘计算与云计算是电子车牌系统的重要共性服务支撑，两者在网络、业务、应用、智能等方面的协同将有助于为用户提供更高效更及时的全面动态弹性定制服务。

(1) 边缘计算特性

① 连接性：连接性是边缘计算的基础。所连接物理对象的多样性及应用场景的多样性，

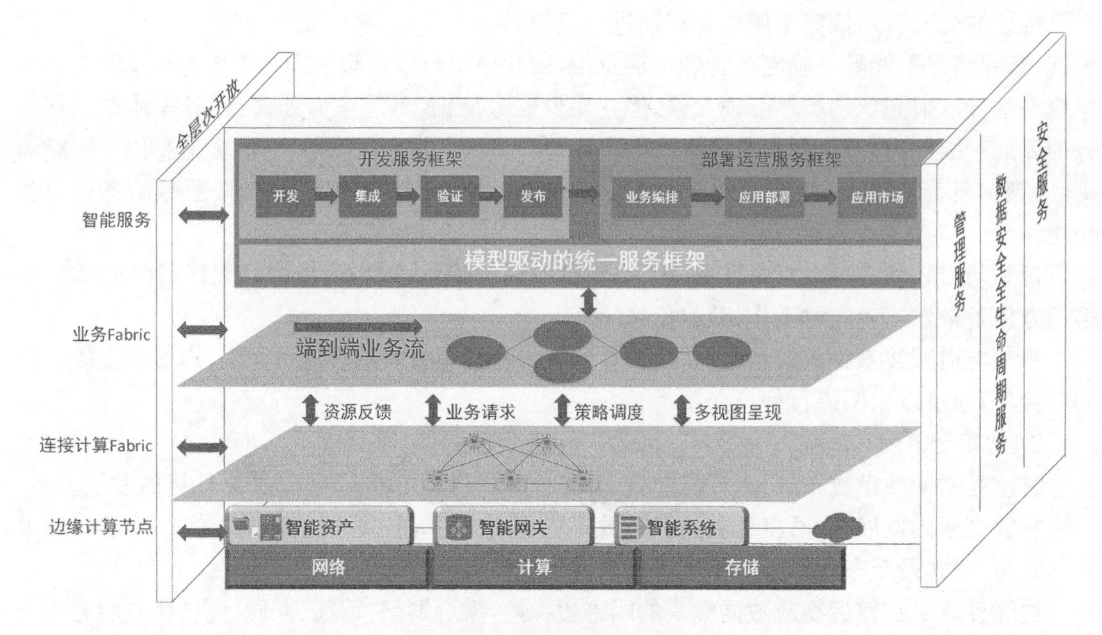

图 2.49　边缘计算参考架构

需要边缘计算具备丰富的连接功能，如各种网络接口、网络协议、网络拓扑、网络部署与配置、网络管理与维护。连接性需要充分借鉴吸收网络领域先进研究成果，如 TSN(Time-Sensitive Network)、SDN、NFV(Network Functions Virtualization)、NaaS(Network as a Service)、WLAN、NB-IoT、5G 等，同时还要考虑与现有各种工业总线的互联互通。边缘计算作为物理世界与数字世界的桥梁，是数据的第一入口，拥有大量、实时、完整的数据，可基于数据全生命周期进行管理与价值创造，将更好地支撑预测性维护、资产效率与管理等创新应用；同时，作为数据第一入口，边缘计算也面临数据实时性、确定性、多样性等挑战。

② 约束性：边缘计算的约束性体现在边缘计算产品需适配工业现场相对恶劣的工作条件与运行环境，如防电磁、防尘、防爆、抗振动、抗电流/电压波动等。在工业互联场景下，对边缘计算设备的功耗、成本、空间也有较高的要求。边缘计算产品需要考虑通过软硬件集成与优化，以适配各种条件约束，支撑行业数字化多样性场景。

③ 分布性：边缘计算实际部署天然具备分布式特征。这要求边缘计算支持分布式计算与存储、实现分布式资源的动态调度与统一管理、支撑分布式智能、具备分布式安全。

④ 融合性：OT 与 ICT 融合是行业数字化转型的重要基础。在这里，OT 指的是运营技术，也可以理解为操作技术，比如工人操作一台机床。但是如果放大一些，一条生产线也是 OT，一个工厂的整体运营也是 OT。边缘计算作为 OICT 融合与协同的关键承载，需要支持在连接、数据、管理、控制、应用、安全等方面的协同。

(2)"云-边"结合的价值

云计算的价值主要体现在连接的海量与异构性、业务的实时性、数据的优化、应用的智能性、安全与隐私保护等方面。

① 连接的海量与异构性(connection)：网络是系统互联与数据聚合传输的基石。伴随连接设备数量的剧增，网络运维管理、灵活扩展和可靠性保障面临巨大挑战。同时，工业现场长期以来存在大量异构的总线连接，多种制式的工业以太网并存，如何兼容多种连接并且确保连

接的实时可靠是必须要解决的现实问题。

② 业务的实时性(real-time):工业系统检测、控制、执行的实时性高,部分场景实时性要求在 10 ms 以内。如果数据分析和控制逻辑全部在云端实现,难以满足业务的实时性要求。智能驾驶属于典型的车路协同应用,对实时性要求很高。

③ 数据的优化(optimization):当前工业现场存在大量的多样化异构数据,需要通过数据优化实现数据的聚合、数据的统一呈现与开放,以灵活高效地服务于边缘应用的智能。

④ 应用的智能性(smart):业务流程优化、运维自动化与业务创新驱动应用走向智能,边缘侧智能能够带来显著的效率与成本优势。以预测性维护为代表的智能化应用场景正推动行业向新的服务模式与商业模式转型。

⑤ 安全与隐私保护(security):安全跨越云计算和边缘计算之间的纵深,需要实施端到端防护。网络边缘侧由于更贴近万物互联的设备,访问控制与威胁防护的广度和难度因此大幅提升。边缘侧安全主要包含设备安全、网络安全、数据安全与应用安全。此外,关键数据的完整性、保密性,大量生产数据和人身隐私数据的保护也是安全领域需要重点关注的内容。

传统的云计算模式需要将数据上传至云计算中心,传输链路长,经过的设备节点多,用户隐私数据泄露风险较高。而在边缘计算中,对数据和用户的身份认证协议安全性高,同时结合边缘计算中分布式、移动性等特点,加强了统一认证、跨越认证和切换认证等技术方式,可以保障用户数据的安全性,提升数据和隐私安全。

在实际应用场景,一般需要充分考虑基于边缘计算实现的智能前置和基于 IaaS、PaaS、SaaS 等特性的云计算平台的有机融合,实现边缘计算与云计算的协同。两者之间的协同点如表 2.7 所示。

表 2.7　边缘计算与云计算协同方式

协同点	边缘计算	云计算
网络	数据聚合	数据分析
业务	Agent(智能体)	业务编排
应用	微应用	应用生命周期管理
智能	分布式推理	集中式训练

以社会公共安全中最常见的人脸识别应用为例,目前基于智能摄像机特征提取和 GPU 图像解析平台相协同的主流人脸抓拍比对系统即“云-端”协同的典型实现,如图2.50所示。

(3) 边缘计算参考架特点

参考架构基于模型驱动工程(Model-Driven Engineering, MDE)进行设计。基于模型可以将物理和数字世界的知识模型化,从而实现物理世界和数字世界的协作,以及跨产业的生态协作,减少系统异构性,简化跨平台移植,有效支撑系统的全生命周期活动。

① 智能服务基于模型驱动的统一服务框架:通过开发服务框架和部署运营服务框架实现开发与部署智能协同,能够实现软件开发接口一致和部署运营自动化。

② 智能业务编排通过业务 Fabric 定义端到端业务流,实现业务敏捷。

③ 连接计算(Connectivity and Computing Fabric, CCF)实现架构极简,对业务屏蔽边缘智能分布式架构的复杂性。实现 OICT 基础设施部署运营自动化和可视化,支撑边缘计算资源服务与行业业务需求的智能协同。

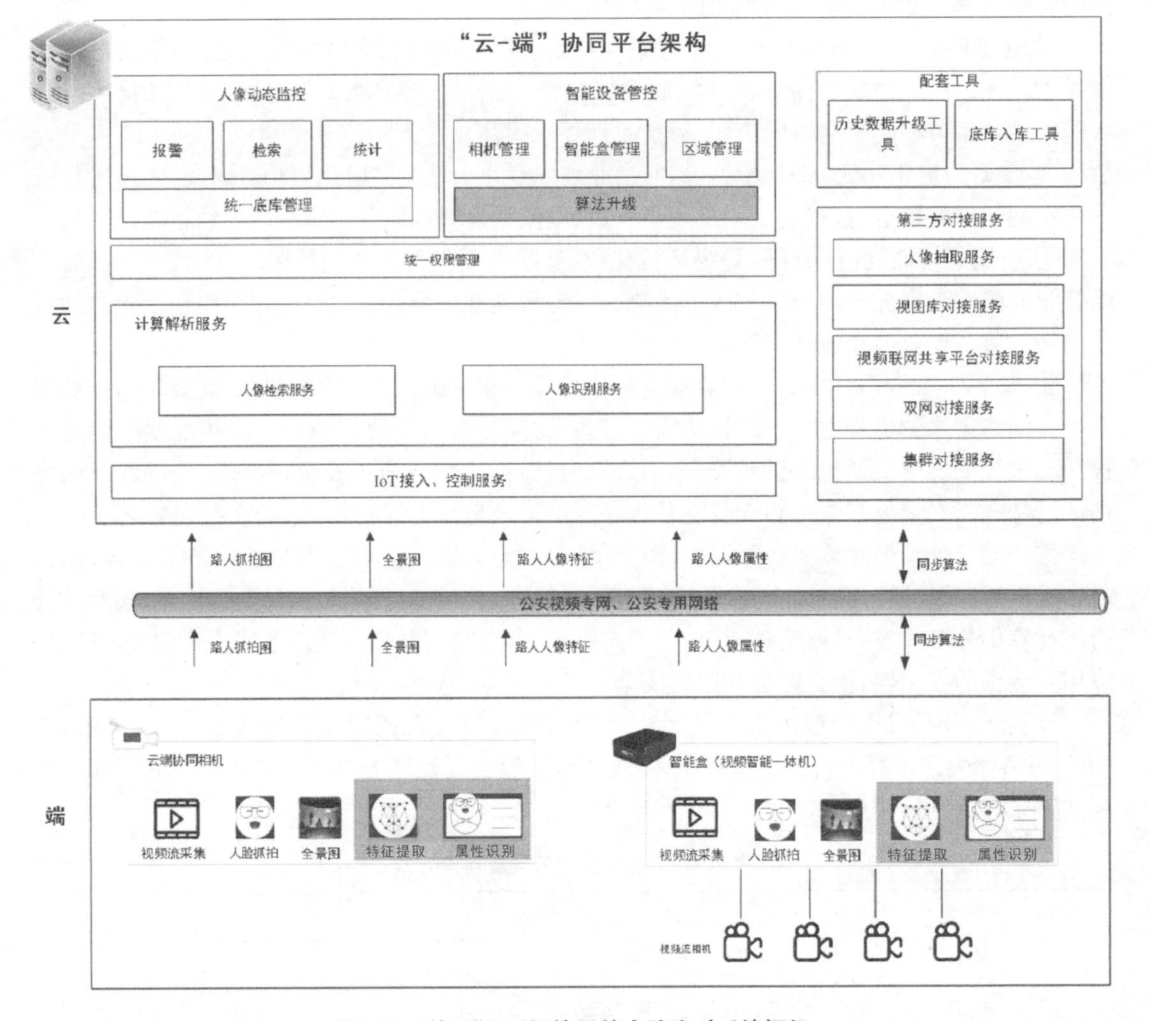

图 2.50　基于"云-端"协同的人脸比对系统框架

④ 智能边缘计算节点(Edge Computing Node，ECN)兼容多种异构连接、支持实时处理与响应、提供软硬一体化安全等。

⑤ 边缘计算参考架构在每层提供了模型化的开放接口，实现了架构的全层次开放。边缘计算参考架构通过纵向管理服务、数据全生命周期服务、安全服务，实现业务的全流程、全生命周期的智能服务。

3) 云计算、大数据、区块链及知识图谱

云计算是一种通过互联网以服务的方式提供动态可伸缩的虚拟化的资源的计算模式。云计算由一系列可以动态升级和被虚拟化的资源组成，这些资源被所有云计算的用户共享并且可以方便地通过网络访问，用户无须掌握云计算的技术，只需要按照个人或者团体的需要租赁云计算的资源。

(1) 云计算主要特征

① 资源配置动态化：根据消费者的需求动态划分或释放不同的物理和虚拟资源，当增加一个需求时，可通过增加可用的资源进行匹配，如果用户不再使用这部分资源时，可释放这些资源，实现资源的快速弹性伸缩。云计算为单一客户提供的这种能力是近乎无限的，实现了

IT资源利用的可扩展性。

② 需求服务自助化：云系统为客户提供一定的应用服务目录，客户可采用自助方式选择满足自身需求的服务项目和内容。

③ 以网络为中心：云计算的组件和整体构架由网络连接在一起并存在于网络中，同时通过网络向用户提供服务。而客户可借助不同的终端设备，通过标准的应用实现对网络的访问，从而使得云计算的服务无处不在。

④ 资源的池化和透明化：对云服务的提供者而言，各种底层资源（计算、储存、网络、资源逻辑等）的异构性（如果存在某种异构性）被屏蔽，边界被打破，所有的资源可以被统一管理和调度，成为所谓的“资源池”，从而为用户提供按需服务；对用户而言，这些资源是透明的、无限大的，用户无须了解内部结构，只需要关心自己的需求是否得到满足即可。

遍布卡口、手持终端的感知设备需要完成汽车电子标识解析、涉车业务处理的功能，这些功能绝大部分都需要采用PaaS云计算技术在云端实现计算、结果返回终端的形式，以实现柔性可伸缩的业务能力，同时也极大地提高了数据的安全性。

伴随汽车电子标识系统建设的深入，未来也可以提供SaaS云计算资源，为政府和企业用户提供可配置的资源接口，丰富平台的用户，用商务模式创新推动平台建设。

基于射频和视频结合的立体智能交通管理需要强大的运算能力作为支撑，在车辆动态信息分析系统中利用云计算技术处理非结构化数据、车辆轨迹海量数据等，提升数据处理的效率，降低处理成本，能极大提高汽车电子标识系统的分析能力和信息服务的提供能力，以更好地服务于社会、企业、政府和个人。

(2) 大数据技术

汽车电子标识一旦部署，前端感知设备就会源源不断地把经过车辆的信息回传至服务器，车辆布控、最佳路径选择等都需要大量的运算和快速响应，其涉及数据的存储和管理具有如下特点：信息量大，需要快速响应即时分析的场景多；需要存储大量GB级甚至TB级的大文件；文件具有一次写多次读的特点；系统需要有效处理并发的追加写操作。鉴于交通管理对数据处理的需要，有必要在后台采用Hadoop平台大数据技术，以提高数据分析和挖掘的能力。

Hadoop是一种易于扩展的分布式计算架构，能够将廉价PC节点联合起来提供大型计算服务。它完全使用Java语言开发，因而可以广泛运行在多种软硬件平台上。Hadoop逻辑上分为两层，即分布式文件系统HDFS和MapReduce并行计算框架。

Hadoop平台非常适用于大数据的分析和批量处理，具有易扩容、低成本、高效率、跨平台等优势。使用基于Hadoop平台构建分布式数据集市在处理大数据问题时非常适用，特别是在用Hive来处理海量数据的存储、大数据的清洗运算和大数据的非实时统计等方面。

常见的面向实时的流式计算引擎有Apache Storm和Spark Streaming。前者面向行，延迟率低，吞吐率也低；后者面向微批处理，延迟率稍高，吞吐率也高。图2.51介绍了电子车牌系统中使用的大数据处理的主流技术，涉及实时数据存储处理和离线数据存储处理。

(3) 区块链技术

一般说来，区块链系统由数据层、网络层、共识层、激励层、合约层和应用层组成，可用于社会公共安全领域的物证溯源及证据保全固化，如图2.52所示。其中，数据层封装了底层数据区块以及相关的数据加密和时间戳等基础数据和基本算法；网络层则包括分布式组网机制、数据传播机制和数据验证机制等；共识层主要封装网络节点的各类共识算法；激励层将经济因素集成到区块链技术体系中来，主要包括经济激励的发行机制和分配机制等；合约层主要封装各

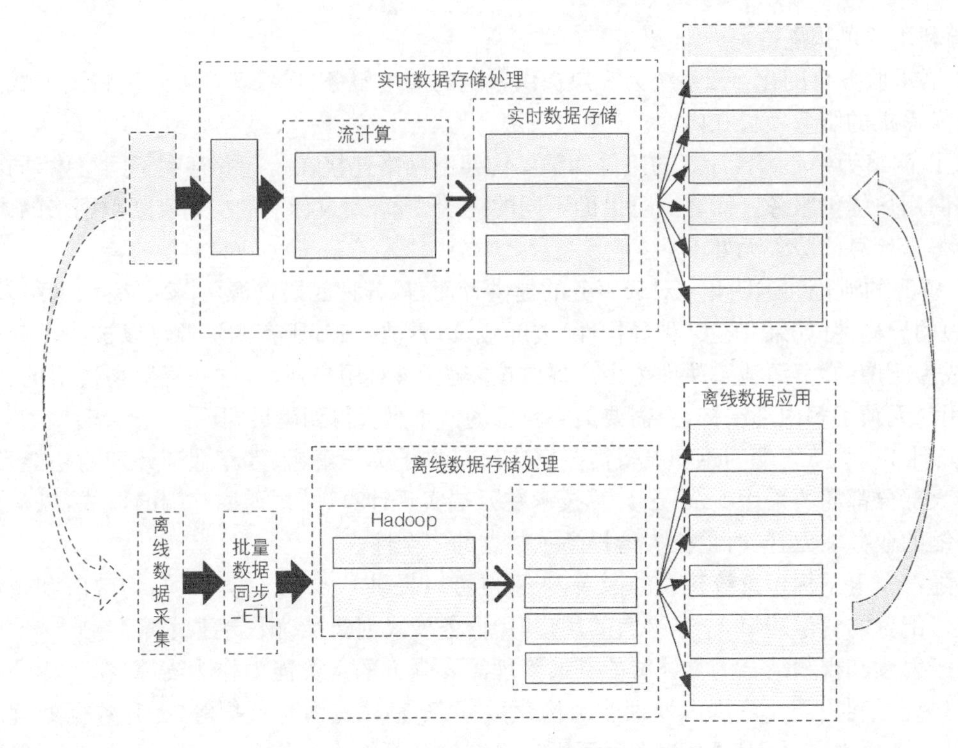

图 2.51　大数据处理主流技术

类脚本、算法和智能合约，是区块链可编程特性的基础；应用层则封装了区块链的各种应用场景和案例。该模型中，基于时间戳的链式区块结构、分布式节点的共识机制、基于共识算力的经济激励和灵活可编程的智能合约是区块链技术最具代表性的创新点。

正如中国信息通信研究院在《区块链白皮书(2019 年)》中所总结的，区块链开创了一种在不可信竞争环境中低成本建立信任的新型计算范式和协作模式，实现了穿透式监管和信任逐级传递。

国家对区块链技术的发展非常重视，很多地区已经建立了区块链产业园区。“十四五”规划也将区块链纳入数字产业之一，对其发展进行了重要部署。2021 年 6 月，工信部和网信办印发的《关于加快推动区块链技术应用和产业发展的指导意见》指出，要解决制约技术应用和产业发展的关键问题，进一步夯实区块链发展基础，加快技术应用规模化，建设区块链产业生态体系。目前，我国区块链产业生态加速演进，开始步入“信任链”“协作链”为导向的新发展阶段。

科技部在《关于发布国家重点研发计划“信息光子技术”等重点专项 2022 年度项目申报指南的通知》(以下简称《申报指南的通知》)中，分基础理论研究和共性关键技术进行重点布局，并强调区块链安全监管和治理能力在社会公共安全方面的基础平台建设和示范应用引领。

在共性关键技术领域，《申报指南的通知》重点布局“研究区块链多模态数据多种类节点链上链下轻量化高效存储方法；研究支持多模态数据溯源与复杂查询的高效可信执行与检索技术；研究支持多种类节点间高吞吐、高并发事务处理机制，支持多源数据共享与协同执行”，应用验证要求包括“研究在全节点与轻量化节点混合架构下，支持数值、文本、序列、视频等 4 种模态以上的数据共享、轻量化存储方法，并支持 PB 级数据规模应用；提供支持复杂查询以及溯源查询的可信查询算法，响应时间达到百万条/秒级；研究区块链与物联网、边缘计算、大数据、隐私计算等技术的融合创新，保障链上链下数据的可信交互”。

图 2.52　区块链基础架构模型

在示范应用推进方面，社会治理成为当下关注的重要领域，研究热点包括“研究融合区块链、大数据、人工智能、物联网等技术的社会治理与风险防控技术体系；研究基于区块链、机器学习和图计算的社会风险防控规则智能化构建技术；研究融合高性能区块链、实时大数据和人工智能的社会风险实时监测、分析、预警和存证技术”。

以社会公共安全中的视频监控网络为例，区块链技术能够有效解决视频数据资源的溯源和保全。可对视频数据资源划分区块，采用 SHA256 计算其哈希值形成区块链，实现了监控视频网络中视频数据的证据保全防篡改方法[32]，如图 2.53 所示。

区块链的共识机制具备“少数服从多数”及“人人平等”的特点，其中“少数服从多数”并不完全指节点个数，也可以是计算能力、股权数或者其他的计算机可以比较的特征量。要对区块链中某条信息进行篡改，必须实现“51％攻击”完成超越全部算力半数以上的工作量，在现有算力条件下基本不可能。

(4) 知识图谱

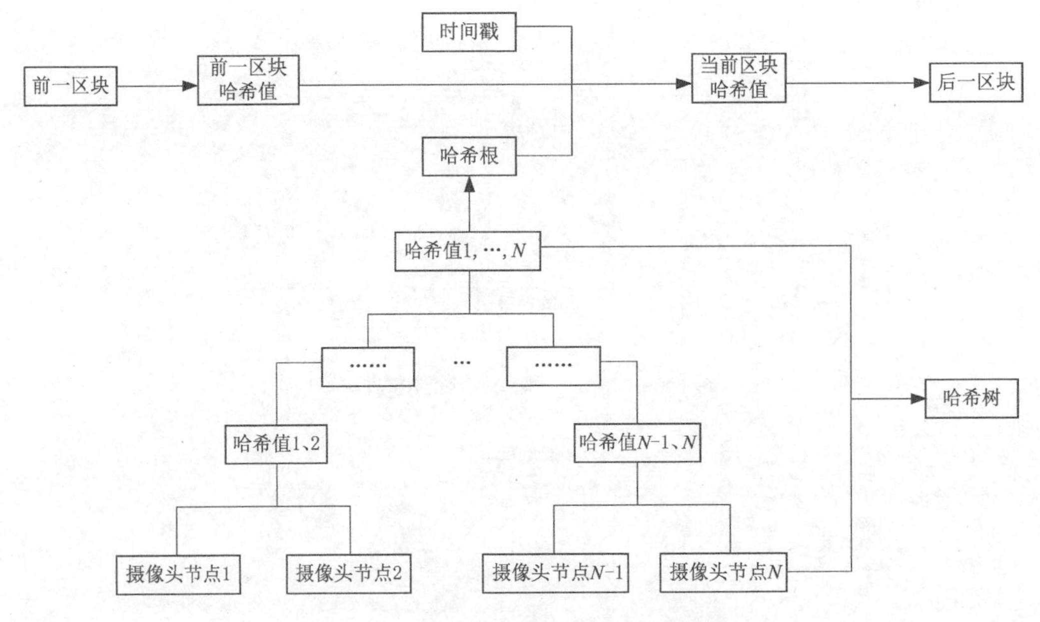

图 2.53　区块链在监控视频证据保全中的应用

知识图谱在信息科学领域被称为知识域可视化或知识领域映射地图，是显示知识发展进程与结构关系的一系列各种不同的图形，用可视化技术描述知识资源及其载体，挖掘、分析、构建、绘制和显示知识及它们之间的相互联系。

具体来说，知识图谱是通过将应用数学、图形学、信息可视化技术、信息科学等学科的理论与方法与计量学引文分析、共现分析等方法结合，并利用可视化的图谱形象地展示学科的核心结构、发展历史、前沿领域以及整体知识架构达到多学科融合目的的现代理论。它把复杂的知识领域通过数据挖掘、信息处理、知识计量和图形绘制而显示出来，揭示知识领域的动态发展规律，为学科研究提供切实的、有价值的参考。迄今为止，其实际应用在发达国家已经逐步拓展并取得了较好的效果，但它在我国仍属研究的起步阶段。

基于知识图谱的搜索引擎能够在以下方面发挥重要作用：

① 找到最想要的信息：语言可能是模棱两可的，一个搜索请求可能代表多重含义，知识图谱会将信息全面展现出来，让用户找到自己最想要的那种含义。现在，知识图谱搜索引擎能够理解其中的差别，并可以将搜索结果范围缩小到用户最想要的那种含义。

② 提供最全面的摘要：有了知识图谱，搜索引擎可以更好地理解用户搜索的信息，并总结出与搜索话题相关的内容。例如，当用户搜索"玛丽·居里"时，不仅可看到居里夫人的生平信息，还能获得关于其教育背景和科学发现方面的详细介绍。此外，知识图谱也会帮助用户了解事物之间的关系。

4) 零信任安全体系

传统的基于边界的网络安全架构某种程度上假设或默认了内网是安全的，认为安全就是构筑企业的数字护城河，通过防火墙、WAF (Web Application Firewall)、入侵防御系统(Intrusion Prevention System, IPS)等边界安全产品/方案对企业网络出口进行重重防护而忽略了企业内网的安全。

在"企业边界正在瓦解，基于边界的安全防护体系正在失效"这一大背景下，零信任安全针对传统边界安全架构思想进行了重新评估和审视，并对安全架构思路给出了新的建议，其核心思想是：默认情况下不应该信任网络内部和外部的任何人/设备/系统，需要基于认证和授权重构访问控制的信任基础。零信任对访问控制进行了范式上的颠覆，引导安全体系架构从网络中心化走向身份中心化，其本质诉求是以身份为中心进行访问控制[33]。

当数据构成我们的财富和核心竞争力时，传统的可信任体系面临巨大挑战，无法满足用户数据安全的需求。我们需要构建零信任体系，以管理战略情报的思维来管理数据。零信任安全（或零信任网络、零信任架构、零信任）最早由约翰·金德维格（John Kindervag）在 2010 年提出[34]，如图2.54所示。其核心思想表述为一句话，即企业不应自动信任内部或外部的任何人/事/物，应在授权前对任何试图接入企业系统的人/事/物进行验证。这句话可以从三个层面理解：第一，没有人是可以被天然信任的；第二，任何人在获得访问之前都需要授权；第三，需要不断确认身份的正确性。

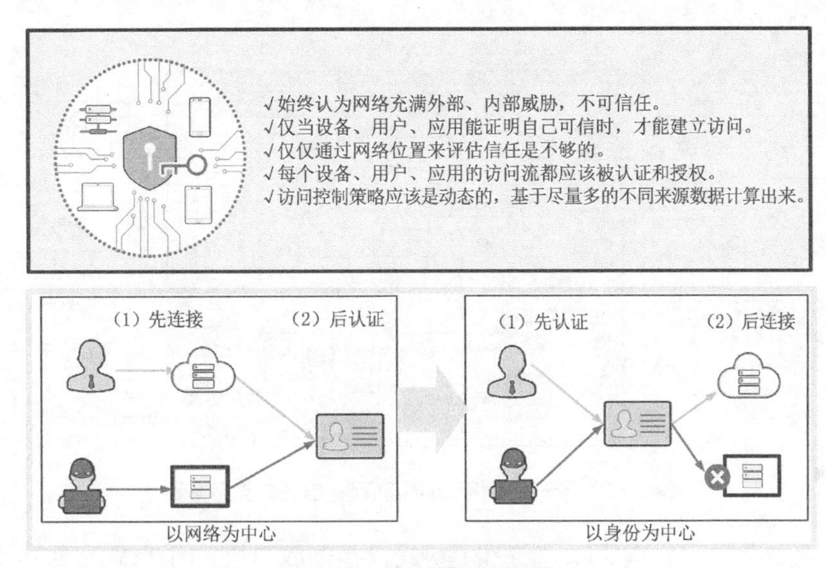

图 2.54　零信任核心思想

（1）零信任安全核心思想

从技术方案层面来看，零信任安全是借助现代身份管理平台实现对人/设备/系统的全面、动态、智能的访问控制，其核心实践包括以身份为中心、业务安全访问、动态访问控制等。

以身份为中心通过身份治理平台实现设备、用户、应用等实体的全面身份化，采用设备认证和用户认证两大关键技术手段，从零开始构筑基于身份的信任体系，建立企业全新的身份边界。业务安全访问方面，所有的业务都隐藏在零信任可信接入网关之后，只有认证通过的设备和用户，并且具备足够的权限才能访问业务。动态访问控制方面，访问控制需要符合最小权限原则进行细粒度授权，基于尽量多的属性进行信任和风险度量，实现动态自适应访问控制。不难看出，以身份为中心实现设备、用户、应用、系统的全面身份化是零信任安全的根基，缺少了这个根基，动态访问控制将成为无源之水、无本之木。

“全面身份化”是零信任安全动态访问控制的基石。随着如今 IT 技术的飞速发展，身份的实体范畴不仅仅是人。在万物互联的时代，物已经成为重要的参与实体，其基数已经远远超出了人。因此，仅仅为人创建身份是远远不够的，需要建立全面的“实体”身份空间，这些“实体”包括人、服务、设备等。通过全面的身份化，实现对网络参与的各个实体在统一的框架下进行全生命周期管理。

随着云计算、移动计算的发展,应用越来越碎片化,一个实体的人/数字化的身份对应的账号越来越多,理解身份和账号的差异至关重要。身份是物理世界的人/物/系统等实体在数字世界的唯一标识,是物理世界的实体在数字世界的对等物。事实上,在现代身份治理框架下,核心逻辑之一就是关注身份、账号、权限三个平面及其映射关系:为物理世界的人/物创建数字身份并关联对应的身份生命周期管理流程、梳理关联各业务系统账号和身份的属主关系、控制各个账号的权限分派实现基础授权。

零信任体系最初是面向互联网安全的,随着物联网的发展,在云边协同框架下的应用日益广泛,零信任体系也逐渐拓展到各类物联网协议上。众所周知,物联网的管理是以身份标识为基础的,随着 IPv6 的高速发展,物联网基于身份标识的设备指纹已经完全做到唯一性,基于设备指纹的物联网零信任安全方案实现了物联网架构内从边缘设备到数据中心的安全访问控制,如图 2.55 所示。

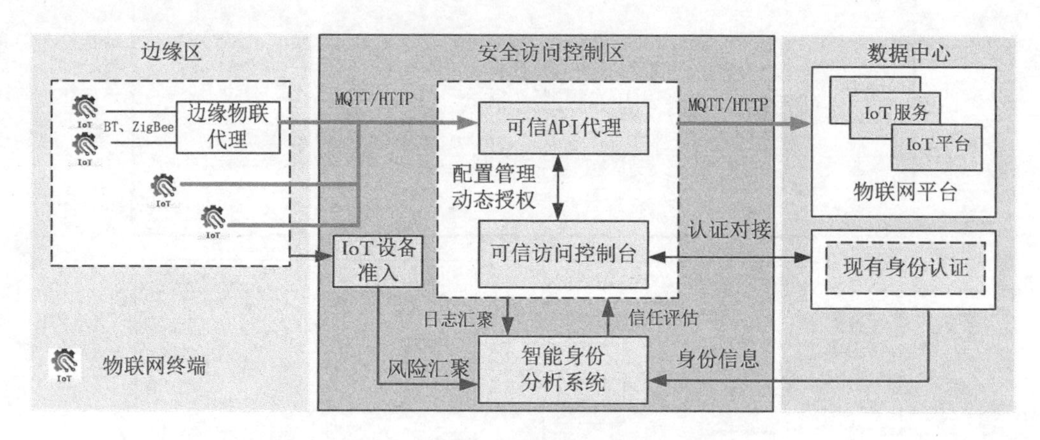

图 2.55 基于设备指纹的物联网零信任方案示意图

如上所述,在零信任安全语境下,身份是为访问控制服务的。因此,需要对参与访问控制的各主体、客体进行全面的身份化,包括用户、设备、应用和接口等都需要具备唯一的数字身份。

(2) 工作负载身份化

工作负载身份化的目的就是基于零信任理念,解决工作负载之间的访问控制问题,建立零信任数据中心网络,是全面身份化在数据中心网络场景的创新实践。

专家指出,解决零信任网络信任问题最重要的机制就是认证,而认证的基础是通信双方的身份标识。随着数据中心的建立,进程与进程之间的通信同样需要认证,而现今使用广泛的标识(IP 地址),并不适用于进程与进程之间的通信。例如,Kubernets 为每个进程指派一个 IP 地址,但是多个软件服务可能共享同一个 IP 地址。同时,基于 IP 地址的标识机制还存在访问控制列表的规模过大、潜在的 IP 地址伪造等问题。

要实现进程与进程之间的安全通信,需要更细粒度的标识,需要构建工作负载特有的身份标识体系。SPIFFE(Secure Product Identity Framework for Everyone)正是这样一个具有互操作性、能完美地与客户系统兼容的标识体系,也是目前业界的通用安全身份框架研究重点。

零信任安全的本质是以身份为中心进行动态访问控制,全面身份化是实现零信任安全架构的前提和基石,基于全面身份化,为零信任网络的人、设备、应用、系统等物理实体建立统一的数字身份标识和治理流程，并进一步构筑动态访问控制体系，将安全边界延伸至身份实体，从而实现安全架构的关口前移。

5）中台和微服务

常见的中台包括数据中台、技术中台和业务中台。数据中台是指通过数据技术，对海量数据进行采集、计算、存储、加工，同时统一标准和口径，实现面向应用的数据共享。数据中台把数据统一之后，会形成标准数据，再进行存储，形成大数据资产层，进而为客户提供高效服务。这些服务跟企业的业务有较强的关联性，是这个企业独有的且能复用的，它是企业业务和数据的沉淀，不仅能降低重复建设、减少烟囱式协作的成本，也是差异化竞争的优势所在。

中台的目标是提升效能、数据化运营、更好地支持业务发展和创新，是多领域、多BU、多系统的负责协同。中台是平台化的自然演进，这种演进带来“去中心化”的组织模式，突出对能力复用、协调控制的能力，以及业务创新的差异化构建能力。2015年阿里巴巴启动中台战略，目前阿里的“大中台、小前台”战略驱动着新零售、金融、物流、营销、旅游、健康、大文娱、社交八大战略。其中台架构，也逐渐升级成为“数据中台＋业务中台”，即“双中台”战略。阿里巴巴数据中台体系核心要素包括数据资产化、创新敏捷化、平台智能化、服务产品化，并提出了“OneData”“OneModel”的方法论支撑基于此的数字资产化和平台智能化。2018年华为建立数字化转型实践中心（DTPC），提出统一的数字化平台应具有以下特征：充分协同并融入业务流程，统一数据模型并可平滑交换数据，云原生与能力开放，以及智能化。国内领先的互联网公司在中台实践中逐渐凝聚共识，数据中台需要具备数据汇聚整合、数据提纯加工、数据服务可视化和数据价值变现4个核心能力。

数据中台的核心是Data API，起到连接前台和后台的作用，通过API的方式提供数据服务，而不是像以往那样直接把数据库给到前台，让前台开发自行使用数据。中台和前、后台的关系如图2.56所示。

通过数据中台，可以实现统一数据标准、统一数据服务、统一数据资产管理和统一开发平台，从而整合数据技术、产品技术能力，提供统一的数据和服务，强力支撑前台业务。

统一数据标准方面，是通过数据标准体系建设方法论＋数据指标系统，统一数据指标口径，消除数据二义性。统一数据服务主要是统一对外数据服务接口，实现所有需求一个接口。统一数据资产管理方面，建设企业级数据资产管理平台，并通过数据地图与数据血缘实现360°数据全链路追踪。统一开发平台方面，是提供可视化、拖拽式自助开发与分析平台，统一数据开发流程与项目周期管理。

数据中台是为平台各类应用提取共性数据服务能力，并根据业务应用的差异性体现多态性。基于同样的思路，对平台级的各类应用输出共性技术服务支撑能力，就是技术中台。

常见的技术中台，就是将使用云或其他基础设施的能力，以及应用各种技术中间件的能力，进行整合和包装。过滤掉技术细节，提供简单一致、易于使用的应用技术基础设施的能力接口，助力前台和业务中台、数据中台的快速建设。城市公共安全数据中台的活化应用和对各场景数据服务的支撑能力如图2.57所示。

一个典型的电子车牌管理平台的技术中台，包括以下部分：流式计算、分布式存储、分布式数据库、消息、分布式服务、负载均衡、应用容器、软负载和配置中心、分布式链路跟踪和基础数据。

基于同样的观念，将组织中一些具有共性的业务流程梳理抽象为通用的服务能力，即为业务中台。简单地说，数据中台是抽象数据能力的共性形成通用数据服务能力，业务中台是抽象

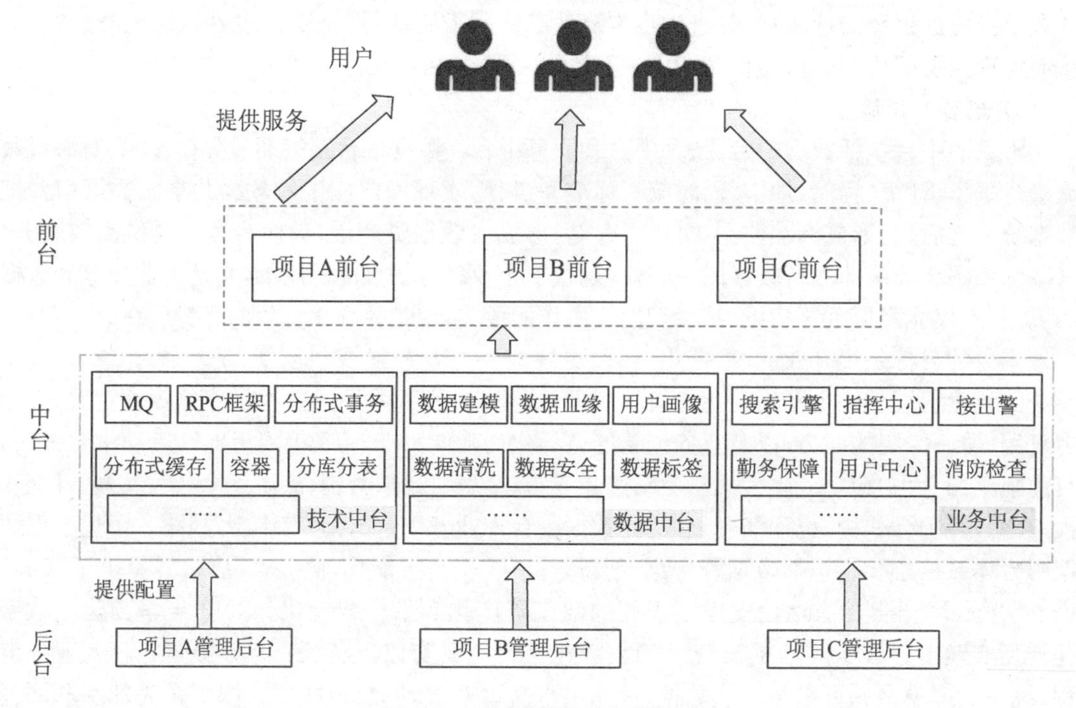

图 2.56　中台和前、后台的关系

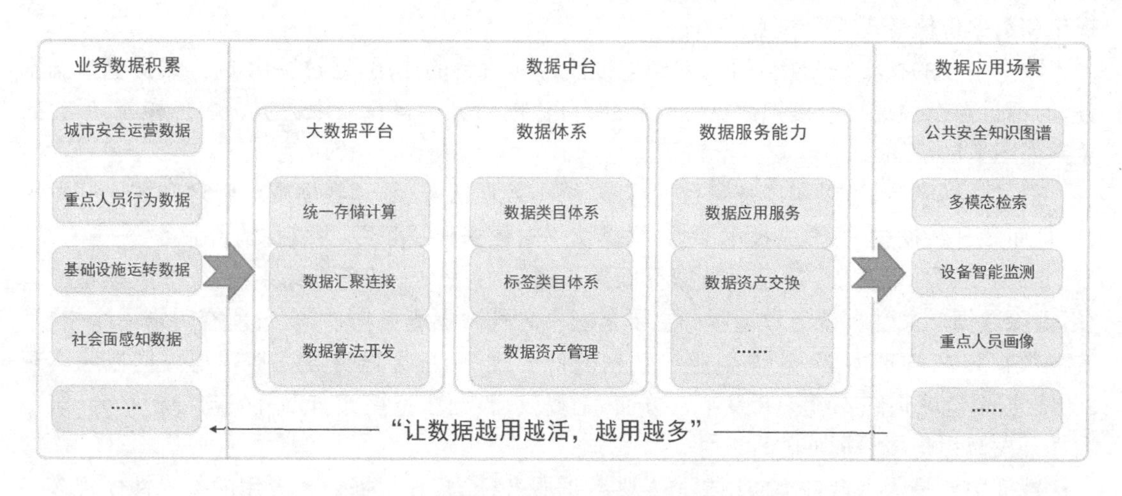

图 2.57　城市公共安全数据中台服务支撑

业务流程的共性形成通用业务服务能力。业务中台中产生的各类业务数据进入数据中台后进行梳理、治理、解析，并升华为数据服务支撑业务中台应用，应用形成的新数据又进入数据中台进行体系化加工，如此不断循环。

中台化的落地，需要使用微服务架构。中台强调核心基础能力的建设，基础能力以原子服务的形式来建设，并通过将原子服务产品化，支撑业务端各种场景的快速迭代和创新；原子服务和微服务所倡导的服务自闭环思想不谋而合，使得微服务成为实现原子服务的合适架构。支撑业务场景的应用也是通过服务来实现的，其生命周期随业务变化需要非常灵活的调整，这也和微服务强调的快速迭代高度一致，所以业务应用服务也适合通过微服务来实现。

微服务架构将单体应用按照业务领域拆分为多个高内聚低耦合的小型服务，每个小服务运行在独立进程，由不同的团队开发和维护，服务间采用轻量级通信机制，如 HTTP RESTful API，或者 RPC，独立自动部署，可以采用不同的语言及存储。

微服务体现去中心化、天然分布式，是中台战略落地到 IT 系统的具体实现方式的技术架构，用来解决企业业务快速发展与创新时面临的系统弹性可扩展、敏捷迭代、技术驱动业务创新等难题。

微服务在企业环境下需要考虑去中心化和集中管控/治理的平衡、分布式数据库和企业闭环数据模型的平衡。

中台架构，简单地说，就是企业级能力的复用，是一种企业架构治理方法论。微服务，是可独立开发、维护、部署的小型业务单元，是一种技术架构方式。

2.3 声纹识别技术

声纹（voiceprint）是指通过专用的电声转换仪器将声波特征绘制成的波谱图形，它是各种声学特征图谱的集合。声纹是人体的一张“身份证”，是一种长期稳定的特征信号。尽管每个人的发音器官都不尽相同，但在一般情况下人们仍能区别不同的人的声音或判断是否是同一人的声音。声纹识别是把未知人语音材料与已知人语音材料分别通过电声转换仪器绘成声纹图谱，再根据图谱上的语音声学特征进行比较和综合分析，以得出两者是否同一人声音的判断过程。声纹识别有着十分广阔的应用前景，在世界范围内正广泛应用于金融、证券、社保、公安、军队及其他民用安全认证等领域。目前，中国市场尚属启动阶段，其发展空间更为广阔。

目前，普遍意义上的声纹识别是指说话人识别。说话人识别是根据语音来辨认说话人，而并不考虑声音的内容和意义，这就需要分离出每个个体的特性。说话人识别包括说话人辨认和说话人确认两个方面。说话人辨认是一对多的分析过程，即判断出某段语音是若干人中哪一个人所说，主要应用于刑侦破案、罪犯跟踪、国防监听、个性化应用等。说话人确认是一对一的确定过程，即确认某段语音是否属于指定的某人，主要应用于证券交易、银行交易、个人计算机声控锁、汽车声控锁、身份证、信用卡等。其识别的核心是预先录入声音样本，并提取每个样本独一无二的特征，建立特征数据库，使用时将待检声音与数据库中的特征进行匹配，通过分析计算来实现说话人识别。

近年来，在生物识别技术领域中，声纹识别技术以其独特的方便性、经济性和准确性等优势受到世人瞩目，并日益成为人们日常生活和工作中重要且普及的安全验证方式。

与其他生物身份认证技术相比，诸如与指纹识别、掌形识别、虹膜识别等相比较，声纹识别除具有不会遗失和忘记、无须记忆、使用方便等优点外，仍具有自己独特的优势。截至 2021 年年初，声纹识别产品的市场占有率仅次于指纹识别和掌形识别产品。

与国外相比，我国的声纹识别技术发起得比较晚且发展速度是平缓的。《自动声纹识别（说话人识别）技术规范》（SJ/T 11380—2008）颁布后，声纹识别进入飞速发展时期。阿里巴巴的支付宝在 2014 年 10 月推出了包括声纹识别在内的一些非密码的支付产品；2014 年 12 月腾讯的微信平台推出了“声音锁”功能，用户无须再手动输入密码，直接输入语音即可登录微信；以中国科大讯飞有限公司为龙头的一些行业领先企业将人工智能技术深入应用到声纹识别领域，极大地推动了我国声纹识别技术的发展。公安部发布的《声纹自动识别系统测试规范》（GA/T 1587—2019）进一步推动了声纹识别技术在公共安全行业的推广应用。

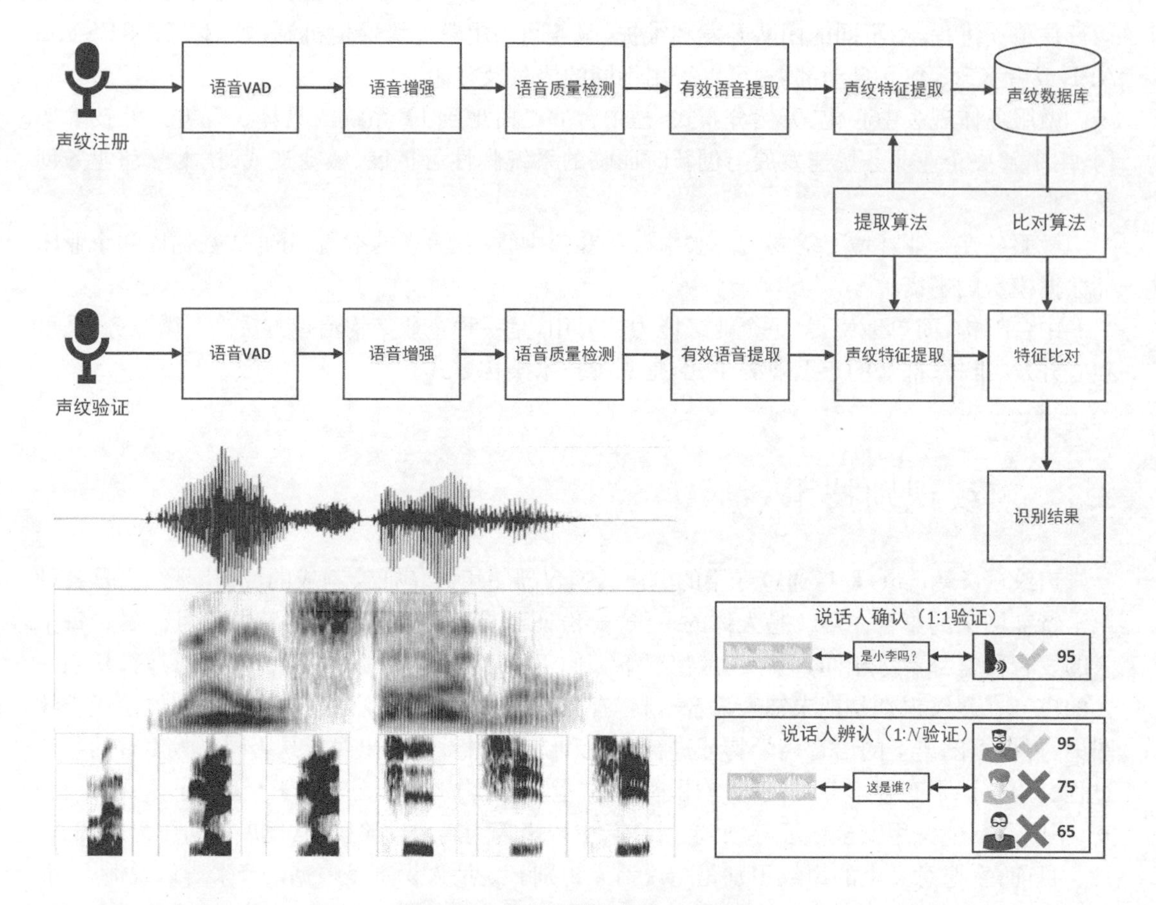

图 2.58　声纹识别技术原理示意图

声纹识别要求从语音信号中提取个体差异，提取出能反映说话人是谁的信息，从而进行说话人识别。其基本原理是为每一个说话人建立一个能够描述这一说话人个性特征的模型，作为此说话人个性特征的描述，声纹识别技术原理如图 2.58 所示。说话人辨识时，取与测试语音匹配差距最小的说话人模型所对应的说话人作为说话人辨识的结果；说话人确认时，用测试语音与所声称的说话人模型进行匹配，若匹配差距小于规定的阈值，则该说话人得到证实，否则该说话人不是他所声称的说话人。实现说话人系统需要解决三个问题，即语音信号的预处理和特征提取、说话人模型的建立和模型参数的训练、测试语音与说话人模型的匹配差距计算。

2.3.1　常用方法

声纹识别技术的关键在于对各种声学特征参数进行处理，并确定模式匹配方法[35-36]，主要的模式匹配方法如下：

1）概率统计方法

语音中说话人声音信息在短时内较为平稳，通过对稳态特征如基音、声门增益、低阶反射系数的统计分析，可以利用均值、方差等统计量和概率密度函数进行分类判决。其优点是不用对特征参量在时域上进行规整，比较适合与文本无关的说话人识别。

2）动态时间规整(Dynamic Time Warping，DTW)

说话人信息不仅有稳定因素（发声器官的结构和发声习惯等），也有时变因素（语速、语调、重音和韵律等)。将识别模板与参考模板进行时间对比,按照某种距离测定得出两模板间的相似程度。常用的方法是基于最近邻原则的动态时间规整(DTW)。

3) 矢量量化(Vector Quantization,VQ)

把每个人的特定文本编成码本,识别时将测试文本按此码本进行编码,以量化产生的失真度作为判决标准。这种方法的识别精度高,判断速度快,目前所受评价比较高,算法复杂度也不高,和隐马尔可夫模型方法配合起来更可以收到更好的效果。

4) 隐马尔可夫模型(Hidden Markov Model,HMM)

隐马尔可夫模型是一种基于转移概率和传输概率的随机模型,最早在 CMU 和 IBM 被用于语音识别。它把语音看成由可观察到的符号序列组成的随机过程,符号序列则是发声系统状态序列的输出。在使用 HMM 识别时,为每个说话人建立发声模型,通过训练得到状态转移概率矩阵和符号输出概率矩阵。识别时计算未知语音在状态转移过程中的最大概率,根据最大概率对应的模型进行判决,对于与文本无关的说话人识别一般采用各态历经型 HMM。HMM 不需要时间规整,可节约判决时的计算时间和存储量,目前被广泛应用,但其缺点是训练时计算量较大。

5) 人工神经网络(Artificial Neural Network,ANN)

人工神经网络在某种程度上模拟了生物的感知特性,它是一种分布式并行处理结构的网络模型,具有自组织和自学习能力、很强的复杂分类边界区分能力,以及对不完全信息的鲁棒性,其性能近似理想的分类器。其缺点是训练时间长,动态时间规整能力弱,网络规模随说话人数目增加时可能大到难以训练的程度。

6) 支持向量机(Support Vector Machine,SVM)

支持向量机是一种很经典的机器学习方法,在手写体识别、文本分类和人脸检测等模式识别问题中广泛应用,并取得了较好的效果。

SVM 是在统计学习理论的基础上发展起来的一种新的通用学习方法,已初步表现出很多优于已有方法的性能,在解决有限样本、非线性及高维模式识别问题中表现出许多特有的性能。SVM 正在成为继神经网络研究之后新的研究热点,并将有力推动机器学习理论和技术的发展。

7) 融合方法

包括维数约简与识别方法结合,以及识别方式之间的结合。第一种常见的有局部 PCA(Principal Component Analysis)和 GMM(Gaussian Mixed Model)[37]结合的说话人识别系统,PCA 约简了特征矢量的维数,减少了 GMM 的训练时间;在局部模糊 PCA 和 GMM 结合的说话人识别系统、核 PCA 与 GMM 结合的说话人识别系统中,引入核概念抽取特征,即避免了高维空间的复杂计算,大大减少了由于约简而损失的信息。用 KL 变换和 KFD 变换约简维数在说话人识别中也得到了广泛的应用,既提高了训练速度,又达到了很高的识别率。

识别方式之间的融合主要是 SVM 分类器与别的识别方式结合,如与 AI 结合的说话人识别系统[38]。SVM 适合分类,GMM 的结果反映了同类样本的相似度,而 SVM 的输出结果则体现了异类样本间的差异,它们的融合达到了很好的效果。充分利用这两个分类器的优点,识别效果良好。

2.3.2 预处理过程

通常而言,输入的语音信号都要进行预处理,预处理过程的好坏在一定程度上也影响系统的识别效果。一般的预处理过程如下：

1）采样量化

语音信号通常以 8 kHz 或更高的采样速率数字化，每个采样至少用 8 bit 表示。

2）预加重

声音经过 8 kHz 或更高采样速率采样后，转换成数字语音信号，接着通过一个一阶高通滤波器，来做预加重处理以突显高频部分。

3）取音框

一般取 256 点为一个音框（32 ms），音框与音框之间重叠 128 点（16 ms），即每次位移 128 点后再取 256 点作为下一个音框，这样可避免音框之间的特性变化过于剧烈。

4）加窗

针对每个音框乘上汉明窗以消除音框两端的不连续性，避免分析时受到前后音框的影响。

5）将音框通过低通滤波器，去除异常噪声

经过预处理后，几秒钟的语音就会产生很大的数据量。提取说话人特征的过程，实际上就是去除原来语音中的冗余信息，减小数据量的过程。从语音信号中提取的说话人特征参数应满足长期稳定、易于测量、与其他特征不相关且对局外变量（如说话人健康状况、情绪、系统的传输特性等）不敏感等特性。

2.3.3 平台架构

声纹识别平台的核心是声纹识别系统，其建设主要分为声纹数据库、声纹识别引擎、声纹鉴定工作站三大部分，由此构成采集、自动建模、自动检索、鉴定、自动预警等一整套智能化业务系统。声纹识别平台架构如图 2.59 所示。

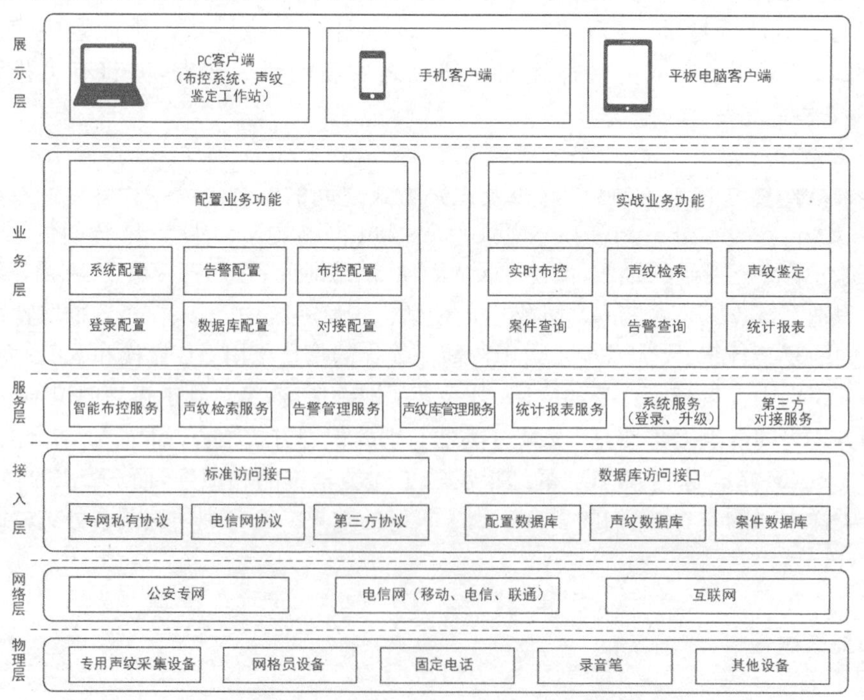

图 2.59　城市公共安全声纹识别平台

声纹库数据为整个声纹大系统的基础，为构建更加完善的声纹基础数据库，建设采集来源包括标准采集、电信采集、网络语音采集及其他方式采集。标准采集是指通过专业标准的声纹采集设备按照标准采集流程进行声纹采集，并与现在数据形成人、像、声等多维度关联，适用于各派出所采集点；电信采集是指采用技侦手段从电信运营商处获取电话信道中的语音信息；网络语音采集是通过专业手段从网络或嫌疑人手机中获取语音数据，如从嫌疑人手机中读取微信语音数据；其他方式采集包括利用录音笔等录制下来的语音数据。

声纹检索引擎是声纹识别系统的核心，是声纹库建设及价值发挥的关键技术手段。目前，业内领先的声纹检索引擎最高可支持上千万库容，适应多种格式的语音检材数据，实时返回检索结果。

声纹鉴别工作站为声纹业务人员的日常操作与实战应用系统，主要部署在云平台，提供声纹信息管理、下载、查询、复核及声纹鉴定报告等具体任务。

声纹数据库、声纹识别引擎、声纹鉴定工作站为声纹识别系统中不可或缺的三大部分，为动态声纹全网布控平台提供有力保证。

声纹识别平台建设是城市公共安全信息化工作的重要一环，其需求急迫、专业技术性强、应用广泛，能够有效助力公安机关遏制与打击犯罪、提高风险预警与动态布控能力，突破传统布控模式，实现高技术手段和战法的创新，构建和强化安全的社区环境。

2.4 多维生物特征融合技术

生物特征识别技术的优点有很多，现实中的应用也比较广泛，但并不是所有的生物特征都具有普适性。例如指纹识别，该识别方式是现在所有识别方式中使用较为普遍的一种，但是若指纹出现了割伤、磨损、干燥或是潮湿等情况就会影响识别效果，当然也会出现无法录入指纹识别系统的情况，此外还会出现“假冒指纹”，即利用指纹套等工具便可以复制他人的指纹来进行识别。对于声纹识别，说话人声音的大小、快慢、长短以及音质的变化都会影响采集与比对的结果，除此之外，声纹也有可能被模仿和冒充，这些情况都有可能影响声纹识别的结果。人脸识别作为最常见的身份确认方式，一方面面临着光照、遮挡等开放场景下采集识别困难的问题，另一方面面临着基于生成对抗网络(Generative Adversarial Networks，GAN)的AI攻击技术的巨大挑战。综上所述，基于单一的生物特征识别技术并不十分成熟，需要有更多的研究来证明其可靠性。

表2.8分别列出了几种常用的生物特征识别技术的具体性能。从表2.8可以看出，每种鉴定方法都有其自身的优点和缺点，例如指纹、虹膜的独特性与持久性都较高，而两者的接受性均偏低；相反，语音的独特性与持久性都较低，而接受性却较高。然而，现今并没有一种可行的方法可以改善各种生物特征的缺陷来提高整个系统的性能。鉴于此种情况，为了可以提高身份认证系统的性能，采用将几种不同的生物特征方式进行融合的方法来解决以上问题，此即多维生物特征融合技术。多维生物特征系统融合了声纹识别、人脸识别、复合识别等多种生物识别技术和动态密码技术，使身份认证的安全性达到前所未有的水平。系统支持多种技术灵活组合，可适配各类应用场景。

表 2.8 几种生物特征身份认证技术对比

鉴定方法	广泛性	独特性	持久性	采集性	性 能	接受性	防伪性
指 纹	中	高	高	中	高	中	高
语 音	中	低	低	中	低	高	低
人 脸	高	低	中	高	低	高	低
掌 纹	中	中	中	中	中	中	高
虹 膜	高	高	高	中	高	低	高
视网膜	高	高	中	低	高	低	高
热成像	高	高	低	高	中	高	高

深度学习在单模态特征提取方面效果突出，具有深度结构的特征提取模型将特征提取从以往的人工设计提取规则进行特征提取转变成为由机器完成的特征学习，不仅可以发现数据之间隐藏的复杂内部结构，而且可以有效地从原始数据中得到适合于当前任务的特征。在多模态数据学习方面，深度学习同样有着广泛的应用。

以我们开发多生物特征核验闸机为例，闸机前方布设多个摄像头，闸机上集成身份证阅读器、虹膜采集识别设备，以及指纹采集比对设备。人员自助刷卡通行，刷卡信号触发摄像机抓拍，可以同时抓拍到多角度的人像，和身份证件电子照片及虹膜、指纹等身份信息形成精准关联绑定，如图 2.60 所示。这种多角度的现场人像照片，能够极大限度地还原实际监控场景下人员通行时的抓拍照片，具有光照、角度、部分遮挡等多变性，能够为深度学习系统提供优质训练样本，有助于建立符合实战科学公正的人脸识别技术评测规范。

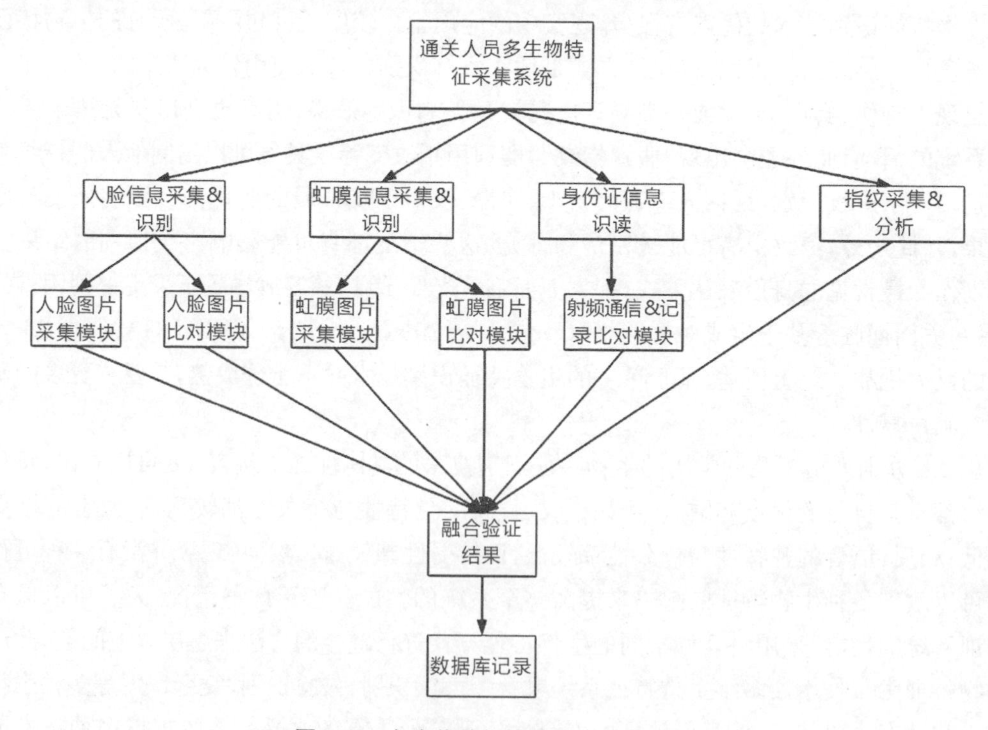

图 2.60 多生物特征核验闸机功能框架

针对多生物特征核验设备的典型应用场景，涉及人脸图像、声纹、虹膜图片、指纹等多种生物特征，对应的多模态特征融合流程图如图 2.61 所示。

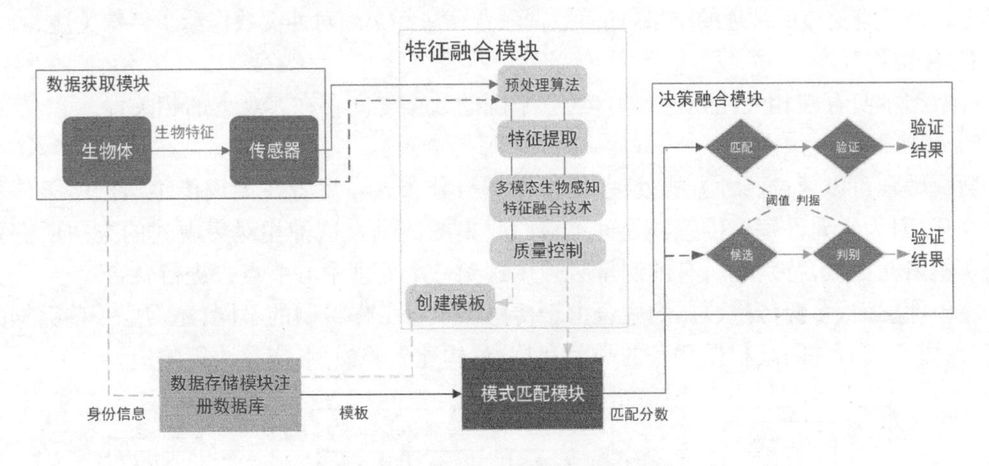

图 2.61 多模态生物特征融合流程图

2.4.1 数据融合

信息融合有 3 个层次：数据级融合、特征级融合和决策级融合。多源数据关联面临的问题，大多源于数据缺陷、传感技术的缺陷和多样性，以及自然的应用环境的不确定性因素等，如图 2.62 所示。

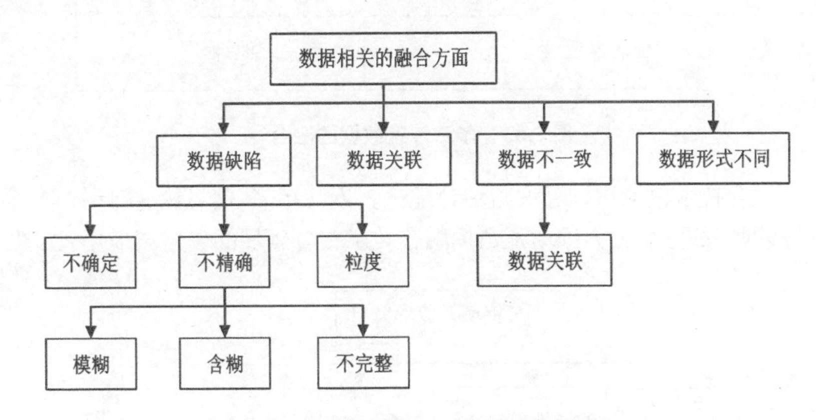

图 2.62 多源数据融合存在的主要问题

1) 数据缺陷

在检测数据过程中，多传感器往往受到诸多因素的影响使得被融合的数据存在不确定性，这些因素包括传感器所在的方位、检测精度、传输介质、计算误差、噪声等。数据融合算法应该能有效地降低该缺陷的影响，利用数据冗余性减少其影响。

2) 异常和虚假数据

传感器中的不确定性不仅包括测量中的不确定性和噪声，同时源于实际环境中的模糊性和不一致性，因此缺乏区分它们的能力。数据融合算法应该能通过数据冗余的方式来减少影响。

3）数据冲突

当融合系统是基于D-S证据理论(Dempster-Shafer Evidence Theory)时，数据冲突会造成很大影响。为了避免违反常理的结果，任何数据融合算法都必须对冲突数据给予特殊关注。

4）数据关联

即数据本身存在相关性，看似来自独立来源的数据之间存在客观上的相关性。

5）处理框架

数据融合可以通过两种方式处理，即集中式与分布式。后者在无线传感器网络条件下通常更合适，因为它允许每个传感器处理本地已收集的数据。这种相对集中式的方法所需要的通信负担消耗更低，特别是所有的测量必须传送到一个处理中心节点去进行融合。

在硬件层面，多源传感数据的融合由于传感器本身工作机制的不同，还需要一些数据配准的环节(图2.63)，并需要根据任务的类型和特点，构建先验模型，支撑决策响应。

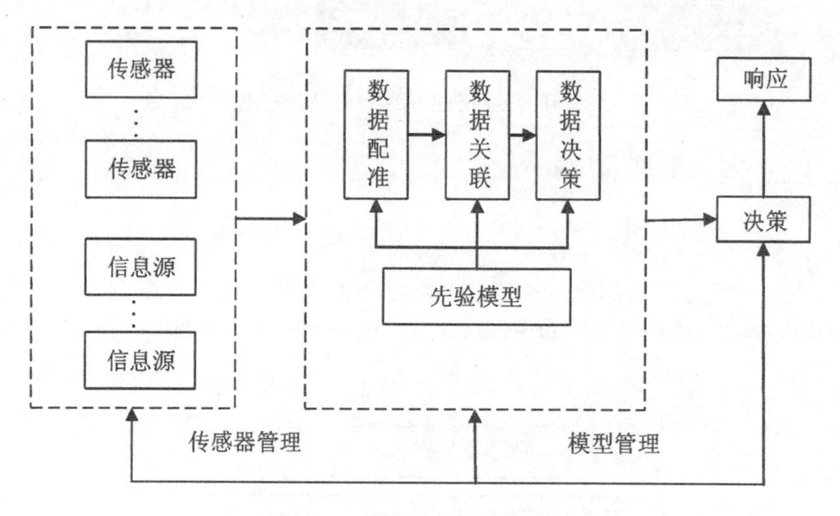

图2.63 多源传感数据的融合

传统的数据融合技术包括识别算法与估计理论。近几年来，信息论、统计推理、模糊理论，以及人工智能、神经网络等方法大力推动了数据融合技术在各领域的发展与应用，如图2.64所示。

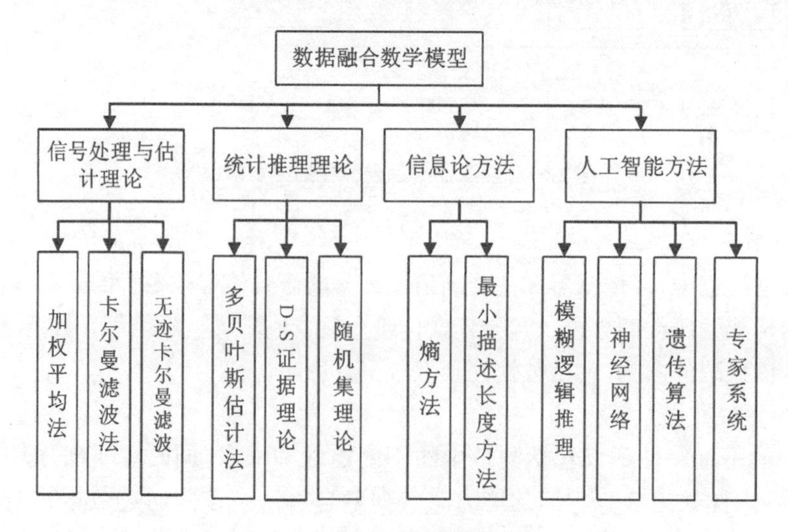

图2.64 数据融合的数学模型

以下对数据融合的几种常用方法做简单介绍：

① 加权平均法：该方法常应用于数据级融合，简单直观，存在的缺陷是算法中对传感器数据加权时权值系数设定具有人为主观性。

② 卡尔曼滤波法：可以对目标进行实时数据融合，在动态环境中较为有效。卡尔曼滤波法非常适合处理复杂的传感器状态估计和数据融合问题。在系统符合动力学模型以及传感器误差与系统满足高斯白噪声模型的条件下，通过该算法可获得唯一最优估计值。

③ 模糊逻辑推理：由于融合过程具有不确定性，模糊逻辑通过推理建模，产生一致性模糊推理，在某种程度上解决了统计方法无法处理的问题。但是作为新技术，模糊逻辑推理的缺点是未形成一套系统理论，而且具有明显的主观因素。

④ 神经网络：神经网络具有许多优点，如自学习、自适应、自组织，以及容错性强，而且能够模拟复杂的非线性映射。这些优势对于数据融合技术在处理过程中有很大作用。因为传感器提供的信息具有不确定性，但有相似性，神经网络可以根据相似性分配网络权值来制定分类标准；能很好地协调多种输入信息关系，适用于多源数据融合。

2.4.2 特征融合

目前深度学习在多模态数据上的应用，仍然集中于多模态的特征融合[39]。Ngiam 等人最早提出了多模态学习的概念[40]，将多模态学习引入了语音识别领域。人类在进行语音识别与语义理解时并不单纯只通过声音信息来判断，还会观察视觉信息通道中得到的嘴唇动作来辅助判断说话人的语意，特别是在判断一些容易产生混淆的发音之间时，嘴唇形状的变化起到的作用要大于声音信号中得到的信息。因此，同时使用两种来源不同的信息用于同一任务，使用多种信息进行辅助判别是十分合理的。

为了解决多模态数据环境中的数据结构异构的问题，同时为了有效地利用大量易于获取的无标记数据，一般采用基于深度学习的半监督学习算法，可以有效地从原始数据中提供的多种不同模态特征中抽取得到一种融合的低维特征表达。

图 2.65 表示了半监督多模态神经网络的整体结构框架，提出的模型整体框架呈树状结

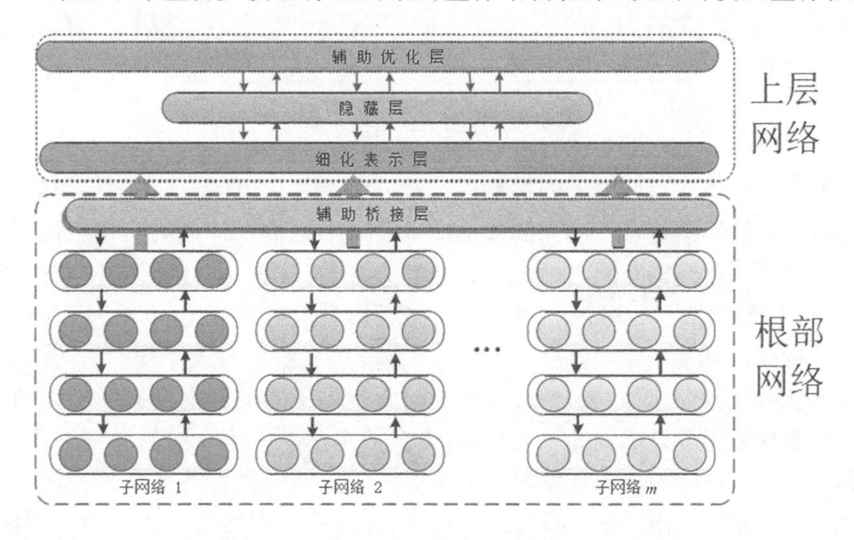

图 2.65　半监督多模态神经网络整体结构示意图

构，分为两个主要部分：根部网络(root networks)与上层网络(top networks)。根部网络整体像一棵树的树根，分成多个分支网络，成为整个多模态神经网络的基础，负责对输入的多模态数据进行转换。位于整个模型树冠部分的上层网络分为三层，最终的多模态共享融合表达由上层网络给出。

对于每个输入的信息模态，分配一个根部网络的分支，即一个子网络(sub-networks)。子网络负责对输入的不同模态的数据做变换处理，通过深度神经网络的多重非线性变换，从原始的低层次数据表征抽取得到新的高层抽象表征。对于不同的模态，分配给它们的子神经网络结构也不同。不同子网络的隐藏层数量以及每一个隐藏层内含有的神经元节点数量也是不同的。

根部网络中的不同子网络用于从不同的信息模态中抽取得到更加抽象的高层次特征表达，而不同的数据模态之间可能也存在潜在的联系，因此为了寻找不同数据模态之间的联系，在根部网络的每一个子网络的最上层共享一个隐藏层，用于将不同的数据模态联系起来，称为辅助桥接层(Auxiliary Bridge Layer)。在对根部网络做参数训练时使用BP算法，辅助桥接层中定义的函数损失由各个子网络共享，用于同时调整各个子网络，如图 2.66 所示。

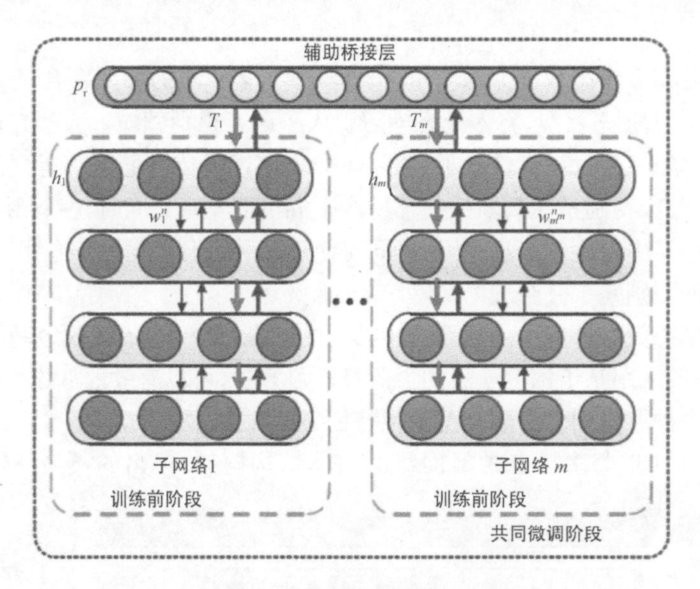

图 2.66　根部网络结构示意图

在输入的所有数据模态对应的子网络都得到充分的训练后，在每个子网络的最上层抽取得到一组精炼过的高层抽象特征。不同的数据模态经过不同的子神经网络精炼提取，从原始的异构空间映射到同一个同构空间之中，从而得到同构的特征表达。随后这些同构抽象特征表达作为输入，在上层网络之中做映射变换，进一步投影到低维特征空间中，从而抽取得到最终的多模态融合特征。

多模态特征学习任务中存在的一个最主要的问题就是不同的数据模态中存在的异构性，不同模态的原始数据处于各自不同的特征空间，大多数多模态学习方法的关键都在于将不同的模态投影到同一个子空间中。深度学习模型在揭示隐含的层次性特征表达，对原始数据进行特征变换方面显示出了突出的优势，可以充分利用深度神经网络这一特性用于消除不同数据模态之间的异构性。

在经由根部网络得到每个模态的高层抽象表达之后，这些同构特征在顶部网络中进行归并，提取得到最终需要的多模态共享融合特征表达。图 2-67 给出了上层网络的结构细节。上层网络由三层构成：同构特征表达输入层，用于做低维映射的隐藏层，以及上层的辅助优化层，实际上是一个具有单隐藏层的感知机。根部网络得到的同构特征合并成为上层网络的输入经过隐含层，激活函数变换后被投影到低维特征空间。辅助优化层用于将无监督信息和监督信息联合用于权值 W 的参数优化。

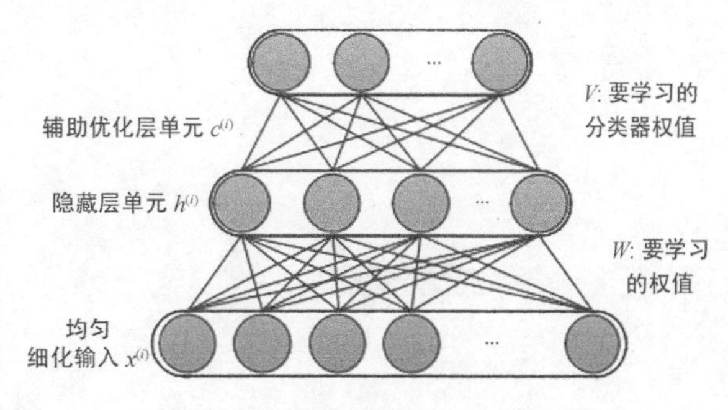

图 2.67　顶部网络的结构示意图

2.4.3　决策融合

在决策层面，根据一定的规则，对多个决策判别器的输出进行融合，即为决策融合。决策融合方法有基于统计的方法，如概率推理、贝叶斯推理、D-S 证据[41]；也有基于信息理论的方法，如参数模板匹配、聚类分析、自适应神经网络、熵法等；还有基于认知模型的方法，如逻辑模板匹配、模糊集理论、专家系统等。

在多生物特征融合实际应用中，涉及图像、指纹、虹膜等几种方式的人员身份信息的判别，将人脸验证、身份证信息比对、指纹验证、虹膜验证等多种验证方式有机集合，采用 D-S 证据理论，进行信息融合决策，能够大幅度提高验证准确性，避免单一验证决策技术的不足。

D-S 证据理论允许各传感器提供各自所能提供的信息来进行目标检测、分类及识别，引入信任函数概念，形成了一套“证据”和“组合”来处理不确定性推理。D-S 理论是对贝叶斯推理方法的推广，不需要知道先验概率，能够很好地表示“不确定”，被广泛用来处理不确定数据，适用于信息融合、专家系统、情报分析、法律案件分析、多属性决策分析。

D-S 证据理论算法的核心是用概率分配值来定义一个不确定区间，并用不确定区间来表示一个命题的支持度和似然度。在多源异构信息的处理中，目前已有很多研究者将多种融合方式结合起来进行研究，例如贝叶斯网络与粗糙集理论的结合，这些算法结合研究是一种研究趋势。对于单一融合方式的研究，从时间复杂度及空间复杂度的优化性出发进行算法的创新性改进，也是一种研究趋势。

上文已经介绍了多生物特征融合技术的基本原理，在实际应用中，数据级融合、特征级融合和决策级融合往往可能根据应用场景组合使用或者全部使用，并和样本存储策略相联系，如图 2.68 所示。

2.5　公交车安全监测技术

公交车辆由于其客流密集，安检环节匮乏，一直是城市公共安全中极为脆弱的一环。近年来，多地发生过多起因犯罪分子携带可燃易爆液（气）体或危化品蒙混上车而引发的惨烈的爆炸伤亡事故，教训深刻。

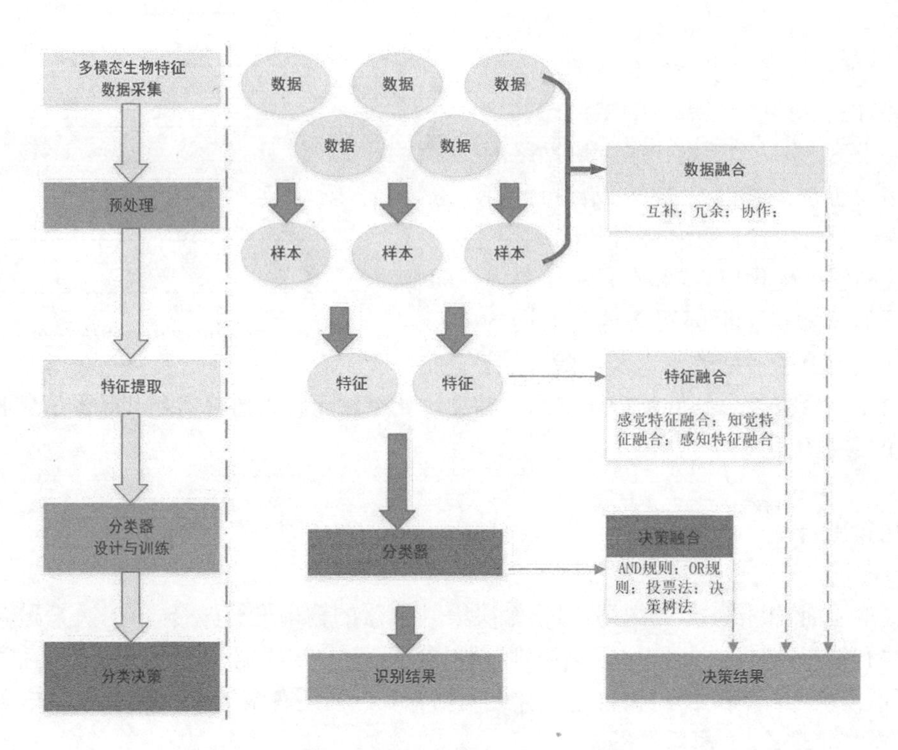

图 2.68　多模态数据融合分析及关联

针对城市运营公交车辆易燃易爆及危化品的无接触自动监测感知需求，基于微量挥发物质检测技术，目前市面上已经开发出成熟的车载危爆液（气）体检测系统，如车危仪产品。名为车危仪监测平台的公共交通易燃油气体检测预警平台是由福建美营自动化科技有限公司联合福州大学、福建交通科学技术研究所、福建工程学院等多家科研单位开发的城市公共交通安全监管平台。该平台涵盖易燃易爆危险油气体分子检测、车继网、视频结构化描述（Video Structured Description, VSD）等多项高新专利技术，旨在城市公共交通安全监管，构建全方位、全天候、多部门联动的高新安防系统，是创建平安城市、智慧城市的重要环节。

易燃易爆油气体分子检测仪（又称“车危仪”）安装于公交车车门口内侧，对每一位上车乘客身上或行李包内携带的挥发性物质进行探测，如发现存在可疑气体立即在控制终端实现报警，同时监控摄像机对涉嫌危险品携带者进行人脸黑名单比对，如果此人是黑名单库人员，通过车危仪的控制终端，立即通知司机（声音、图像），司机可以采取“一键报警”方案，将可疑人员的相关信息（可疑人员图片、视频、公交车位置）发送到公安监控报警平台。如此乘客不是黑名单人员，由司机进行危险品排查，禁止携带危险品上车，同时将报警信息发送到监控平台。另外，公司开发的车继网技术可将公交车的所有信息自动与监控中心联动，且 VSD 视频数据平台检索系统每天可以将存储中心的公交车视频自动检索，分析排查可疑乘客动向及社会治安等相关问题。

该设备和车载人像识别系统结合，可以迅速识别上车可疑人员，并第一时间对携带易燃易爆液（气）体或其他危化品的危险分子进行人像取证，如图 2.69、图 2.70 所示。

除车载人像识别系统抓拍的人脸图片外，公交车载视频监控系统抓拍的异常行为和异常事件等视频图像都可以接入 VSD 系统，可实现公交车视频快速语义搜索，公交车视频图像 VSD 技术应用框架如图 2.71 所示。车载人像识别系统和车危仪的联动及报警信号传输如图

2.72 所示。

在人像采集触发信号的设置上，采用硬触发和软触发两种方式结合使用。硬触发方式由车危仪的报警信号触发，一旦有可疑人员携带危爆液（气）体上车，车危仪就自动报警并触发摄像头自动抓拍人脸。软触发是通过对实时视频流进行人脸图像特征的检测，一旦发现图像帧中存在符合人脸特征的区域，就启动抓拍功能。

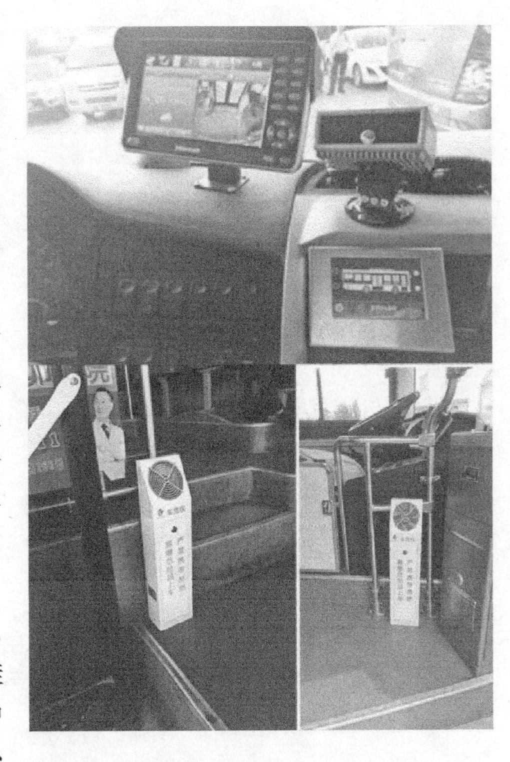

图 2.69 车危仪安装位置及驾驶台显示

除了利用 4G/5G 移动运营商的通信链路进行数据和信息传输，各公交车之间也可以通过车载无线传输装置自行组网形成低成本的"车继网"，共享相关信息和数据，互相作为中继点，将相关数据传输到指挥中心。通过车载无线信号收发装置将一定区域内的车辆互联形成该区域内的车继网，如图 2.73 所示。

在车继网中，联网的车辆既是终端也是中继点。发信点通过路由表查找从发信点到受信点之间的最佳路径，发送的信息通过该路径上其他车辆转发（中继）最终到达受信点。另外，可以通过固定节点、中心节点将车继网与其他网络（如互联网）对接，实现无流量费用车载信息传输功能。可将公交车的设备运行状态信息、报警信息、声音信息、远程图像信息、视频信息等实时上传，实现监控中心与公交车的信息数据互联及远程遥感控制。

图 2.70 车载人像识别系统

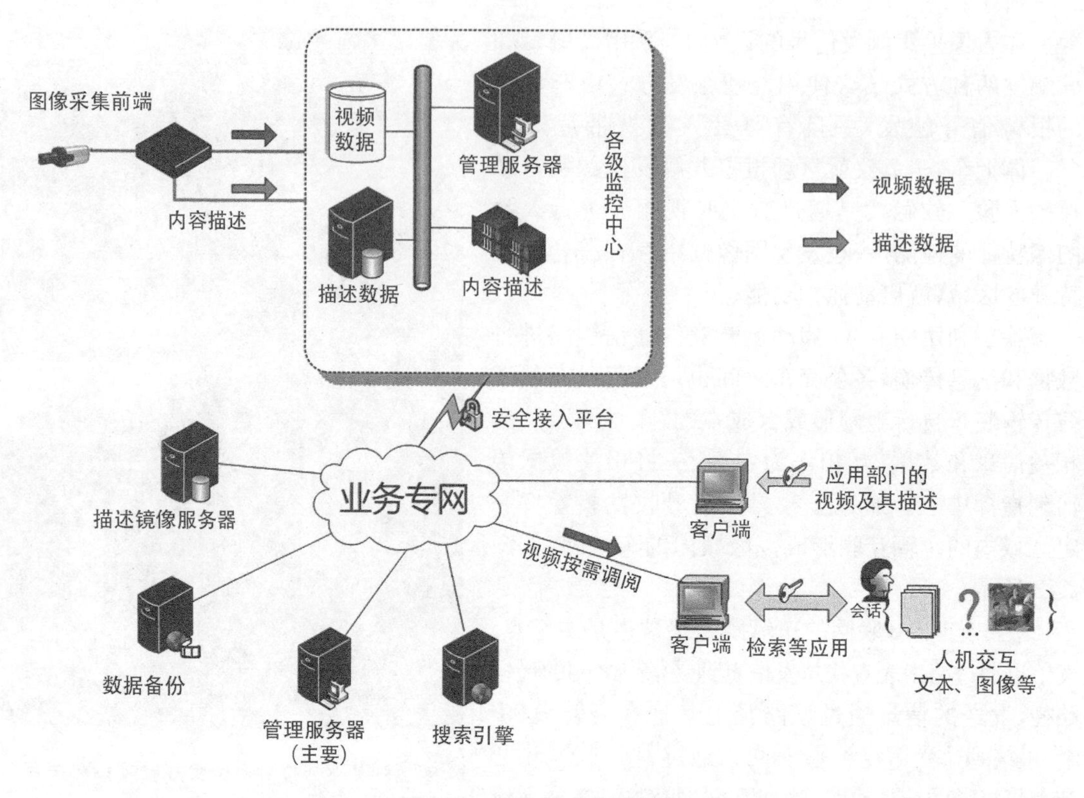

图 2.71　VSD 技术应用框架

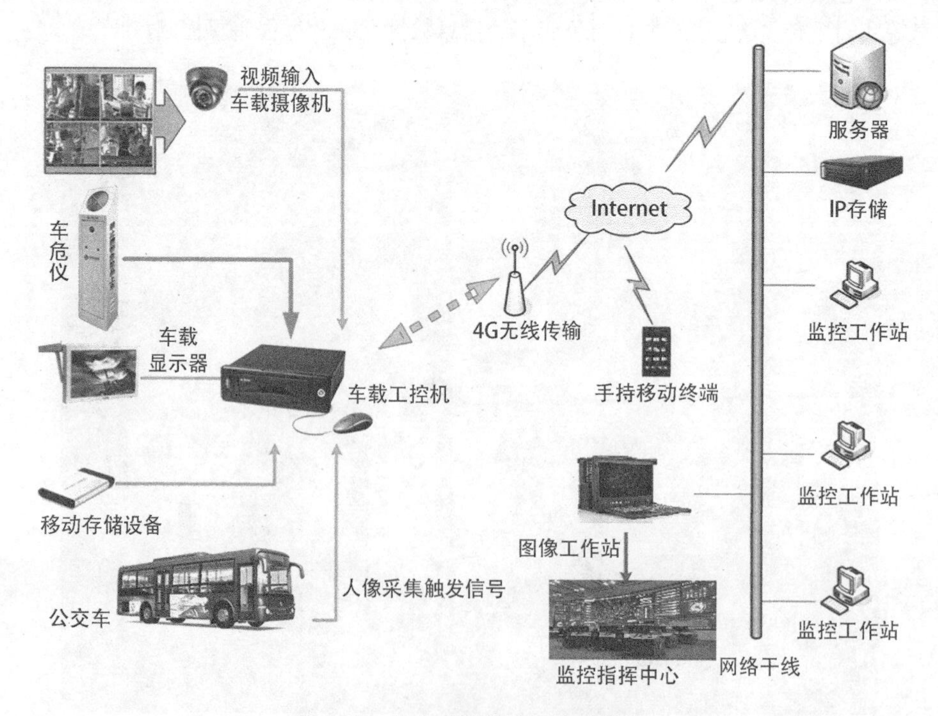

图 2.72　公交车预警数据传输链路

通过车继网的信息传输系统，每天将公交车的信息、声音、图像、视频等数据传输到监控中心统一存储备份。如果事后发现公交车的报警信息，可以通过 VSD 视频数据检索系统进行快速检索，还原查看事发现场的视频等数据信息。

此平台可根据各城市需要，提供可定制、可裁剪、可拓展的设备，以及本地化、专业化的技术支持与售后服务。

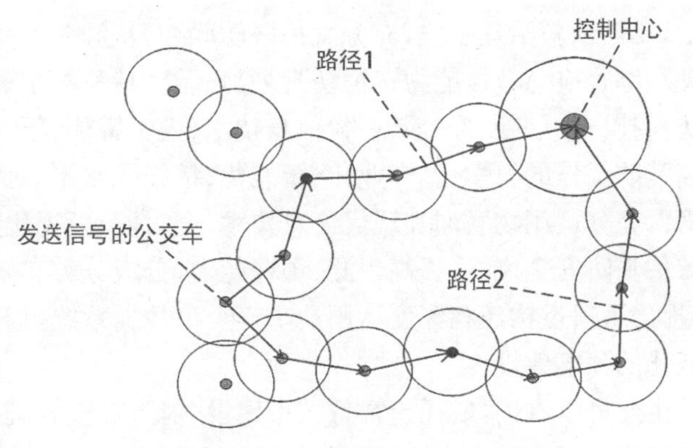

图 2.73　车继网信息传输链路

2.6　消防物联网监控云平台技术

2.6.1　消防物联网建设

随着经济社会的迅速发展，政府对消防事业的重视程度不断提高，围绕智慧消防这一主题，国家频频出台各种政策、法规和总体规划举措，以各种形式推动智慧消防建设。同时，全国各地也纷纷启动智慧消防建设，完善前端采集和应急指挥系统，用“数据链”织密安全防控网。

2017 年 10 月，公安部发布《关于全面推进“智慧消防”建设的指导意见》，明确指出智慧消防建设应遵循以下基本原则：突出精准防控，突出协同共治，突出服务实战，突出服务民生，突出警地融合。应重点完成以下基本任务：建设城市物联网消防远程监控系统，建设基于“大数据”“一张图”的实战指挥平台，建设高层住宅智能消防预警系统，建设数字化预案编制和管理应用平台，建设“智慧”社会消防安全管理系统。

2019 年 5 月，中共中央办公厅下发《关于深化消防执法改革的意见》，提出五个方面十二项消防执法改革主要任务。在加强事中事后监管方面，完善“互联网＋监管”，运用物联网和大数据技术，实时化、智能化评估消防安全风险，实现精准监管。

2020 年 8 月 19 日，国家消防救援局印发《消防救援局关于推广建设智能接处警和智能指挥系统暨全国消防一张图的通知》（应急消〔2020〕292 号），决定在全国开展消防智能接处警和智能指挥系统及“全国消防一张图”建设，进一步适应“全灾种、大应急”实战需要，提升全国消防救援队伍应急救援和作战指挥的信息化、智能化、专业化效能。

2020 年，第五次修订完成的《上海市消防条例》第二十四条提出，应将智慧消防建设纳入“一网统管”城市运行管理体系，依托消防大数据应用平台，为火灾防控、区域火灾风险评估、火灾扑救和应急救援提供技术支持。上海市目前正推动消防设施物联网系统建设，加强城市消防远程监控，要求相关单位按照国家工程建设消防技术标准，配置火灾自动报警系统、固定灭火系统和防排烟系统等消防设施，并按照有关规定设置消防设施物联网系统，将监控信息实时传输至消防大数据应用平台。

2022 年 4 月 14 日，国务院安全生产委员会印发《“十四五”国家消防工作规划》（以下简称《消防规划》）。《消防规划》强调消防工作要坚持预防为主原则，突出精准治理、依法管理、社会共治，不断创新治理手段，充分发挥联防联控，从源头上防范化解重大安全风险，着力提高消防治理和综合应急救援能力；《消防规划》强调坚持科技引领原则，优化整合各类科技资源，推进消防科技自主创新，推进新一代信息技术、人工智能、新材料等前沿科技在消防领域广泛应用，提高消防工作的科学化、专业化、智能化、精细化水平。此外，《消防规划》明确推动"互联网＋监管"，充分运用物联网和现代信息技术，全时段、可视化监测单位消防安全状况，实时化、智能化评估消防安全风险，提高预测、预警能力，分级分类实施差异化消防安全线上监管。《消防规划》提出了通过构建和深度运用消防安全大数据系统提升风险防范能力，推进数字化、可视化、智能化的预案建设。

由此可以看出，依托于智慧城市建设，消防安全管理的技术手段朝着智慧消防大步前进，而消防物联网建设作为智慧消防的基础和技术支撑，也将成为应急管理从事后减灾救灾转向事前风险预警的现实基础。

1）前端融合感知

消防物联网系统是指通过信息感知设备，按消防远程监控系统约定的协议，对消防设施运行状态信息和消防安全管理信息进行采集、传输、交换、汇聚和处理，连接物、人、系统和信息资源，把消防设施与互联网相连接进行信息交换，为联网单位、维保单位、消防救援机构、设备制造商、保险机构等消防参与角色提供数据服务和应用的智能信息系统。消防物联网在前端集成了可见光、红外、温感、湿度、水压、电流、气体浓度监测等多种传感手段，实现对现场态势的多源融合感知。

典型的消防物联网前端连接设备及管理平台组成如图 2.74 所示。

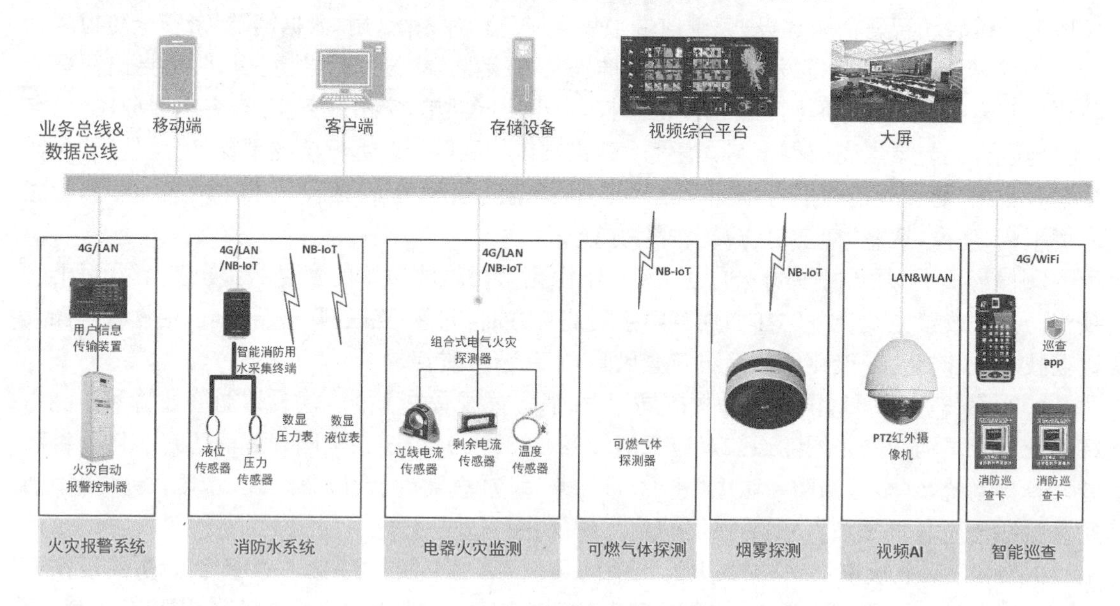

图 2.74　消防物联网组成示意图

2）消防物联网网关

物联网网关可以实现感知网络与通信网络，以及不同类型感知网络之间的协议对接及转换，既可以实现广域互联，也可以实现局域互联。此外，物联网网关还需要具备设备管理功能，运营商通过物联网网关设备可以管理底层的各感知节点，了解各节点的相关信息，并实现远程控制。物联网网关具有以下特点：

① 广泛的接入能力：用于近程通信的技术标准有很多，仅常见的无线传感器网络(Wireless Sensor Networks，WSNs)技术就包括ZigBee、6LoWPAN、UWB等。各类技术主要针对某一应用展开，相互之间缺乏兼容性和体系规划。国内外已经展开针对物联网网关的标准化工作，如3GPP、传感器工作组，实现各种通信技术标准的互联互通。

② 可管理能力：强大的管理能力，对于任何大型网络都是必不可少的。首先要对网关进行管理，如注册管理、权限管理、状态监管等。网关实现子网内的节点的管理，如获取节点的标识、状态、属性、能量等，以及远程实现唤醒、控制、诊断、升级和维护等。由于子网的技术标准不同，协议的复杂性不同，网关具有的管理能力也不同。采用基于模块化物联网网关方式来管理不同的感知网络、不同的应用，保证能够使用统一的管理接口技术对末梢网络节点进行统一管理。

③ 协议转换能力：从不同的感知网络到接入网络的协议转换、将下层的标准格式的数据统一封装、保证不同的感知网络的协议能够变成统一的数据和信令；将上层下发的数据包解析成感知层协议可以识别的信令和控制指令。

3）业务数据结构化

消防物联网系统通信协议包含两个部分：一是物联感知硬件设备与系统平台之间的通信协议，规定消防设施物联网系统中各系统感知端与系统运行平台之间通过传输网络进行数据通信的协议结构、通信协议和数据定义；二是消防数据交换应用中心与系统运行平台之间通过传输网络进行数据通信的协议结构、通信协议和数据定义，以及系统与外部系统之间的数据交换协议。

对于消防物联网系统需采集的数据项，国家标准《城市消防远程监控系统 第4部分：基本数据项》(GB/T 26875.4—2011)中提出了明确要求。2021年新修订的《城市消防远程监控系统技术规范(征求意见稿)》(GB 50440—2007)中的附录A和附录B分别对需采集的消防设施运行数据和消防安全管理数据做了详细要求。

《城市消防远程监控系统》对用户信息传输装置、系统基本数据项，以及监控中心对外数据交换协议等进行了相关规定。对于其他物联信息采集装置以及物联网系统之间及其与其他信息系统的通信目前尚无国家标准。

2021年，上海消防救援总队主编的团体标准《消防设施物联网系统运行平台数据传输导则》规定了消防设施物联网系统运行平台与消防物联网数据交换应用中心之间通过传输网络进行数据交换通信的术语和定义、缩略语、系统体系架构、通信方式、数据传输格式、错误代码表、数据更新频率、消防安全管理数据项和消防设施运行状态数据项。上海消防救援总队依托团体标准，建设消防物联网数据对接平台，帮助辖区社会单位和物联网服务商将单位消防物联网系统与消防管理平台进行对接，统一数据采集要求和数据传输格式，为消防监管工作的智慧化、高效化和远程化打下基础。

4）大数据处置技术

消防物联网系统数据采集、传输至消防应用支撑平台，应用支撑平台利用大数据、云计算等技术，对海量消防数据进行计算、存储和分发等处理。通过运用大数据平台和大数据分析技术，建立各项消防业务分析的大数据模型，根据不同应用主体开发相应的数据应用模块。例如，针对服务社会单位，开发消防巡查检查功能、消防设施运行监测功能、消防维保管理功能、火灾报警功能等；针对消防主管部门，开发火灾风险监测预警功能、消防设施统计管理功能、消防应急指挥决策功能等。

2.6.2 监控云平台

1）总体功能拓扑架构

消防物联网系统应采用层次化、模块化设计，由感知层、传输层、支撑层、应用层组成，如图 2.75 所示。

感知层应采集消防设施的运行状态信息和消防安全管理信息，传输层应实现数据传输，支撑层应实现数据收集、数据处理、数据存储和数据分发功能，应用层应提供管理服务和应用服务。系统连接应以应用支撑平台为中心，联网单位消防设施运行状态信息、消防安全管理信息应通过有线/无线网络接入应用支撑平台。应用支撑平台应为远程监控系统联网单位、维保单位、消防救援机构、设备制造商、保险机构和社会公众提供相关业务数据应用服务，并且应能为行业应用（管理）提供数据服务，支持相应的行业应用。

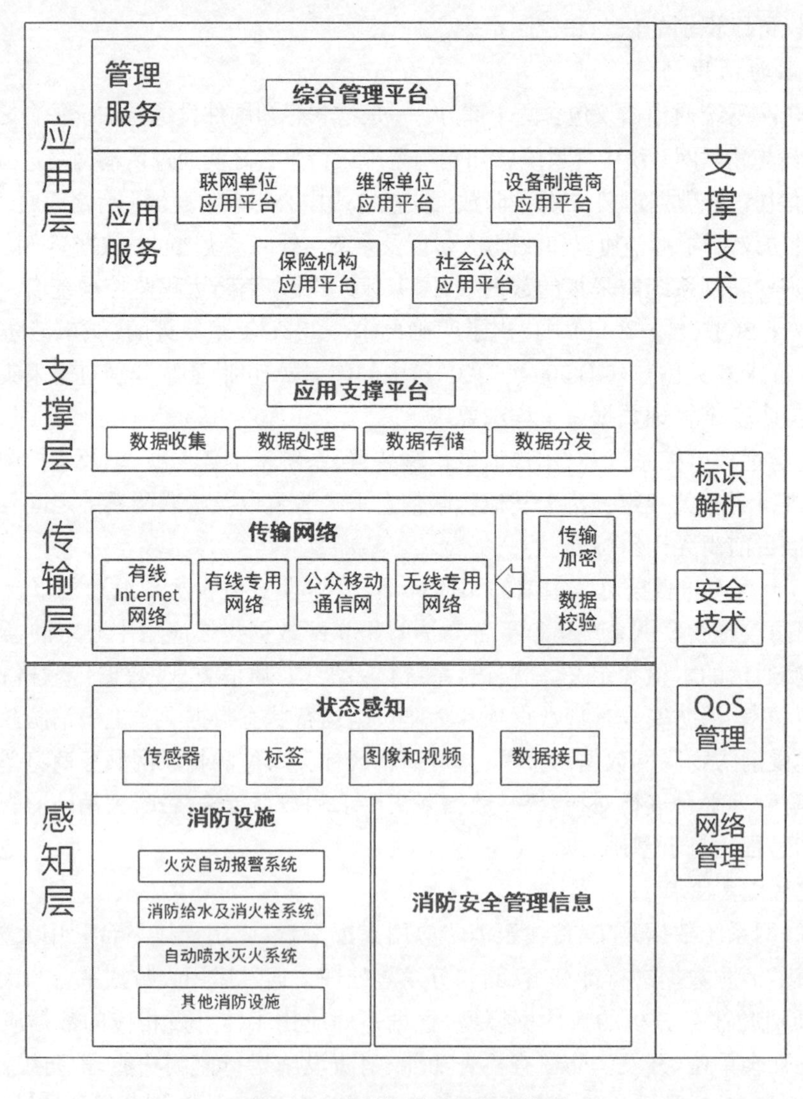

图 2.75　消防物联网层级架构图

2) 场景可视化

通过场景分层可视化技术,实现整体态势一张图展示。

(1) 消防监控台

建立监控台模块,对消防总体情况、消防系统异常情况、物联网设备状态等进行实时统计分析并对异常事件进行弹窗预警,管理方可以通过监控台全面地了解建筑物的消防信息和物联网设备信息。

消防监控台功能界面如图 2.76 所示,通过监控台模块,可以查看建筑物基本信息、建筑物消防安全评分、今日火警情况、今日故障情况、今日隐患情况,及时掌握建筑物消防安全总体态势。

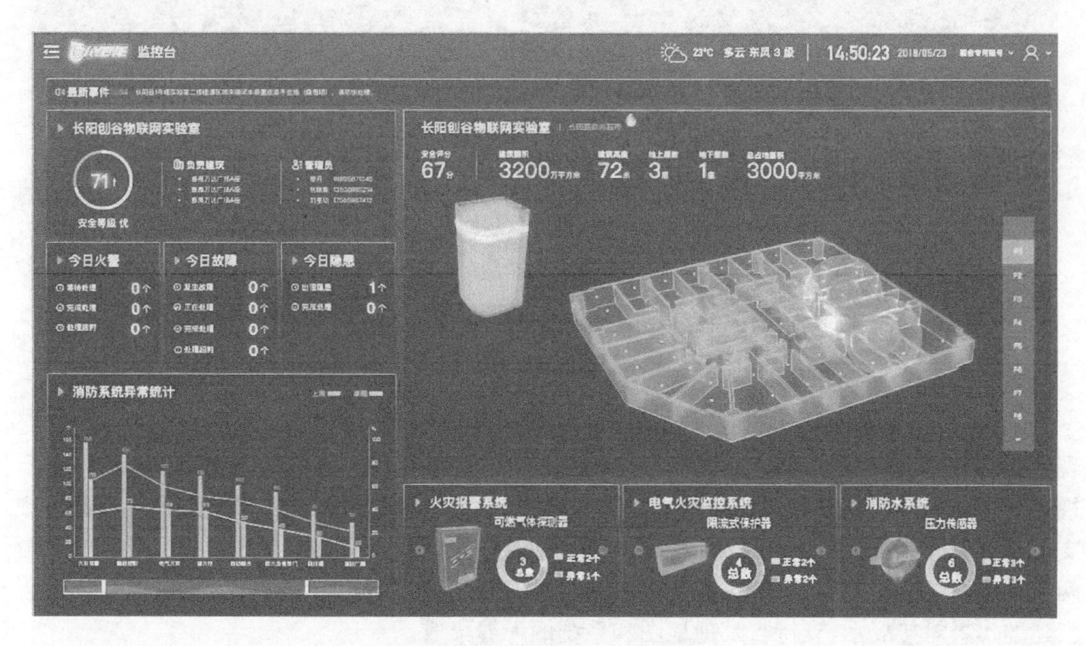

图 2.76 消防监控台功能界面

监控台基于物联网、大数据分析等技术,对物联网设备的情况进行统计分析,以图表的方式展示各个系统中物联网设备的正常个数、异常个数。

当建筑物内发生火警、故障、隐患时,监控台将显示火警、故障、隐患的按钮,点击按钮出现弹窗,可在弹窗中进行事件处理。

监控台以每月为周期统计消防系统各类异常情况,并将本月数据同前两个月数据进行对比分析,并提供分析图表,帮助管理方直观地了解消防系统的完好情况,为管理方提供决策支撑。

(2) 区域可视化展现

基于 GIS 引擎和三维重建技术,以 2D、2.5D 地图为核心支撑,通过数据交换和身份校验,提供基于地图的基础服务、场景数据服务、场景应用服务、可视化大数据分析服务。通过多维度、跨平台的系统建设,实现建筑重点区域范围内的 2.5D 仿真画面呈现和建筑物 3D 呈现,包括地理信息、建筑物内部构造及相关数据的可视化展现,并提供如地图查看、路径引导、查询定位等丰富的地理信息服务功能,实现全方位的空间位置一体化服务平台的搭建。管理方可以通过地图全面掌握区域内建筑物的总体情况、内部情况,进行集中监管。

辖区平面展现如图 2.77 所示。平台以 GIS 地图的形式按行政区划对所有建筑物进行统计、汇聚,可在 GIS 地图上快速查看所有建筑、联网建筑物、未联网建筑物在每个行政区域的数量以及单个建筑物的详细信息、接入物联网情况、历史监督检查信息等。

图 2.77　区域平面可视图

① 2.5D 仿真画面展示功能：提供建筑(群)区域范围 2.5D 仿真地图等多维度地图的呈现，地图提供平移、缩放、偏心、切换、复位、楼层切换、建筑标签等相关的地图基础功能，实现可视化应用功能操作和服务。在地图上，支持对建筑位置、房间位置、机构位置进行可视化呈现，支持建筑、房间、机构等的详情查看，提供建筑物的位置、简介、相关照片的展示。此外，可进行两个地点间的路径规划，可通过建筑定位坐标系实现仿真 2.5D 地图建筑物的定位查询，可与已建的实景对接展示，支持与其他地图和系统的无缝集成。

② 智能 3D 建模：通过人工智能、无标定物的建筑图纸识别技术、相机标定技术、多场景匹配等关键技术，平台可以解决建筑图像上传、识别、图纸局部特征拍摄等问题，实现 3D 场景的高精度自动建模。平台以 3D 立体图的形式呈现建筑物的整体情况、每一层的情况，帮助管理方清晰地掌握建筑物的内部情况，更好地进行管理。

3) 联动报警及智慧处置

(1) 联动报警

该模块联合安防预警模块实现对火灾自动报警系统的物联监测。通过在控制室新增用户信息传输装置，连接火灾自动报警主机，实时获取消防设施的更改、故障、屏蔽、联动、报警等信息，并将数据动态上传至智慧消防远程监控管理系统，实现火灾自动报警系统的远程监控和管理。现有的火灾消防自动报警系统与安防平台的视频管理系统进行联动，当某个消防探头报警时，视频管理系统主界面可自动切换到相应的报警区域，通过视频画面可及时查看是否有火情等情况。安防视频监控系统作为更具直观性的火情报警复核手段，在智慧消防中被广泛应用。在信息采集及传输体系层面，更广泛的安防和消防传感器的智慧联动保障了联动报警功能高效精准，如图 2.78 所示。

管理人员可通过计算机端或手机客户端进行火警、故障的确认。同时物联网监测平台对上传的源头数据进行数据挖掘、数据分析，综合判断火警信息并进行推送，系统根据报警信息的重要等级提供短信、电话等多种通知方式，帮助管理者及时发现并确认火灾警情。平台通过

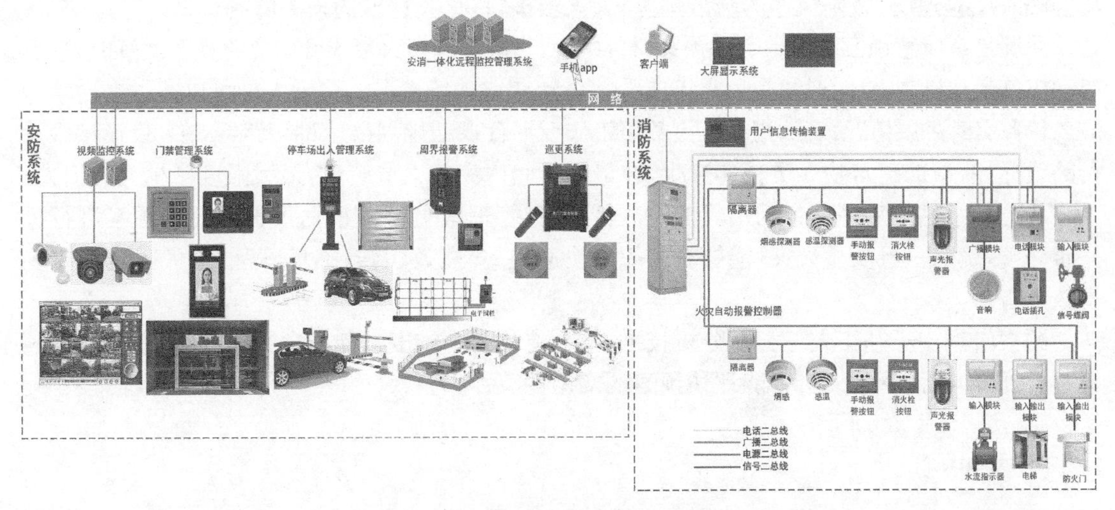

图 2.78　安防消防传感器联动复核

文字加图形的方式显示报警点及报警点的详细信息(大楼名称、建筑位置图、楼层号、房间号、探测器编码、楼层平面图、逃生通道位置等),有利于随时掌握和迅速处理火警情况。

联动报警模块遵照消防联网标准《城市消防远程监控系统 第1部分: 用户信息传输装置》(GB 26875.1—2011),通过用户信息传输装置采集火灾报警控制器报警信息、设备火警信息、故障信息、屏蔽、反馈等信息,并上传至中心平台进行统一展示。消防联网系统组成包括数据采集、信息传输和信息集成管理。

用户信息传输装置一般从火灾报警控制器的串口报警输出接口获取数据,传输方式有RS232/RS485/CAN等方式。消防远程通信主机通过4G或RJ45有线接口进行联网,将报警信息传输到中心平台。通过报警监控中心对火灾报警信息进行集中监督、管理、统计、分析、展示。

除可见光传感器外,在重点防火区域安装热成像半球摄像机设置巡航扫描实时动态检测火点,监控区域内只要有温度超过阈值,热成像摄像机就会触发火情报警并调动其他传感方式进行复核。此外,现场部署远程温湿度传感器,采用超低功耗ZigBee无线组网技术设计,采用MCU微处理器对温度和湿度信号进行智能处理,实时感知上报温湿度到监控平台,能够获取更丰富的现场环境信息。

(2) 智慧处置

消防物联网远程监控管理系统与前端传感探测设备建立关联,建立火灾预警中心。利用烟感、温感、视频等多种信息感知手段实现对联网建筑物及重点区域消防安全状况的全方位感知、全自动复核及全过程监控,并根据现场数据驱动的动态预案触发智慧处置。

火警点位视频联动功能能够在发生火警时平台自动联动视频画面,视频智慧解析引擎可自动对画面中的火苗、烟雾情况进行解析并同时推送紧急报警,工作人员可第一时间对火警及时进行确认。

平台接收到报警信息后,在楼层平面图中对报警点位进行标注提示,管理人员可通过现场平面图查看报警点位信息,快速定位火警。

确认真实火警后,平台自动启动应急预案进行更多资源层面的智慧调度和处置。在预案设计及管理中,场景可视化技术的支撑必不可少。3D场景可视化以3D立体图的形式呈现建筑物的整体情况、每一层的情况,以及任务执行路线图,大幅缩短人们所需的思考时间,提高现场的临时反应速度，做到快速的疏散逃生、灭火救援，将火灾造成的损失降到最低。

系统具有应急预案联动中心和预案研判中心，当确认真实火警或开始应急预案演练时，平台启动应急联动机制，及时通知应急小组成员并自动获取现场情况。管理人员可以通过平台掌握应急任务实时进展情况，有效指挥灭火救援工作。平台自动规划最优逃生路线，在3D模型中进行路线标注，帮助建筑物人员快速逃生，在最短时间内完成人员疏散，最大限度减少火灾损失。

应急预案结束后平台自动出具响应分析报告，管理人员可以根据报告对应急预案进行进一步完善，确保一旦反生火灾，能够有组织地快速反应，高效运转，临危不乱，最大限度地减少事故危害。

预案研判中心基于人工智能分析技术，平台将从多个维度判断应急预案的优良等级，对预案进行评分，帮助管理人员智能评估预案的实用性。

2.6.3 监控中心

1）监控室配置要求

根据上海市地方标准《消防设施物联网系统技术标准》(DG/TJ 08-2251—2018)要求，监控中心应设置在耐火等级为一、二级的建筑物中，应符合现行国家标准《建筑设计防火规范》(GB 50016—2014)中消防控制室的有关规定，且不应设置在电磁场干扰较强或其他影响数据正常工作的部位。

附设在建筑内的监控室应采用耐火极限不低于2.00 h的防火隔墙和1.50 h的楼板与其他部位分隔，监控室开向建筑内的门应采用乙级防火门。

2）监控机房基本要求

优先推荐将物联网信息中心直接部署于运营商IDC机房，若将物联网信息中心部署于企业内部网络，则必须通过运营商的专线直接接入城市骨干网以确保传输和访问的可靠性。

监控机房的要求包括机房内部安全防护、机房防火和机房电磁防护三个方面。其中，机房内部安全防护主要是对于出入人员管控及物品防盗等方面，要求设立智能门禁系统、访客系统和智能视频监控报警系统。机房防火方面要求建设火灾自动报警系统和自动消防系统。机房电磁防护方面，主要是考虑接地防干扰、屏蔽防干扰，以及电磁泄漏发射防护。

监控机房的设置还应符合《信息安全技术信息系统通用安全技术要求》(GB/T 20271—2006)等技术标准要求。

3）人员值守/巡检/在岗检测

管理方可通过平台远程操作，对监控室人员进行查岗。管理人员点击查岗按钮，监控室响铃，在班人员进行应答。根据在岗率可了解人员履职情况，加强对人员的管理。

可利用安防智能摄像头，对控制室人员值班情况自动查岗，通过人脸识别技术监测值班人员数量、人员打瞌睡等情况，及时预警。平台自动记录查岗情况，包括查岗建筑、发起时间、是否在岗，以及响应时间。同时记录查岗次数、在岗次数、在岗率。

工作人员需定时对消防设施设备、重点部位进行巡查，巡查结束后需填写巡检报表，整体巡检上报流程烦琐复杂。安消一体化远程监控管理系统实现对消防巡检的全流程管理。在消防设施设备、重点部位张贴巡检二维码或NFC感应器，利用手机扫码或NFC感应的方式进行日常巡检、月度巡检。智能巡检使消防上报工作更加方便快捷，帮助管理方掌握人员履职情况，实现了巡检工作的透明化、便捷化。

3 地下空间城市安全保障

本章主要介绍城市公共安全中地下空间的安全保障技术，主要是城市地下管网危险源监测与预警，如供水、供电、污水管网的泄漏和爆炸等。近年来，很多城市将原来分离部署的供水、供电、供气、供热、信息通信线缆等统一集中在地下综合管廊进行部署，这种方式从顶层设计层面统一解决了安全保障和智能运维，是城市生命线的最好载体。

目前，地下隐蔽管线的无损探测和精准检测技术，在城市数字化进程中作为“生命线”的体检保障手段，其重要性越来越凸显。科技部在近期颁布的“国家质量基础设施体系”重点专项2022年项目申报指南中，专门列入“隐蔽管线智能化检测技术与标准研究”专项研究，要求针对既有建筑和住区隐蔽管线智能化检测需求，研究高分辨智能化电磁探测装备，攻克超宽带天线技术、高增益聚焦发射技术、低噪声高灵敏检测技术、高分辨率合成孔径雷达（Synthetic Aperture Radar，SAR）实时成像方法和管线异常体关键参数自主精准提取方法；研究住区范围大区域隐蔽管线快速探测技术；研发管线无损探测的便携式、低成本的专用设备；研究复杂环境下多源数据与智能模型驱动的反演定位技术、机器学习与人工智能识别技术，构建隐蔽管线多维度立体化空间仿真与建模一体化BIM平台。由此可见，“生命线”工程的安全保障、地下空间的安全有序是城市安全运营的基石，其重要性不言而喻。

中国城市规划协会地下管线专业委员会委托北京地下管线综合管理研究中心编写的《全国地下管线事故统计分析报告》从事故类型、时间分布、位置分布、事故原因等维度对2021年全年全国的地下管线事故进行分析，囿于数据有限，报告没能全面覆盖全国所有管线事故，但对当下地下管线事故规律的分析和安全现状的解读仍然具有很强的指导参考意义。报告收集到2021年地下管线相关事故1 723起，其中地下管线破坏事故1 355起，占事故总数的78.64%。在事故表现形式上共涉及12类，其中给排水、燃气和热力管线泄漏事故最多，而爆炸事故造成的人员伤亡最多。报告指出，给水、燃气、热力、电力4类管线事故最多。

由上述分析可以看出，地下管线作为城市生命线和工业血脉，其重要性不言而喻。地下管线安全态势严峻，地下管线风险识别和安全保障技术的研究是重大需求，在非破坏性探测、故障精准定位及实时成像、自动化运维等方面存在很多实际难点需要突破。

城市安全在一定时期内涉及城市基础设施、运营管理、人群各个方面的稳定和有序状态，具有长期性、动态性、复杂性和广泛性。相关项目建设应结合地方发展状况进行长远规划、顶层设计构建总体建设框架，主要包括标准体系、行业应用部署。

3.1 地下管线危险源监控系统

地下管线危险源监控系统本质上是对管线进行全方位多维度感知监测智慧管理的物联网[42]，系统分为感知层、传输层、数据层、平台层和应用层，如图 3.1 所示。

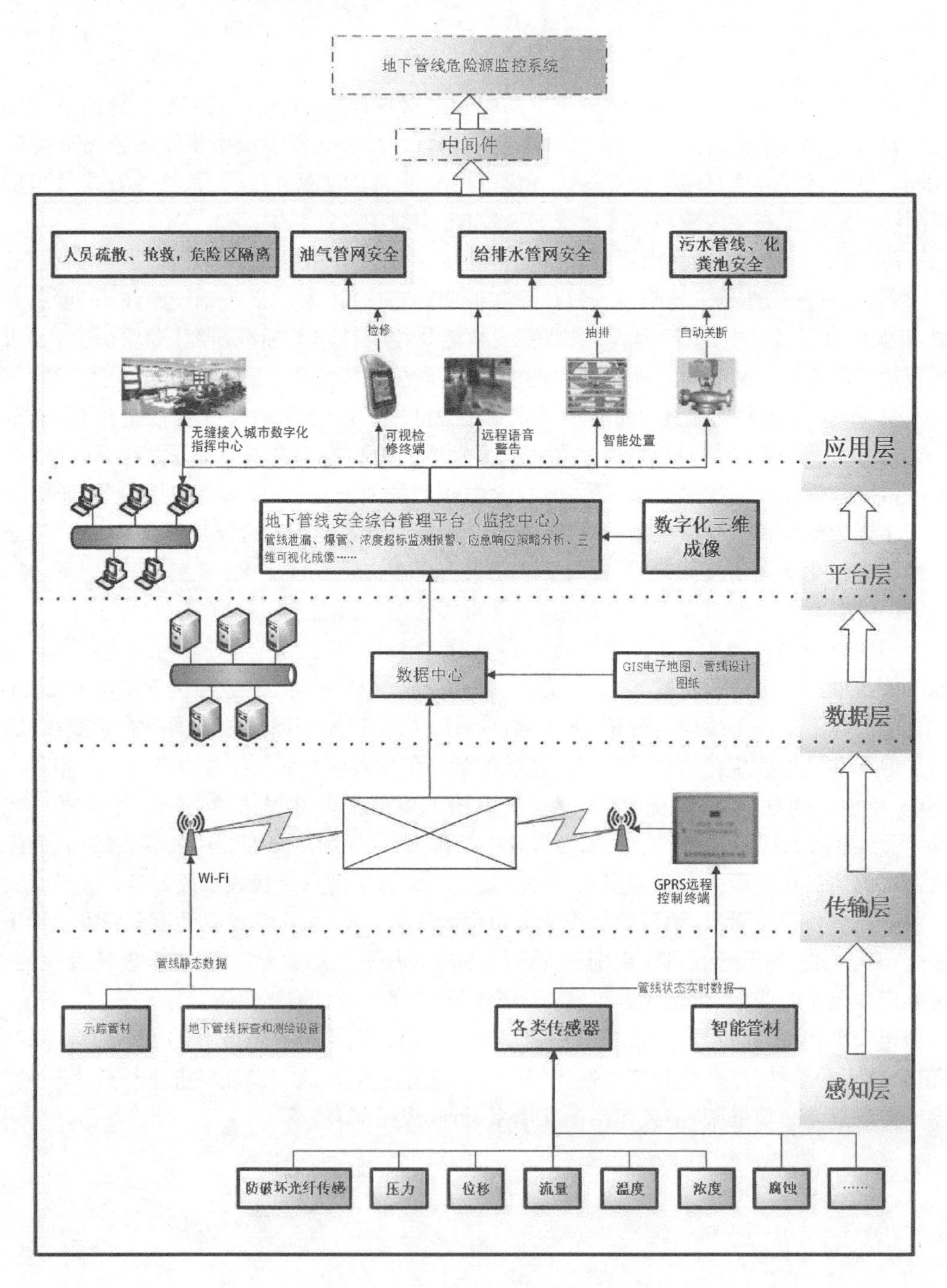

图 3.1 地下管线危险源监控系统架构图

感知层主要是通过各种管线探测设备和各类示踪管材，对管线的位置、埋深、走向、管径、材质等静态数据进行采集；同时通过各类传感器和智能管材，对管线的温度、压力、流量、浓度、腐蚀程度、有无第三方破坏等实时数据进行在线监测。

传输层主要是将管线的静态数据通过 Wi-Fi 接入互联网并上传至数据中心，以及将管线的实时运行数据通过 GPRS 远程控制终端接入互联网并上传至数据中心。

数据层主要是汇聚管线的设计数据、静态探测数据、实时运行数据、GIS 地理信息数据，并根据系统需要整理上述数据。

平台层主要是通过数字化三维成像系统将数据中心的数据以立体图像的效果显示出来；实时分析管线的泄漏、爆管、浓度超标等情况，当管线有故障发生时，进行实时报警；根据警情，调用相应的专家决策系统，分析出最优应急响应策略。

应用层主要是快速故障检修以确保管线安全，以及重大警情发生时，与城市数字化指挥中心进行联动，避免人员伤亡和重大经济损失。管线发生故障时，系统可以自动分析故障，并将故障位置、故障类型、检修建议及最优路线发送到检修人员的可视化检修终端，确保及时准确高效地进行故障管线检修；对于敏感区域的危险因素，进行远程语音警告；对于故障管线的相关阀门进行自动关断；对于超标的有毒有害气体自动进行智能处置。当重大警情发生时，与城市数字化指挥中心进行联动，进行人员疏散、抢救和危险区域的隔离。

3.1.1　地下管线安全综合管理平台

系统采用无线网络传输技术、GIS 地理信息技术，构建的 B/S 结构的安全监控系统软件，系统可直接获取前端监控设备采集的毒害气体浓度信息。系统可对整个城市的排水管线、化粪池、燃气管网的毒害气体进行安全监控预警，实现城市下水道、化粪池、燃气管网安全的数字化和自动化管理。平台支持在移动终端异地监控、实时查询；内置 SMS 短信功能，指定手机发送报警信息；集成 GIS 地理信息平台，直观显示各监控点现场数据；预警后能自动对安全隐患进行实时处理；联动视频监控功能，对监控设备进行现场实时视频监控；提供城市安全应急决策辅助分析功能；支持报表、方案推送至指定邮箱等功能：实现了数据的分层可视化管理、展示。平台主功能界面如图 3.2 所示。

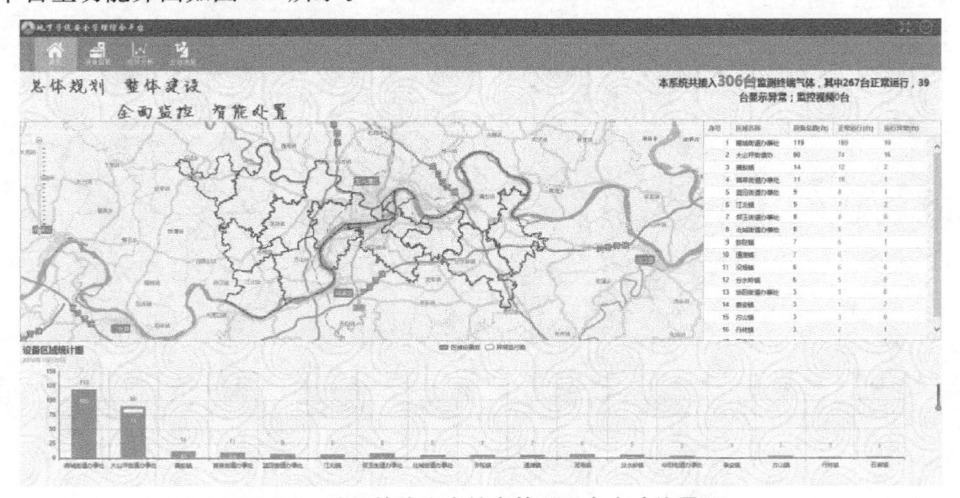

图 3.2　地下管线安全综合管理平台主功能界面

1) 设备监管

系统提供综合的地下管线监测设备管理列表,记录每个设备的基本信息,同时提供设备的查询及图上定位显示、详情、气体统计、维护记录、报警统计、视频查看等功能操作。设备监管界面如图 3.3 所示。

地下管线安全管理综合平台

首页 设备监管 统计分析 应急决策

行政区划: 江阳区 街道(镇): 全部 视频设备: 全部 关键字: 设备名称或设备号 查询

设备列表

序号	操作	设备名称	区名称	街道名称	街道编码	设备号	机箱号	监控分类	报警状态	在线状态
1	详情 统计 维护记录 报警	堰塘湾路33号楼前	江阳区	大山坪街道办事处	510502003	4611	0275	小区	正常	在线
2	详情 统计 维护记录 报警	铅店街3号楼后靠围墙	江阳区	南城街道办事处	510502001	4610	0225	小区	正常	在线
3	详情 统计 维护记录 报警	下平远路30号1栋	江阳区	南城街道办事处	510502001	4609	0241	小区	正常	在线
4	详情 统计 维护记录 报警	铅店街9号	江阳区	南城街道办事处	510502001	4608	0218	小区	正常	在线
5	详情 统计 维护记录 报警	中平远路118号围墙	江阳区	南城街道办事处	510502001	4607	0247	小区	正常	在线
6	详情 统计 维护记录 报警	铅店街5号楼	江阳区	南城街道办事处	510502001	4606	0219	小区	正常	在线
7	详情 统计 维护记录 报警	中平远路2号靠墙	江阳区	南城街道办事处	510502001	4604	0245	小区	正常	在线
8	详情 统计 维护记录 报警	前进下路81号4单元前	江阳区	南城街道办事处	510502001	4602	0283	小区	正常	在线
9	详情 统计 维护记录 报警	中平远路49号2号楼	江阳区	南城街道办事处	510502001	4601	0248	小区	正常	在线
10	详情 统计 维护记录 报警	新南街30号1栋	江阳区	大山坪街道办事处	510502003	4600	0318	小区	报警	在线
11	详情 统计 维护记录 报警	大山坪33号	江阳区	大山坪街道办事处	510502003	4598	0312	小区	报警	在线
12	详情 统计 维护记录 报警	铅店街3号楼后1单元	江阳区	南城街道办事处	510502001	4596	0226	小区	正常	在线
13	详情 统计 维护记录 报警	下平远路1号楼停车处	江阳区	南城街道办事处	510502001	4595	0242	小区	正常	在线
14	详情 统计 维护记录 报警	前进下路79号2单元前	江阳区	南城街道办事处	510502001	4593	0285	小区	正常	在线
15	详情 统计 维护记录 报警	铅店街3号楼后1单元前	江阳区	南城街道办事处	510502001	4592	0224	小区	正常	在线
16	详情 统计 维护记录 报警	堰塘湾路1号二栋楼后	江阳区	大山坪街道办事处	510502003	4590	0279	小区	正常	在线
17	详情 统计 维护记录 报警	刺园路1号	江阳区	大山坪街道办事处	510502003	4589	0316	小区	报警	在线

图 3.3 地下管线监测设备监管界面

2) 统计分析

系统提供多个统计专题图,便于用户更直观地获取系统设备区域分布、设备运行状态、毒害气体浓度报警等情况,并提供统计报告的实时推送。

① 设备报警统计:能够对区域报警设备数量、设备状态进行统计,如图 3.4 所示。

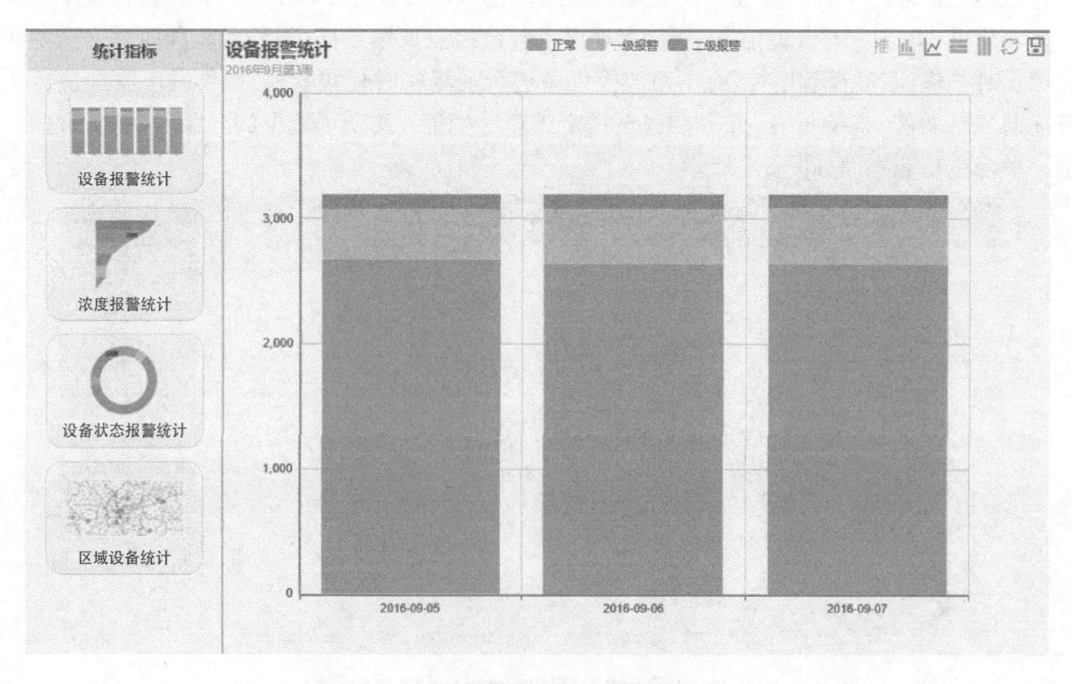

图 3.4 地下管线监测设备报警统计

② 浓度报警统计：浓度报警统计界面如图 3.5 所示，可以显示硫化氢、甲烷等气体的浓度。

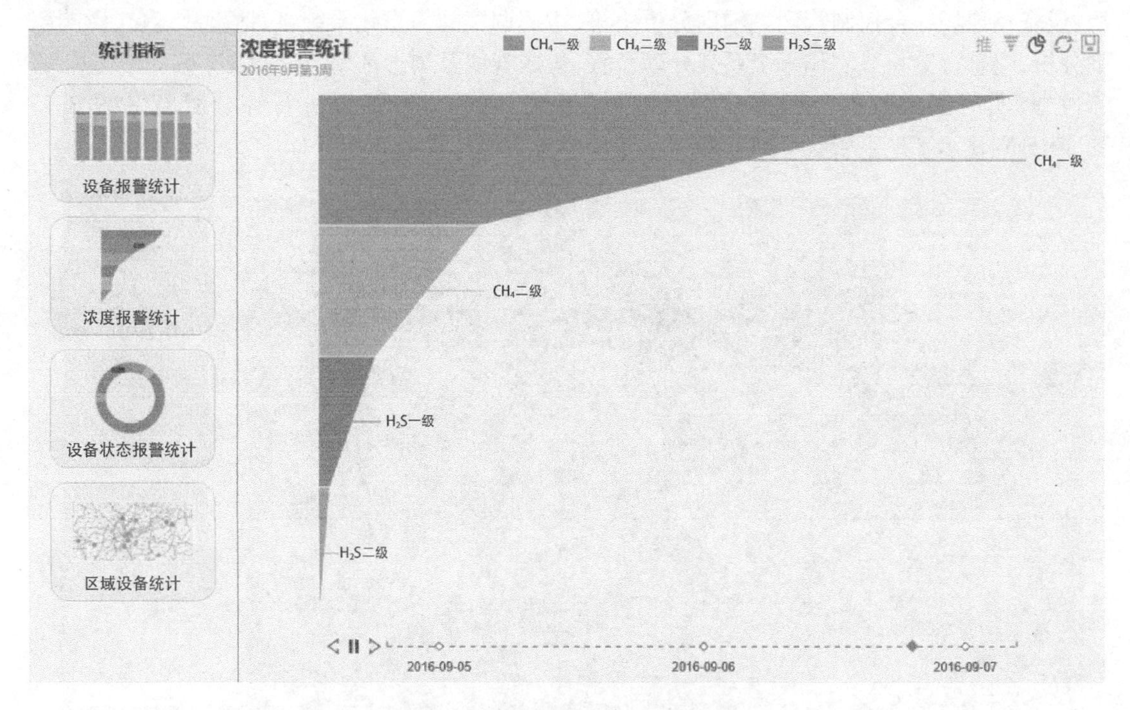

图 3.5　地下管线监测浓度报警统计

③ 设备状态报警统计：显示电源、仪器、水位、井盖、风机、声音等多类设备的报警状态。

④ 区域设备统计：如图 3.6 所示，显示区域内的设备分布情况。

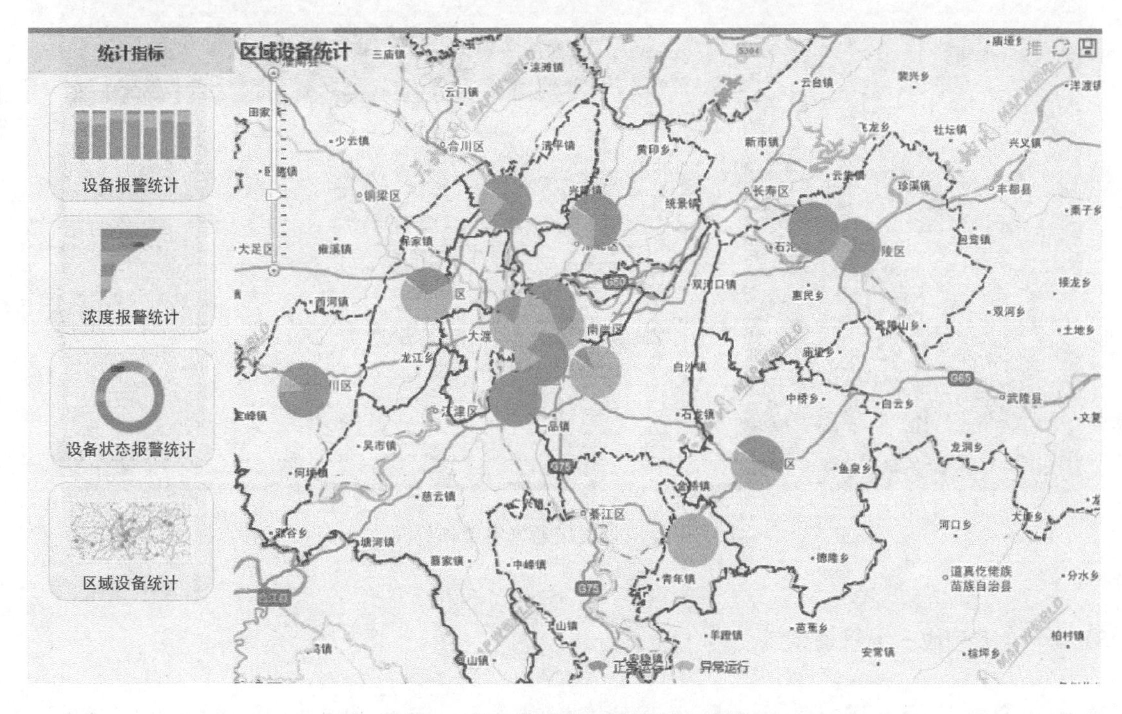

图 3.6　地下管线监测区域设备统计

3）应急决策

系统提供了三维应急决策辅助功能。系统针对紧急事故快速反应的需要，实现人员、资源、设备及现场综合控制管理。辅助分析决策、指挥调度的信息化系统，包括事故定位、影响范围分析、应急方案在线制作等全系列处理流程，集成管线及周边环境空间数据、危险源数据、监测数据、实时影像数据，以及应急指挥中心系统，启动应急预案进行综合处置。图 3.7、图 3.8分别显示了地下管线事故影响评估及应急方案制作界面。

图 3.7　地下管线事故影响评估界面

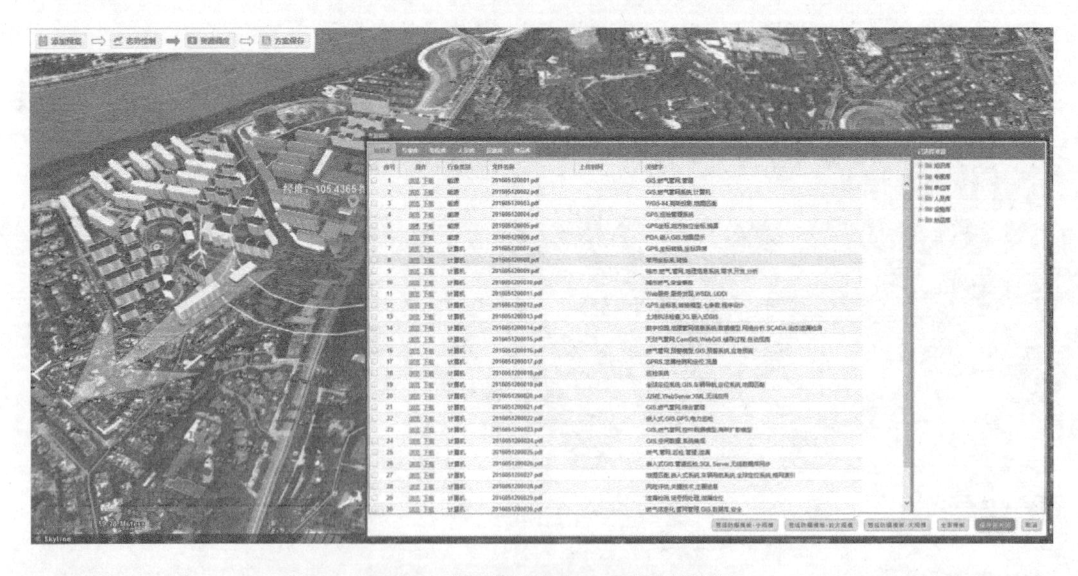

图 3.8　地下管线应急方案制作界面

3.1.2　地下管线三维管理系统

地下管线三维管理系统主要针对管线普查数据特有的线性拓扑结构，自动生成三维模型数据。同时,结合地理信息系统(GIS)技术、数据库技术和三维技术,直观显示地下管线的空间层次和位置,以仿真方式形象展现地下管线的埋深、材质、形状、走向,以及井的结构和周边环境,实现对多种城市管线的三维可视化管理,避免市政建设对道路的多次开挖,降低施工过程对地下设施的破坏。同时,系统涵盖地表、地上、地下多维动态空间信息,实现地上(地形、建筑物)、地下(管线)三维模型的无缝集成,有强大的三维可视化表现功能。

1) 三维地形数据建设

三维地景建模包括建立施工区整体地貌。需要使用行政区域整体范围内的不同分辨率的DOM数据和DEM(或DTM)数据,利用Skyline软件中的TerraBuilder进行创建。要求DEM、DOM数据采用GEOTIFF格式或image格式,通过遥感处理软件对数据进行预处理和编辑,内容包括DEM在ArcGIS或ERDAS里修改,DEM和DOM的格式、坐标转换,使之统一在WGS-84坐标系统下;然后利用高效的Skyline软件家族中TerraBuilder软件进行场景生成,获得MPT场景文件。三维地形场景图如图3.9所示。

图3.9 三维地形场景图

2) 三维模型库建设

根据建筑物三维模型建立数据采集方式的不同,三维建模方案分为四种:建筑体块建模,俗称白模;外业拍照结合建筑物轮廓线数据,在3DMAX中创建的精模型;航测技术三维建模;车载LiDAR三维激光扫描技术建模。在完成基础地理空间数据的建立及三维地形数据的构建后,就需要在构建好的三维地形场景中叠加二维的矢量空间数据、地名标注数据以及三维建筑模型数据等,这些工作将在Skyline高效的三维GIS编辑软件TerraExplorer Pro上进行。

3) 三维场景数据建设

在以DOM/DEM为基础建立的三维地形场景上,完成三维建筑模型数据、矢量数据的加载后,形成三维城市景观,这时候就需要对海量地形、影像、模型、矢量等三维空间数据进行集成整合,添加三维虚拟现实特效环境美化景观,对数据进行配置,美化和构造逼真的虚拟现实景观;提供对场景数据的维护管理功能;此外,还提供方便直观的视景仿真和全方位场景浏览、查询分析功能。

TerraBuilder创建的三维地形数据格式MPT通过Terragate发布直接MPT,或者结合

Direct Connect 直连模块发布原始影像数据；本地矢量数据及 WFS 和 WMS 通过 SFS 实现网络发布，最后在 TerraExplorer Pro 平台上加载，配置三维场景制作成 FLY 文件，通过网络发布，实现用户基于网络的服务与应用。三维场景建设流程图如图 3.10 所示。

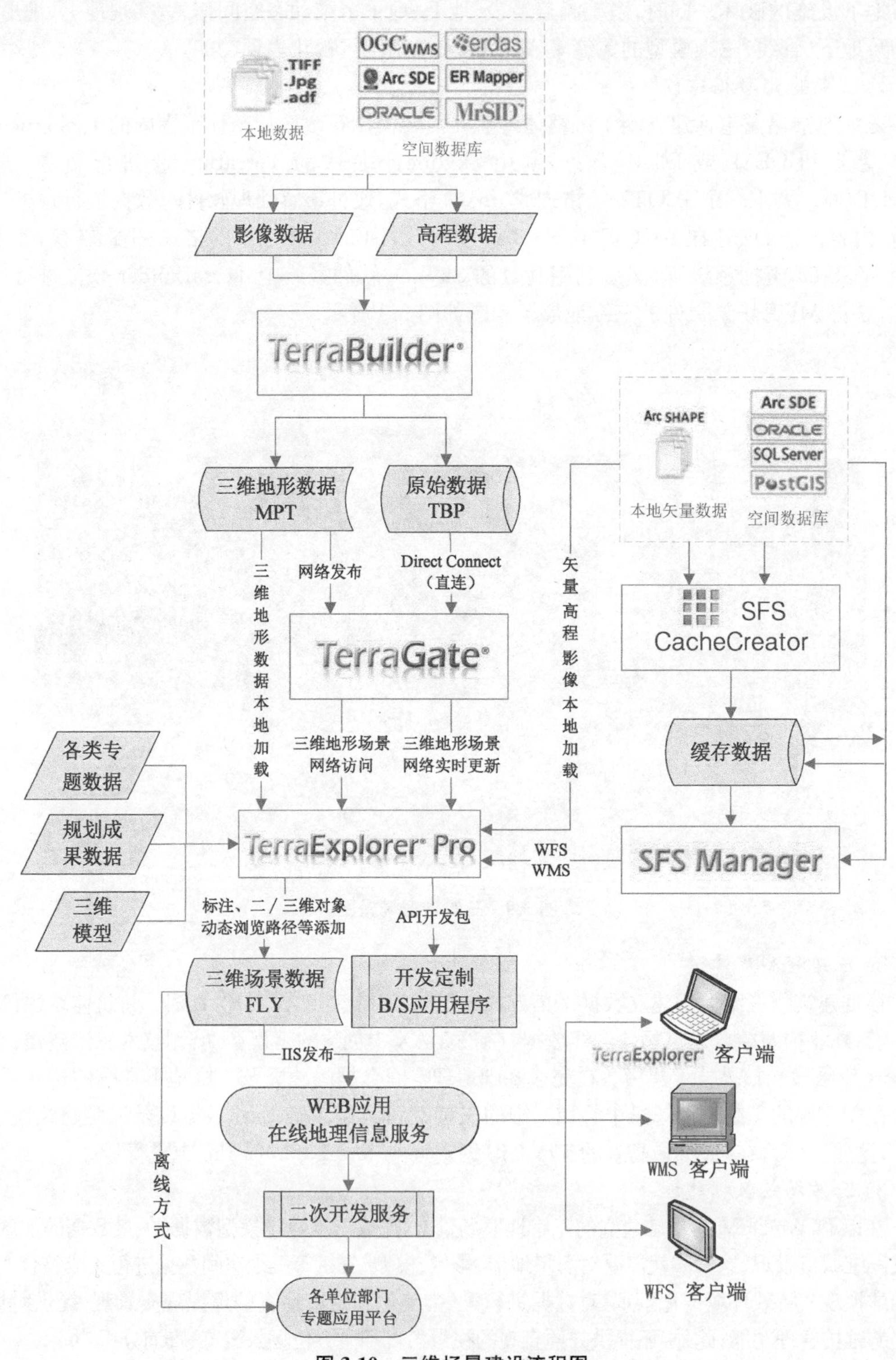

图 3.10　三维场景建设流程图

4）三维展示模块

（1）三维交互式浏览

系统具备城市级场景快速展示与漫游，可承载超过大范围精细模型的展示。系统能提供灵活的、交互式的浏览漫游功能，如图 3.11 所示。交互式浏览可实现鼠标、键盘或游戏杆控制，用户可以在三维场景中前进、后退、左移、右移、左转、右转，改变行走方向，升高、降低视点，任意确定俯仰角大小，且方向转换画面流畅。系统提供视点、路径设置、自定义标注图标和内容等功能，并支持标注的模糊搜索定位、飞行定位和批量修改，支持鼠标、键盘、方向盘、操纵杆等外设。

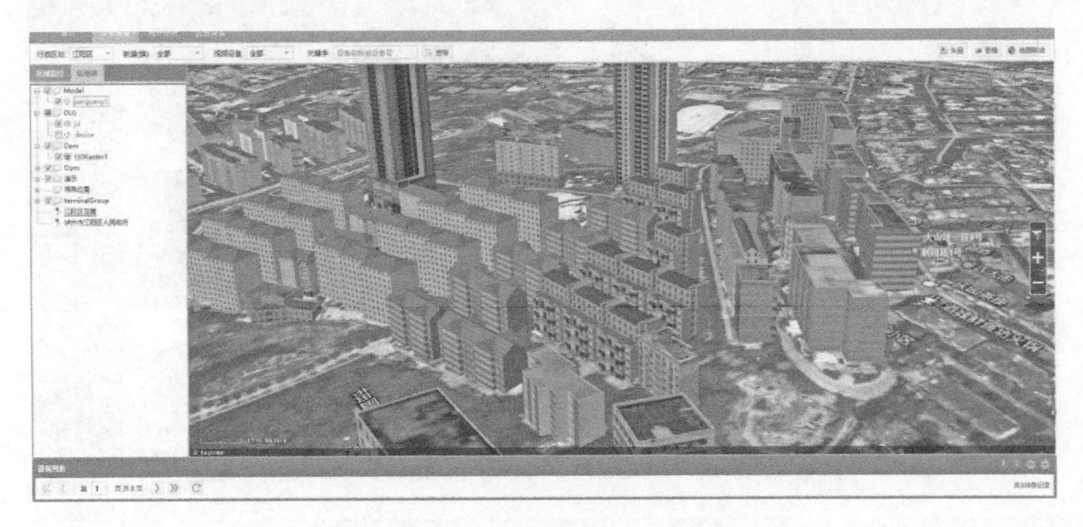

图 3.11　三维场景交互式浏览示意图

（2）飞行漫游

支持多种飞行器材的漫游模式，并且支持运动轨迹设定和跟踪漫游。飞行漫游功能界面如图 3.12 所示。用户可设定浏览路径，通过自定义视点位置、视线方向、视点高度、俯仰角大小及漫游速度任意进行三维场景漫游，还能对选中的建筑进行 360°的环绕浏览。支持自动漫游、手动漫游，可以模拟人沿指定路径浏览两侧景观的过程，用户可以基于场景中已经存在的任意线条快速生成视觉走廊，沿视觉走廊漫游的过程中可以随意改变观察方向。可以开启指南针，让用户随时知道自己所面对的方向；支持地图导航，可在小地图上显示出当前视点所在的位置和方向；还可以在小地图上设定热区，单击后快速到达指定的坐标。热点定位功能如图3.13 所示。用户能把当前视点存储到场景中，双击该视点名称便能快速切换到该视点画面。

3.1.3　城市管线危爆气体监控预警系统

系统能够在线监测地下管网及化粪池等地下空间里甲烷、硫化氢气体浓度，当气体浓度达到一级报警时，在系统平台界面上显示浓度报警的同时向管理人员发送短信报警；当气体浓度达到二级报警时，系统会立即启动净化排气自动控制处理系统，使其地下管网及化粪池的甲烷、硫化氢气体浓度在一两分钟之内下降至安全浓度以下，达到实时监测与自动控制处理的功能。其中，排水管线甲烷气体监测应用单光路双波长法差分吸收检测技术，排水管线硫化氢气体监测应用连续采样法气体分析技术，实现适用于地下管线空间里气体的实时监测与无线传输。

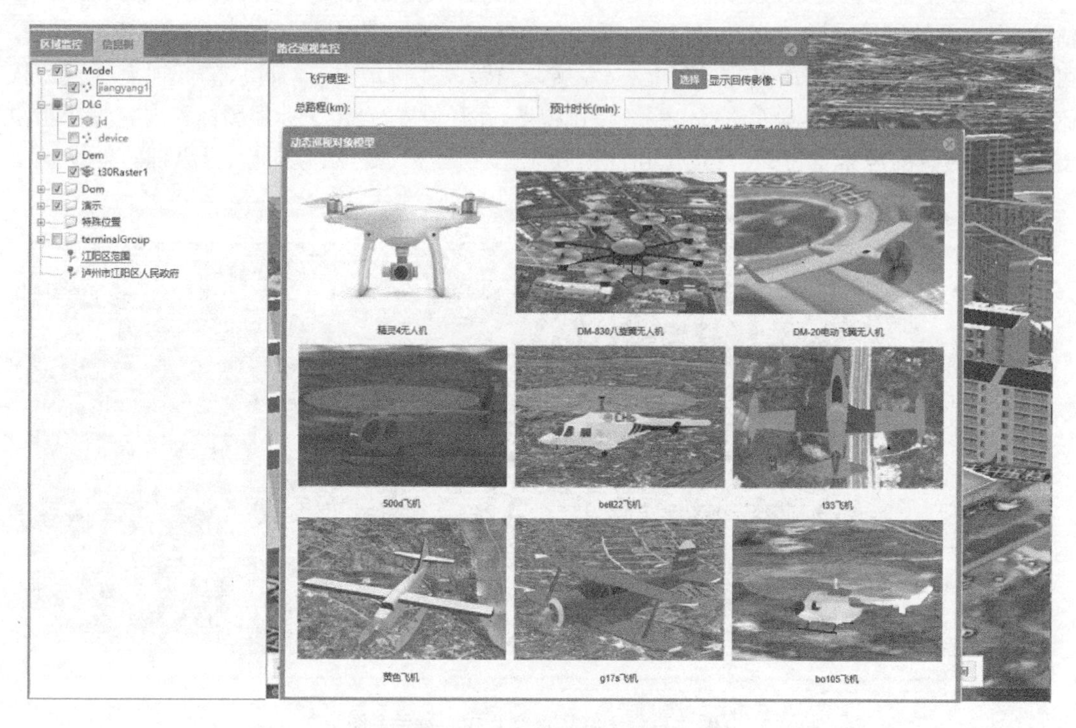

图 3.12　飞行漫游示意图

图 3.13　热点定位示意图

危爆气体浓度监测设备部署施工示意图如图 3.14 所示。设备控制箱如图 3.15 所示。

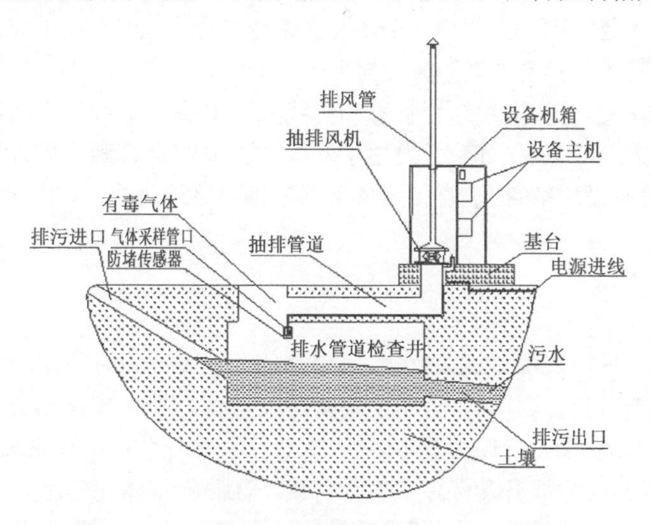

图 3.14　危爆气体浓度监测设备部署施工示意图

图 3.15　毒害危爆气体浓度控制装置

上述设备及系统除用于市政污水管网(检查井)场景外,还可以用于污水管网泵站、加油站水封井、通信电力检查井、油气与市政共用井,以及其他给排水共用井等场所。

3.2　综合管廊技术

综合管廊,就是地下城市管道综合走廊,即在城市地下建造一个隧道空间,将电力、通信、燃气、供热、给排水等各种工程管线集于一体,设有专门的检修口、吊装口和监测系统,实施统一规划、统一设计、统一建设和统一管理，是保障城市运行的重要基础设施和“生命线”。《城市综合管廊工程技术规范》(GB 50838—2015)则将综合管廊定义为“建于城市地下用于容纳两类及以上城市工程管线的构筑物及附属设施”。

从功能上来说，一般分为干线综合管廊和支线综合管廊。干线综合管廊一般设置于机动车道或道路中央下方，采用独立分舱敷设主干管线。支线综合管廊一般设置在道路两侧或单侧，采用单舱或双舱敷设配给管线，直接服务于邻近地块终端用户。

3.2.1 综合管廊建设情况

各大城市都非常重视供水、供电、燃气、通信等地下管线组成的“城市生命线”建设工程，综合管廊技术发展日新月异。据了解，合肥市与清华大学合肥公共安全研究院合作研发的综合管廊安全运维管理系统，率先实现管廊本体、入廊管线一体化监控。该系统纳入全市城市生命线安全管理信息系统，大大提升和保障了城市管线(管廊)的整体安全性。

此外，合肥市联合中国科技大学，研发履带式综合管廊巡检机器人，实现综合管廊内全天候、全地形自动巡检，管廊内结构三维立体成像，有毒有害、可燃气体浓度、温湿度等气体浓度实时监控，远程操控机器人完成管廊内指定位置的重点观测，实时监测自身运行情况并输出故障报警声光信号。根据《合肥市地下综合管廊规划(2016—2030年)》，合肥市将分近期、中期、远期建设管廊累计723.6 km，稳步推进管廊建设。

在珠海横琴岛，距地面6.5 m深处的地下有一条贯穿横琴岛的“大动脉”——地下综合管廊。人们喜欢将地下管廊比喻为城市的经络和血脉，而珠海横琴岛的这条“大动脉”，更是中国建成的当时里程最长、规模最大、体系最完善的地下综合管廊。

地下综合管廊优势明显，而珠海市除了在横琴新区修建地下综合管廊外，也在其他区有序铺开地下综合管廊建设。《珠海经济特区地下综合管廊管理条例》规定，珠海市城市新区、各类园区、成片开发区域的新建道路应当根据功能需求，规划以干线、支线管廊为主的管廊。珠海老城区结合城市更新、道路改造、地下空间开发等要求，因地制宜、统筹规划以缆线管廊为主的管廊。根据规划，珠海市2020年综合管廊总长达到约100 km，2060年综合管廊总长度将达到约200 km，各个片区形成既相对独立又不乏联系的综合管廊系统。

2019年1月7日上午，北京冬奥会延庆赛区“生命线”综合管廊隧道全线贯通。这是中国首次在山岭隧道中建设综合管廊。

地下综合管廊增强了城市的防灾抗灾能力，为城市的集约化发展提供了生命线安全保障。地下管廊的智能化和智慧化运营，更为智慧城市建设打通了经络和血脉，是城市关键基础信息设施的重要支撑。

3.2.2 综合管廊信息化系统发展

如前所述，综合管廊内积聚了供电、供热、给排水、燃气、通信等多种管线，给排水类管线存在液体泄漏风险，污水管网的泄漏导致环境污染、公共卫生风险，以及腐蚀管廊基体的风险；对于燃气管线，则存在爆炸产生重大灾害事故的风险；供电管线线路破损产生漏电事故会导致重大人身伤亡事件，也会对城市能源供应和有序运行产生重大不利影响，导致众多次生灾害；通信线路的故障或破损对数字城市的运行所产生的灾害和损失也是不可估量的。

总之，综合管廊的智能运维和灾害防护，是城市公共安全的重要基石。在这样的密闭空间中，一旦在运维、运营过程中发生意外，就会产生巨大的破坏，会对城市公共安全造成巨大影响。传统的管廊运营模式中，信息化手段不够丰富完善，对于紧急事件的发生难以迅速反应，造成救援难度大、救援指挥迟缓事件屡屡发生。基于信息化技术与风险数学模型，地下管廊风险预警系统通过管理信息系统信息化技术对大型综合管廊进行工程监控与报警管理已经成为当下的发展趋势。此外，综合管廊以全生命周期管理理念为目标，建立一套经济适用的信息化运维平台，是综合管廊健康发展的前提，这就使得建立一套集安全管理、人员管理、运维管理等功能于一体的信息化管理平台成为必需。

建设综合管廊智能运维信息系统，运用现代化设备进行沿线巡查及管理，实现综合管廊作业管理、运维保障、风险监测、事件报警等事项的智能化管理，是城市生命线工程对综合管廊管理提出的现实要求，具有重大意义。目前，国内学者已经开始对综合管廊的智慧运营和安全管理开展了一些研究[43]。

综合管廊统一监管平台，是管廊智慧化的重要体现和载体，包括城市生命线大数据基础支撑平台及多个行业应用，通过搭建数据采集层、大数据支撑层、平台服务层来支撑态势感知、智能运维、设施管理、应急管理及可视化调度等若干应用，平台基本层级架构如图 3.16 所示。监管平台的大数据基础支撑是一个基础性服务，不仅需要支持城市生命线相关应用，同时还要继续支撑后续区域内管廊项目的系统接入，满足综合管廊与城市公共安全大脑业务系统对接的要求。

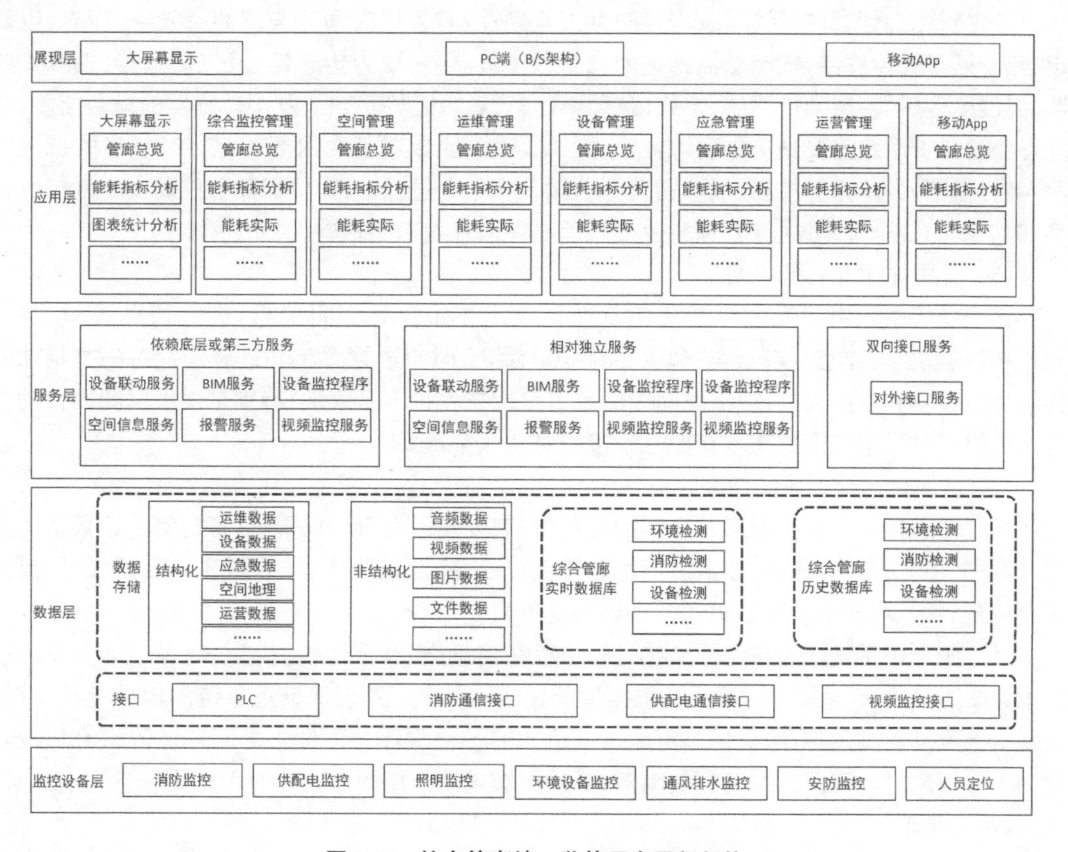

图 3.16　综合管廊统一监管平台层级架构

1）功能概述

传统综合管廊管理系统具有基础信息采集不全面、安全设施部署欠优化、预警联动机制不完善、运维管理不智能等痛点，业务信息流动复杂，安防消防系统存在盲点、数据共享接口不统一。基于以上痛点，为了提高综合管廊的管理效率与安全，必须梳理清楚实际业务需求。图3.17展示了综合管廊指挥运营平台框架。

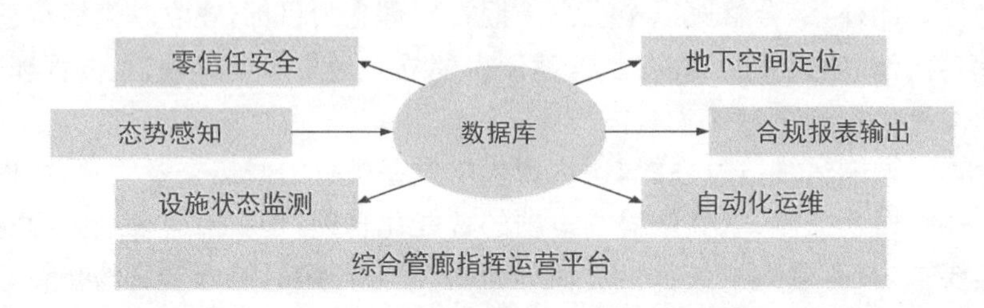

图 3.17　综合管廊指挥运营平台框架

（1）零信任信息网络安全

该子系统主要采用零信任技术体系，实现动态的身份确认和操作赋权。人员只能在权限允许的范围内在系统上操作，一方面需要考虑系统信息的安全性，另一方面需要考虑人员的安全性。

（2）态势感知子系统功能

考虑到综合管廊内管线承载内容的巨大差异性，对管廊内动态监测涉及光学、声学、电磁学、热学等多类传感器，从传感器种类来说有图像传感器、压力传感器、液位传感器、烟雾传感器、温湿度传感器、振动传感器、位移传感器等。管廊内态势感知涉及多传感器的融合监测，此外态势感知子系统需要真实再现综合管廊三维环境，完成对管廊内部所有实时信息的统一展示、实时报警、设备远程控制、报警联动等功能。在这个过程中，需要保障监控的实时性与准确性，为后续的安全管理、人员管理与运维管理提供信息处理的基础。

（3）空间管理子系统功能

该子系统主要用于通过可视化仿真交互技术显示管廊空间信息，进行仿真展示，并与VR、AR等功能相结合，实现综合管廊的虚拟显示，实时跟进管廊工程进展。针对一些特殊的移动运维装备和作业人员，地下空间中的预置定位技术也不可或缺，特别是地下空间内移动作业人员的实时高精度定位技术在应急救援中更是非常重要。

（4）自动化运维子系统功能

运营管理模块旨在实现运营管理的流程化、制度化、科学化、扁平化，将与管廊运营活动相关的客户、项目、合同、成本、档案进行统一管理，从而降低运营成本，提高客户服务水平，提升管廊运营效率，增强企业在管廊运维市场的竞争力。

以上四个子系统功能在实际操作过程中存在信息交互，下层信息在一定程度上支撑上层决策。图3.18展示了综合管廊业务数据库的构成。各个子系统保证业务链的信息流动平滑，实现信息流动的高效率，减少信息流动缓慢造成的平台管理效率低下等问题。信息流从最开始的人员信息录入直到最后的管线维护，都扮演着重要作用。

2）数据需求

运维平台的信息需求主要从安全管理内容出发，然后反向推理数据需求。主要包括设备、服务内容、人员与管线等信息，如图3.19所示。其中，设备信息是描述现场设备的位置信息与

图 3.18　综合管廊业务数据库构成

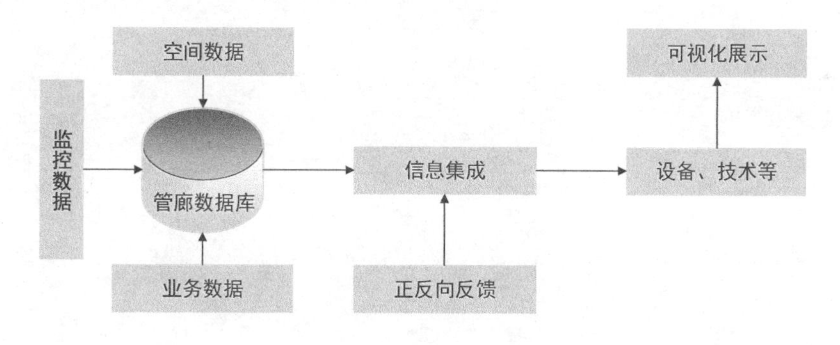

图 3.19　综合管廊运维数据需求

属性信息;服务内容主要是运维服务覆盖的对象及运维服务的目标,并规定了运维队伍的义务与职责。人员信息按照管廊内部人员与外部入廊人员两类进行信息划分,包括人员基本信息、技能水平、健康状态等。综合管廊管理平台搭建的目的主要是对管廊内的管线进行管理,结合管廊的特点及安全设备知识,对于管线的数据需求主要从以下方面进行思考:地下空间 BIM 信息、管线基本信息、管线维护知识、管线安装时间等。以这些数据需求及功能需求为基础,结合业务特点,有针对性地提出功能实现方式。

3.2.3　综合管廊安全风险评估

地下管廊的运行存在诸多的安全风险,可以分为固有风险和事故风险两大类。其中,固有风险涉及廊体结构、入廊管线、附属设施、环境影响，以及连接用户。事故风险则涉及结构破坏、泄漏破裂、水灾、火灾爆炸。针对风险管廊的安全风险评估，研究者进行了很多应用研究，包括采用层次分析法对固有风险进行分析，采用贝叶斯网络对事故风险进行分析，并通过定性定量结合的方法对综合管廊总体风险进行识别和评估，这些研究结果部分应用于现场，解决了一些安全风险。地下综合管廊现场环境恶劣，运维实施难度大，一些研究者则专门从运维风险和作业风险的角度阐述了地下管廊的风险防范问题。在文献[44]和[45]中，研究者则针对最为常见的燃气爆炸事故和电气事故给出了风险诊断系统设计策略。从整个城市的基建安全出发，还有一些研究者重点关注城市中常见的管廊下穿桥梁场景下的结构安全风险控制。

4 低空城市安全保障

低空安全网这一说法涵盖两层意义：一方面指的是在低空维度合法合规使用无人机、飞艇、热气球等技术手段对地面目标进行立体化无死角的侦测，是“三位一体”城市安全网面向低空维度的保障措施。另一方面指的是在地面利用雷达、光电联动侦测、无线电干扰等方式对城市低空空域的安全进行保卫防范，主要打击无人机非法滥用，保障机场净空安全及重点区域场所的安全。从城市安全“地下—地面—低空”立体防控网概念的整体性出发，本章主要介绍从低空维度以无人机为手段对地面关注目标进行立体化侦测的应用。无人机反制方面的内容将在第 6.5 节进行介绍。

4.1 无人机应用概述

随着 GPS、计算机与无线通信、数字相机，以及惯性测量装置（Inertial Measurement Unit，IMU；用来测量无人机的速度、方位及加速度）的不断发展，无人机相关技术的应用日趋广泛。无人机具有操控简单、灵活度高、机动性强的特点，能够携带一些重要的设备从空中完成特殊任务，比如空中监视、空中喊话、空中监测、紧急救援等。

无人机技术高速发展，使得其应用领域也不断扩大。不仅可以用于侦察、通信、反潜等军事领域，还可用于抢险救灾、监控巡察、电力巡检、环境监测、资源勘查等专业领域，以及航拍摄影等民用领域。

无人机具有高空俯瞰的视角、超大的监控范围、快速的响应能力，将传统的只能以地面作业的安防监控扩展到了立体空间。在人车无法到达的地方，无人机也能轻松完成安防部署。而且，空中作业在提高效率的同时，也大幅降低了人员的风险。鉴于以上优点，无人机在安防行业的应用已经越来越深入。

中国每年因自然灾害、事故灾害和社会安全事件等突发公共事件造成的人员伤亡逾百万人，经济损失高达数千亿元。当前，我国应急救援部门面临着日益复杂的灭火救援和社会救助形势，对各类地震救援、抗洪抢险、山岳救助及大跨度或高层火灾等情况，传统现场侦察手段的局限性已日益凸显。目前的视频监控系统无法做到全地面覆盖，也存在很大的视野局限性，特别是在执行一些紧急任务时，任务地点往往没有安装摄像机，导致指挥中心无法及时了解现场情况；此外，在一些大型设施，如电力线缆、石油管道的巡检工作上，因为设备设施出现问题的位置不固定，现有的监控巡查方案问题点定位时间长，造成修复时间滞后。因此，目前监控系统最迫切的问题是需要一套从地面到空中、可移动、易于临时敏捷部署的全方位的立体监控方案。无人机作为低空侦测工具，能够有效规避地形和空间限制，从俯视角度获取全局场景，通过挂载各种任务模块或吊舱，弥补地面侦测手段的不足。

为了有效实施消防预警和现场侦测，迅速准确地处置灾情，合适的无人机任务平台显得尤为重要。安防及应急救援领域的无人机平台结合视频、红外热成像等监控设备，通过空中对复杂地形和复杂结构建筑进行隐患巡查、现场救援指挥、火情侦测等，使得无人机成为立体防控新的选择。

无人机产品解决方案的设计以国家、行业相关规范和标准为设计标准及依据，主要依据和要求如下：

《民用轻小型无人机系统安全性通用要求》(GB/T 38931—2020)；

《民用轻小型固定翼无人机飞行控制系统通用要求》(GB/T 38996—2020)；

《轻小型多旋翼无人机飞行控制与导航系统通用要求》(GB/T 38997—2020)；

《民用轻小型无人直升机飞行控制系统通用要求》(GB/T 38911—2020)；

《低空数字航摄与数据处理规范》(GB/T 39612—2020)。

城市公共安全中低空空域的安全既涉及无人机的规范使用，如城市交通路况监测、城市突发事件侦测、电力检修和农林牧渔等行业应用，也包括对无人机非法应用的侦测与反制技术。无人机在城市公共安全中的广泛应用，主要在于无人机具有以下优点：

1）机动灵活

中小型无人机依托飞行控件就可以对其进行操控，只需要1～2人就可以完成此类操作任务。在道路不畅、交通中断的情况下，徒步也可以将其携带至灾害事故现场，且起飞条件很简单，对地形无要求。此外，无人机的飞行易于控制，转弯半径小，机动性好，可以灵活机动控制飞行方向，机载摄像头也可以跟踪拍摄对象；无人机还能快速到达指定地点，反应能力快捷，对环境和气候条件适应性很强，能在6级风力下完成飞行任务，受阴雨天气等条件限制比大型载人飞机要小得多；其起飞条件只需要几平方米空地，周围无突出障碍物即可，在低空作业时，受气候条件限制非常小，获取影像的速度非常快，可在作业范围内稳定可靠发挥侦察作用。

2）视野全面

无人机通过宽带、数据链技术可以实现超视距控制，从而具有很全面的视野，依据现场需求，可以在不同角度、不同高度和不同的光线条件下进行作业。既可以实现在高空对目标进行全局性拍摄，也可以调整距离和角度，或者对机载相机进行变焦，按需抓拍对现场决策有重要帮助的关键因素。通过远程控制无人机和摄像头，可以根据实际需求实时采集图像，尤其是在低空飞行时，无人机跟踪拍摄能力极强，使用机载摄像头获取的图像分辨率很高，如果配备热成像等夜视功能，其拍摄的视频将更加全面。这样的方式为实现灾害事故现场实时空中监控提供了有力保证，能有效提升无人机的侦察能力。

3）操作简单

从技术层面上看，无人机的远程视频传输与控制系统通过远距离控制及图传接口接入地面站和遥控器，再通过4G/5G或专网接入系统，因此，只需通过遥控摄像机及其辅助设备(镜头、云台等)，就能直接观看无人机的摄像头实时视频。通常，用户只需通过遥控器来实现无人机的所有动作，通过远程视频传输与控制系统使现场情况一目了然，以实现远程、方便的全方位监控。当然也可以在地面站上设置航点、航线让无人机进行自动飞行。当无人机视频接入网络后，用户可以通过指挥中心大屏、电脑等多种形式的载体查看到前端无人机的实时视频和相关数据。从应用层面上看，无人机的实际操作也并不复杂，只要掌握好飞行、视频控制和其他兼容模块的操作，便能发挥效能。

4）安全可靠

无论面对高温、大风等恶劣的天气环境，或者易燃易爆、塌陷、有毒等严重事故灾害现场，抑或山岳、峡谷、沟壑等极端地理环境，无人机技术都能有效规避传统作业行动中存在的短板，可确保救援人员的自身安全，并能通过对现场情况的跟拍、追踪，为事故处置的指挥决策提供安全可靠的依据，能够最大限度地控制灾情发展，减少灾情的损失和人员的伤亡。

无人机系统由飞行平台、飞机负载和地面站三大部分组成，如图 4.1 所示。其中，飞行平台主要是无人机机架部分，包括导航、飞控、动力系统、电源、飞行器等；飞机负载由云台、相机和其他任务模块组成，相机可选择可见光或热成像相机，并预留多种接口；地面站系统由一体化遥控器和地面站组成，主要用于对无人机的控制。

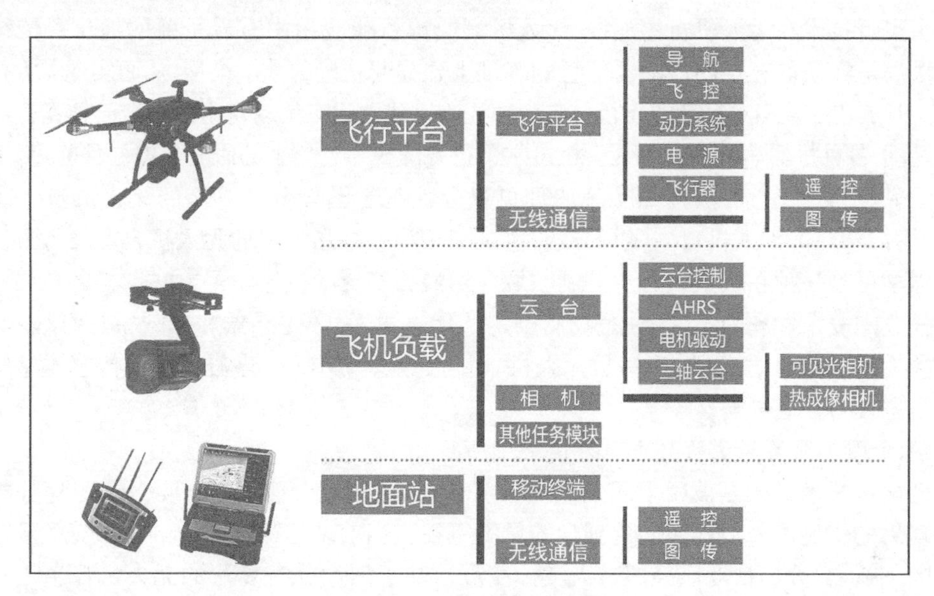

图 4.1　无人机系统组成

无人机在城市公共安全各个领域发挥了重要作用。与此同时，利用无人机进行的一些违法拍摄和违规飞行等行为也日益猖獗，对机场运营、重要区域空域管制等造成严重危害。民用无人机这类“低慢小”目标的反制技术，也成为公共安全领域的重要研究方向。目前常见的无人机反制技术如图 4.2 所示。

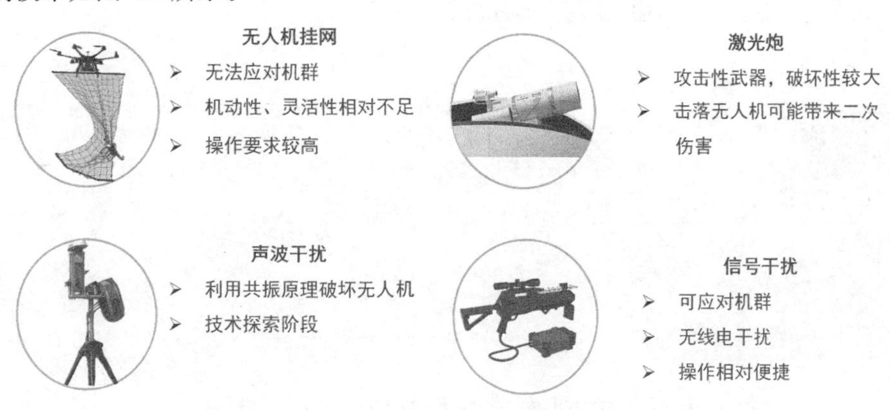

图 4.2　常见的无人机反制技术

4.2 无人机应用关键技术

复杂场景复杂任务情况下无人机的广泛高效应用有赖于两个关键问题的科学解决：一是无人机飞行姿态的自主控制；二是无人机执行抓取等任务时候的作业控制。

4.2.1 自主飞行控制

自主飞行技术在无人机自主巡线、无人机测绘等行业应用中有着重要的地位。传统自主飞行方法都是在获取充足的传感器信息的基础上建立起精确的数学模型，从而实现无人机的自主飞行。但是在一些相对复杂的飞行任务中往往难以建立起有效的自主控制数学模型。在这种情况下，基于各种机器学习算法的无人机自主飞行方法成为近年来的研究热点。目前，基于机器学习的无人机自主飞行方法按照实现原理可以分为基于图像分类算法的无人机自主飞行方法、基于模仿学习的无人机自主飞行方法，以及基于深度增强学习的无人机自主飞行方法。

增强学习是一种在机器人自主控制领域应用最为广泛的机器学习方法。

从任务的复杂性和隐蔽性考虑，我们设定了无人机 GPS 传感器和机载雷达，以及其他深度传感器无效的设定，主要讨论基于无人机单目摄像头、IMU 传感器和气压传感器感知数据融合的自主飞行控制策略。

1）基于图像分类算法的自主飞行控制

深度学习技术最初是被用于图片分类任务中的，并且由于其在 ImageNet 图片分类竞赛中所展现出的优良的分类性能而受到学术界的重视。当前基于深度学习的图像分类算法性能有了质的飞跃，其分类精度已经超过人类标注员。基于图像分类算法的无人机自主飞行方法的主要原理是将无人机自主控制问题转化为图片分类问题，其输入是当前状态下的机载摄像机采集的图片，输出是离散化的控制指令。

以 2017 年 Gandhi 等人的方法为例[46]，如图 4.3 所示，该方法假设无人机做定高匀速飞行，将无人机的控制量简化为离散的单自由度量，其控制量只有“向左”“向右”“直行”。记录无人机在碰撞前的单目数据作为数据集训练 AlexNet 网络，从而实现无人机的自主飞行。该方法可以实现简单的室内飞行，但是在复杂场景下效果较差。

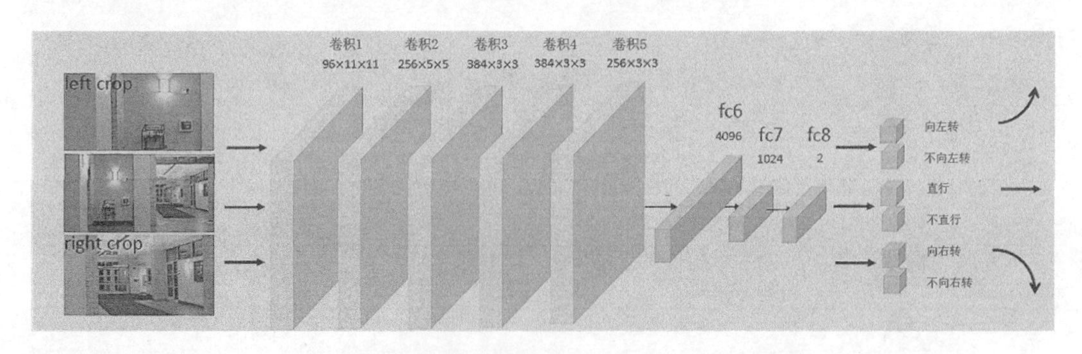

图 4.3 基于图像分类算法的无人机自主飞行控制

基于图像分类算法的无人机自主飞行方法依赖人工标注的图片数据集进行训练，会造成人力成本的耗费。无人机自主飞行问题能转化为图像分类问题的前提在于当前状态下的图片和当前状态下所对应的控制量具有唯一性，但是人类在实际控制过程中同一个状态下可能会给出完全相反的结果。此外，该方法只能输出少数离散的控制量，难以满足无人机自主飞行过程中的控制需求。受到以上缺点的制约，基于图片分类算法的无人机自主飞行方法没有得到广泛应用。

2）基于模仿学习的自主飞行控制

模仿学习，顾名思义就是让机器系统通过学习的方式模仿专家系统的策略。在无人机自主控制领域，专家系统一般指人类飞手，策略指自主飞行控制策略。先通过人类专家操控无人机，同时记录当前状态及人类专家的操控量作为数据集；然后通过机器学习方法建立无人机状态到控制量的映射，实现自主飞行。

2017 年 Codevilla 等人提出了一种基于图片和惯导两种模态数据的模仿学习方法[47]，并在自动驾驶模拟器上取得了很好的效果。

模仿学习的基础是有监督的机器学习方法，需要采集大量的数据进行训练。由于无人机运动自由度高，其控制指令所对应的状态空间维度较高，需要的数据量相对于无人车等低自由度物体而言要大得多。此外，模仿学习所得到的效果会受到人类专家水平的限制。由于模仿学习数据采集会造成大量人力资源的消耗，其实用性受到了一定约束。

3）基于深度增强学习的自主飞行控制

增强学习是一种机器自主试错的机器学习方法，机器通过自主学习的方式可以获得状态量到控制量的映射，从而实现自主控制。相对于有监督的机器学习方法而言，增强学习方法最大的优势是不需要人工标注的数据，可以节省大量的人力成本。经典的增强学习方法大多用于处理最优路径等优化问题，这些问题中状态量大多是拥有具体物理意义的显式变量。但是在自主飞行等复杂任务中，状态量中往往包含图片数据、声音数据等复杂信息，传统增强学习方法难以处理这些复杂数据。

深度增强学习的核心思想是利用神经网络替代值函数或者策略函数，利用无人机在试错过程中收集到的数据训练神经网络。经典深度增强学习算法有 Deep Q-learning 方法和 Deep Deterministic Policy Gradient（DDPG）等方法。

在自动驾驶领域，深度增强学习也遍地开花，获得了广泛应用。深度增强学习框架很好地将观测量和决策机构融合起来，可以输出更多维度的连续控制量，拥有更加良好的控制效果。又由于其不需要人工标注数据，节约成本，目前被广泛用于基于单目摄像头的机器人、无人车的自主控制领域。

相对于游戏控制、无人车控制等任务，目前深度增强学习在无人机自主飞行领域的应用效果欠佳。其主要原因在于深度增强学习方法在无人机自主飞行应用中存在两个难点：第一，相比起无人车，无人机的运动更加复杂，学习难度也相应增加。目前尚没有成熟的应用于无人机自主飞行任务的深度增强学习框架。第二，现实中无人机载荷有限，所能搭载的算力有限，尤其是应用于复杂场景下的无人机平台。深度增强学习会消耗较多的计算资源，在无人机平台上实时性不足。

（1）无人机简化模型

四旋翼无人机由 4 个独立的电机驱动系统和 1 个十字形的机架组成。十字形机架可以近似视为刚性结构，4 个电机则分别安装在十字形的 4 个顶点上。四旋翼无人机的控制输入为 4 个电机的转速，输出为 6 个自由度的运动状态。

四旋翼飞行器运动具有高度的耦合特性，改变一个旋翼的转速就会导致整个系统至少在3个自由度方向上产生运动。由于四旋翼无人机运动的耦合性，虽然四旋翼无人机的运动在6个自由度空间内运动，但是只有4个可以控制的运动量，一般为垂直飞行、俯仰、横滚和偏航。4个运动量的控制方式如图4.4所示。

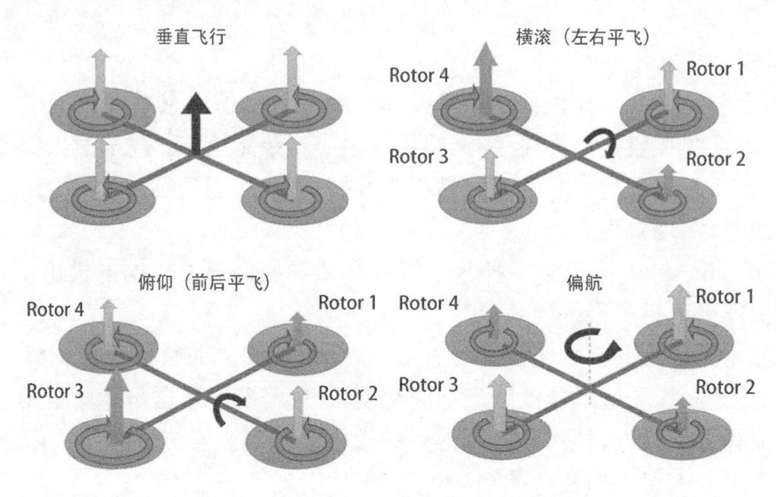

图 4.4 四旋翼无人机运动控制方式

深度增强学习是一种端到端的方法，利用深度增强学习实现自主控制问题时是不需要知道被控物体的控制模型的。这里只做定性研究的介绍，不讨论精确的无人机运动学数学模型。

四旋翼无人机的主要传感器包括IMU、GPS接收机、气压计、图像传感器，以及各种深度传感器。我们已经确定了GPS接收机及各种深度传感器不在讨论范围内，主要讨论机载单目摄像机结合IMU、气压计的情况。

气压计数据和IMU数据经过融合后可以得到比较准确的无人机相对地面的飞行高度。我们将IMU和气压计的测量解算数据记为m，包含了无人机三自由度速度、三自由度加速度、三自由度角速度和三个姿态角及高度，$m=\langle v, a, \omega, \theta, h\rangle$。

(2) 马尔科夫链决策

马尔科夫决策过程包含5个重要的元素$\langle S, A, P, R, \gamma\rangle$，其中$S$是被控物体可能所处的全部状态的集合，$A$是所有可以采用的控制动作的集合，$P$是状态转移概率，$R$是奖励函数，$\gamma \in [0, 1]$是一个折扣因子，用于计算奖励值随着时间推移而产生的折扣。马尔科夫决策过程的目标是建立一个状态量到控制量的最优策略。

增强学习是一种基于马尔科夫决策过程的优化方法，若想将增强学习应用到无人机飞行领域，首先应当建立起有关无人机自主飞行的马尔科夫决策过程模型。在文献[48]中阐述了马尔科夫决策过程中的5个重要的元素$\langle S, A, P, R, \gamma\rangle$，根据简化模型，我们可以将无人机自主飞行过程中产生的变量m和这5个重要元素一一对应。在此基础上，我们可以将深度增强学习应用到无人机自主控制领域。

(3) 多模态策略

单目图片数据中蕴含着无人机当前位置周围环境的详细信息，包括障碍物位置、相对高度、障碍物种类等。但是单目图片数据中不包含无人机自身运动状态的信息，需要通过其他方法进行获取。无人机的运动状态可以通过光流方法获取，但是该方法耗时较长，且估计效果不佳。如前文所述，无人机中还有IMU和气压计两种传感器。通过这两种传感器可以获取较为准确的速度信息与高度信息。相比起单一数据，多种模态信息的融合可以更好地反映当前状态。因此，可以处理多种数据的多模态机器学习方法也就应需而生。

多模态机器学习方法按照模态信息的处理方式可以分为两类：联合表示多模态机器学习和协同表示多模态机器学习。联合表示方法是指将多模态信息映射到同一特征子空间，然后再对其进行分类、检测等处理；协同表示方法是指将多模态数据映射到不同的特征子空间，但是映射得到的特征描述子之间存在一定的线性关系。在智能体自主控制领域，经常需要利用多模态机器学习方法来融合多传感器信息，如深度信息和RGB传感器的融合、IMU和单目的融合等。

根据任务需要，可以将IMU和气压计数据简化为四维向量$\langle v_x, v_y, v_h, h\rangle$，分别表示无人机三自由度速度以及当前飞行高度。根据协同表示方法，将单目图片及$\langle v_x, v_y, v_h, h\rangle$映射到不同的特征子空间。无人机多模态策略控制网络如图4.5所示，利用ResNet18卷积层处理单目图片，得到一个1 024维的特征向量；利用两层全连接层网络将四维向量$\langle v_x, v_y, v_h, h\rangle$映射为200维特征向量。然后将两个向量合并，得到一个1 224维向量，该向量表征了全部输入模态信息。最后利用两层全连接对该向量回归，得到控制量CMD。

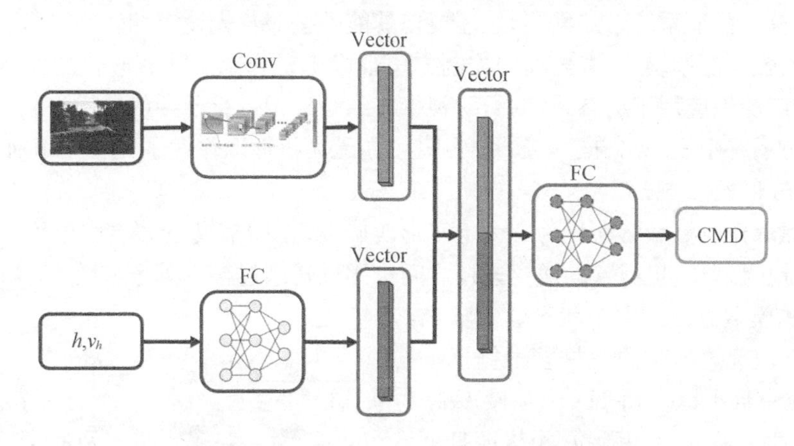

图4.5　无人机自主飞行多模态策略控制网络

使用多模态策略网络替代原有单模态策略网络后，无人机控制效果得到明显改善。具体表现为无人机飞行时高度方向的振荡得到了明显抑制。在不影响避障效果的条件下，无人机飞行振荡得到抑制意味着飞行控制精度的提升。而多模态网络能够抑制飞行振荡的原因在于网络中输入了当前高度和高度方向的速度，形成了闭环控制系统。而之前的单模态策略网络只能输入图片信息，属于开环控制。

4.2.2　空中抓取作业控制

随着无人机应用领域的扩展，以及地面移动机器人结合主动作业机构成功进行更多应用的启发，目前无人机行业已经在旋翼无人机下加装诸如机械臂一类的执行机构，使其能够与周围环境进行交互。这将进一步拓展无人机的应用范围，而不仅仅是用于“看”和“搜寻”。在高压电等高危环境下，加装了机械臂的旋翼机可以对巡检时发现的损坏设备直接进行修理，从而降低人员伤亡。近年来，Amazon、DHL、顺丰速递、京东等一些电商、快递公司已具备了无人机配送能力，目前主要是通过快递员在发站点将快件捆绑于无人机或者放置于机舱，在收件点人工卸货。而通过在无人机上加装执行机构并控制无人机在飞行过程中抓握物体，可以实现无人机自动取货、卸货，并真正实现无人仓储；在火灾、地震等高危环境下，采用无人机飞扑抓取物体或快速装卸货物，不仅能够极大降低无人机自身的损害风险，也能够更高效、安全地运送物资，实施救援。无人机作业系统空中抓取这个典型操作有很大的应用市场，并能够给无人机进一步智能化带来更广阔的前景。

关于无人机抓取作业，早期的一些成果都是无人机在悬停状态下用机械臂实施抓取，这种应用模式不符合现代无人机行业应用的实际作业要求。为了使带臂四旋翼实现其独特的应用，发挥更大的作用，我们需要研究其在飞行过程中空中快速抓取这一典型的动作。当前，在这个方面的研究不是很多。旋翼飞行机械臂空中抓取可通过先设计实施空中抓取的特殊轨迹，然后控制系统各状态跟随相应轨迹来实现。所以主要对建模、轨迹规划和控制器设计三个方面进行探究。无人机飞行中抓取的实现通常是控制系统按照事先预定的轨迹飞行，而这条轨迹是一条能够实现空中快速抓取的特殊轨迹。要跟随这样一条路径，并在这样的高机动飞行中实现抓取这个动作，对控制系统的要求更高，需要进一步增加控制的精度、实时性和快速性。特别是，当四旋翼抓取物体之后，整个系统的质心和惯量等参数都有突变，控制器必须对此有即时的响应，保证系统稳定的同时，还要使其能够按照预先设定的轨迹飞行。对这样一个耦合、非线性、强动态系统，一些经典的控制方法难以满足要求。随着时代的发展和科技的进步，预测控制广泛地应用于动态系统中，这种带有结合模型进行预测的最优控制方法在控制一些复杂的动态系统中表现出自适应性和鲁棒性，在无人机抓取作业中具备应用前景。

1）模型简化及轨迹规划

无人机抓取作业模型可简化为一个十字形四旋翼，在四旋翼下方质心位置处以旋转关节连接一个二维机械臂。机械臂的两根连杆之间也用旋转副连接。模型如图 4.6 所示。

针对上述模型可以建立全状态运动学和动力学方程。四旋翼所带的机械臂根据标准 D-H 规则（Standard Denavit-Hartenberg Convention）进行建模，通常使用欧拉-拉格朗日公式（Euler-Lagrange Equation）来建立多体系统动力学方程。根据实际应用场景，对带一维机械臂和一个机械爪的四旋翼无人机系统建立平面上的动力学模型，这是由全状态模型简化所得。以上运动学和动力学简化模型为后续轨迹跟随控制器的设计打下基础。

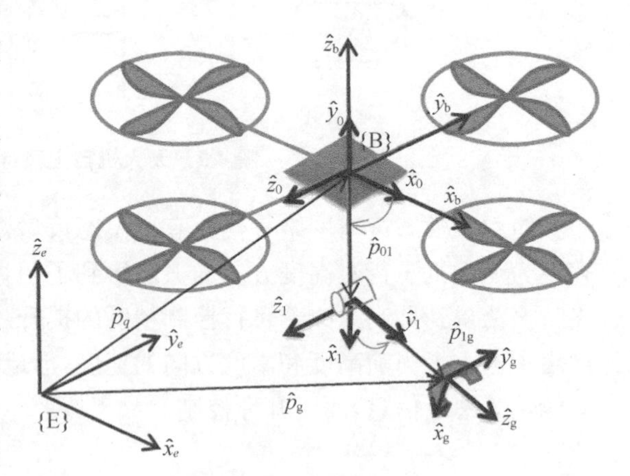

图 4.6　带臂四旋翼系统运动学和动力学分析坐标系

归功于轨迹规划方面，文献[49]提出使用最小化 Snap 算法进行轨迹规划。这是一种用最优控制的方法来规划轨迹的方法，基于系统微分平滑的性质，它以状态的四阶导数为代价函数，最小化这个代价函数使消耗的能量最小。

2）控制策略

针对带臂四旋翼轨迹跟踪控制系统设计，上海交通大学航空航天学院胡士强教授团队在建立和分析系统模型的基础上，先对系统设计了经典 PID 控制器，发现 PID 控制的不足之处在于由于系统几个变量之间都有耦合，若一个变量突变，会导致系统其他状态参量也会有所改变[50]。

并且，虽然对3个方向都做单独阶跃响应测试，并对3个方向的PID参数做调整，但当一个方向调节好之后，并不能保证另一个已经调节好的方向依旧有理想控制效果，并且输入量不切合实际。最终发现，PID控制器控制带臂四旋翼这样一个非线性、状态耦合系统的效果并不理想。

研究者针对无人机抓取机构特性采用非线性模型预测控制（Nonlinear Model Prediction Control，NMPC），先后采取不同的线性化方法，设计了基于状态方程的模型预测控制和自适应广义预测控制（Generalized Predictive Control，GPC），并研究了带臂四旋翼空中抓取的轨迹规划方法，通过数值仿真，验证和比较使用不同控制器实现带臂四旋翼高机动轨迹跟随并抓取物体效果的优劣。研究表明，经典PID控制器无法运用于空中抓取场景下的飞行控制；在不抓取物体、单纯跟随高机动轨迹上，基于状态方程的NMPC跟随误差大于GPC控制；而当抓取未知质量的物体时，NMPC在抓取物体之后，无法立即调整控制量，而自适应GPC能够快速做出响应，在系统参数发生未知突变情况下仍然保持高精度的轨迹跟随。这表明基于输入输出线性化的自适应GPC对控制带臂四旋翼进行空中快速抓取来说是一个更理想的控制器。基于GPC的无人机控制框图如图4.7所示。

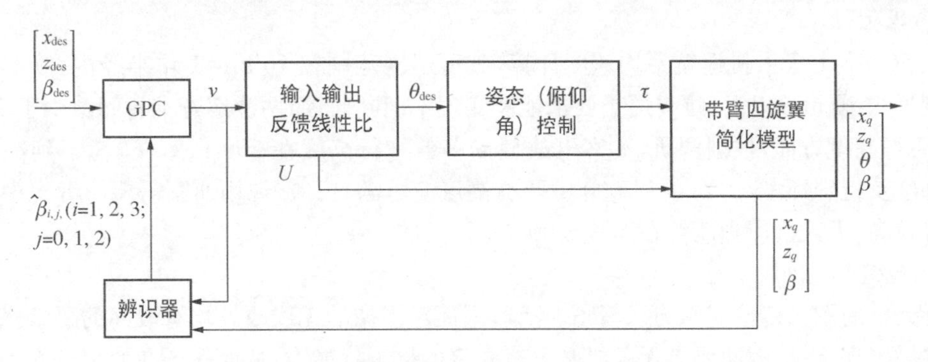

图4.7 带臂四旋翼无人机GPC控制框图

在图4.7中，$[x_q \quad z_q]^T$ 分别是四旋翼质心位置，β 为机械臂摆角，θ 为控制量机身俯仰角。

上述研究成果的进一步拓展，对于发展无人机自动作业技术提供了技术保障，也必将推动无人机应用技术的进一步发展。

4.3 无人机应用系统

4.3.1 使用要求

无人机需要采用技术先进的飞控平台及前后端视频监控传输系统，配合完善的飞行及地勤保障系统，以便对地面实施全面的空中监控，从而实现较低的综合成本，对传统手段无法涉足的区域进行实时监控和辅助救援，其智能化和先进性突出体现在巡查路径规划、智能分析、定点持续监控、火情报警等，并且在制定应急预案、建立快速响应机制、现场情况存档与取证等方面充分发挥技术防范手段的重要作用。

为满足立体安防、应急救援等复杂多样化场景的实际需求，无人机设计涉及以下几个方面：

1）可靠性

无人机在日常作业时需要面对各种现场环境，尤其是应急救援时，面对灾害现场，应用环境更为复杂，须考虑风速、烟雾、温度，以及防水等各种环境因素。

(1) 抗风能力：以东南沿海地区为例，常年以东南和西北风为主，沿岸风力 3～4 级，阵风 5～7 级，因此，其抗风能力至少要达到 6 级以上。

(2) 耐高温能力：因为无人机需要直接在室外进行作业，太阳暴晒加上电机高速运转，以及电池产生的热量很容易造成飞机上的主要部件温度上升。如果温度超过阈值将导致部分器件热保护，进而带来潜在隐患，这就要求飞机平台及元器件应当具有一定的耐高温能力。

(3) 防水能力：由于火灾现场存在大量水雾和烟雾，要求无人机有一定的防水和抗烟雾能力。

(4) 夜视能力：由于灾害发生的时间、环境不可预知，因此应当支持配备具有红外热成像功能的摄像头。

2）操控性

以 50 km/h 无人机巡航平均速度计算，其可巡视范围在 10 km 工作半径内，续航能力要求达到平均 30 min 以上，航线巡查要求能够实现不间断监控，两次巡查准备间隙少于 15 min；另外，飞行高度方面，根据调研，灾害事故现场多数飞行高度在 200 m 以下，考虑到高层建筑最高高度及特殊环境，达到 0～1 000 m 飞行高度应可满足日常现场侦察需要。考虑中西部地区地势较高，无人机应当能够在海拔 5 000 m 处正常作业。

3）稳定性

无人机的图像传输应当力求清晰、连续，因而对图像的无线收发均有较高的要求。通过无线传输易出现干扰，因而要求无人机必须有一定的抗干扰能力，从而保证在使用过程中图像能够不间断传输。

4）集成兼容性

无人机在各行业的应用中要实现很多扩展功能，必须拥有良好的集成和兼容性。因此，在满载重量方面，考虑日常训练及使用配备的机动要求，无人侦察机应方便携带或车载到达现场附近，单兵进入现场机动部署，紧急情况下拓展携带器材。此外，在实现视频传输外，如果要实现其他辅助功能的集成和传输，必然要求无人机拥有良好的集成和兼容性。

4.3.2 系统组成

1）飞行平台

飞行平台主要由导航、飞控、动力系统、电源模块、图传和数传等模块组成。

导航模块可以定位无人机的实时位置，设计使用 GPS 模块。

飞控就是无人机的飞行控制系统，主要由陀螺仪（飞行姿态感知）、加速计，以及控制电路组成。其主要的功能就是自动保持飞机的正常飞行姿态。

动力系统中电机带动螺旋桨可为无人机提供动力，通过改变四个电机的转速，可以控制无人机进行前后、左右、升降，以及旋转和翻转等动作。

电源模块可以为无人机飞行、云台的旋转控制，以及数据传输模块等提供能源保障。

图传和数传是无人机与地面站建立通信的传输通道，用于传输视频数据和飞行数据。

2) 飞机负载

云台设计为三轴增稳云台，支持俯仰、平移、横滚3个维度的运动，内置姿态传感器和图像稳定系统，不管是无人机本身的抖动还是俯仰、横滚时，云台都能够保持稳定，进而保证相机图像的质量。

云台设计为可拆卸，可根据现场环境需要选择可见光或热成像摄像机，或者其他挂载。云台相机内置存储卡卡槽，以保障图传链路出现故障时仍能不间断进行录像。

3) 地面站

地面站系统由一体化遥控器和地面站组成，一体化遥控器一般内置7 in(1 in=2.54 cm)电容式触摸屏，不仅可以显示无人机的各项飞行数据，也可以在地图模式下显示无人机的位置，或者显示云台相机的实时图像，并且可以和传统地面站一样设置航点、规划航行线路等。

地面站可以将无人机的图像和相关数据实时传输到地面指挥车或后台管理中心，以便指挥人员了解情况进行决策。

4) 组网架构

无人机系统主要是通过远距离无线图传技术将云台相机的图像实时传输到地面站。通过数传技术将无人机的各项飞行数据传输到地面站，同时进行航点、航线等远程控制。遥控通道主要用于一体式遥控器手动操控无人机。以交通领域的无人机应用为例，无人机系统组网拓扑图如图4.8所示。

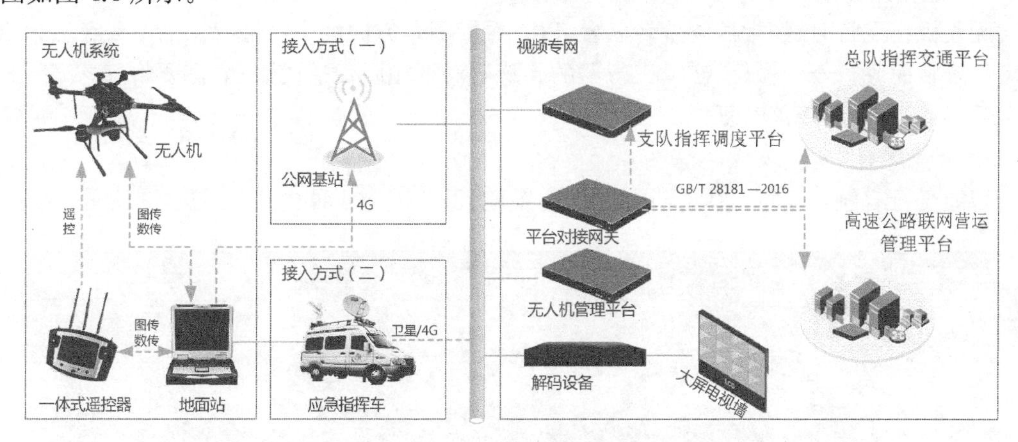

图4.8 无人机系统组网拓扑

一体化遥控器集遥控显示功能于一体，既可以直接进行手动操控，并在7 in触摸屏上查看云台摄像机图像，也可以设置飞行线路和飞行任务等。

指挥中心人员可以通过大屏电视墙或者客户端电脑查看无人机的实时图像，以便根据现场情况及时、准确地进行指导和指挥。

以交通管理业务应用为例，交警支队无人机管理平台与总队指挥交通平台、高速支队指挥调度平台及高速公路联网营运管理平台通过平台对接网关，实现级联部署、国标音视频数据的传输。

4.3.3 系统功能

1) 飞行控制

(1) 飞行器控制

遥控器可实时控制无人机的飞行动作，调整飞行姿态。无人机的控制分为手动控制和自动飞行两种方式。手动控制主要在复杂环境，以及应对突发事件时使用；自动飞行主要用于日常固定线路的巡查巡检。

(2) 云台控制

可以通过遥控器对负载云台进行操控，通过控制云台相机的俯仰、旋转和变焦，调整拍摄的角度和焦距，以看清目标细节信息；也可以对云台设置航向跟随(云台与机头保持一致)及航向锁定(云台固定朝向某一点)模式。

(3) 手动遥控

手动遥控是通过遥控器控制飞行器和云台，适用于应对突发事件，可随时根据任务情况调整飞行器的飞行方向、线路和相机拍摄角度。在复杂环境下飞行采用手动操控的方式可及时躲开飞行线路中的障碍物，安全性更高。在应对突发事件的过程中，因为目标物体可能会移动，其位置也就不固定，采用手动操控的方式会更为灵活。

(4) 自动起降

无人机可设置自动起飞和降落，无人机在进入起飞状态后，可以通过遥控器或地面站启动飞行器电机，并使用一键起飞功能控制无人机自动起飞。当无人机执行完飞行任务后，可通过一键降落功能控制无人机自动降落到地面并停止电机。

(5) 起落架收放

无人机在飞行时，经常需要旋转云台，以查看周围各方向的实时情况。为了避免云台摄像机需要旋转而飞行器未做旋转时，飞行器的起落架对视频图像造成遮挡，需要将起落架设计成升空后可遥控折起，降落时复位。

2) 智能飞行

智能飞行有航点飞行、兴趣点围绕、航向锁定、返航锁定4种模式，如图4.9所示。

图4.9　智能飞行选择模式界面

(1) 自动飞行(航点飞行)

添加航点后，系统会按照设定的航点顺序自动生成一条航迹，无人机起飞后会按照此航迹进行自动飞行。航点的飞行高度可设置,保证了无人机在飞行过程中的安全。该功能主要应用于电力巡线、石油管道巡线等场景。由于飞行点和飞行线路都是确定的,可以利用设置航点和航线功能,让无人机按照指定的地点或线路进行飞行,减轻操控人员的工作强度。

(2) 兴趣点围绕

通过地面站软件可设置兴趣点位置和围绕半径。无人机可按照设置的半径围绕兴趣点进行飞行,镜头始终对准兴趣点拍摄。该功能主要应用于异常或指定区域全面观察。无人机可快速到达目标地点并围绕飞行,可以全方位地拍摄目标各个方向的细节。

(3) 失联返航

如果通过地面站或遥控器对无人机进行操控,可以设置控制信号丢失时的飞行机制:悬停、降落或直接返航。在失联返航过程中如果再次收到遥控器的控制信号,则可以继续对无人机进行控制。无人机会实时计算电池当前电量,如果判断电池电量低于设定电量时,无人机会按设定悬停、降落或直接返航。

(4) 一键返航

无人机执行完任务后,可以通过一键返航功能控制无人机返回到起飞点,并自动降落。在执行自动返航任务时,无人机会先爬升到设定好的最低返航高度后再直线返航,以保证飞行的安全性。

(5) 设置禁飞区域

无人机飞控中内置了禁飞区信息,比如全国各大机场、敏感区域周边。当无人机飞到禁飞区边缘时,会悬停空中,无法进入禁飞区。如果在起飞前就处于禁飞区域内,则直接无法起飞。

3) 视频录像

(1) 视频预览

无人机将视频通过无线微波技术实时传输到地面站。地面站通过自带的显示屏可实时显示云台摄像机的画面。通过 Wi-Fi 或有线的方式,地面站也可以将视频接入本地。同时,通过4G/5G 或网口可将视频实时传输到后端监控指挥中心进行显示。

(2) 视频录像

为了确保录像的安全性,无人机除了可以通过监控指挥中心对录像进行存储外,还可以通过地面站内置的 SD 卡或硬盘对无人机回传到地面站的视频进行录像,保证在网络信号丢失的情况下不丢失录像。同时,无人机的云台相机也可以内置 SD 卡,在某些环境下,当图传信号出现中断时也可以确保无人机所拍视频的完整性。

(3) 视频回放

通过地面站可以对地面站内置 SD 卡或硬盘上的录像进行回放。同时,无人机的飞行轨迹也可以在地图上同步显示,可以直观了解到无人机拍摄视频时所处的位置。

4) 平台管理

无人机能够通过 4G/5G 主动注册及固定 IP 方式接入平台,平台能够显示无人机视频、实时飞行状态(高度、速度、姿态、电量、剩余飞行时间等)及飞行轨迹。飞行状态对地监控实时画面如图4.10 所示。平台具备对地面站直接喊话器语音对讲功能,具备航点任务规划、云台实时控制等功能。

图 4.10　飞行状态对地监控实时画面

4.3.4　推荐配置

1）飞行平台

飞行平台高度自动化、智能化，外观如图 4.11 所示，根据任务侧重不同，所配备的专业模块或任务吊舱也有所不同，比如灭火、通信、植保、电巡（喷火除冰）等任务模块。

图 4.11　常见无人机任务平台及云台相机模块

飞行平台高度自动化、智能化，采用工业级 IMU 模块，能够适应高寒、高温地区等恶劣环境。根据作业半径，分别介绍两款飞行平台设备常规参数，如表 4.1 所示。

表 4.1 飞行平台设备参数

参数	A 型设备	B 型设备
结构特性	高强度超轻碳纤维整机,机臂可折叠,脚架可收放	高强度超轻碳纤维整机,机臂可折叠,脚架可收放
轴距	650 mm	820 mm
电池	12 000 mAh 智能电池	22 000 mAh 智能电池
飞行时间(标准载重)	25 min	35 min
飞行海拔	5 000 m	5 000 m
巡航速度(标准载重)	15 m/s	15 m/s
抗风等级(标准载重)	7 级	7 级
作业半径	3 km	10 km
机架质量	2.7 kg	3.3 kg
卫星定位模块	GPS、北斗、GLONASS 三模	
悬停精度	水平：±0.2 m;垂直：±0.5 m(相对精度)	
飞行控制	定高、定点、自主巡航等多姿态飞行模式一键起降、低电压保护、自动返航、预置禁飞区、电子围栏	

2）飞机负载

可见光云台相机特性：

600 万像素高清摄像机,最大分辨率 2 592 ×2 592；

支持 H.265 编码；

超感星光,能在照度较低环境下呈现彩色图像；

30 倍光学变倍,16 倍数字变倍；

支持光学防抖功能,支持透雾功能；

内置 Micro SD 卡插槽,最大支持 128 GB;

云台支持快拆快装；

三轴增稳云台,云台控制精度±0.01°；

支持俯仰、平移、横滚 3 个维度的运动；

专用伺服电机驱动模块,保证云台的稳定性；

支持航向跟随和姿态锁定模式；

高空喊话器组件有效声波传输距离 100 m；

支持快拆快装。

3）地面站

遥控器与地面站的功能区别主要在于,遥控器着眼于近距离内(一般 5 km 内)常规飞行姿态遥控，地面站一般用于更大的图传和数传距离(≥10 km)配备面向行业用户的飞控软件，支持巡航任务规划，并能连接现场指挥系统、监控中心等，有的还支持 GB/T 28181—2016 协议，可接入各行业的管理平台。

常见地面站系统参数如表 4.2 所示。

表 4.2　地面站系统

参数	一体化遥控器	地面站
结构特性	显控一体设计	防水防尘 IP65 等级，键盘防水
显示屏	7 in(1 in=2.54 cm)电容式触摸屏， 分辨率 1 024×600	13.1 in(1 in=2.54 cm)触摸屏， 分辨率 1 024×768
通信距离	手动遥控≥5 km	图传距离 10 km
电池	7 800 mAh	8 550 mAh
存储	最大支持 128 GB MicroSD 卡	500 GB
续航时间	≥5 h	≥5 h
软件界面	视频、地图模式实时切换	
标准协议	GB/T 28181—2016，可介入各行业管理平台	

平台应用系统软件配置情况如表 4.3 所示。

表 4.3　航拍事故勘察软件系统

参数	iPaD	便携式打印机
用途	事故勘查软件操作系统	事故处置单打印
显示屏	9.7 in 触摸屏	—
内存	支持 32 GB 存储	500 GB
续航时间	≥3 h	≥3 h
软件界面	事故勘查打印系统	

5 典型应用场景及方案

本章基于前述各章介绍的城市公共安全技术体系，对城市公共安全典型应用场景进行概要介绍，主要包括机场典型应用场景、公共安全视频监控联网工程（即“雪亮工程”）、社区安全、交通及园区无人机应用、超高频 RFID 电子车牌，以及城市公共安全视图库（城市公共安全视图数据中台），并为增强直观印象，给出了电子车牌和视图库两个系统的建设方案初步设计。

5.1 机场停机坪及跑道监控

机场作为大型城市重要的交通枢纽，安全等级高，安全保障任务重，机场安防是信息化集成应用最为先进、要求最严苛的场所，对技术的先进性和可靠性都有着极高的要求。图 5.1 展示了机场常见的几种安防需求，包括人员物品安检、周界入侵监测、大场景视频监控，以及“低慢小”目标侦测反制等。

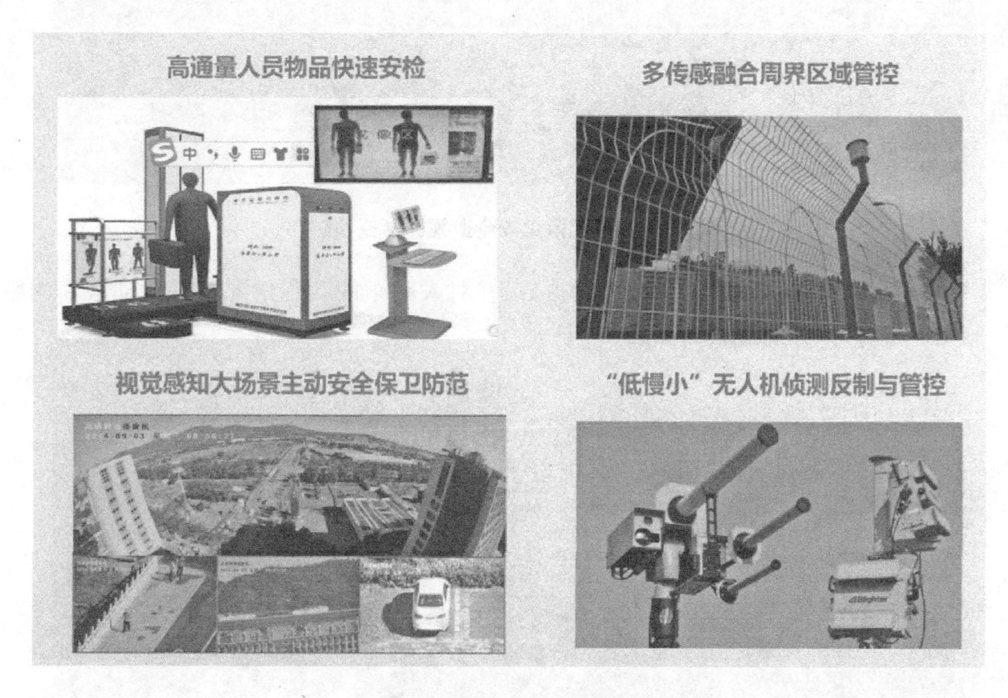

图 5.1 机场安防典型场景

除此之外，近年来，机场公司也开始采用视频分析技术对停机坪及跑道进行实时监测，提前预警地勤相关特情。高速枪球摄像机联动技术也开始用于追踪飞机起飞、降落过程机身姿态及观察降落架状态等，如图 5.2 所示。

图 5.2　停机坪及跑道监控

机场智能全景视频跟踪系统由枪球一体机、前端智能跟踪处理器组成，采用先进的图像检测和识别技术，以及视频分析算法，配合精密、精准的云台控制系统，既有覆盖大场景的全景画面，又有拍摄清晰特写的特写画面，对飞行区域进行全景覆盖，并对飞机起降落状况进行自动跟踪记录。

该系统可以清晰地拍摄到飞机降落状态时起落架的状态，辅助管理人员实时发现未正常打开起落架的情况，避免事故发生，如图 5.3 所示。

图 5.3　飞机起落架安全监视和事故预防

该系统还可以对停机位进行无死角全覆盖，并对人和车的动态情况进行自动清晰的跟踪拍摄，避免异常行为和危险活动，如图 5.4 所示。

图 5.4　停机位全覆盖动态跟踪监控

5.2 雪亮工程

“雪亮工程”，即公共安全视频监控联网工程，是以县、乡、村三级综治中心为指挥平台、以综治信息化为支撑、以网格化管理为基础、以公共安全视频监控联网应用为重点的“群众性治安防控工程”。它通过三级综治中心建设把治安防范措施延伸到群众身边，发动社会力量和广大群众共同监看视频监控，共同参与治安防范，从而真正实现治安防控“全覆盖、无死角”。因为“群众的眼睛是雪亮的”，所以称之为“雪亮工程”。

2018年2月份，在由习近平总书记亲自审定的《中共中央国务院关于实施乡村振兴战略的意见》中，强调推进农村“雪亮工程”建设，这是“雪亮工程”首次被写入中央一号文件，意味着党中央高度重视“雪亮工程”建设。

简单地说，“雪亮工程”就是服务社会综合治理的乡镇视频联网工程，是在城市公共安全视频监控联网前端相对完善、平台建设基本完备的前提下，解决城乡接合部、广大农村地区视频监控“最后一公里”的监控盲区，通过三级视频监控联网，有效支撑社会综合治理。“雪亮工程”建设内容如图5.5所示。

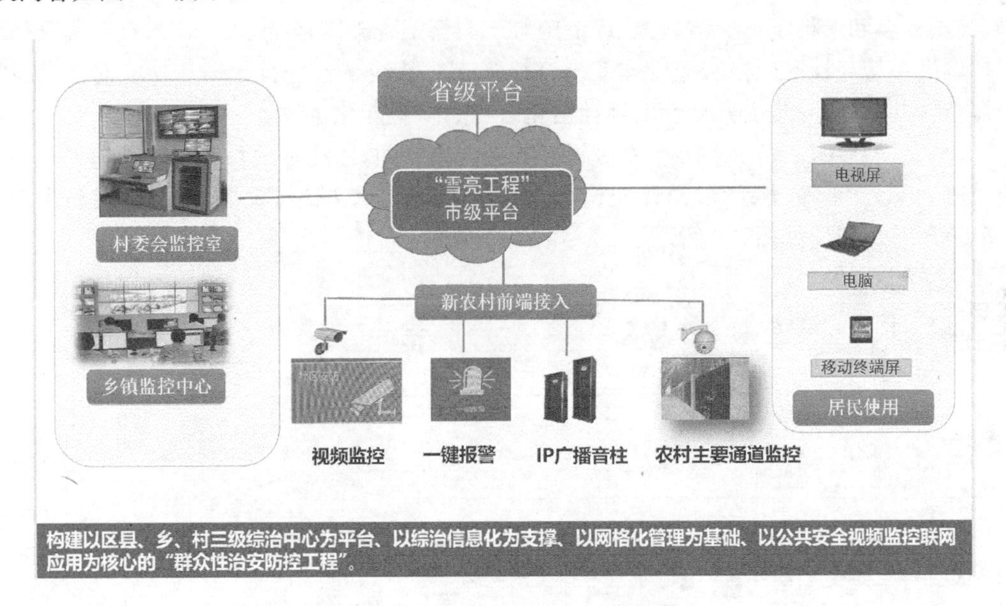

图5.5 “雪亮工程”建设示意图

“雪亮工程”被认为是守护人民安宁的“千里眼”。根据“十三五”规划，到2020年，我国基本实现“全域覆盖、全网共享、全时可用、全程可控”的公共安全视频监控建设联网应用。

1）全域覆盖

重点公共区域视频监控覆盖率达到100%，新建、改建高清摄像机比例达到100%；重点行业、领域的重要部位视频监控覆盖率达到100%，逐步增加高清摄像机的新建、改建数量。

2）全网共享

重点公共区域视频监控联网率达到100%；重点行业、领域涉及公共区域的视频图像资源联网率达到100%。

3）全时可用

重点公共区域视频监控摄像机完好率达到98%；重点行业、领域安装的涉及公共区域的视频监控摄像机完好率达到95%，实现视频图像信息全天候应用。

4）全程可控

公共安全视频监控系统联网应用的分层安全体系基本建成，实现重要视频图像信息不失控，敏感视频图像信息不泄露。

2021年后，虽然“雪亮工程”建设的“十三五”规划目标已经基本实现，但是“雪亮工程”建设的项目却仍然有增无减，涌现了大量的创新应用。

5.2.1 应用框架

1）总体架构

“雪亮工程”在打击违法犯罪、维护社会稳定方面展现出“高、精、准”的性能，构建起立体化治安监控网络，真正实现了治安防控“全覆盖、无死角”。“治安防控人人参与，平安成果人人共享”的目标正逐步实现。同时，“雪亮工程”在视频会议、信访维稳、道路交通安全、环境整治、违法建设等方面发挥着超强作用，“一大屏知全局”“一平台治全域”，有效推动社会治理工作质效双升，维护社会和谐稳定。探索建立“综治中心＋雪亮工程＋网格”模式，将“雪亮工程”联勤联动指挥调度系统与社区网格服务管理系统，12345市民热线平台进行数据和功能对接，强化数据资源整合共享，进一步提升社会治理社会化、信息化、智能化水平。

“雪亮工程”着眼于解决县域乡镇级视频监控全面联网，依托本项目实现警务信息化下沉，解决治安盲点。“雪亮工程”的总体架构分为4层，分别是基础层、支撑层、应用层和用户层。“雪亮工程”总体架构如图5.6所示。

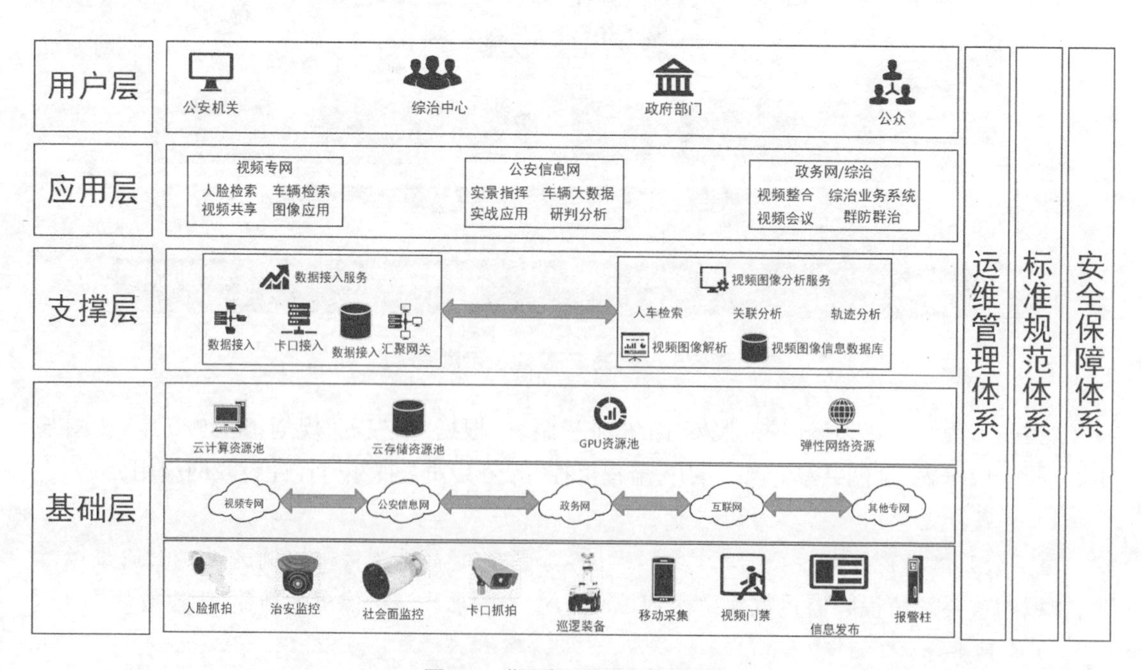

图5.6 “雪亮工程”总体架构

(1) 基础层

包括采集层、网络层和资源层。

① 采集层：以物联智能感知设备为主，负责现场视音频信号、报警信号、人脸、车辆、智能终端特征等信息的采集，为整个视频信息管理系统提供原始信号源。同时也依托移动互联设备，用以采集基础人员、房屋、车辆、时间等基层综治信息数据，为政府提供最基层的信息数据。

② 网络层：网络层主要指用于视频资源汇聚和传输的网络。主要涉及公安视频专网、公安信息网、政务网、互联网、其他专网等网络，构筑以视频专网为中心的架构，并可以汇聚和发布不同网络的视频、物联感知数据。用于承载视频信息数据、综治业务数据、基层信息数据的传输。

③ 资源层：主要包括云计算、云存储、GPU/CPU、弹性网络资源等资源池，为上层提供弹性资源池的支撑。

(2) 支撑层

支撑层主要是指数据资源接入服务和图像分析服务，包括视频接入、人脸卡口接入、车辆卡口接入、车辆数据接入、视频图像解析、人车检索、关联分析等。主要是汇聚各类图像资源与分析服务，为上层应用平台提供各类数据的支撑。此外，地理信息服务、视频质量诊断、数据库应用、身份认证管理等公共服务模块也视建设要求在此层配置，为视频应用提供基础支撑服务。

(3) 应用层

应用服务主要包括视频专网、公安信息网，以及政务网/综治的各类应用，有人脸检索、车辆检索、实景指挥、车辆大数据、视频整合、视频会议等应用。主要实现视频、图片等数据的结构化及应用，平台及设备运维等，各委办平台可按需进行设计。

(4) 用户层

主要包括公安机关、综治部门、政府部门，以及公众公司等。

(5) 安全保障体系

从物理安全、通信网络安全、系统安全、访问安全、数据安全等方面提供安全保障。

(6) 运维管理体系

通过综合监控管理平台对内外场设备、应用软件等资源进行监控与管理，实现故障定位，为故障快速解决提供支撑。

“雪亮工程”的重点在于视频联网应用共享平台的建设，“雪亮工程”的创新点在于基层感知端的数据智慧采集和活化。在视频数据跨网跨级调度上，遵循 GB/T 28181—2016 标准以及相关行业标准中对信令格式、媒体编码和调度流程上的要求。

“雪亮工程”依托公共安全视频联网平台，借力视频云、视频智能解析、大数据、深度学习、物联网等技术构筑对海量视频的接入、转码、转发、存储、结构化分析等基础设施服务，主动运用视频追踪、视频分析、图像识别、比对报警等新技术，积极开展视频指挥、视频侦察、视频巡逻、视频研判、视频监督管理等实战应用，切实支撑公安机关打防管控主业。城市安全治理等相关部门，也要主动利用视频监控系统开展行政执法和社会管理，进一步提升城乡社会治理和社会服务水平，逐步开展视频图像信息在城市管理、民生服务领域的社会化应用，为社会和群众提供更多更好的服务，最大限度发挥服务社会综合治理、维护社会公共安全的综合效益。

“雪亮工程”的具体实施要根据当地专网建设情况，依托政务外网建设地市级、区县级两级公共安全视频图像信息交换共享平台，开展完善平台、共联互通、智能解析、补充前端等相关建设，主要用于整合市级视频图像资源包括公安、交通、政府各委办局、社会面视频图像资源、农村视频资源，“雪亮工程”各级部门联网架构如图5.7所示。公共安全视频监控共享平台不仅与公安分平台对接实现视频图像资源共享，也向综治分平台提供视频图像资源，以及与政府其他委办局甚至公众共享视频图像资源。

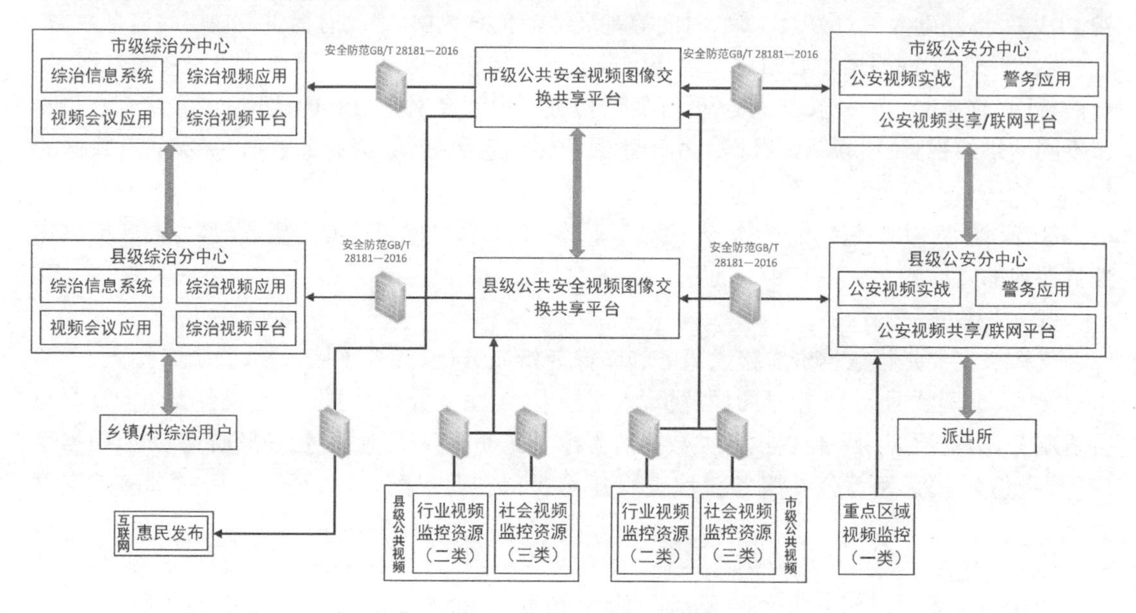

图5.7 “雪亮工程”各级部门联网架构图

2）平台联网架构

（1）一个平台

建设公共安全视频图像信息交换共享平台，整合公安视频资源、政府部门视频资源、行业视频资源、社会面视频资源等，形成全域覆盖的城市级政府视频联网共享平台。

（2）两个中心

两个中心分别为综治分中心和公安分中心。

依托公共安全视频交换共享平台，在综治分中心搭建视频分平台，平台直接调取公共安全视频交换共享平台的实时视频和历史录像资源，基于分平台进行开发可服务综治监控地图应用，实现一键报警、群防群治、视频联动、网格化联动等综治应用。通过视频分平台进一步和综治网内的网格化平台、视联网平台、大联动业务系统的融合对接，推动实现社会治安综治的统一视频联动和全程可视化。综治视频分中心可依托于各级的综治中心进行统筹建设。公安分中心依托公共安全视频图像信息交换共享平台搭建视频分平台，平台可以在已有公安视频平台上进行扩展。该平台构筑的视频图像核心应用包括：公安图像综合应用平台以及相关的车辆大数据应用、人像等大数据应用、公安指挥调度应用、图侦实战应用等。

3）平台级联架构

（1）全国级联架构

国家级公共安全视频建立级联架构如图5.8所示，公共安全视频级联架构的设计依托GB/T 28181—2016实现平台间的互联互通，双方平台之间通过信令网关进行信令对接，在信令的控制下媒体通过媒体服务器互联。该体系构架可以支持上下级级联、平级级联。

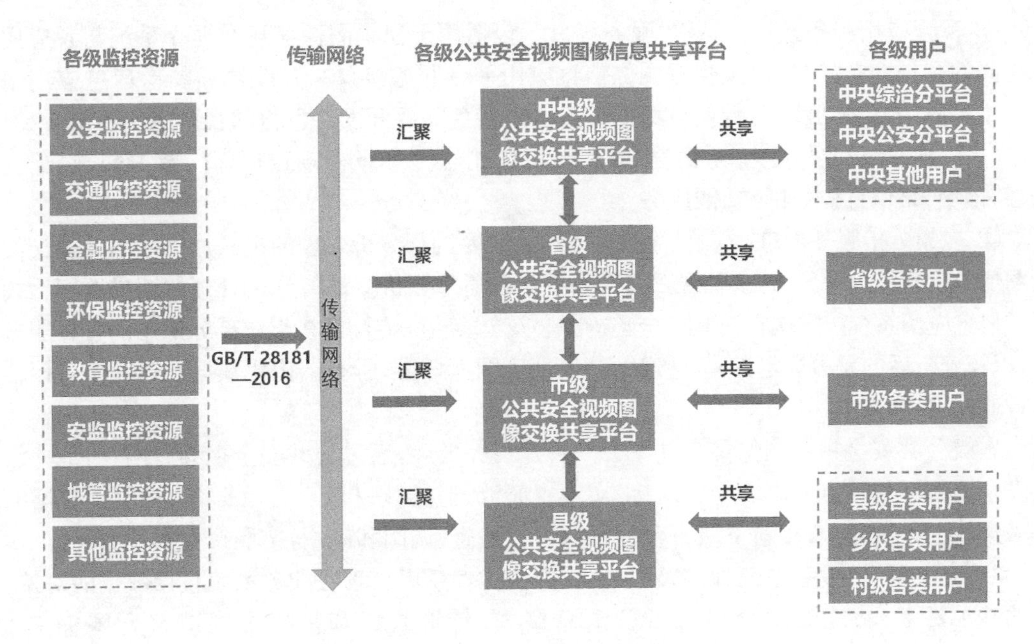

图 5.8 “雪亮工程”全国级联联网架构

(2) 视图库级联

视频图像信息库(结构化数据)是“雪亮工程”架构中用于存储前端视频采集设备自动采集,或人工采集、标注的视频片段、图片及相应的案件管理的数据库。视图库应符合 GA/T 1400.3—2017 中的规定。

视频图像信息库以视频、图像、过车、过人、案事件对象为核心,在前端设备上展开布控,跟踪布控设备上报的和由工作人员收集导入的相关可疑事件及对应的视频、图片、文件,从而完成整个案事件及相关附属的信息在跨区域、跨部门工作人员之间的共享服务。

视频图像信息库对每个管理对象(资源)根据需要提供新增、查询读取、更新、删除 4 种操作接口供相关设备、系统访问,从而完成数据库的功能。

“雪亮工程”系统之间的基本服务接口遵从《公安视频图像信息应用系统 第 4 部分: 接口协议要求》(GA/T 1400.4—2017)的相关规定,如图 5.9 所示,主要由以下几个部分组成:

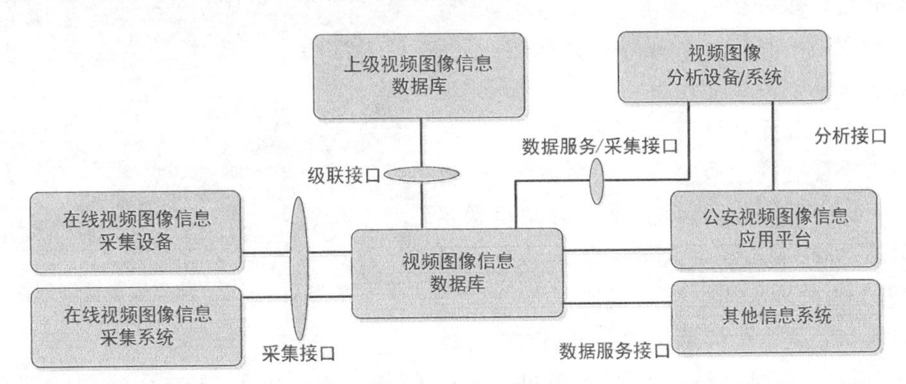

图 5.9 “雪亮工程”系统基本服务接口

① 视频数据采集接口: 简称“采集接口”,用于将前端采集系统或设备采集的信息存入视频图像信息数据库,包括标准 GB/T 28181—2016 视频、社会监控视频、离线视频、信号采集视频等。

② 视频应用服务接口：简称“服务接口”，包括用于视频图像信息数据库系统与各应用系统之间的数据服务接口，以及视频图像信息应用平台服务接口。开放视频图像信息应用平台的各主要应用服务功能，各行业可根据自身业务特色需要开发特色化的视频应用系统。

③ 视频库级联服务接口：简称“级联接口”，用于上下级视频数据库的数据同步、配合查询、跨地域事件订阅通知等功能服务。

④ 视频分析服务接口：简称“分析接口”，将需要进行分析处理的视频片段或图片提交给视频图像分析系统进行分析处理，视频图像分析系统通过分析接口将分析处理的结果返回给视频图像信息应用系统。本次在公共安全解析中心及公安视频专网解析系统部分采用的分析服务接口，以及分析后的元数据定义，都会遵循公安部视图库标准，所有结构化数据在语义上可以供各个行业应用理解。

本级公共安全视频图像信息共享云平台建设完成后，通过公共安全视频专网，与上一级公共安全视频图像信息共享云平台对接，实现视频流、监控“一机一档”数据、监测运行数据的级联采集，上级平台可直接对下级平台的资源进行检查、调阅和应用，按照授权实现流转。

“雪亮工程”的业务系统种类繁多，由视频图像信息库实现各业务系统直接数据的对接，接口的基本要求、功能要求、数据规范、消息格式、传输协议和扩展方式应符合国标 GB/T 28181—2016 和公安视频图像信息应用系统的相关规定。

4）前端物联网采集设备

在“雪亮工程”智慧终端数据采集设备方面，公安部第三研究所自主研发的物联网音视频采集及报警智慧终端“海盾卫士”是“雪亮工程”的优良应用载体，通过环境音视频采集、人车目标抓拍和智慧报警功能，在城乡接合部等场景实现了无人警务站自助报警功能，解决了“最后一公里”警力下沉部署问题，通过科技提升警务效能服务社会综合治理。设备现场部署如图 5.10 所示。

图 5.10 “雪亮工程”前端设备现场部署示意图

该设备配备枪机和云台球机，能够自动对周边异常态势进行跟踪拍摄，如图 5.11 所示，并提供和基层派出所的直线语音视频交互功能，基层警力能够多视角掌握现场情况，第一时间固化现场证据，并通过语音喊话有效威慑潜在犯罪倾向。当行人感受有安全威胁时，可用设备上的自助报警按钮第一时间连线求助，系统自动高光照亮周边区域，抓拍周边活动人员和车辆的特征图像，并由警员直线视频对话接受报警。

针对城市公共安全保障的进一步需求，海盾卫士完全可以依托现有路灯布点实现进一步功能拓展以满足城市综合治理的需要，如图 5.12所示，增加车辆射频识别功能、Wi-Fi 嗅探功能、重大灾害天气预警功能等，可以和智慧城市框架下的智慧路灯网络建设项目有机结合。

海盾卫士作为“雪亮工程”智慧终端能够实现数字警力自助值守和优化部署，并通过边缘

图 5.11 “雪亮工程”前端设备现场多视角态势感知

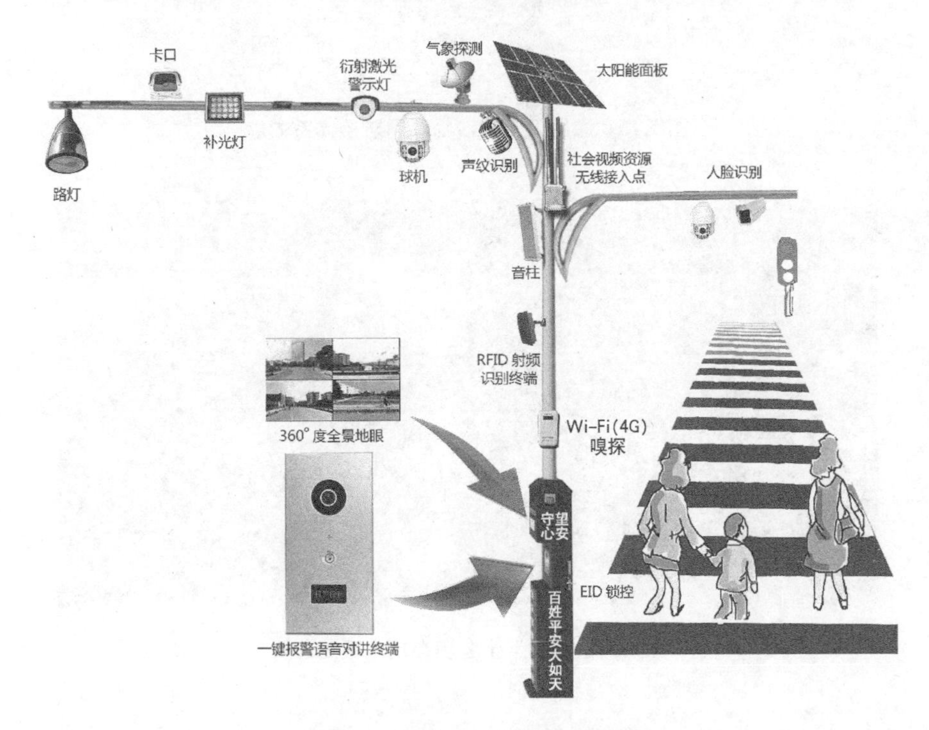

图 5.12 海盾卫士功能拓展示意图

计算实现现场态势智慧解析，通过视音频数据情报共享联网服务警情研判和预警推送。图5.13为海盾卫士设备服务“雪亮工程”提升社会综合治理能力的功能架构图。

公安部第三研究所研发的海盾卫士产品在2022年冬奥会公共安全保卫工作中发挥了重要作用，如图5.14所示。面对冬奥会场所人员密集、车辆出入频繁，以及海拔高、温度低等难题，在科技部与公安部装备财务局的支持下，由公安部第三研究所研制的多用途智能物联网终端综合软硬件系统平台海盾卫士在延庆、崇礼两地冬奥赛场得到部署应用。相关技术产品研发受到国家重点研发计划冬奥专项支持，有效实现视频结构化描述信息采集、互动式报警联动、视频图像智能化应用等功能，可面向治安防控、交通管理、应急管控等多业务领域开展工作，让冬奥安保任务向智能化可视可控迈出重要一步。

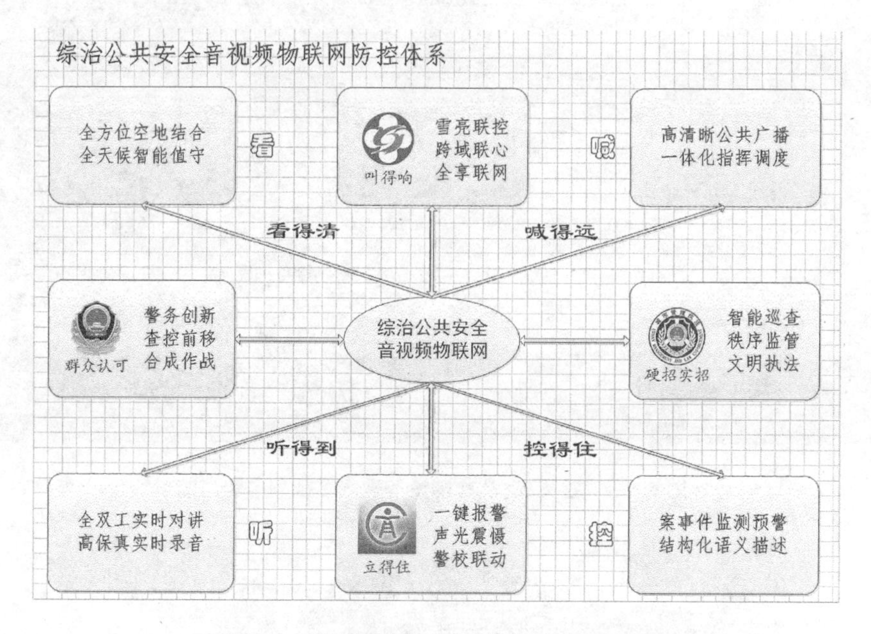

图 5.13　海盾卫士综治物联网防控体系效能

图 5.14　海盾卫士冬奥会现场施工部署

5.2.2　相关技术

1）多维数据采集新技术

“雪亮工程”前端摄像机在 24 h 录像的同时还具备对画面中出现的人、机动车、非机动车等目标进行时空分析和特征数据采集：能对画面中的机动车主动提取图片并识别车型、车身颜色、车牌颜色、车牌字符等信息，使每个摄像机都像微型治安卡口一样，承担无人警务站功能；能对画面中出现的非机动车提取图片并分析识别两轮车、三轮车等信息；能对画面中出现的人提取图片并分析衣服颜色等信息。这些对机动车、非机动车、人采集的信息可通过系统平台进行特征信息检索，确定目标和描绘目标活动轨迹。

2）深度学习技术

深度学习又称深度神经网络学习，是机器学习技术的一种，相比于普通的机器学习技术，深度神经网络能够捕捉到数据中的深层联系，从而能够得到更精准的模型。

大数据时代深度学习相较于传统人工智能有极大的优势，深度学习将成为主流图像识别方法，其广泛运用将给传统安防监控行业带来强烈冲击；但同时也为有前瞻性的技术研发企业带来新的机遇，通过技术改进和更新，在实际运用中取得更好的效果。

视频大数据平台需采用基于 GPU 的深度学习技术实现视频图像分析、车辆特征识别、人像识别，不仅可提升大数据平台的整体运算性能，同时在提取车辆、人像及特征图像时更为精确。借助于深度学习的特性，新的技术还可以对某个场景进行自学习，从而朝着真正的场景自动理解前进。在智能终端层面，则需要采用移动端轻量化深度学习技术，通过边缘计算实现现场数据初步解析。

3）云计算技术

“雪亮工程”的重点是解决乡镇、城乡接合部等信息化建设落后地区的视频监控盲点，实现监控资源全面联网接入三级联网平台，支撑社会治安领域的深度应用。“雪亮工程”中云计算技术方面涉及的技术应用不在于架构等层面的计算服务，更多侧重于前端数据资源解析等方面，包括以下几个方面：

（1）离线计算

分布式批处理计算框架，将输入的数据集切分成块后并行处理、排序再归集的整个过程，支持 PB 级数据的离线处理。

（2）内存计算

内存计算基于 Apache Spark 开发的专用分布式计算引擎，不仅提高了计算性能，而且解决了 Spark 自身诸多的稳定性问题，在海量小数据比对、关系分析等应用方面性能有明显提升。

（3）实时计算

实时流数据计算处理模块基于 Twitter Storm 技术，具备流数据计算处理能力和复杂的业务应用逻辑。通过在集群内将实时流数据组成运算处理流水线，依次完成信息提取、数据分析、规则判断等数据计算，实现高吞吐数据的实时并发处理。

（4）图计算

图计算模块基于“图论”基础实现对数据元素关系的抽象处理，通过对数据节点、边和权重等数据的分析处理，建立数据实体之间的关联性，支持 TB 级数据间数据关系查询、关系网络分析等应用。

4）大数据检索技术

“雪亮工程”采用的大数据技术是针对视频监控大数据的特点，结合公安视频监控业务实际需求，基于分布式计算、全文搜索引擎等技术，主要解决系统海量的人脸、人体和车辆等业务数据的结构化分析，提供相应数据的快速检索、分析统计应用，并通过大数据的深度关联分析，对事物的发展趋势做出研判、预测。

5）负载均衡技术

建立在现有业务网络结构之上，提供了一种廉价有效透明的方法扩展网络设备和服务器的带宽、增加吞吐量、加强网络数据处理能力、提高网络的灵活性和可用性。

负载均衡有两方面的含义：第一，大量的并发访问或数据流量分担到多台节点设备上分别处理，减少用户等待响应的时间；第二，单个重负载的运算分担到多台节点设备上做并行处理，每个节点设备处理结束后，将结果汇总返回给用户，系统处理能力得到大幅度提高。

5.2.3 业务应用系统

1）大数据综合深度分析系统

（1）应用场景

基于多维度查询模型，利用大数据海量数据处理技术，实现数据标签快速搜索。应用场景共性服务需求包括服务总线、消息引擎、监管管理、资源调度等。

（2）采集终端功能

① 用户管理及终端管理：包括用户登录管理、用户信息管理及终端的注册管理、终端的分布查看、终端的状态查看。

② 移动地图：支持互联网移动地图和 PGIS 移动地图；支持地图数据在线/离线访问模式；支持 GPS 定位和测距。

③ 数据采集、管理及统计：采集人像、视频、证件等基本信息及位置信息等。支持数据校验、数据访问权限等常见管理及统计功能。

④ 接口对接：在互联网地图开放平台使用方面，推荐使用百度或高德地图开放平台实现高精度定位功能。包含 GPS 和网络定位（Wi-Fi 和基站定位）两种能力。定位 SDK 将 GPS、网络定位能力进行了封装，SDK 默认选择使用高精度定位模式。

使用大数据平台提供的各类信息资源，将采集完的信息进行数据治理共享给大数据平台业务应用系统。

（3）数据治理

主要实现对人、事、物、组织基础元数据及业务数据进行管理，处理归并为上层算法所需的数据格式。整体的数据集成处理方案如图 5.15 所示。

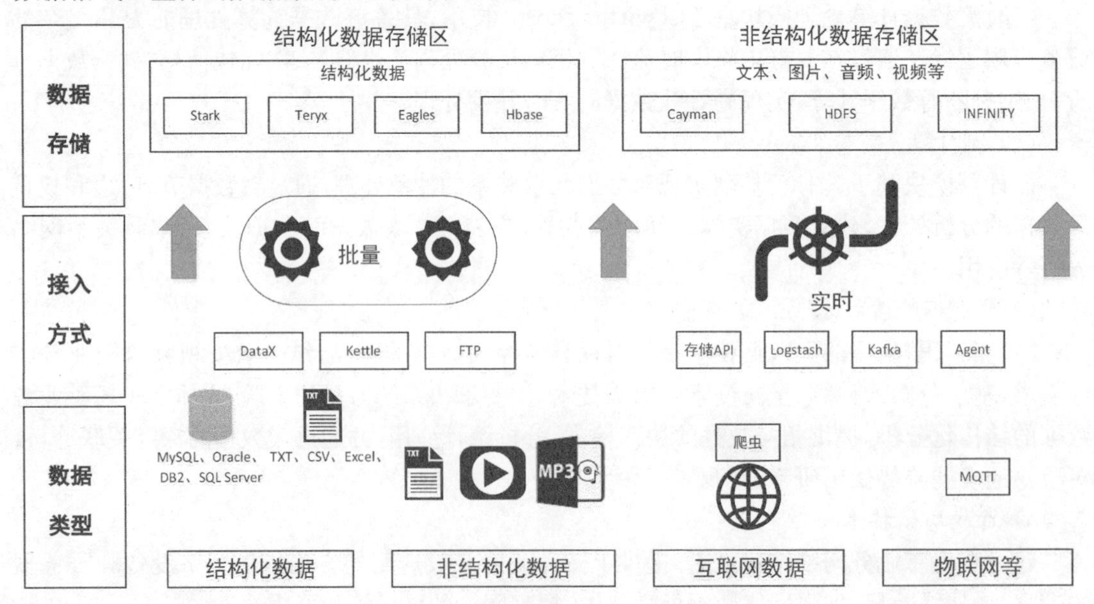

图 5.15 “雪亮工程”数据治理框架

数据治理模块的主要功能及其描述见表5.1。

表5.1　数据治理模块主要功能及其描述

主要功能	功能描述
数据汇聚融合	基于现有数据资源，结合模型设计需求，对接数据
数据专题库	基于现有数据汇聚融合，以业务应用为主线进行大数据治理
模型算法集合	运用空间、时序，以及信息联查方法，根据已有资料中目标的关注人员案发前的活动目标、案发后的活动轨迹，以还原行为轨迹，从而分析出其下一步将会出现的时间和活动区域
关系合成模型	整合人、车、案件等相关数据资源，提取人-人、人-车、人-手机和人-案件的关联关系，构建综合关系合成模型，为大数据应用提供模型支撑。基于关系合成模型，利用大数据可视化技术综合展现关系网络图谱，可实现多层关系挖掘，提供关系图谱服务
轨迹合成模型	运用空间、时序，以及信息联查方法，根据已有资料中目标的活动分析犯罪嫌疑人案发前的活动目标、案发后的活动轨迹，以还原行为轨迹，从而分析出其下一步将会出现的时间和活动区域

2) 社会视频资源接入系统

(1) 基础功能

具备视频基础调用能力，可以调看目标区域实时视频，了解现场情况，支持分辨率切换；可对中心录像、本地文件执行回放；按时间、告警事件、地点等条件查询已录制视频。除利用计算机终端调用视频图像外，还可通过移动终端设备调看关注区域的视频图像等。

(2) 视频资源接入功能

各社会单位的视频资源分布在多个不同的网络环境中，按照社会行业单位视频监控系统建设模式的不同划分为两种不同的接入方式。

① 平台接入：对于社会单位自建的视频监控管理平台，应实现自建监控平台与本次建设的社会单位视频接入平台之间的国标化对接。通过增加符合国标要求（GB/T 28181—2016）的联网网关的方式，实现对非标平台的国标化改造，对非标平台的信令协议、设备ID、媒体传输协议、数据封装格式、媒体码流进行标准化转换，保证社会单位视频接入平台接收到的始终是标准的信令流和标准的媒体流。

平台联网网关功能基于GB/T 28181—2016联网标准进行开发，通过联网网关可实现平台间的信令控制、信令交互、信令路由、视频流推送及分发功能，单台联网网关应可同时对接多个异构平台，支持同时提供下联平台与上联平台的能力，具备联网配置管理、联网策略分发、联网资源调度等功能。具备联网监控点资源状态管理、联网资源配置等功能。

② 设备接入：对于未建设视频监控管理平台的社会单位视频监控系统，可采用设备直接接入方式，通过设备接入服务器实现对该单位的DVR硬盘录像机、IPC网络摄像机等各类前端视频编码设备的兼容接入，并将这些视频资源统一转发和上传至社会视频资源接入系统，实现此类视频资源的统一接入和管理。

设备接入服务器应满足不同厂商设备、不同接入协议设备的整合需要，同时可满足后期国标设备通过SIP协议主动注册的接入方案，对国标设备采用标准解码库实现解码显示，对已建非标设备采用通过加载厂家解码插件方式进行解码显示。

(3) 互联网公有云接入

对于互联网公有云平台，应实现互联网公有云平台与社会单位视频接入平台之间的国标化对接。

3) 人脸智能分析系统

人脸智能分析系统可根据业务需求，在不增加平台费用的前提下，同时提供多个厂家的人脸智能分析功能。详细功能需求如下：

(1) 共性服务

① 多源算法支撑服务：系统须支持国内主流的多种不同引擎的人脸识别算法集成，实现静态并行比对和动态检索功能。本系统的多源算法管理应提供国内主流算法接入和调用能力，可充分发挥双网双应用体系架构，积极响应人像智能化应用发展趋势，兼容上级单位的人像智能应用算法的选择和应用策略。通过多引擎集成应用，兼容不同的主流人像识别算法厂商接口，系统的各类应用功能与算法引擎实现平台级解耦，真正地服务于实战应用。在当前人像动态识别技术不断发展的过程中，具备多源算法的人像静态和动态比对功能，通过选择不同的算法进行人像检索，将极大地提升目标对象身份确认和轨迹追踪效率，也为充分发挥不同算法的特点提供了一种普适的技术手段。

② 智能追踪：人像智能追踪是视频图像智能化应用针对人像应用方面的主要目标，包括动态人脸识别、步态识别、行人重识别等各种技术的综合应用。

作为系统的核心功能模块，人像智能追踪遵循积极引入新技术和新手段的工作思路，充分挖掘视频信息，发挥动态人脸识别、人员结构化分析、步态识别算法及行人重识别等先进技术的优势和特点，建立活动规律、时空特征、同行关系、多轨迹重合、多时空碰撞等分析方法，构建人像智能追踪应用。

步态识别是利用人体行走姿态、步态等动态特征具有独特性和相对稳定性的特点，以嫌疑人物目标的连续运动影像为基础，在统一的三维样本空间环境下，解析嫌疑人目标的空间位置、身高体态、运动模式等特征。步态识别从另外一个技术路线角度部分解决在海量视频信息中对运动目标人物进行快速搜索识别的难题。相对于传统的视频分析技术，除大幅提高搜寻速度外，还实质性地提高了对目标人物的识别准确率。系统需要支持步态识别集成接口及综合应用扩展。

行人重识别是利用计算机视觉技术判断图像或者视频序列中是否存在特定行人的技术。由于相机分辨率和拍摄角度的缘故，通常无法得到质量非常高的人脸图片，在人脸识别失效的情况下，行人重识别就成为一个非常重要的替代技术。这种算法有一个非常重要的特性就是跨摄像头，主要观测检索出不同摄像头下的相同行人图片。基于行人重识别，可以让智能追踪不再受限于人脸或人员结构化中的诸多困难。系统需要支持行人重识别算法集成接口，以及综合应用扩展。

③ 移动指挥：移动指挥是指在地图上集成视频监控、卡口、电警、无线车载、移动单兵、警务通、350 MHz 数字集群、视频会议等各项资源，可一键调度事发地点周围所有资源，统一移动警务终端 App 可将现场真实情况、采集的人像照片等作战资源第一时间反馈至指挥中心，同时通过 App 可调阅现场视频监控，并将人像比对报警信息等实时指挥信息下发到现场以实现快速响应。

(2) 视频专网人像比对功能

视频专网的主要功能及其描述见表 5.2。

表 5.2 “雪亮工程”视频专网主要功能及其描述

视频专网主要功能	功能描述
多源静态比对	通过多引擎人脸识别算法，将人像照片在不同的算法下进行并行比对，同时输出多种算法的融合比对结果
多源动态比对	通过多引擎人脸识别算法，将人像照片在不同的算法下进行动态比对，通过动态比对结果产生人像活动轨迹
关注人员分析及时空推演	被关注的目标对象，系统将会对其进行行踪分析，并进行人像图片聚类分析，生成活动轨迹展示；时空推演根据目标对象在涉案视频中的行进方向和速度等信息，在GIS地图上计算出目标对象可能出现的摄像机范围或者点位，通过摄像头的视频结构化分析和自动检索，实现人体、人脸分析或者步态分析等多特征比对，在GIS地图上画出人员经过摄像头的轨迹连线
一人一档	通过不断聚类人脸数据，将人脸结构化数据、人体结构化数据、轨迹信息、目标对象相关的多维数据进行关联，实现每一个目标对象都具备丰富的人像、视频、电子数据的归档数据，将对人像库的检索提升为对数据库的人像档案数据读取
动态级联布控	支持对重点人员、特殊人员的人脸图片、结构化的人脸特殊数据等进行勾选布控，并可与前端实时视频和图片进行人脸比对报警。支持动态视频实时建库应用。通过级联布控，可以将上级平台的指挥布控数据通过信令加密数据的方式直接下发到下级应用系统，为跨区域人像智能追踪打下基础
移动终端应用	通过移动警务视频安全接入平台软件，建立从公安信息网到移动警务终端为代表的前端智能移动设备的加密通信链路，支持通过移动App任意调阅标注视频共享平台上的实时视频图像，支持通过App采集现场人像信息，并上传到系统中触发比对。系统比对产生的人像比对预警，可以通过无线加密通信系统推送到移动警务终端
信息安全水印	针对用户操作的信息界面（含图片、视频等载体）加载用户个人信息（身份证等）的安全水印，可提取水印来鉴别内容的真伪、篡改位置、攻击类型、追溯信息等，以确保敏感信息不泄露
后台管理	提供用户管理服务和统一的权限管理服务。提供资源服务管理，支持对系统所有前端人脸卡口设备进行注册登记、合法性认证与管理；支持人像资源库的配置与管理，支持集群管理、状态监控、服务管理等系统管理功能；支持CPU使用率、物理内存使用率、虚拟机内存使用率和硬盘使用率多方式显示

（3）人脸前端采集要求

人脸抓拍识别系统所识别采集的图片，其所需要进行的各类文字标注及要呈现的原始抓拍信息包括：镜头名字、OSD画面文字叠加、20位国标编码、经纬度、时钟及镜头IP地址。

图像数据格式为JPEG，图像传输协议须符合公安部视图库相关标准。

提供抓拍背景大图和人脸子图，子图宽和长不得大于画面中人脸外接区的3倍。

提供的图片分辨率8 K及以下，图像数据大小小于8 MB。

要求支持人员经过时，能够选择抓拍策略，间隔抓拍多张，保障抓拍的人脸姿态和角度为较优，提供多张抓拍时能够区分所属同一人。

摄像机高度和俯视角度的设定要避免人员一前一后经过通道时，人脸重叠产生遮挡，同时要照顾不同身高人员经过时能正常抓拍。摄像机设在通道正前方，正面抓拍人脸，左右偏转$<45°$，推荐25°，上下偏转$<25°$，推荐15°。两个瞳孔的间距不低于60个像素。

采集设备人脸抓拍区域如同时出现多个人脸，至少可同时检测抓拍20个人脸(200万像素时)。在满足采集设备最大抓拍数的前提下，较为理想抓拍场景为目标人周围光照充足，目标人正向、有序通过采集设备的抓拍区域，人脸抓拍率不低于97%。

4) 车辆智能分析系统

车辆智能分析系统主要功能见表5.3。

表5.3 "雪亮工程"车辆智能分析系统功能及其描述

主要功能	功能子项	功能描述
车辆智能检索：搜索汽车图片和车辆描述性信息，结果以车辆描述性文本和缩略图的形式显示	按车牌搜车	对输入的车牌号(支持模糊搜索)进行检索，查找指定时间段内、指定卡口此车牌号的过车数据，并以缩略图的形式展示在页面
	按车型搜车	根据输入的车的品牌、型号、年款、颜色等信息对车辆进行检索，查找指定时间段内、指定卡口满足此条件的车辆，可加车牌号进行过滤，检索结果以缩略图的形式展示在页面
	按类别搜车	根据输入的车的类别等信息对车辆进行检索，查找指定时间段内、指定卡口满足此条件的车辆，可加颜色、车牌号(支持模糊搜索)等条件进行过滤，检索结果以缩略图的形式展示在页面
	按特征搜车	通过图像局部特征提取技术，可对样本图片中的车辆显著特征如年检标志、纸巾盒、遮阳板、摆件、挂件、损坏部件等进行分析提取，同时通过分布式运算技术，对车辆通行数据库中所有选定条件下的车辆进行筛选检索，并按照相似度进行排序，有效扩大数据查询的范围，提高数据查询的精度，实现非固定特征搜索功能
	非标车智能检索	按三轮车、摩托车、电瓶车、自行车、车尾、其他分类快速筛选，以缩略图形式显示出来
大数据研判：大数据技战法模块综合运用发展成熟的大数据技术，实现大量实用的图侦技战法	伴随车分析	针对团伙作案及尾随作案，通过嫌疑车辆或受害车辆的车牌号及时间范围，自动筛选跟随指定车辆频率高的车辆，并在GIS地图中自动绘制跟车车辆和被跟车车辆行驶轨迹，实现一车锁定全体，掌握所有关联车辆的目的
	区域碰撞分析	分析指定时间段出现在不同区域的车辆。以指定的多个区域范围内的所有卡口为基点，在指定的时间范围内，通过遍历搜索的方式，碰撞搜索并精确定位具有相同车牌号码的机动车，快速发现不同区域涉案嫌疑车辆之间的关联性
	相似车牌串并	分析在某一时间段内是否有车辆涉及涂改车牌的行为，从大数据量的过车记录中快速挖掘出相似车牌的车辆
	时空碰撞分析	用于协助公安干警分析同时满足指定的多个时间段，分别出现在不同区域的车辆，通过对空碰撞分析可帮助公安干警破获流窜作案的案件

（续表）

主要功能	功能子项	功能描述
布控查缉	车辆全息档案	从具体某辆车的维度，根据“车/人/关系人”的模型，构建数据关系网进行深度智能分析，提供该车的全息档案；展示该车基本信息及套牌信息、伴随车信息、初次入城信息、频繁过车信息等大数据研判内容；关联重点车辆信息和对应的人员详细研判信息，为车辆的分级管理提供数据支撑
	涉案车辆雷达	系统根据大数据研判内容，建立多个积分模型，在案发的时空范围内，根据积分模型进行计算，再根据得分，得到按嫌疑程度排序的车辆列表。民警根据车辆列表展开排查，可大大缩短侦查时间，提高侦查效率
支撑服务	特征分析引擎	通过大数据和先进车辆图像分析算法，系统对海量卡口图片进行实时二次识别，有效提取车标、车系、年款等信息，对接公安车辆登记数据，对套牌车、假牌车进行有效预警，可大大改善现有前端卡口由于品牌不一造成的智能分析能力弱的局限性
	虚拟卡口	“虚拟卡口”主要通过车辆提取算法，可以全年 24 h 提取本区和外来所有活动车辆的特征信息，弥补卡口密度不足的缺陷，满足日常车辆卡口数据检索需求；同时可以将车辆的颜色、车型、品牌、方向等多种类特征数据结构化分类存储
	遮光板状态检测	以人脸定位及遮挡检测为基础，通过图片对所有出现放下遮阳板遮挡面部的现象进行检测分类，进行实时推送报警
	渣土车检测	识别渣土车，可设定时段进行实时推送报警
信息安全水印		针对用户操作的信息界面（含图片、视频等载体）加载用户个人信息（身份证等）的安全水印。可提取水印来鉴别内容的真伪、篡改位置、攻击类型、追溯信息等，确保敏感信息不被泄露

5）重点业务功能

支持实现视频实景地图、监控资源实景化上图、高低联动和立体监控、车牌识别应用、人脸识别应用、视频警力调度、网格化管理、报警处置与管理、预案设置与管理、一机三屏、回溯查案、系统融合、资源汇聚、单一界面操作。“雪亮工程”重点业务功能介绍见表 5.4。

表 5.4 “雪亮工程”重点业务功能

重点业务功能	功能介绍
视频实景地图	以高点监控为核心，以高点大场景视频画面为载体，通过后台视频地图引擎和标签添加及交互功能，形成视频实景地图。画面中的相关实体、POI 兴趣点等通过 AR 增强现实技术展示在视频实景地图上，各类标签信息支持分层分类展示，可被搜索、定位；各类信息支持融合在视频实景地图上，整体形成“一张图”

（续表）

重点业务功能	功能介绍
监控资源实景化上图	低点的各类防控资源，包括治安监控、车辆卡口、人像卡口等，支持在视频实景地图上展示。通过获取低点防控资源的位置信息，支持手动方式在视频上生成标签信息，标签信息与摄像机 IP 及相关参数关联，点击标签可获取该摄像机的实时视频或图片，支持摄像机云台控制。各类资源支持点击获取，支持搜索查询，可以更高效地调用和获取
高低联动 & 立体监控	以高点监控为核心，高视野大场景视频画面实现重点区域的全方位巡视。在由高点视频为载体的视频实景地图上，可以通过标签信息直观地查看低点摄像机等防控资源的分布。高点掌握全局，通过标签联动低点视频技术，调用低点摄像机以画中画的形式进行细节的查看。发生异常时，既可关注整体又可兼顾局部，高低联动，打造立体化监控模式
车牌识别应用	以高点监控为核心，实现重点区域大场景多粒度的全方位巡视。在视频实景地图上，可以通过标签信息直观地查看低点车牌识别抓拍机的分布。抓拍车牌图片能够在视频实景地图中以画中画的形式展现，可进行重点车辆的布控设置实时报警
人脸识别应用	以高点监控为核心，实现重点区域的全方位巡视。同时，在视频实景地图上，可以通过标签信息直观地查看低点人像识别抓拍机的分布。抓拍人脸图片能够在视频实景地图中以画中画的形式展现，可进入人像识别系统进行重点人员的布控设置实时报警
视频警力调度	对重点区域警力部署预案进行展示，在系统界面上能够直观地查询到警力布防状态、带队领导、联系方式、警力数量等信息
超融合实景指挥	一机三屏，主屏显示超融合实景指挥系统主界面，联动屏显示重点部位视频，地图屏显示二维电子地图，宏观上掌握高点资源及低点防控资源的整体分布。一机三屏对接车辆卡口系统、人像识别系统、视频监控系统、PGIS 系统等实现立体化的指挥调度。子功能包括标签添加、高点摄像机轮巡、AR 鹰眼点画联动指哪儿打哪儿、区域入侵报警、行为分析报警、人流密度报警等

5.3 社区风险防范

社区是社会治理的基层单位，也是社会网格化管理的最小单元。城市公共安全管理在社区安全方面的落地实施，就体现为对社区范围内“人、事、地、物、组织”的全面合规的信息采集、精准管理和高效服务。社区安全保障的立足点主要以风险源甄别、风险防范为主，包括社区内水、电、气、供暖、电梯、充电站等基础设施的统一安全管理，社区消防风险防范，社区重点人员监管，社区重点帮扶人员及时救助，外来流动人员的授权准入管理，以及社区人群聚集和异常行为分析等。总体来说，社区安全管理基于社区综合数据全面采集，通过大数据解析技术对社区安全态势进行“一张图”式的全景风险预测预警。在社区风险防范预测方面，编写组承担了国家重点研发计划“社区风险监测与防范关键技术研究”中的课题四“面向社区风险防范的网格化功能拓展技术与装备”，为城市公共安全保障技术在社区的应用进行了大量的技术集成创新探索，并在理论模型构建、装备开发、应用示范等方面都取得了不少显著进展和成果，项目高分通过科技部组织的专家评审。社区风险监测与防范关键技术研究项目主要的研究内容如图5.16所示，由 6 个相互支撑耦合的研究课题组成。

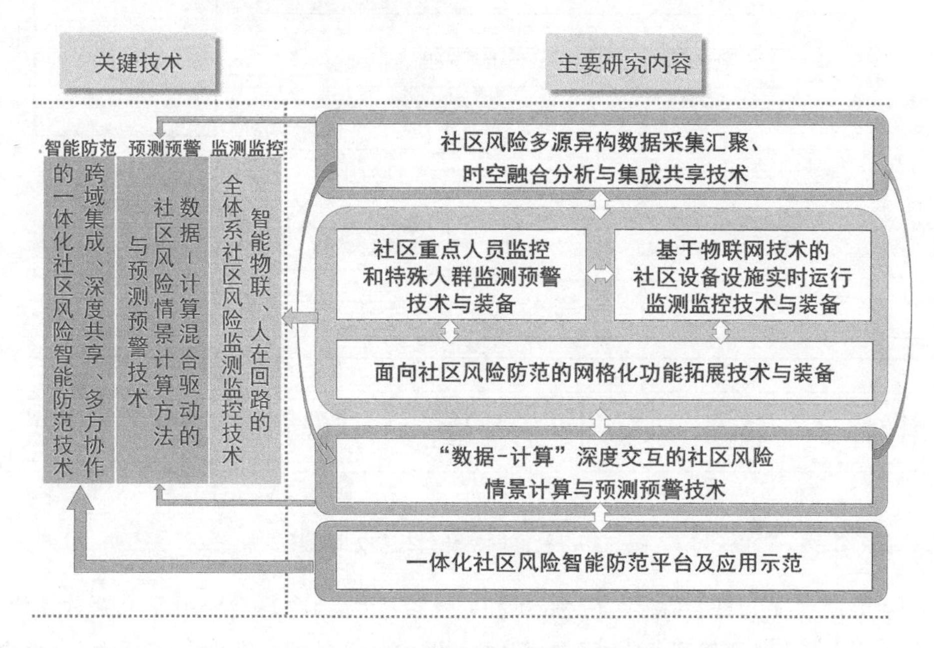

图 5.16　社区风险防范项目研究内容

本编写组主持的课题四为“面向社区风险防范的网格化功能拓展技术与装备”，课题任务如图 5.17 所示。

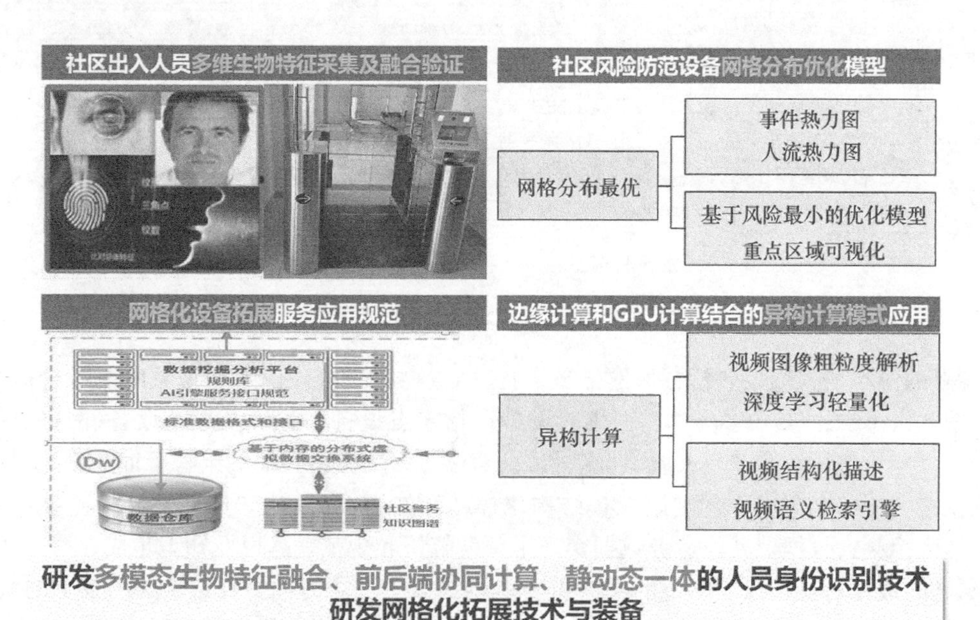

图 5.17　社区网格化管理拓展技术研究分解

经过近三年的深入研究，通过大量的社区走访、需求调研和应用示范实施，本课题的技术路线在 7 个万人级的应用示范社区得到了全面综合的实现，取得了明显的应用效果，有效解决了社区风险防范中的一些关键共性问题。课题的技术路线图如图 5.18 所示。

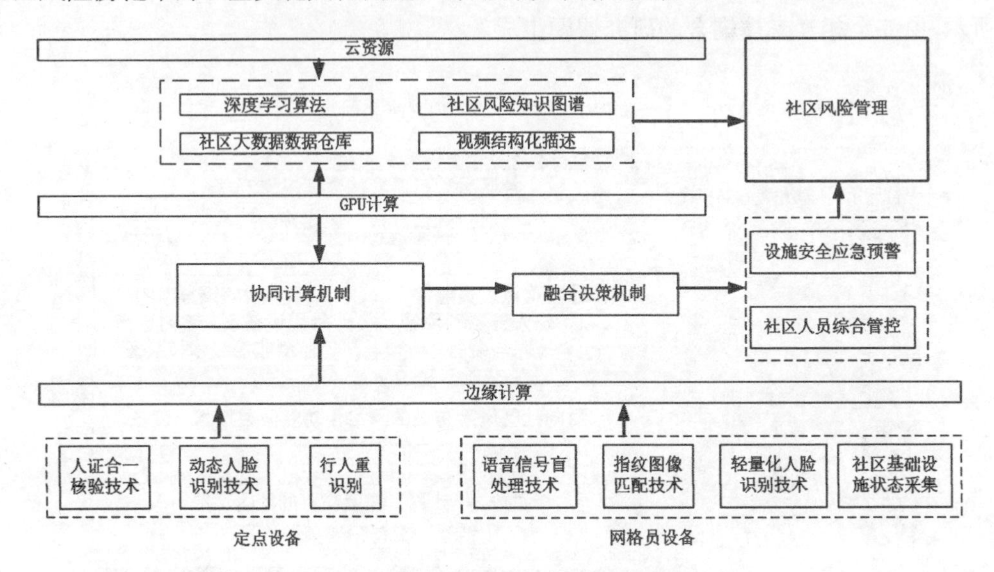

图 5.18　社区网格化管理技术路线图

如图 5.19 所示，通过视频结构化描述技术和大数据分析技术的融合应用，在边缘计算和 GPU 计算的支撑下，我们实现了社区数据从设备层到平台层的全解析，体现了数据采集到情报生成的能力。

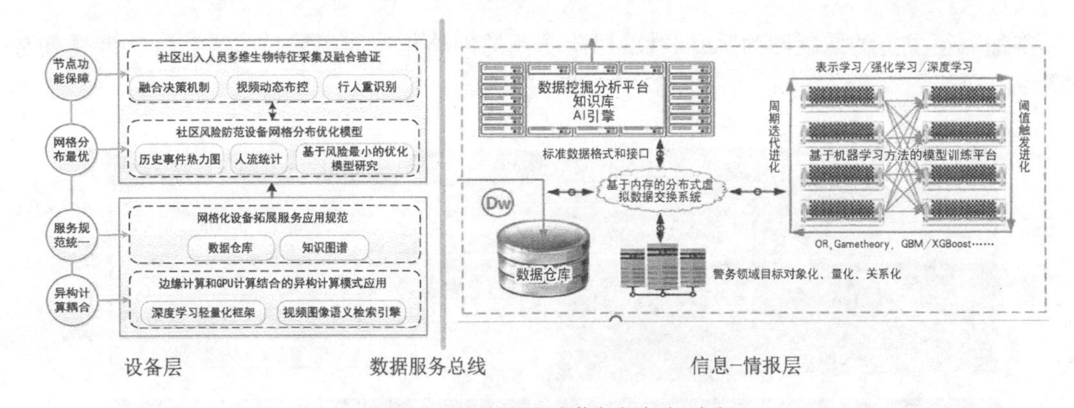

图 5.19　社区风险防范数据解析流程

课题的主要研究成果包括社区网格员设备、多生物特征核验设备和视频解析综合应用平台，如图 5.20 所示。其中多生物特征核验设备包括定点设备（闸机）及浮动设备（网格员手持设备）。多生物特征核验涉及人脸、虹膜、指纹、声纹等多种生物特征的组合验证及融合决策技术，而视频解析综合应用平台则以视频结构化描述和知识图谱、认知推理引擎为主要技术支撑，对社区视频大数据及其他业务数据实现了智慧解析和规范表达以及知识生成。

课题的成果对社区风险防范的支撑主要体现在以下三个方面：研究社区场景下的人像、指纹、声音等多生物特征的关联采集核验技术，实现社区开放自由场景下非配合式出入人员的身份核验；搭建人员特征结构化描述和典型场景图像检索引擎，实现人员轨迹可视化和分区域授权准入管控，构建满足社区要求的非结构化数据治理模式；结合海量社区基础数据资源、智能加速引擎、GPU计算单元、视频结构化等核心技术，研发定点前端智能化和移动终端可视化协同的网格员功能拓展技术和装备，实现满足社区需求的网格管理、协同计算，制定了社区网格员装备功能拓展规范。课题从社区出入人员多维生物特征采集及融合验证、社区风险防范设备网格分布优化模型、网格化设备拓展应用服务规范、边缘计算和GPU计算结合的异构计算模式应用四个方面支撑社区人员身份识别及态势网格管理，以算法研究、模型应用、服务拓展及融合计算为主线整体解决社区风险防范中的关键技术难题。

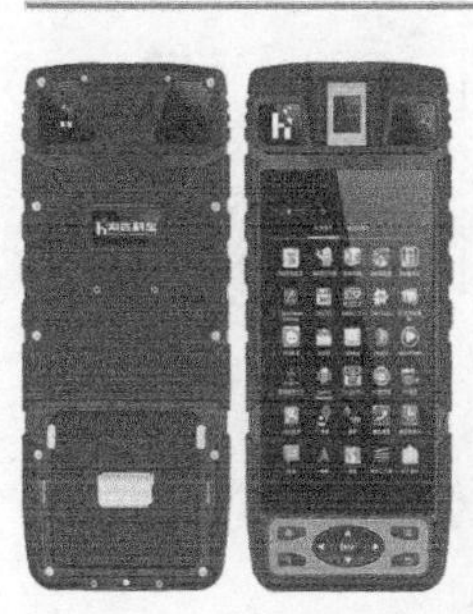

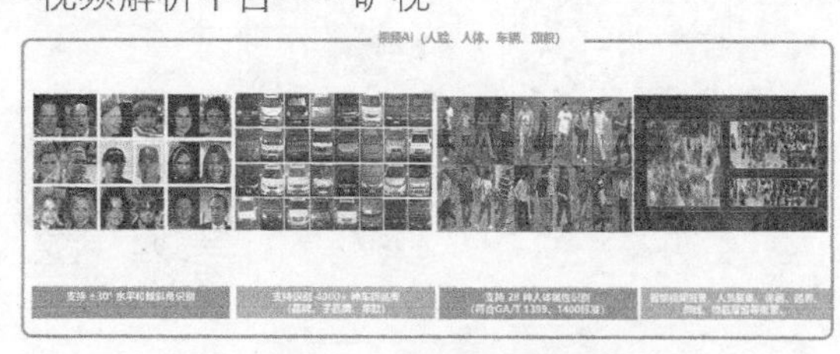

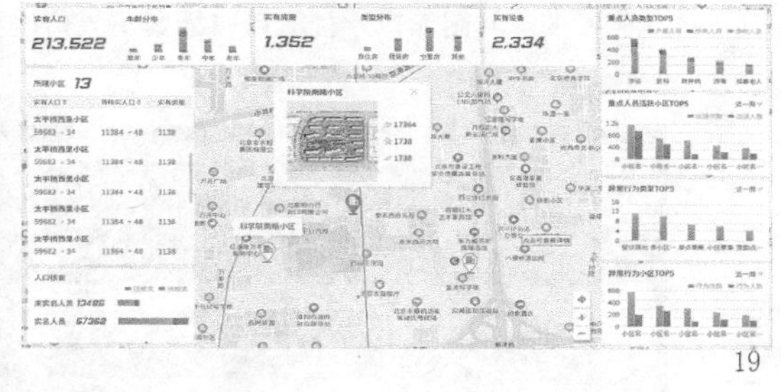

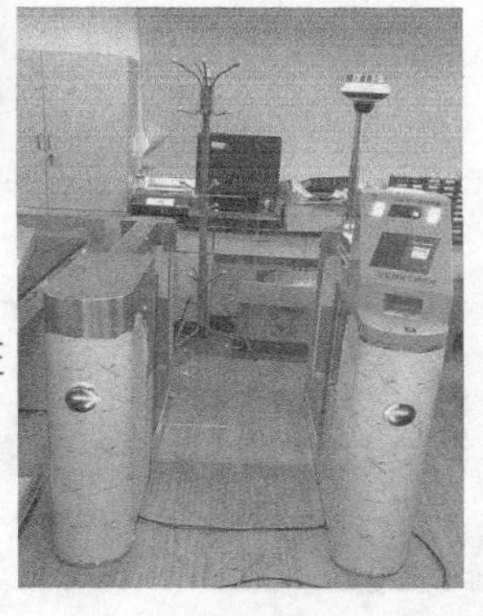

图5.20 社区网格员设备及平台成果

社区场景下的多维生物特征的采集及分析处理如图5.21所示。以上多生物特征融合后都与注册人的身份标识唯一绑定，形成社区出入人员多生物特征底库，用于高精度的人员身份核验、识别和社区内活动轨迹的生成。

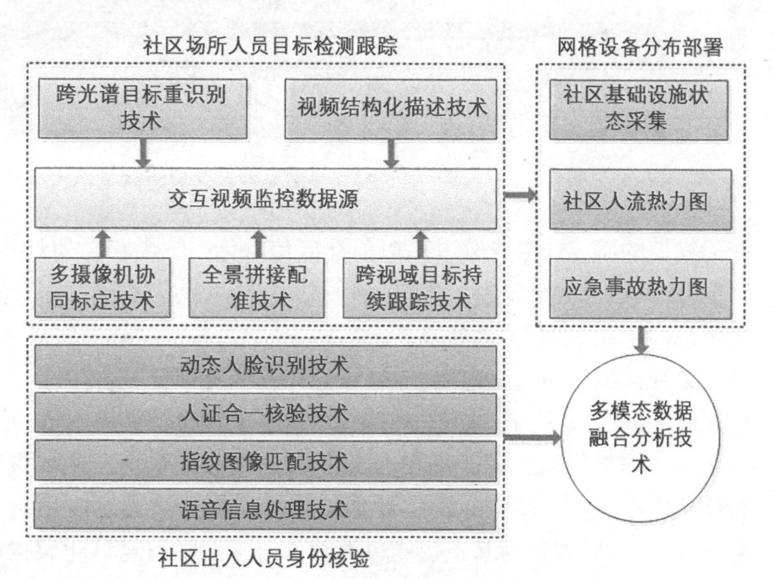

图5.21 多模态数据融合分析

社区出入人员身份的动态识别和行为分析不仅仅依赖于社区进出通道的多生物特征闸机和社区摄像机网络的优化部署，定点采集和手持网格员设备的移动采集方式的结合也完全支持社区自由场景下的行人重识别、协同跟踪和融合验证。针对社区安防的全天候覆盖要求，采用跨光谱(自然光照监控和夜间红外监控)多摄像机协同跟踪和多生物特征关联采集核验技术相结合的方式，可实现日间夜间全场景的行人跟踪和身份识别，如

图 5.22所示。

根据社区大数据的特质和深度应用需求，我们将视图库的概念用于社区多源数据的规范管理，提炼共性服务，支撑社会综治多部门联防联动业务，如图 5.23 所示。

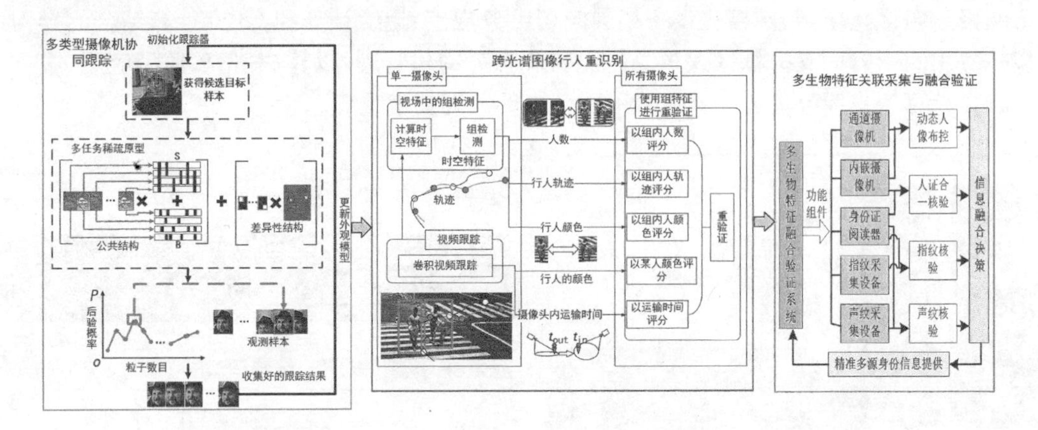

图 5.22　社区自由场景下人员协同跟踪及多生物特征核验机制

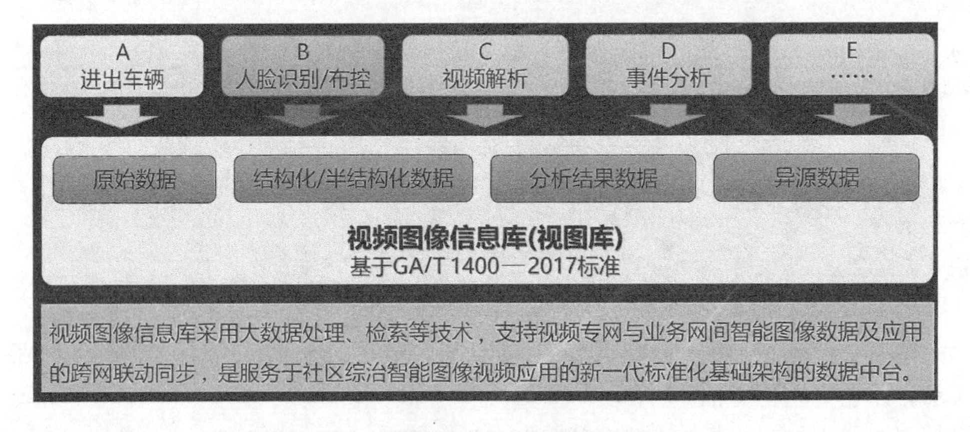

图 5.23　视图库在社区风险防范中的应用

我们的研究成果充分考虑以前社区信息化系统中存在的竖井式应用困境，力图通过“一张网”集成展示社区风险总体态势，通过分层显示、动态驱动、主动推送等方法，实现社区公共安全风险的主动识别、主动预警。

以社区风险防范为应用场景，考虑在社区管理云平台指导下，基于位置信息和异常事件发生风险等社区风险知识图谱，对社区定点多生物特征核验闸机、社区浮动网格员设备的位置基于云边协同进行动态优化部署，实现风险防范效能最优。主要围绕社区风险防范设备网格分布优化模型、边缘计算和 GPU 计算结合的异构计算模式应用展开。根据社区风险防范技术路线，研究内容演化为基于智能边端设备的深度学习轻量化架构研究，边缘计算和 GPU 计算的异构应用模式研究，前后端协同的事件智能监测及处置机制的社区大数据研究，基于历史事件热力图、人流统计，以最小风险模型驱动社区网格员设备动态分布优化模型等，最终集成于定点前端智能化和移动终端可视化协同的新一代社区风险防范网格化技术与管理系统。云边协同模式覆盖了社区风险防范应用中的多个数据解析方法和高层业务应用，解决了社区业务中的基础建设不足、人员底数情况不明、社区隐患不易发现和社区数据不融合等问题。

图 5.24 中在社区地图上实现了定点设备(多生物特征核验闸机)及浮动设备(网格员手持设备)的可视化部署,并展现了各个闸机及网格员设备点位初始位置,可显示各点位信息,信息可以包括设备号、采集到的数据等。其余可以根据实际情况进行充实和修改。

如图 5.25 所示,系统可根据社区态势动态驱动网格员设备优化部署,可以选择基于历史事件热力图、人流统计图和基于风险最小的三种网格员设备分布的优化方法。

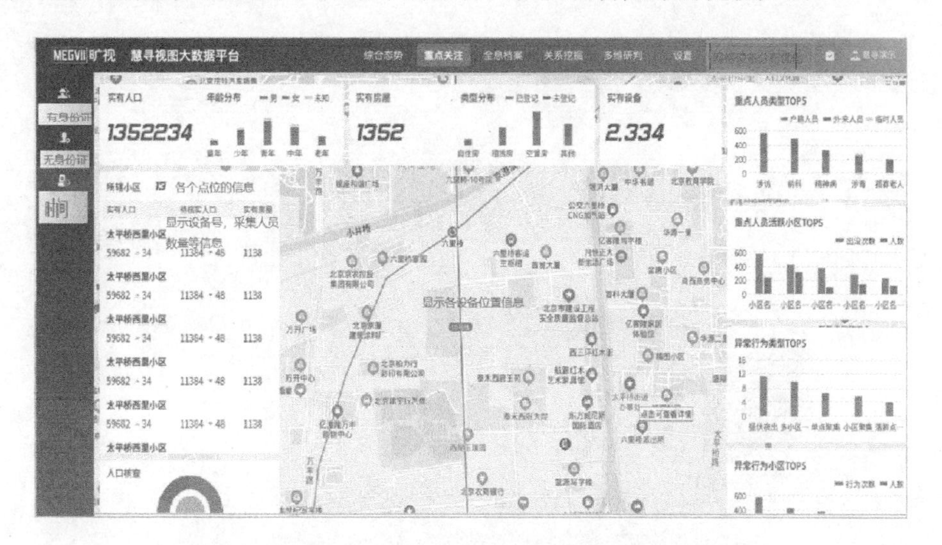

图 5.24 社区定点、浮动信息采集设备可视化部署示意图

图 5.25 社区网格员设备优化部署策略示意图

如前所述,视频结构化描述技术是社区风险防范中的关键支撑技术,下面我们对此技术在社区公共安全管理中的应用模式进行简单介绍。社区风险防范的范围应覆盖社区进出口及社区内楼宇、道路、公共广场、基础设施等场景。社区出入口的人、车管控部署如图 5.26 所示。

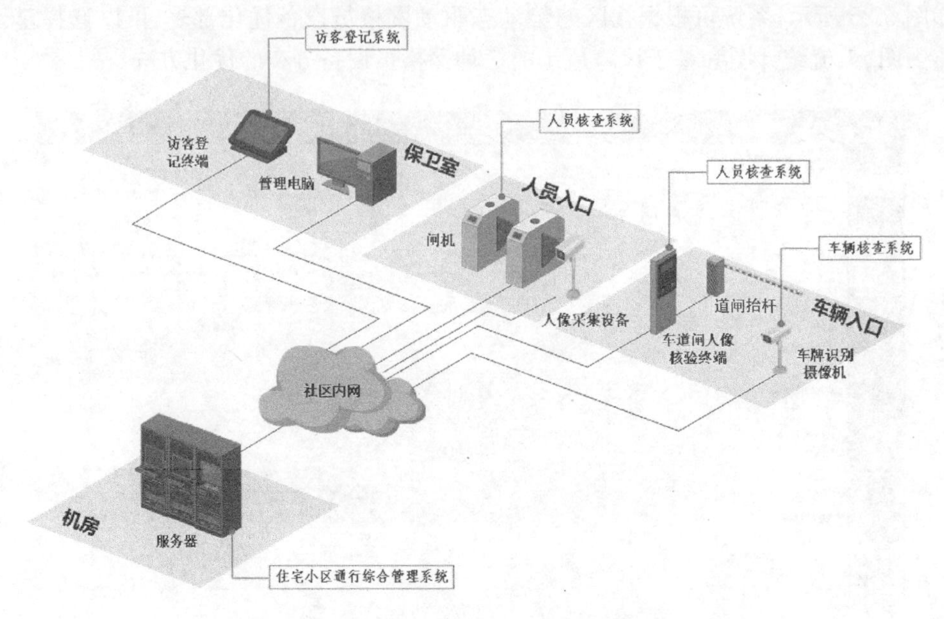

图 5.26 社区出入口人车管控部署

图 5.27 展示了课题组视频结构化描述技术面向社区场景的应用服务,即通过社区无感知摄像头网络自动抓拍比对,通过碰撞检索实现社区出入人员的身份识别和轨迹绘制,并能自动生成社区人员总体全息档案。

图 5.27 社区人员碰撞检索及全息档案示意图

此外，通过社区后台人像大数据的分析比对，基于行为特征、出入轨迹、社交关系网络等数据的聚类关联，可以对关注人员实现深度关系挖掘，如图 5.28 所示。

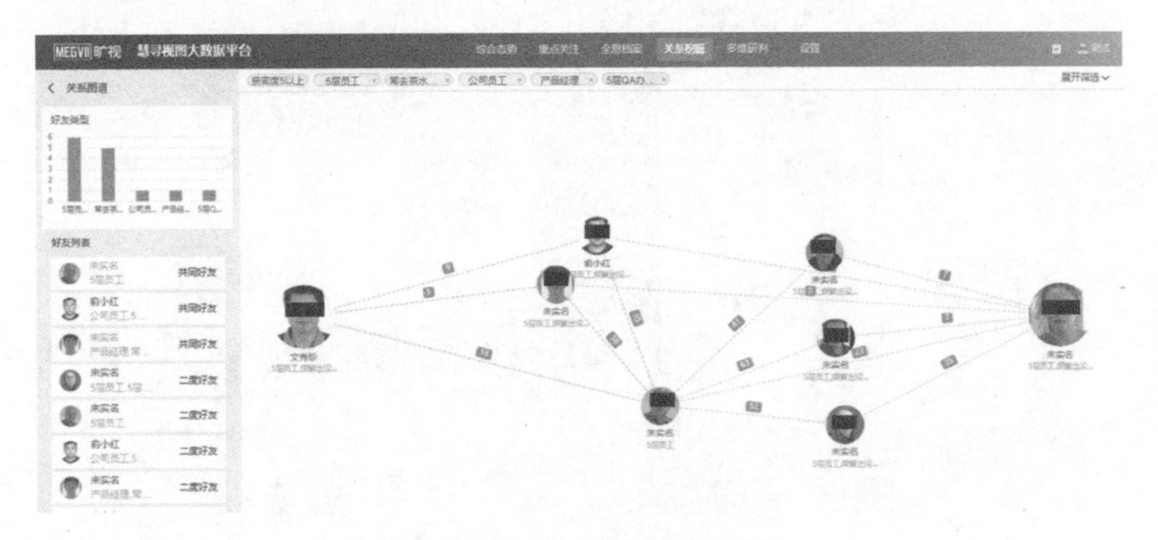

图 5.28　社区关注人员关系挖掘示意图

针对新冠肺炎疫情防控期间社区出入人员的体温无感知无接触式监测的重大需求，课题组开发了通道式红外测温摄像系统（如图 5.29 所示），将口罩人脸识别和无接触测温结合，实现自然步行状态下的身份识别和体温检测，从身份识别和健康管控两方面夯实了社区出入管控的安全屏障。

图 5.29　进出通道无接触测温

图 5.30 展现了视频结构化描述技术服务在社区内楼宇安防中的应用情况。可以看出，以楼宇安防应用为载体，视频结构化描述技术自动解析楼宇内的人、车、事件，对楼宇安全态势进行智能分析，服务公安、医疗、消防各个业务管理部门。

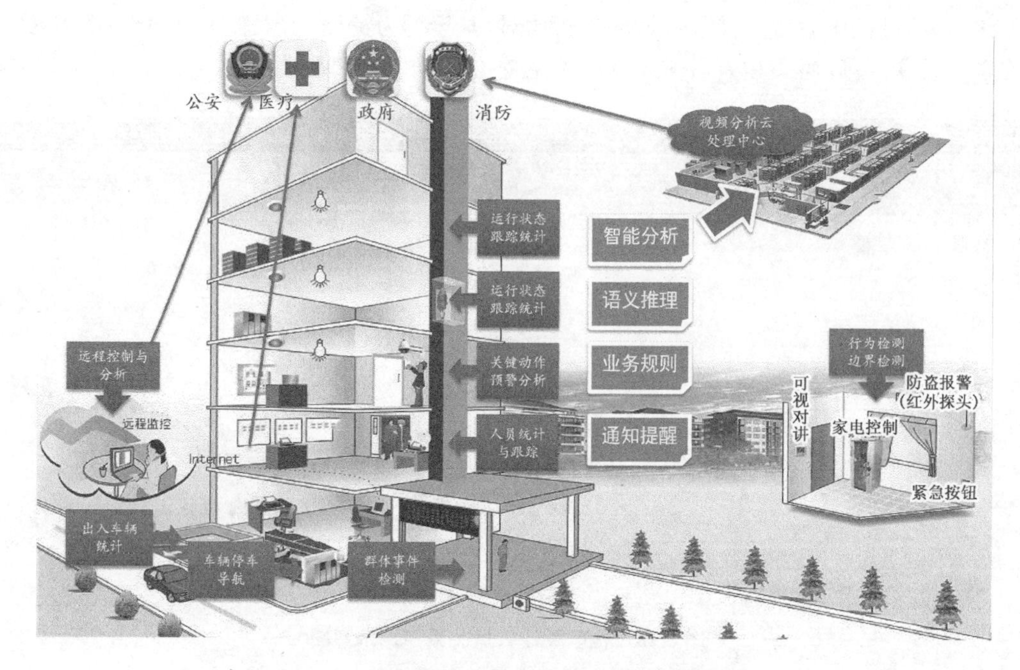

图 5.30　视频结构化技术在楼宇安防中的应用

运用视频结构化描述技术后，能够实现入侵检测、行为检测、人员统计、车辆检测、体态检测等视频解析结果的结构化描述和检索，令智能小区更加智能，如图 5.31 所示。

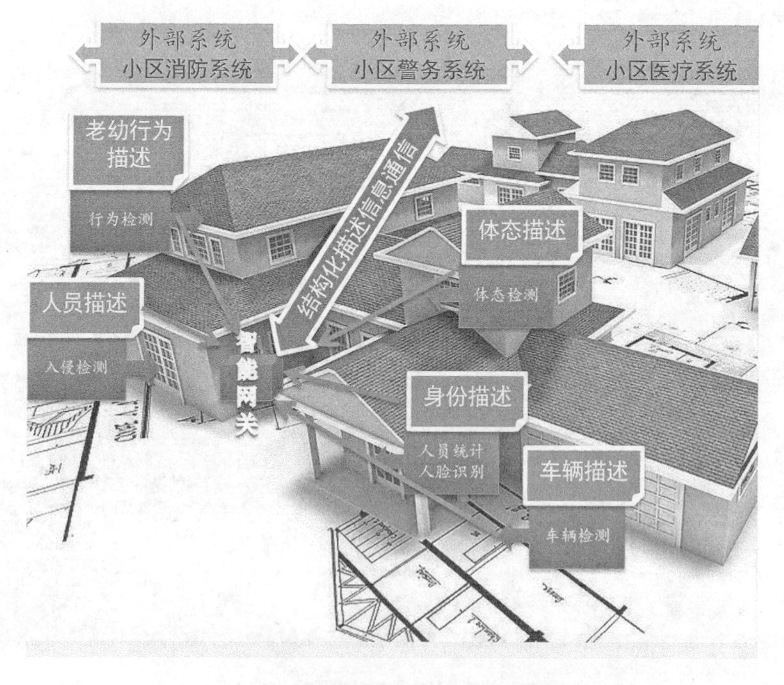

图 5.31　视频结构化描述技术服务智能小区

课题的成果立足于可推广可复制，以北京、广州、成都等地 7 个万人级的社区典型应用示范来进行经验总结，不断提升后在更大范围内进行推广。

此外，作为城市管理工作走在前列的上海市，也早就在社区安全综合治理方面开展了大量的技术规范工作。作为地方标准,《住宅小区智能安全技术防范系统要求》(DB 31/T 294—2018)早已经在城市进行推广贯彻,并通过城市更新工程在旧小区改造和新建智慧小区中进一步升级相关的技术应用。

如图 5.32 所示为射频非机动车防盗、周界防入侵、安防视频监控、智能门禁、NB-IoT 物联网社区基础设施监测、社区出入身份核验闸机、社区网格员电子巡更及无人机低空巡逻等多种技术手段在社区风险防范中的集成应用图景,借助以上技术产生的社区基础信息数据对接社区日常物业管理,并和社区风险预警一起推送至社区综治中心,服务社区治理。

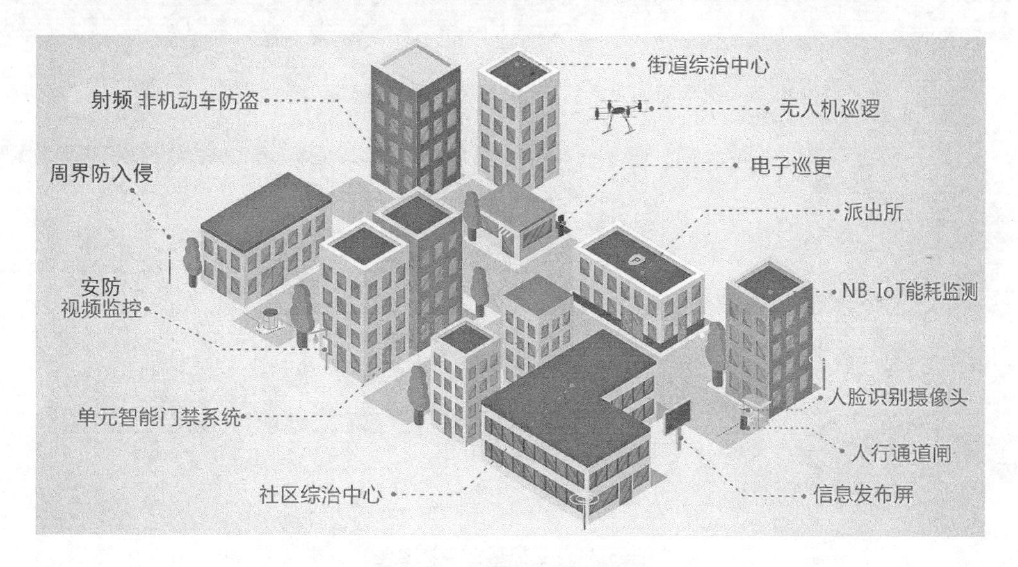

图 5.32 智慧社区建设内容

5.4 交通及园区无人机应用

无人机在应急救援、线路巡检和安防行业中的应用,目前正处于深入业务应用并逐步落地的阶段。下面以交管行业应用和园区巡检为例作简要介绍。

5.4.1 交通事故低空侦测

目前无人机通过行业深度整合,已经完成了从前端到后端,从人工干预到自动驾驶的全方位系统的搭建,能够有效地完成交巡警日常的工作及突发车辆事故的处理。

通过自动驾驶系统,无人机可以按照既定航线正常飞行,飞行过程中的画面实时回传至指挥中心。飞行过程中可以实时观察路边违停车辆,可通过悬停变焦拍摄,把违停车辆的车牌影像传回后方指挥中心,后方平台自动识别车牌并完成取证工作,如图 5.33 所示。

巡线过程中如果发现路上发生刮擦事故,事故车辆停在路上造成拥堵,无人机可以停止自动飞行,然后飞至事故现场正上方,通过正摄影像拍摄,获得高精度航片,照片数据实时回传至地面站系统,通过便携打印机直接打印事故鉴定书并完成事故处理,然后通过喊话器通知事故双方撤离现场完成事故处理。如图 5.34 所示。

无人机飞行通过智能电池实时测算电量,在无人机电池电量还剩余 20%的时候,会触发

图 5.33　无人机 30 倍高清摄像机视频变焦

图 5.34　交通事故航拍勘察

自动返航，按照返航路线安全返航，直至起飞点开始缓降，最终安全回到原点。

更换电池后，无人机可以继续进行下一步的自动巡线工作，从根本上缓解警务人员的工作强度，提高效率。

5.4.2　化工园区无人机巡检

1）建设目标

（1）建成园区消防无人机自动巡检系统

建立以智能化充换电一体无人机和气象站为基础设施，以无人机综合操作系统为应用的全自动无人机消防巡检报警网联协同系统。对园区进行二维、三维建模，建立日常消防无人巡查防控体系。

（2）实现园区消防隐患 AI 识别

运用 AI 智能飞行、图像识别、红外识别等核心技术，实现无人机自动按时、按航迹起飞巡航，按姿态、拍摄参数自动巡飞，自动识别隐患。系统在线回传影像和图像，自动识别现场异常（如温度异常、施工异常、气体异常等），自动生成异常记录。挂载可见光相机全面呈现厂区情况，分辨浓烟、火焰；热成像相机穿透烟雾及部分建筑物遮挡，获取温度分布，协助发现消防隐患。

（3）引领园区智能化消防监督管理

现场画面通过无线网络实时回传至后方控制中心，代替消防监督人员对化工园区进行日常消防巡查,发现消防违法行为;无人机在人工控制的情况下,能够对特定部位进行确认,配合现场维护人员共同作业,实现空地一体化园区联合检测。

2) 应用优势

(1) 园区消防巡检使用智能化无人机自动飞行系统

传统无人机需要配备专门飞手、驾驶员、运输车辆,组成一个班组相互协作才能完成一项飞行任务。这样不仅占用大量人力物力,出动时间和飞行效率难以保证,而且易造成人为操作失误。自动化智能无人机飞行系统可远程一键起飞,精准飞行,能避免人为低级错误,每天能自动化完成30频次的执勤任务。

(2) 园区消防巡检实现巡查、检测、识别、告警全程自动化智能化

整个飞行检测过程全部实现了自动化自主飞行、智能检测、AI识别,飞机在120 m高空即可实现识别功能,按照预先规划目标路径,自动飞行到目的地、自动调整云台俯仰角$-45°$,定点悬停5 s、自动调整相机焦距、自动AI识别告警、数据自动存储汇总。全程无须人工干预,既节省了巡检人力物力,又提高了检测时效。

(3) 实现智能机库不间断飞行保障

智能机库配备自动充换电功能模块,可以进行高频次往复巡检,7×24 h工作,避免人工巡检出现的视觉疲劳和人为误判。遇有突发状况,指定目标可以随时起飞,快速到场,第一时间掌握现场情况,协助指挥人员快速处置。

考虑到行业无人机应用的日益广泛,无人机设备的自动化部署、运维及航线规划等迫切需要自动化的无人机机场提供规范化的运行保障。已有企业开发出了无人机机库系列产品,用于行业无人机的综合保障,参见图5.35。该机库除可根据飞行任务自行开仓执行无人机放飞、自动降落入仓等常规任务外,还能对电池状态进行自动检测和智能充电,并可根据任务需要执行换电操作以保障连续作业等。

(4) 创建化工园区智能化消防监督管理新模式

化工园区面积大,消防监督员按传统监督检查方式进行人工消防检查费时费力,环境恶劣,安全防护要求高。在园区实行智能无人机自主巡检、AI识别火灾隐患和消防违法行为,解放了有限的消防监督人力,大幅度提高了消防工作效率,开创了消防监督检查无人智能化的应用先例,具有行业引领作用。

3) 可扩展性

(1) 采用云协调工作模式,多机无缝衔接入云

智能无人机消防巡检系统采用"云-边"协同高效工作模式,以强大的边缘计算能力为支撑,后续增加的无人机可以无缝衔接入云。统一在云端远程操控与调度,指挥中心人员可通过云端远程调度系统为无人机规划路线与任务,可对无人机进行排班,完成对无人机管理区域的远程控制。

(2) 机库实行网格化部署,覆盖面积无限扩展

入云机库实行网格化部署,通过网格化部署可实现区域全面覆盖。云系统内无人机能够实现网格化跳棋式作业,选择就近机库进行降落和自动充电,然后继续进行下一个任务。无人机将采集的数据上传到云端,按场景定制自动飞行算法,实现无人机自主起飞、自主巡检、精准识别、远程一键巡检。根据野外环境飞行需要还可以搭配移动式网联无人机航母,实现点线面一体化巡检。

4）建设内容

（1）无人机智能巡检系统

无人机智能巡检系统主要包括全自动机库、高精度无人机、高清双光云台摄像机、喊话器、无人机综合操作系统、自动气象站等。机库可部署于消防救援站楼顶平台，控制中心在市消防救援大队。机库部署实景图如图5.35所示。

图5.35　机库部署实景图

智能化无人机巡检系统软件包括无人机控制、飞行数据、飞行控制、飞行计划、初始化设置、系统状态、识别检测等软件。图5.36和图5.37分别为飞行任务路径规划示意图和机载摄像头成像画面。可以看出，当无人机进近机库时，可以根据机载画面结合GPS位置信息联合调整飞机姿态，实现安全准确着陆。

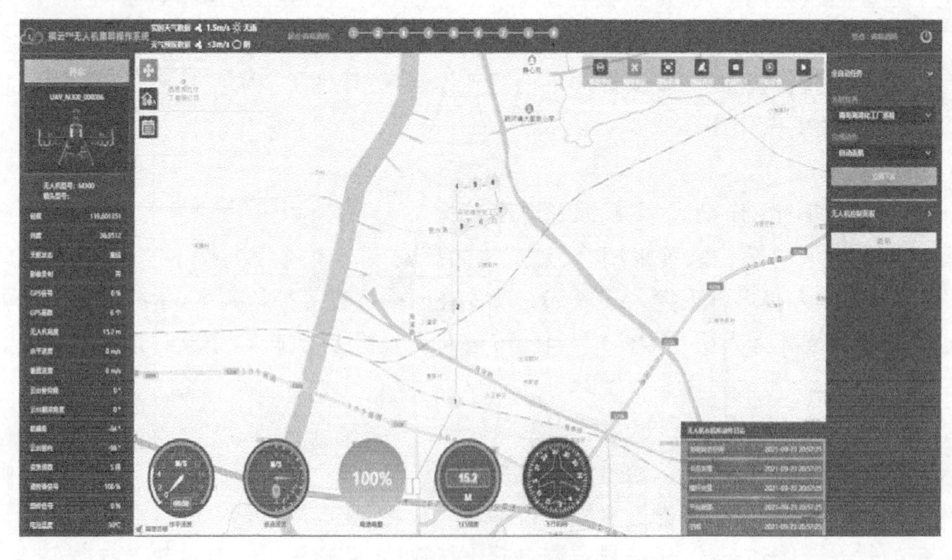

图5.36　飞行任务路径规划示意图

（2）巡检识别功能

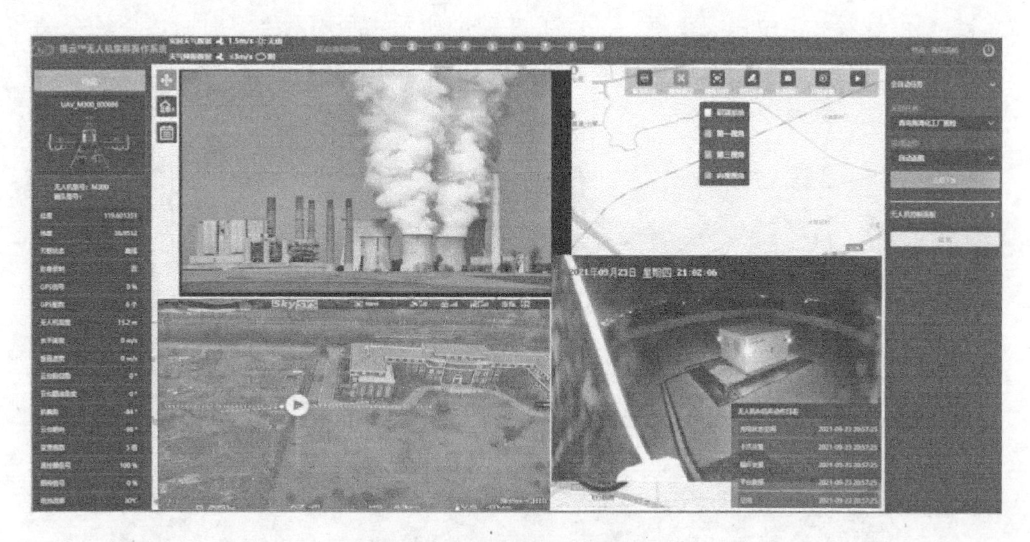

图 5.37　机载摄像头成像画面

① 可见光罐体检测：利用机载可见光相机对产品罐区进行识别检测，在罐区外侧悬停，首先使用广角镜头观看罐区整体情况，其次拉近镜头，查看具体位置情况。实时回传罐区整体情况，同时利用算法进行图像识别，对识别出的罐体进行框选（如图 5.38 所示），并启用外观缺陷检测算法快速地准确判断罐体完整情况、罐体健康程度，提升罐体检查的速度与准确性，消除化危品泄漏隐患。

图 5.38　可见光罐体检测

② 消防通道阻塞识别：飞机飞行到厂区后，通过挂载的可见光相机对厂区消防通道进行

扫描巡查，悬停查看并定位违规车辆、人员，如图5.39所示。利用网络实时回传现场视频与算法识别出的人车视频，并分别统计违规人、车数量，快速准确。并可在人、车违规停留时发出告警，协调引导违规车辆及时驶离。

图5.39 消防通道占用检测

③ 生产装置超热红外识别：通过机载红外相机对关键设施设备的关键部位进行实时温度监测，若温度超过设定阈值，存在消防安全隐患，系统及时告警联动厂区消防安全负责人做出反应。

④ 人员防护识别：在化工生产厂区等危险场所作业时，均有规范着装和佩戴安全帽的要求，不按规范佩戴安全帽将有非常重大的安全隐患。无人机高空巡检扫描影像回传，安全帽智能识别算法通过视频分析安全帽的颜色、轮廓、佩戴者的身形和各类观察视角的变化因素，自动检测进入厂区人员头部是否按规定戴安全帽，对不戴安全帽的人员进行识别定位及喊话告警。

⑤ 烟火智能识别：早期火灾的热物理现象主要有阴燃、火羽流和烟气等。阴燃阶段的特征是有烟但无明火产生，火羽流阶段的特征是有火焰产生同时产生大量的烟气。若能在阴燃阶段和火羽流早期阶段探测到火灾的发生并自动报警，同时启动联动系统灭火，则可以避免火灾或将火灾的危害降到最低。在厂区消防安全巡检过程中，通过AI烟火识别算法实时检测识别是否存在违规用火或发生火灾事故，准确检测早期火灾发生时的烟雾和明火区域，系统及时告警联动厂区消防安全负责人和专业灭火力量做出反应。

无人机在自动巡检过程中机载端实时采用YOLO-v4-tiny算法模型目标检测，并将检测的结果及位置等信息以结构化数据的形式进行上传，检测结果图片同步上传至管理后台。

无人机实时回传视频到云端服务器，依靠强大的GPU算力，基于业界主流的目标检测模型YOLO-v5实时识别烟雾和火焰的发生，并将检测过程画面在前端页面实时呈现。

无人机检测到烟雾和火焰发生后，向控制台触发预警机制。预警信息及实时检测画面会结合事发地点的位置信息上报至指挥中心控制台。整个飞行检测过程全部实现自动化自主飞行、智能检测、AI识别，全程无须人工干预。

日常巡检中，控制中心操作员通过电脑登录无人机综合操作系统平台，网络远程发送指令，启动 AI 自动驾驶系统完成无人机自动出舱起飞、巡查、识别、数据传输、告警、返航、降落入舱、充电等一系列工作流程。

无人机自动巡检作业的主要工作流程包括机场准备、起飞前准备、航线规划、启动 AI 识别、飞行巡查、监测识别、自动返回入库及自动充电，如图 5.40 所示。

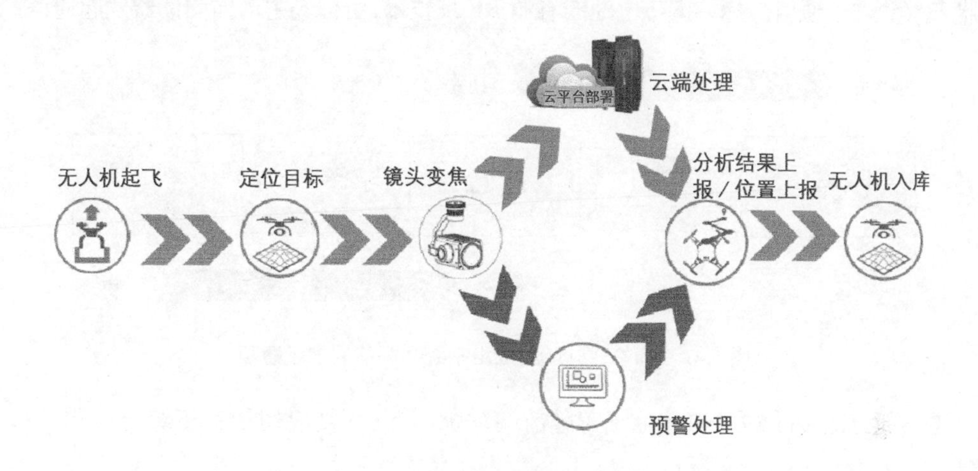

图 5.40　巡查任务执行及预警流程

动作全部完成后自动机场恢复初始状态，准备进行下次的飞行任务。全程无须人工干预，日常只需要定期进行设备维护就可以长期备勤巡检。

5.5　RFID 电子车牌系统

在城市公共安全保障领域中，基于 RFID 技术的电子车牌系统和基于图像识别的现有机动车牌照识别系统相比，是另外一种完全不同的技术路线，两者互为补充，两者之间的结合，能够实现全天候机动车身份属性精准识别。

1）前端系统的基本组成

最基本的 RFID 电子车牌前端系统由以下三部分组成：

(1) 机动车电子标签(tag，即电子车牌)

机动车电子标签由芯片及内置天线组成。芯片内保存有一定格式的电子数据，作为待识别车辆的标识性信息，该数据包括机动车身份信息、年检信息、保险信息、特定区域通行权限信息，以及所有者信息或指定驾驶员信息等。电子标签是射频识别系统的真正数据载体，有内置天线用于和阅读器天线进行通信。

(2) 阅读器(reader)

阅读器也叫读写器，是用于读取或读写机动车电子车牌信息的设备，一般安装在路侧立杆或龙门架横杠上。阅读器的主要任务是控制射频模块向标签发射读取信号，并接受标签的应答，对标签的车辆标识信息和其他信息进行解码并传输到应用系统进行处理。阅读器和应用服务器相连，以实现深度信息处理，满足广度服务要求。

(3) 天线

天线是标签与阅读器间传输数据的发射、接收装置。标签、阅读器和应用系统之间的通信方式如图 5.41 所示，一般应用系统和阅读器间的通信由应用系统主发起，应用系统为主模式，阅读器为从模式。对于阅读器和超高频电子标签之间的通信，阅读器为主动发起方，阅读器为主模式，电子标签为从模式。机动车电子车牌采用的是无源超高频 RFID 技术，电子标签不携带电池，依靠阅读器来激活进行通信。标签携带电池的有源 RFID 技术，由标签主动向阅读器发起通信。

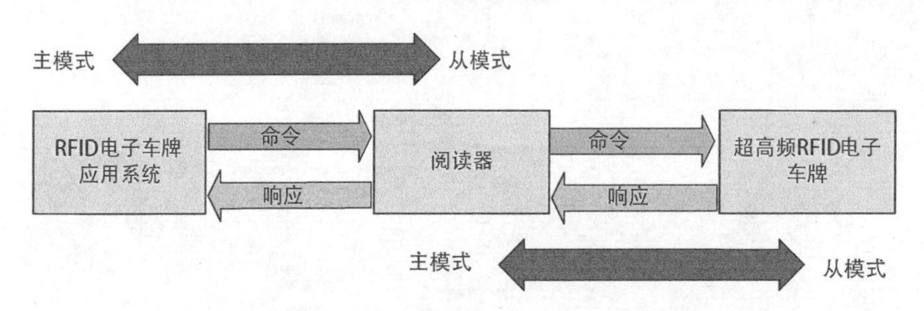

图 5.41　标签、阅读器、应用系统之间的通信示意图

上述三部分组成了最简单的电子车牌前端系统，后续深度应用依赖于综合应用管理平台的支撑。

2) 系统建设的初步考虑

在 RFID 电子车牌系统建设中，应考虑以下几个方面的情况。

(1) 感知基站选点

当前感知基站建设选点主要分布在进出城区的出入口和城区道路上。因此建设数量主要参考城区十字路口、城区道路总长度、城区面积和进出城区主要路口数量进行估算。

(2) 汽车电子标识估算

根据当前区域业务交警管理部门估算的汽车保有量乘以 1.2 计算。

(3) 存储设备容量计算

存储设备依据所辖区域内车辆数量、所设基站数量和基站交通流量，以及存储数据类型和存储时间计算。

5.5.1　标准与规范

1) 汽车电子标识信息标准

汽车电子标识是整个顶层设计涉车业务的关键部分，通过统一标准的汽车电子标识的发放、使用与管控，可以有效消除目前普遍存在的涉车业务信息孤岛现象，促进跨部门、跨领域、跨地区的资源共享，为完善涉车管理体制和跨部门协同机制，创新应用系统建设和运营的投融资机制，探索低成本、高效益的发展模式提供技术保障。

和目前可视车牌只有牌号不同，汽车电子标识不仅包括牌号，还可以包含车架号、发动机号等其他关键信息，对这些信息通过软硬件加密技术进行逐级保护，在确保车牌唯一性的同时，还具有防伪验真的作用。汽车电子标识常见信息内容如图 5.42 所示。汽车电子标识信息、编码方式和加密方式都是汽车电子标识标准的一部分。汽车电子标识采用 RFID 的通信空中接口协议标准。

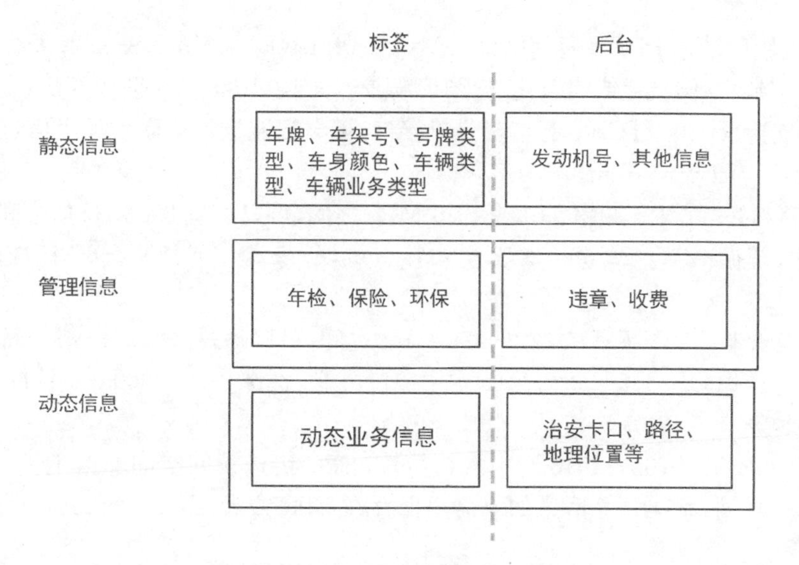

图 5.42　汽车电子标识常见信息内容

(1) 频率标准

国家质量监督检验检疫总局和国家标准化管理委员会于 2013 颁布的《信息技术　射频识别 800/900 MHz 空中接口协议》(GB/T 29768—2013)中规定 800/900 MHz 频段 RFID 技术的具体使用频率为 840～845 MHz 和 920～925 MHz。根据 2015 年 3 月发布的《工业和信息化部关于无人驾驶航空器系统频率使用事宜的通知》中的相关内容,840.5～845 MHz 频段可用于无人驾驶航空器无线通信。为规避无人机通信对机动车电子标识识读系统的干扰,标准规定了汽车电子标识工作频率为 920～925 MHz。

(2) 协议标准

协议标准遵照《信息技术　射频识别 800/900 MHz 空中接口协议》(GB/T 29768—2013)中的相关要求。

根据标准 GB/T 35789.1—2017,芯片存储容量不小于 2 048 bit,并规划了标识符区、车辆注册区、应用扩展区及安全区,如图 5.43 所示。其中注册区用于存储车辆号码、号牌种类、使用性质等车辆基本信息,应用扩展区用于行业扩展应用,如保险金融、汽车电商、环保测评等等。标识符区容量为 64 bit,车辆注册区容量为 256 bit。应用扩展区 1 到 5 的容量分别为 224 bit、208 bit、208 bit、208 bit,以及不小于 208 bit。安全区容量大于 336 bit。

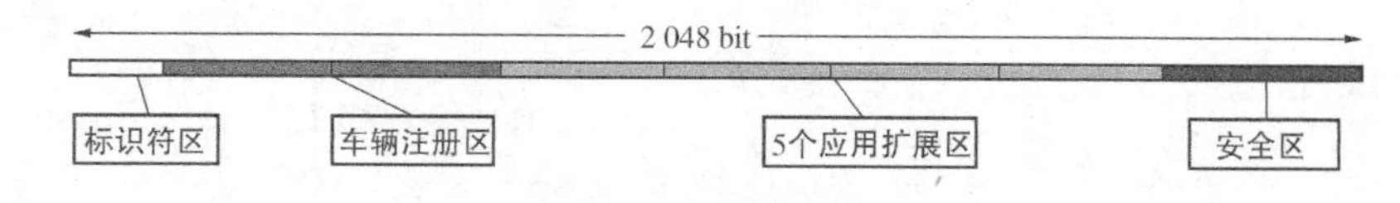

图 5.43　芯片存储容量和分区

天线工作频率在 920～925 MHz 之间,可以通过 250 kHz 信号间隔的跳频提高抗冲突能力;支持 EPC Global Class 1 Gen2 空中接口协议,兼容 ISO 18000-6C 标准;电子标签数据写入灵敏度不高于－17 dBm,读入灵敏度不高于－14 dBm。

(3) 读写模块要求

① 固定式卡口读写器:工作频率在 920～925 MHz 之间,可以通过 250 kHz 信号间隔的跳频提高抗冲突能力;遵循 GB/T 29768—2013 空中接口协议,兼容 ISO 18000-6C 标准;功

率≤2 W(有效辐射功率 ERP);通信接口 LAN TCPI/IP(RJ-45), RS-232;天线支持 4 端口反转 TNC 单态端口;圆极化或线极化、近场远场兼容;支持 IP66 防水防尘等级;支持标签验真协议及 API;支持 TC200/TC500 智能摄像机接口,可与智能摄像机联动处理信息。读写设备接收灵敏度小于等于−65 dBm。

② 手持移动终端:工作频率在 920～925 MHz 之间,可以通过 250 kHz 信号间隔的跳频提高抗冲突能力;遵循 GB/T 29768—2013 空中接口协议,兼容 ISO 18000-6C 标准;功率≤1 W (ERP)。

③ 桌面发卡器:工作频率在 920～925 MHz 之间,可以通过 250 kHz 信号间隔的跳频提高抗冲突能力;遵循 GB/T 29768—2013 空中接口协议,兼容 ISO 18000-6C 标准。

2) 编码方案

标签遵循 GB/T 29768—2013 空中接口协议,EPC 快速访问空间非常宝贵,需要妥善利用。对于车牌、日期、车架号等信息如果需要保存在 EPC 或者 User Memory 区域,首先需要进行规范编码。

编码方案的基本原理是对被编码内容进行分析,得出其最小合理的容量空间,然后通过映射算法,将其一一对应在最小合理空间中。这样保存的信息量可以做到最大化压缩,减少标签空间占用,同时也是一种信息加密过程。数据区段编码方式如表 5.5 所示。

表 5.5 数据区段编码方式

0～3	4～($n-1$)	n～$n+15$
算法编号	数据信息	校验位
<明文>	【密文】	<明文>

该编码方案理论上支持 16 套加密方案,具有较强的逻辑验证能力(65 536 个校验结果),并具有一定的扩充能力。数据信息段可以在存储空间允许的情况下对业务内容进行编排,不影响数据段整体的编码、校验和加密逻辑。

以 EPC 包含车牌号和车架号的编码方式为例,车辆基本的静态信息应该包括车牌、号牌类型、车身颜色、车辆类型、使用类型、车架号等,考虑到汽车电子标识可以包含年检、交强险、环保标志信息,有必要为三标合一预留信息空间,因此在固定信息之后,编入年检、交强险、环保信息,如表 5.6 所示。

表 5.6 EPC 编码示例

0～3	4～45	46～50	51～54	55～63	64～69	70～155	156～170	171～185	186～200	201～215
算法编号	车牌	号牌类型	车身颜色	车辆类型	使用类型	车架号	交强险	年检	环保	校验位
明文	【分段加密】									明文

该示例包含基本车辆静态信息和校验位等辅助编码,可以支持 64 种车辆类型的车牌和车架号编码,共 216 bit。车牌包含 7～9 个字符和汉字,如果不重新编码,需要至少预留 72 bit 空间才能保存,有必要通过编码压缩空间,对车牌信息进行编码也可以使编码更加难以破解,提高了安全性。车辆电子标签需要在 EPC 区存储车牌及其他信息,RFID 编码方案如下:车牌号码占 42 bit,分为 3 段:第一段为地区、军警属地简称编码,长度为 6 bit;第二段为地区车管所字母、省市简称编号,长度最少为 6 bit;取 8 bit 以备扩展;第三段为 5 位字母、数字混排,长

度最少为26 bit,取28 bit以备扩展。其他如车架号编码、号牌类型编码、车身颜色编码、车辆类型编码、发动机号编码等也各有明确的编码规范。

3) 信息交换接口

采用基于WSDL的接口。WSDL是Web Service的XML描述语言,是一种接口定义语言,用于描述Web Service的接口信息。部分应用组件中广泛采用REST接口。

4) 安全要求

(1) 电子标识安全要求

电子标识的安全等级应满足GM/T 0035.1—2014中6.2.2中的要求,即第二级安全等级,需要采用身份鉴别和访问控制安全机制。密码算法应采用国家密码管理部门认可的密码算法,密钥长度为128 bit,存储在电子标签内的密钥不应被读出。使用密码算法在电子标识和读写器之间进行双向身份鉴别,电子标识不得响应读写器非授权指令。应使用身份鉴别和口令认证安全机制对各存储分区进行访问权限控制。各存储分区的访问控制权限设定见表5.7。

表5.7 电子标识访问控制权限设定

存储分区	数据读取	数据写入
标识符区	身份鉴别	不可写
车辆注册区	身份鉴别、口令验证	身份鉴别、口令验证
应用拓展区	身份鉴别、口令验证	身份鉴别、口令验证
安全区	不可读	身份鉴别、口令验证

(2) 读写器安全要求

读写器和电子标识间的通信安全应满足GM/T 0035.1—2014中6.2.2中的要求,即第二级安全等级,需采用身份鉴别和访问控制安全机制。读写器中安全模块负责数据访问及使用过程中的安全防护,并至少提供PSAM(Purchase Secure Access Module,消费安全存取模块)卡接口;安全模块和PSAM卡应使用国家密码管理部门认可的密码算法,密钥的生成、注入、储存、分散与使用等符合GM/T 0035.5—2014的要求;使用符合GM/0024—2014要求的SSL VPN技术保证读写设备与应用系统之间的传输机密性。采用密码技术对读写设备与应用系统之间传输的敏感信息进行校验,以发现信息被篡改、删除或插入的情况;使用数字签名技术实现读写设备与应用系统之间的抗抵赖;应采用国家密码管理部门认可的对称密码算法实现对机动车电子标识身份真实性的鉴别,读写设备与应用系统应通过数字签名技术实现双向身份鉴别。

5.5.2 项目设计

1) 技术框架

项目采用的技术应具备实用性、可靠性、先进性,有利于保障系统的可扩充性、易维护性、开放性和统一性。

汽车电子标识是车辆管理的基础装置之一,考虑到汽车电子标识的广泛应用和交通管理区域跨度大的特点,数据采集采用B/S和C/S结合的架构,采用VPN及三层交换技术完成城域范围卡口、服务和数据中心的信息交换,采用大数据构架和云存储平台管理和使用数据信息,使得存储和性能都可以得到平滑扩容，应用开发和运行环境的技术框架可以概括为：采用 UHF RFID 技术；采用嵌入式视频识别与射频识别联动智能感知技术；采用 NaaS(Network as a Service，网络即服务)云网络平台；应用平台软件采用 J2EE 技术体系，按照 SOA(Service-Oriented Architecture，面向服务架构)要求设计、开发和部署；基于流程与交换的业务协同与流程管理。

(1) 超高频 RFID 技术

感知层主要设备为汽车电子标识的核心部件，符合 EPC Global Class 1 Gen2(兼容 ISO 18000-6C)标准的 UHF 无源超高频 RFID 和读写设备。汽车电子标识选型根据空中接口协议加密方案来确定。

① 标签产品要求：稳定读距大于 12 m；响应时间低于 10 ms；可在不高于 200 km/h 相对速度下读写；−40℃～80℃紫外线环境无故障寿命超过 15 年；具有至少 64 bit TID 和 256 bit EPC 存储空间；抗紫外线坚固复合材料工艺，可以牢固安装在汽车挡风玻璃上。

② 读写器产品要求：遵循 GB/T 29768—2013 协议；具有 4 个单极化天线端口；最大输出功率为 32.5 dBm，灵敏度为−65 dBm 以上；符合 IP66 防护等级。

(2) 射频-视频联动智能感知技术

基于低功耗嵌入式构架，不仅可以控制智能摄像机的识别行为，还能同时控制射频识别行为，实现射频和视频的联动。

前端智能联动感知设备需满足以下技术要求：采用 ARM+DSP 多核嵌入式架构设计；CCD 成像分辨率不小于 200 万像素；可内置多种智能算法，可接受云端调度管理；具有射频识别功能，技术参数符合读写器要求；设备具备 100/1 000 Mb/s 网络接口；符合 IP65 防护等级；

(3) 组件化开发框架

采用 SOA 架构有利于项目的建设，它可以根据需求通过网络对松散耦合的粗粒度应用组件进行分布式部署、组合和使用。服务层是 SOA 的基础，可以直接被应用调用，从而有效控制系统中与软件代理交互的人为依赖性。

在基于 SOA 架构的系统中，具体应用程序的功能是由一些松耦合并且具有统一接口定义方式的组件(也就是 service)组合构建起来的。SOA 架构模型如图 5.44 所示。

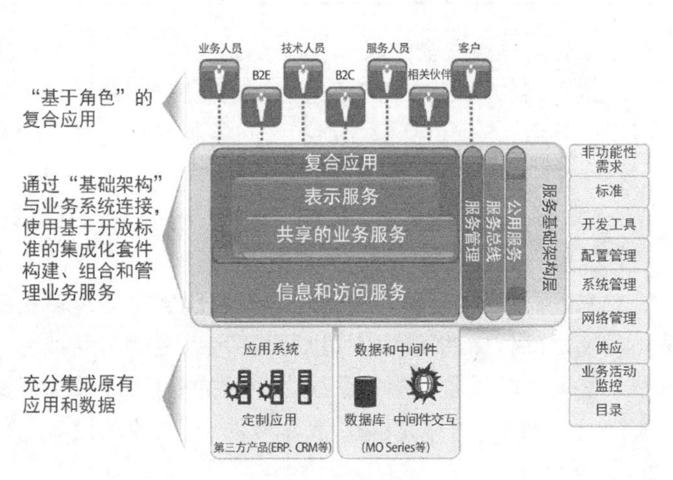

图 5.44 SOA 构架模型

软件采用 SOA 的设计、开发和部署，由数据安全模块隔离感知层和数据中心，从而实现加密的物联网层；业务服务引擎在 ESB(Enterprise Service Bus，企业服务总线)服务上注册，便于信息共享；数据管理引擎负责对数据进行整理、梳理和挖掘。

技术体系上选用 J2EE 技术，采用 Browser/Web Server/DataBase Server 三层结构进行应用系统的开发。Browser/Web Server/Database Server 是解决公共信息服务及交互相应动态服务最适合的一种应用模型。它实现了真正意义上的瘦客户端，大大简化了应用系统的分发、配置管理和版本管理工作。

组件技术与面向对象的开发方法不同的是，面向对象的技术强调对个体的抽象，组件技术则拓宽了对象封装的内涵，侧重于复杂系统中组成部分的协调关系，强调实体在环境中的存在形式。

(4) 信息交换与业务协同

汽车电子标识不仅要服务交通管理执法部门，还要服务相关企业、驾驶员，并为社会信息发布提供权威的数据来源。因此，汽车电子标识后台系统的信息交换，不仅仅是传输数据，从社会管理协同的角度看，它承担了由不同部门构成的组件的接口功能，因此它是一个典型的基于工作流系统、数据传输与交换平台的业务流程协作过程，通过信息交换连接的业务环节构成了一个统一的业务视图。在此视图中对现有业务流程进行梳理分析，进而完成调度、整合与优化的工作，可以为汽车电子标识系统优化自身价值链，发掘更多价值。

通过数据传输与交换平台和应用系统的接口，实现应用系统逻辑上的相互调用，即按接口标准、调用标准和消息标准封装应用系统本身的流程与规则。平台将不同应用系统按流程和规则集成起来，通过数据的交换和应用逻辑的相互调用，实现业务的协同。

以车牌验真功能为例，车牌的编码、密码及内容校验在汽车电子标识后台管理系统中实现。但一切使用汽车电子标识的业务系统，都需调用这个功能为各自业务服务。传统的数据交换模式可能会分发一个数据副本给授信业务平台，但这一方面给使用数据的业务平台增加了了解后台管理系统数据结构的麻烦，同时也增加了信息泄露的风险。因此我们把信息交换的功能定义为接口，通过 ESB 发布它们，这就简化了访问者的学习过程，同时也提高了系统安全性。

(5) 大数据分析能力

以湖北为例，截至 2018 年年底湖北省机动车保有量接近 1 100 万辆，驾驶员数量超过 1 500 万人，全省每百户家庭私人汽车拥有量超过了 36 辆。在汽车电子标识系统实施后，每日车辆出行、停车出入、上下高速公路等经过基站节点时会产生大量的车辆通过、状态和图形图像数据，驾驶员在登记、查询、消费、交易、浏览、社交的过程中也会产生大量的数据。这些数据有的需要及时响应，有的需要长期保存，在交换、共享、展现和形成服务之前都要经过清洗、整理、分析。为快速响应实时分析、预警预测等数据处理量巨大的业务操作，必须采用大数据技术实现分布式并行海量信息处理。如上所述，实际业务数据涉及视频数据、射频数据，从数据结构来说，有结构化数据、半结构化数据和非结构化数据。针对以上多源异构业务数据的大数据解析框架如图 5.45 所示。

平台层采用分布式存储环境与关系数据库相结合的模式。感知层获取业务系统中产生的数据通过配置 ETL 工具，支持文件服务器、Hadoop、HBase、关系库之间的数据交互导入导出。高实时性射频数据及低实时性数据分别抽取到关系数据库与分布式存储环境中，部分被频繁请求的分析数据也在分布式计算环境完成后同时导入到关系型数据库和分布式存储环境中，进一步提高系统的访问速度。分布式计算平台将用户请求分解为多个并行的子任务，充分利用环境中的多个计算资源节点，加速分析计算处理的过程。如图 5.45 所示。其中，MapReduce 作为 Hadoop平台的并行计算能力提供模块，用来做数据清洗和数据批量处理查询，以及统计报表的查询。在关系型数据库中保存常规数据，并支持业务系统日常数据实时性的增、删、改、查等操作。关系型数据库与 Hadoop 平台的结合，能够充分发挥两者在并行计算和实时性方面各自的优点，有效减轻业务关系数据库的压力。

2) 系统总体设计

系统前端感知技术涉及射频和视频识别技术，这两类数据在存储和计算解析方面存在重大差异。其中，射频数据属于结构化数据，可以通过结构化数据库进行相关处理。视频图像属于非结构化数据，在深度业务应用中常常需要构建知识图谱，在实践中更多采用图数据库进行相关处理。在需求对接及功能实现方面，要考虑过车查询、套牌分析、碰撞分析、黑名单比对，以及进一步的深度分析研判，在业务上既有批量处理需求，也有实时计算需求。在总体设计上，采用云计算网络提供基础网络服务(IaaS、NaaS)和平台应用服务(PaaS、SaaS)支撑城域、省域乃至全国范围的信息交换、管控调度、实时跟踪、动态预警和统计分析等，如图5.46所示。

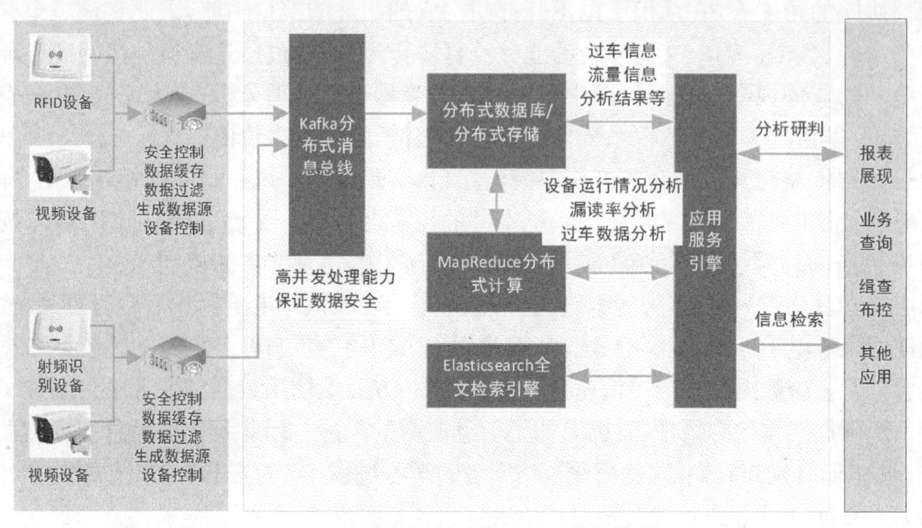

图5.45 射频-视频信息大数据解析框架

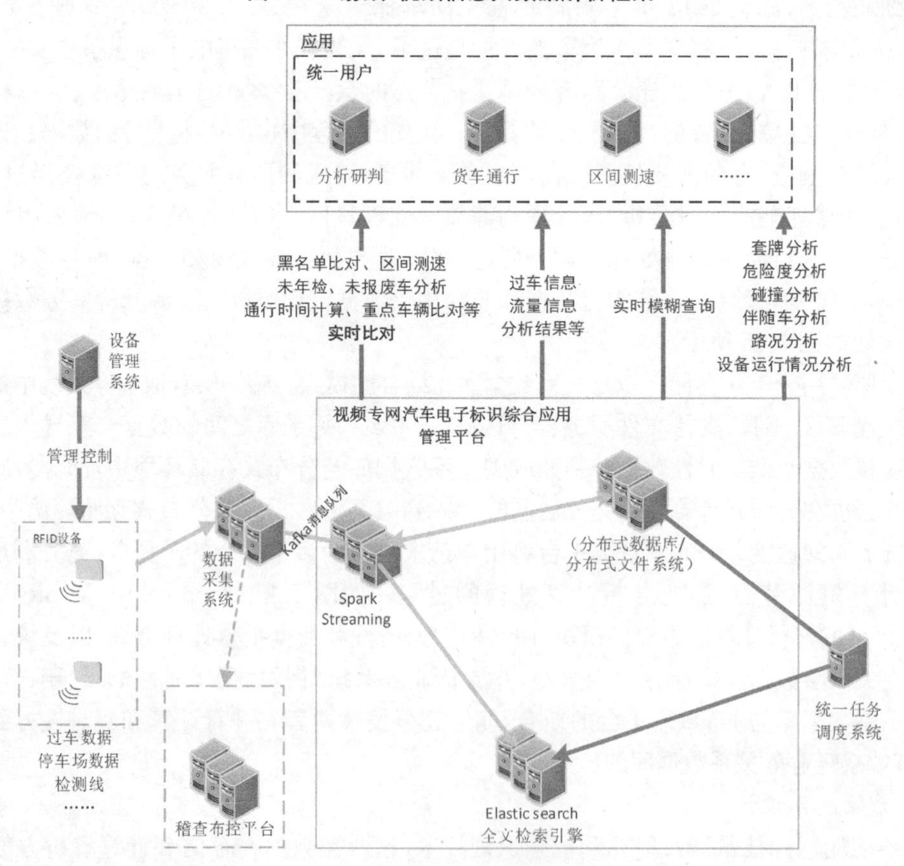

图5.46 系统应用功能框架

(1) 系统平台构成

系统平台由汽车电子标识系统、前端路面感知基站系统、网络通信系统、应用平台和信息服务交换平台四部分构成。汽车电子标识系统主要包括汽车电子标识写卡发放和在车辆前挡风玻璃信息窗上牢固安装汽车电子标识;前端路面感知基站包括布设于道路卡口基站的无线感知和视频感知单元,感知单元通过与安装在车辆上的汽车电子标识交互,获取车辆信息,并通过射频、视频联动触发记录车辆状态信息,通过基站系统自动采集打包并实时反馈到管理后台数据中心;网络通信系统是一个基于 NaaS 云计算技术的可伸缩的网络通信构架,可以利用高速公路干线网络或者运营商既有的云网络为骨干搭建城际、省际的低延迟、高吞吐的高性能网络传输系统;中心平台和信息服务交互系统主要负责前端海量数据的处理和存储,采用大数据技术的数据中心可以提供高效的数据分析和挖掘功能,经过清洗整理后的数据,还可以通过信息服务交换平台根据授权分发共享给有关外部业务系统。汽车电子标识系统构成如图 5.47 所示。

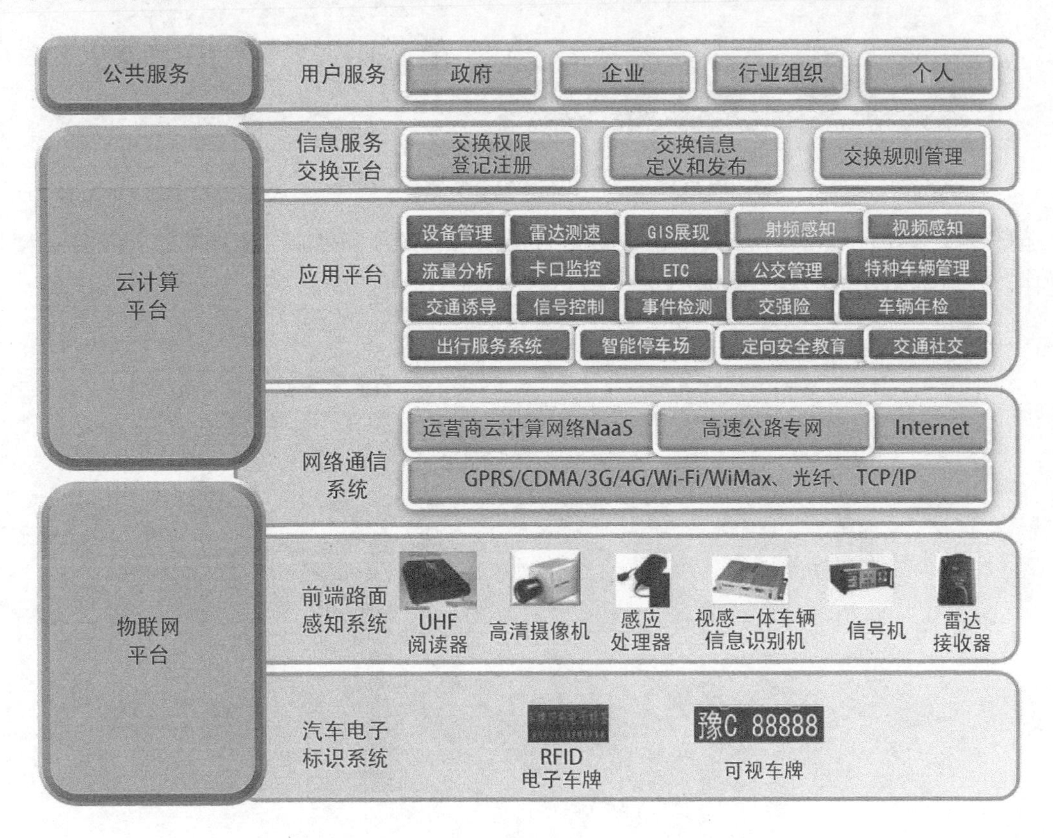

图 5.47　汽车电子标识系统应用层次关系

(2) 前端感知标识系统

感知层是汽车电子标识信息管理的基础。由于涉车业务分布在不同的管理机构系统,同时道路交通管理的地域非常辽阔,因此感知层的分布也非常分散,建设也较为困难。

感知层设备包括汽车电子标识、基站读写设备、射频天线、手持机、桌面读写器等。汽车电子标识安装在车辆挡风玻璃信息窗位置,基站读写设备和射频天线分布在道路规划的交通卡口处,大部分需要有 L 杆或者龙门架安装天线和读写器;在车管所、保险公司等固定办公场所一般使用桌面读写器对汽车电子标识进行管理;对需要交警、保险调查员等出勤的涉车业务移动处理场合,还可以使用智能手持读写设备通过 4G/5G 网络接入车牌管理后台完成相关的业务功能。

汽车电子标识系统突破了车辆身份识别认定技术难题，发挥了汽车电子标识防伪唯一的特性，以汽车电子标识为信息媒介，统一各涉车业务信息来解决交通多方面问题，发展出更完善的车辆综合管理方式。

汽车电子标识的核心是被动式无源超高频 RFID，具备防拆、抗紫外线老化的特性，以供车辆长期使用。可以通过制定相关的政策法规，在车管所等公安部门认可的汽车电子标识发放点根据车辆信息制作汽车电子标识，在车辆信息窗位置使用专用胶水永久固定汽车电子标识标签，供基站和手持机访问车牌信息。汽车电子标识安装位置如图 5.48 所示。

图 5.48 汽车电子标识安装位置示意图

前端感知分为两类：第一类是包含射频与视频设备的卡口基站；第二类是手持设备人工操作。卡口基站设备部署一般如图 5.49 所示。

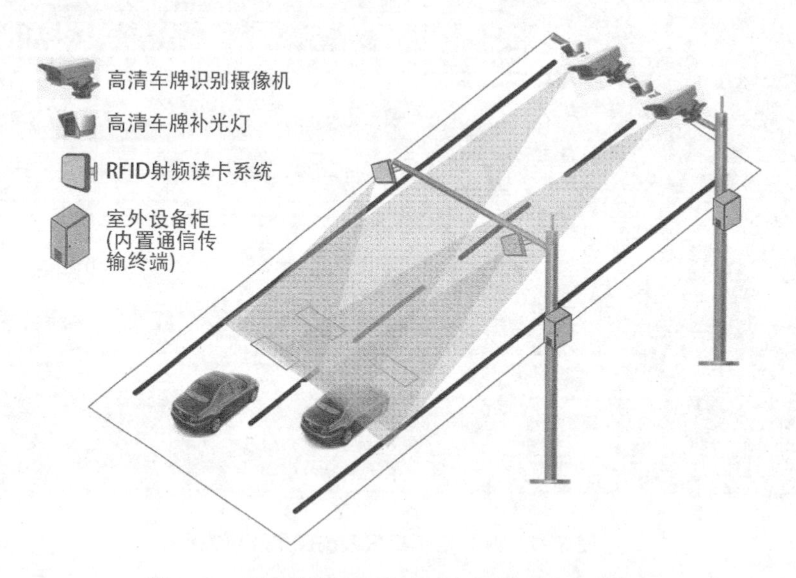

图 5.49 汽车电子标识信息感知基站工作示意图

卡口基站一般选取关键路段架设用于数字信息采集的 L 杆或者龙门架，在卡口位置的道路上方安装读写器天线，并于路侧设备箱安装基站电源和读写器等设备，天线的射频照射范围要确保可以覆盖整个路面。

一个感知基站不仅需要通过射频识别经过车辆，还需要留下影像资料作为证据。包含视频联动取证功能的卡口，由于投射角度问题，射频识别的最佳距离稍小于视频识别，因此需要在视频识别的 L 杆或者龙门架之前的 5～10 m 架设射频天线，具体距离要根据现场环境确定。射频设备负责采集数字特征，视频设备负责采集图像特征，通过嵌入式信息处理单元把车辆的数字标识和视频标识进行匹配、打包和上传，当网络通信断开之时，还具有缓存功能。

(3) 信息交换网络

① 模块化设计及安全隔离：首先，采用层次化的、模块化的网络设计方法，将一个网络划分为多个子网从而使网络扩展、流量变更时更加容易管理，新的子网模块和新的网络技术能够方便地集成到整个系统中，对现有的网络不会造成影响。由于射频信息传输所需带宽远小于视频，因此大部分卡口网络可以借用目前的智能摄像头 IP 通道。

目前的网络架构可以分成干线网络架构、核心机房网络架构、路口专网架构、外联系统接入专网架构四个部分。干线网络包括城域和省域干线，用于连接骨干网、运营商云网络中心和城域、省域核心机房，使用私有 IP 地址；核心机房网络构架使用私有 IP 地址；路口专网用于连接感知基站，使用私有 IP 地址；外联系统接入专网，用于连接其他系统或者远程业务系统客户端，使用 Internet IP 地址接入。

其次，针对不同的安全防护级别及数据传输特点选用不同的安全隔离设备，如防火墙或网闸对四个专网进行隔离，以保证网络系统的安全。

最后，指挥中心专网按网络核心层、汇聚层和接入层分层架构，必要时应配置入侵检测系统防止入侵。网络模型如图 5.50 所示。

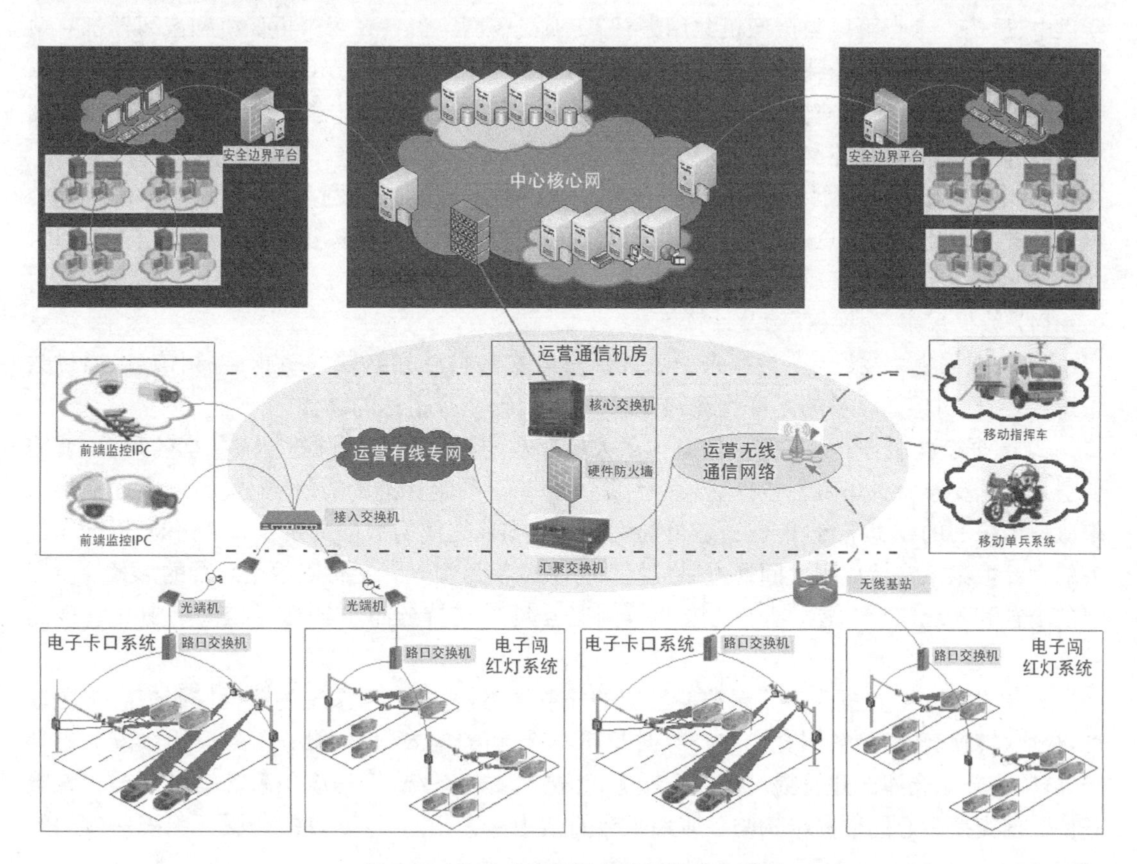

图 5.50　汽车电子标识系统网络接入模型

在业务网和中心核心网络之间采用安全隔离网闸，以保障业务网与指挥中心核心网数据交换的安全。物理隔离网闸中断了两个网络之间的直接连接，所有的数据交换必须通过物理隔离网闸，网闸从网络层的第七层将数据还原为原始数据(文件)，然后以“摆渡文件”的形式来传递数据，真正实现了物理隔离。

对于一些光纤通信成本高的野外边远地区或移动指挥等，可以采用联通、移动、电信的4G/5G网络作为通信承载平台。4G/5G网络具有抗干扰性好、抗多径衰落、保密安全性高、系统容量大等特点，可提供任意形式的语音或数据业务，允许用户在端到端分组转移模式下发送和接收数据，支持从消息型到高速多媒体各种分组数据业务。4G/5G网络具有专门的移动定位技术，可以准确地测定移动台的地理位置。

公网和中心核心网络之间采用安全隔离网闸，以保障业务网与指挥中心核心网数据交换的安全，由运营商自行接入。

② 干线网络构架设计：对于汽车电子标识这种跨地区的网络系统而言，需要首先构建以光纤为通道的干线网络。干线网络可以利用现有的高速公路专网，以及运营商云计算网络。在省级核心节点建立核心交换，城域核心节点通过城域间高速公路专网汇聚到省级核心节点，城域内采用运营商汇聚VPN连接到城域核心节点，跨行业的干线网络如业务、保险、金融行业信息交换采用铺设光纤或者租用运营商云网络的方式接入省级核心节点，从而实现跨地区、跨行业的汽车电子标识系统虚拟专网。

③ 感知基站接入设计：射频基站和视频基站均需要架设L杆或者龙门架。因此基站需要供电、通信。卡点可以与摄像机共用光纤、交换机等网络设备。每个摄像机和读写器都有单独的IP地址。对于尚未铺设光纤设备的区域，可以利用光纤、4G/5G网络等进行终端通信。骨干网可以利用现有高速公路干线或者租赁运营商既有云网络，构建城域、城际、省域、省际的低延迟、高吞吐的高性能网络。

④ 外联系统接入设计：外联系统主要是发卡网点、偏远地区网点，以及社会合作资源的零星分散节点。这些节点的接入可以租用运营商汇聚在汽车电子标识专用VPN上的ADSL、4G/5G网络、Wi-Fi等实现接入。

(4) 数据采集、交换、存储及计算

① 数据采集总线设计：数据采集总线负责收集来自感知终端的射频、视频信息，通过数采总线，实现对感知设备的远程管理、监控、数据上传、指令下达的功能。

② 数据交换服务：为了解决信息孤岛大量存在的问题，实现数据同步、共享的目标，就需要引入数据交换服务体系。数据交换平台是一套基于既定标准的、灵活配置的以数据交换引擎服务为核心的技术平台，能够适应目前主流的数据库之间的数据交换和共享访问，以面向服务的设计框架来支持应用之间通过服务接口方式的信息交互。平台以数据总线的形式提供完善的配置和系统监控功能，对于各级的数据交互场景支持分布/集中式部署、集中式管理的功能。

③ 数据存储：数据交换平台按照已定的任务策略，将各应用系统的数据按照信息资源标准，提取、转换、转储到数据交换中心数据库，形成基础数据的积累，服务于各应用系统的查询统计，并为数据仓库的建设提供源数据服务，为决策支持系统、管理应用系统提供数据积累服务。数据交换中心的数据结构与各应用平台的结构基本相同，主要目的是服务于统一应用的集成。

数据中心采用信息集成技术从多个信息源中获取原始数据，经过加工处理后，存储在数据仓库的内部数据库中。通过向它提供访问工具，为数据仓库的用户提供统一、协调和集成的信息环境，支持全局的决策过程和对企业经营管理的深入综合分析。为了实现以上目标，需包含的功能模块如表5.8所示。

表 5.8　数据中心主要功能模块

模块	功能
数据源	提供源数据，如各种生产系统数据库，OLTP 系统的操作性数据，外部数据源等可以作为数据仓库的数据源
ETL 工具	从数据源中抽取数据后进行检验和整理，并根据数据仓库的设计要求重新组织和加工数据，并装载到数据仓库的目标数据库中
数据建模工具	用于为原数据库和目标数据库建立信息模型
核心仓储	用于存储数据模型和原数据，其中元数据描述数据仓库中元数据和目标数据本身的信息，定义从原数据到目标数据的转换过程
目标数据库	存储经检验、整理、加工和重新组织后的数据
前端数据访问和分析工具	供业务人员分析和决策人员访问目标数据库中的数据，并进一步深入分析和使用
数据仓库管理工具	为商业智能系统的运行提供管理手段，包括安全管理和存储管理等

④ 分布式并行计算系统：系统涉及大量交通及车辆信息的深度挖掘和及时响应，传统做法是让实时性查询由关系数据库承担，而数据仓库负责低实时的数据挖掘与分析，一旦数据量庞大，使用数据仓库将直接导致数据检索速度急剧下降，因此平台采用 Hadoop 来替代数据仓库实现低实时的数据挖掘。Hadoop 的数据装载开销比关系数据库小，但在效率方面不如关系数据库，为同时满足用户高实时请求及高计算和存储能力请求，将关系型数据库与 Hadoop 相结合实现海量数据实时计算，其架构如图 5.51 所示。

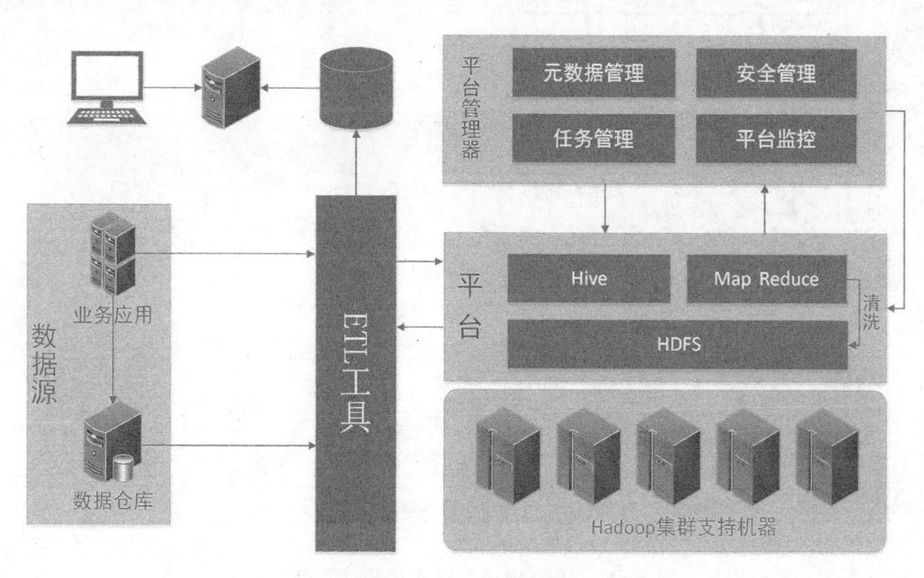

图 5.51　关系型数据库与 Hadoop 相结合的大数据计算

(5) 业务应用平台

业务应用基于 SOA 面向服务的技术架构，在城域乃至省域范围内实施汽车电子标识管理。软件系统针对不同应用需求进行组件化切分、组件开发、业务流程组件定制及各组件接口定义，并通过应用支撑平台提供的组件开发框架和接口适配管理工具进行组装、装配和管理，形成松散耦合的应用系统，从而达到总体设计、分别开发、总体集成、充分复用、易于扩展的目的。

软件平台构架如图5.52所示。信息总线维护车辆基本信息数据模型，由此定义汽车电子标识操作、采集远程接口，供道路卡口、数采基站、车管所等涉车业务远程调用的方法。

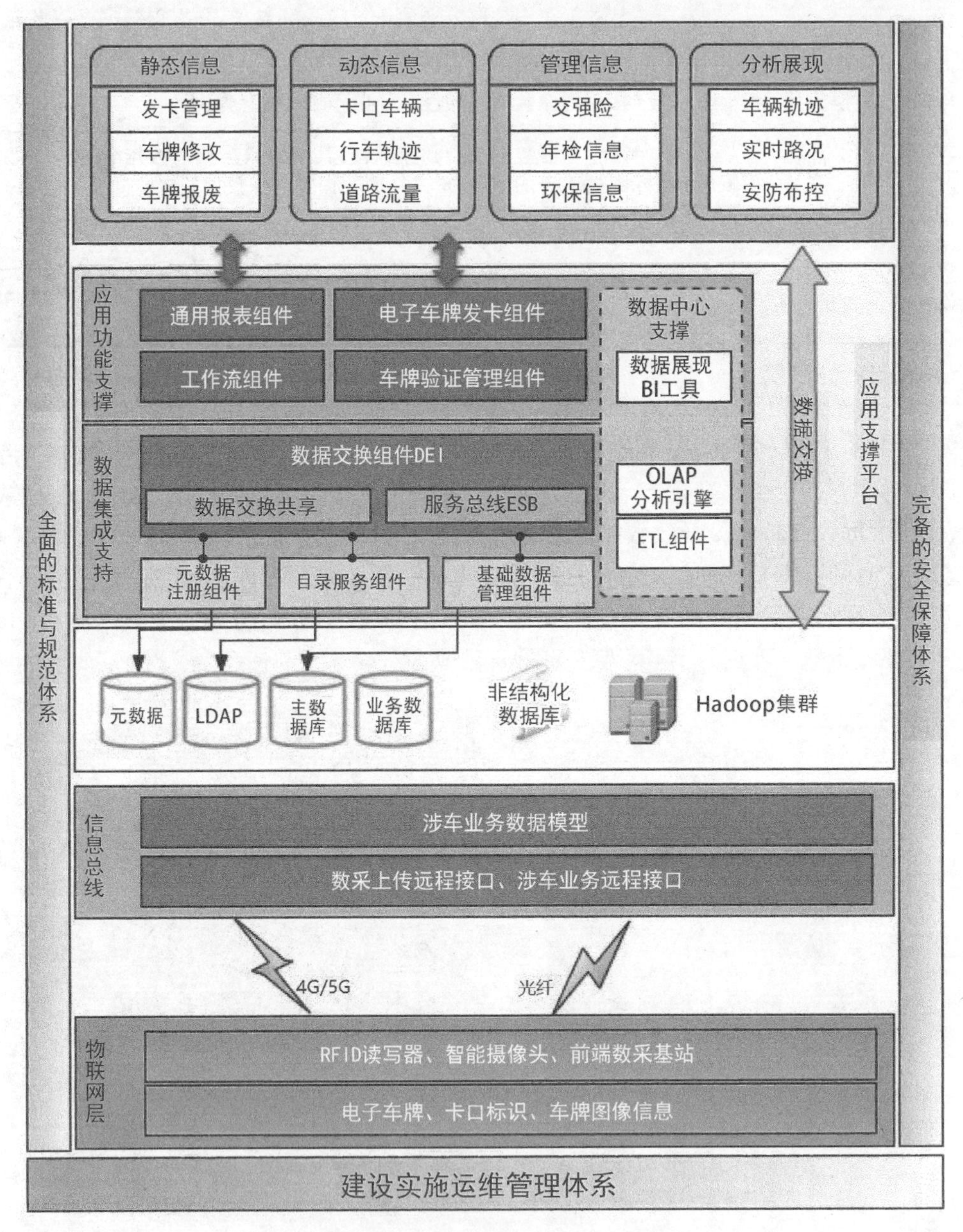

图5.52 RFID电子车牌应用软件平台架构

数据存储层包含关系数据库，也包含非结构化数据和大数据集群。对于业务数据基本以关系数据库管理为主，可以实现业务事物的频繁操作与业务信息的分类存放。大数据集群主要取代传统数据中心的多维数据模型部分，提供实时分析和海量计算功能，建立在大数据平台上的分析展现具有强大的数据挖掘和平滑扩容的能力。

应用支撑平台是软件平台的核心，它实现了车辆信息管理和涉车业务信息交换两大功能。

应用支撑平台分为数据集成支持和应用功能支持两层。数据集成支撑核心是数据交换组件DEI,它提供数据交换共享总线和服务总线ESB两个集成总线,分别管理元数据和主数据库的数据交换,并为ETL提供数据源;应用功能支撑包含车牌管理的核心业务车牌发卡和车牌管理验真组件,为了满足自定义的管理流程,还应具备流程编排组件,并提供报表展现功能。

数据中心包含ETL和分析展现两大部分,由于实时分析被大数据集群取代,仅需要OLAP分析引擎即可。展现仍保持BI分析形式,具有钻取、切片、挖掘等分析功能。

① 组件服务:组件服务交换平台是为政府和企业提供涉车业务的信息接口,补充平台数据来源、开发涉车业务增值服务和应用而建设的。其核心引擎是ESB(企业服务总线)和EDI(电子数据交换)。组件服务交换平台由组件服务管理和数据交换管理两部分组成。

组件封装包括对数据服务组件、应用服务组件、平台管理服务组件、安全服务组件等组件的封装。组件服务管理包括服务注册、服务访问授权、服务发布、数据交换管理等功能。数据交换管理具备数据注册、数据通道管理、数据发布、访问授权等功能。

② 应用平台:应用平台需要具备汽车电子标识管理发放、感知基站信息处理和分析、涉车业务协同、信息发布功能,未来还应增加基于涉车业务的交通社交功能。

汽车电子标识后台管理系统担负着汽车电子标识的发放、认证职能,卡口基站采集的车辆通过信息实时传给后台数据中心,业务平台也需要对卡口基站进行控制和调度,后台管理系统还需要和其他业务系统进行信息交换,以实现完整的业务流程。

图5.53 汽车电子标识物联网系统架构

整个应用平台分为4个层次,分别是感知层、网络层、平台层和应用层,其系统架构如图5.53所示。其中,感知层负责道路车辆信息标记、信号识别和传递、交通信息采集等对交通管理对象的识别、行为记录和管控;网络层负责通过采用不同媒介的IP网传输平台和交通管理对象之间的信息;平台层负责按照业务流程加工交通信息,实现对交通管理对象的管理和控制,并且提供与交通业务相关的其他业务和系统的信息交换接口;应用层通过对平台层的管控功能和信息进行编排,形成用户业务界面,以满足不同业务和部门的涉车交通应用。

从数据信息的持续性观察角度,受管理的汽车电子标识信息可分为静态信息、动态信息和管理信息。

静态信息是车辆自身的属性，如车牌、车架号、行驶证编号、颜色等，这些信息非常稳定，伴随汽车电子标识生命周期大部分过程。

动态信息是车辆安装汽车电子标识后在交通行驶过程中产生的信息，如位置、速度、行车路线等，由它们构成路况信息和车辆轨迹。

管理信息是车辆接受检验、违章查处等执法管理部门的处理时产生的信息。

3）信息安全保障体系

汽车电子标识系统涉及政府、企业和个人的大量执法、经济信息，在罚款、收费、消费环节还会产生大量金融信息，无论是汽车电子标识的静态信息，还是相关的动态信息、管理信息、交易信息，都需要确保信息不泄露、不丢失，保持一致不发生篡改，由此才能树立系统的正确性、权威性，这就需要建设安全保障体系来确保庞大数据的安全。

(1) 系统信息安全的具体目标

① 构建可信可控的网络平台：合理划分安全域，明确不同安全域之间的信任关系，并相应地采取物理隔离、防火墙、访问控制列表等安全措施，实现不同安全域之间网络层面的访问控制和检测。

② 构建安全可靠的系统平台：运用身份验证、权限验证、日志审计等手段，通过部署完善的各安全子系统并结合全面的安全服务和管理，在系统层面进行分级访问控制，做到按需赋权、不可抵赖。

③ 构建安全有效的数据平台：在分级访问控制的基础上加强对数据的管理，使用加密算法保证数据存储、交换和传输安全，保证数据被截取后无法被利用，传输过程不被篡改；使用容灾备份技术保证数据不丢失、服务不停顿。

④ 构建可靠的汽车电子标识数字凭证：汽车电子标识作为车辆身份的数字凭证，比可视车牌更适合做业务系统的信息依据。通过芯片加密技术确保汽车电子标识不被逻辑破坏，个人隐私不被泄露；通过使用动态加密策略确保系统密钥安全，从而确保汽车电子标识系统的确实有效性。

(2) 安全策略体系

安全策略是安全保障体系的核心，应统一制定包括物理安全、网络安全、系统安全、应用安全、数据安全、CA 认证、病毒防护、安全教育、信息系统备份与恢复、业务连续性、账号口令、安全审计、系统开发、人员安全等分项策略。分项策略的制定应保证实用性，必须明确责任部门、分项策略的适用范围，以及该项策略的工作内容。

根据 IT 实施的最佳实践经验，安全策略是信息安全保障体系的核心，是信息安全管理工作、技术工作和运维工作的目标和依据。安全策略是从单位领导者的角度审视和评估企业信息安全现状，确定在未来的发展过程中应对各种变化所要达到的安全目标，制定和调整企业信息化的指导纲领，争取以最适合的规模、最适合的成本，去做最适合的信息安全工作。从信息系统安全角度看，系统安全策略是为了利用各项信息安全建设和实施来保障其业务流程而确定的发展方向。安全保障体系的建设应以策略为核心，建立管理、技术和运维三大体系，如图 5.54 所示。

在管理体系方面，将安全策略提出的目标和原则形成具体的、可操作的信息安全管理制度，组建信息安全组织机构，加强对人员安全的管理，提高全行业的信息安全意识和人员的安全防护能力，形成一支过硬的信息安全人才队伍。

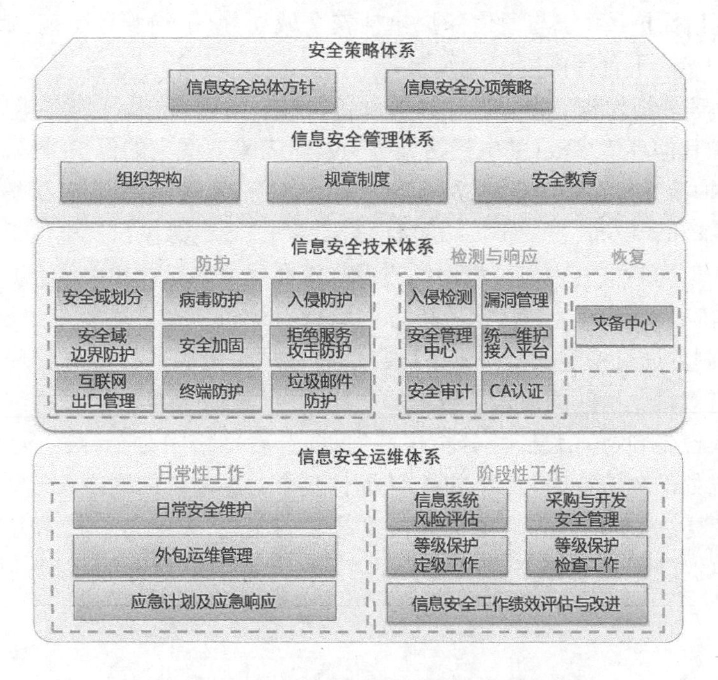

图 5.54　电子车牌标识系统安全保障体系

在技术体系方面，通过全面提升信息安全防护、检测、响应和恢复能力，保证信息系统保密性、完整性和可用性等安全目标的实现。

在运维体系方面，应制定和完善各种流程规范，制订阶段性工作计划，开展信息安全风险评估，规范产品与服务采购流程，同时坚持做好日常维护管理、应急计划和事件响应等方面的工作，以保证安全管理措施和安全技术措施的有效执行。

(3) 安全管理体系

汽车电子标识识别及应用系统信息安全管理体系主要应包括组织机构、规章制度、人员安全、安全教育和培训等四个方面内容。

(4) 安全技术体系

信息安全技术体系是管理体系和运维体系能够有效实施的重要保障，通过使用安全产品、技术及相关的服务活动如运维、应急等，与管理和运维体系共同支撑和实现安全策略，达到信息系统的保密、完整、可用等安全目标。

从系统安全需求出发，通过对安全服务模块及其他功能模块的设计和实施，建立安全技术架构，提供汽车电子标识系统的 IT 安全服务和能力。

① 访问控制：访问控制是对信息系统中发起访问的主体和被访问的数据、应用、人员等客体之间的访问活动进行控制，防止未经授权使用信息资源的安全机制。在访问控制中应主要完成边界防护、双因素认证、互联网出口管理。

② 生产环境：使用 VLAN 对网络进行分割，划分为若干子网，分别为不同级别工作站、服务器提供网络环境。外网网站单独组网，通过网闸进行隔离，外网服务器可以通过受限的协议和端口(例如 VPN)访问特定的应用服务器，禁止外网服务器直接访问核心数据库服务器。

③ 测试环境：测试环境是一个与互联网物理隔绝的独立局域网，用于系统测试，通过完整测试的系统方能部署到生产环境中。

④ 系统与通信保护：系统与通信保护包括安全域划分、拒绝服务防范、邮件防护、CA 认证体系、统一维护接入平台等内容。

⑤ 硬件和物理环境保护：为保护计算机设备、设施(含网络)及其他媒体免遭地震、水灾、火灾、有害气体和其他环境事故(如电磁污染等)破坏,需采取适当的保护措施。

机房安全保护涉及机房强电配电系统、电子门禁系统、视频监控设备、机房空调系统、机房消防报警灭火系统和弱电布线系统等。机房内需安装 UPS 电源主机及电池组,采用独立双路供电,确保设备的不间断电力供应。机房的建设应符合国家和行业相关标准要求。

⑥ 检测与响应：检测包括漏洞管理和防火墙行为分析。在进行安全建设的过程中应采用有效的管理机制并通过一定安全技术手段自动有效地对漏洞进行动态管理,实现对漏洞风险的闭环管理,有效避免由漏洞攻击导致的安全问题;通过防火墙协同使用,在系统网络中的关键点(数据交换设备)收集信息,并分析这些数据,查看网络中是否存在违反安全策略的行为,监视网络边界处的攻击行为,及时报警,从而使整个信息系统的网络入侵防范更为完善。

⑦ 备份与恢复：主要的工作有备份及恢复策略的制定、灾难备份技术方案的实现、人员和技术支持能力的实现、运行维护管理能力的实现、灾难恢复预案的实现,以及异地容灾的建设。

5.5.3 工程实施

1) 系统部署概述

在工程部署中,在机动车辆上安装汽车电子标识,建设 RFID 和智能摄像机基站,通过射频视频联动感知技术构建起基于 RFID 的“车辆信息采集系统”;通过省域范围的云网络,以光纤、以太网、4G/5G 网络与后台系统通信,通过大数据平台对海量车驾信息实施分析和挖掘,通过应用平台管理、操作、展现车驾信息,从而实现“实时监控、联网布控、自动报警、快速响应、信息共享、行业应用、安全防范与打击并重”的综合管理效能与目标。系统总体建设部署内容如图 5.52 所示。

物联网层需要城域网布线支持,或者通过 4G/5G 网络接入汽车电子标识城域 VPN 网。信息总线需要对内网和互联网都进行发布,但发布的接口可以有所区别。信息总线部署在感知应用服务器中,与业务应用服务器物理分开。关系数据库采用集群方式部署,集中存储数据信息,以便于增强运算和存储能力。大数据集群采用 Hadoop 集群,Hadoop 集群需要 Data Node 服务器和 Name Node 服务器,其中 Name Node 至少需要 2 台服务器进行双机热备。业务应用服务器主要对内网、涉车业务 VPN 网提供应用服务。

2) 感知系统建设

(1) 发放汽车电子标识

汽车电子标识是一个工作于 UHF 频段的无源 RFID。

汽车电子标识是汽车的数字身份证,它以车辆身份的自动识别功能为核心、提供汽车的身份特征信息、路网运行时空信息及事件信息,是交通管理服务相关应用系统的感知层物理基础。汽车电子标识的发放、安装必须规范,这是由技术和管理两方面因素决定的。管理上,汽车电子标识是车辆的数字身份识别标识,是立体智能交通综合管理业务中的基础环节,所有的机动车电子标签必须由交通管理部门统一管理发放,以示权威性和严肃性;技术上为了确保信息的规范性和道路识别的可靠性,也需要统一设计和安装。

(2) 建立感知基站

RFID 基站群是构建车辆精确定位、快速反应、立体管控的前端感知基础设施，其信息的准确、全面、高效与否是系统成败的关键之一。

要建设全面准确的道路感知体系，首先要对已有业务涉车信息化系统进行全面系统的实地勘测、调研和分析，在各个关键路口进行规划，建设完善 RFID 基站建设所需要的网络布控、电源供给、架设硬件等保障条件。

对单独的数采基站，因为无须和智能摄像机配合，所以保证数采成功率是主要要求。对各类型车辆按照规范安装汽车电子标识后依次通过基站，调整各车道天线角度，直到天线和道路形成准确的匹配关系，不漏读。

对于和智能摄像机配合的基站，需要进行匹配调试。在不改变摄像机最佳摄像角度的情况下，选择天线角度和位置，确保二者在最短时间内同时识别过往车辆。

实际部署的时候，因为射频识别的最佳角度比视频的大，如果要与智能摄像头联动，则需要在摄像头安装杆之前架设射频天线。如图 5.49 所示。

在路面规划的道口和位置建立卡口，立 L 杆或龙门架，布线，安装读写器、摄像机、地感线圈、天线等基站设备。

(3) 安装汽车电子标识

通过建立营业网点或者商业模式合作伙伴，向社会发放汽车电子标识，并负责安装调试。

3) 网络通信系统建设

建设省域骨干网络、感知终端通信，为企业和个人提供安全、可便捷接入的网络系统。

(1) 组建骨干城域 VPN 专网

射频基站、前端监控、卡口、路面执法、第三方涉车业务等均需要与核心服务器交换数据，在互联网基础上组网会带来极大的风险，因此需要使用通信运营商 VPN 专网或者企业通信云，授权的节点通过专网访问业务应用服务器和数采应用服务器。

(2) 终端感知设备接入

通过运营商或者高速公路网络在路边的接入点，接入摄像机、读写器等车辆感知设备。

(3) 远程设备接入

通过运营商 VPN 汇聚网络接入零星分布的客户端、营业网点。

4) 数据中心建设

(1) 感知终端管理模块

开发感知终端管理模块，实现感知终端的运行状态监控、故障报警和周边维护信息管理功能。

(2) 数据采集模块

开发数据采集模块，实现感知数据上传和指令下达功能。

(3) 数据维护模块

数据维护模块负责对原始采集数据执行 ETL 后传输到数据仓库供分析展现使用。

(4) 数据分析展现模块

该模块负责对业务主题、涉车动态提供分析展现结果。

(5) 并行分布式计算系统

该系统负责大数据分析，取代传统数据仓库的 OLAP 数据库，提供大吞吐量、多维、灵活的实时分析。

5）应用及管理平台建设

立足于本系统选用的 RFID 技术，建设汽车电子标识后台管理平台，实现汽车电子标识发放、车辆管控、数据挖掘分析和信息交换功能。后台管理平台分为硬件和软件系统。硬件包含数据库服务器集群、大数据服务器群组、业务应用服务器集群、数采应用服务器集群、核心交换机、防火墙、网闸、路由器等设备。

（1）应用平台系统建设

应用平台系统建设立足于成熟、经济、适用、先进、可靠的 RFID 与视频识别相结合的基础技术，与各项业务工作紧密结合，采用开放、模块化、智能化的体系结构，充分考虑已建系统和拟建系统在应用功能、数据结构、业务流程上的高度统一，合理配置资源，依托现有的信息网络系统和监控中心管理系统，实现整个系统科学、高效、协调的管理与运行，构筑指挥高效、反应灵敏、处置快捷、防范有效、控制有力、操作方便、保障可靠的治安防控体系，完全能够实现“实时监控，联网布控，自动报警，快速响应，信息共享，监控、威慑、防范与打击并重”的综合管理效能与目标。

基于 RFID 技术，感知系统可以实现：

① RFID 读写器可以实时地读到每一辆过往的带电子标识的车辆的信息，包括车牌号、车辆类别、车辆类型、购车年份、上牌时间、所属公司、车主姓名、颜色等信息。

② 所有经过 RFID 智能监控卡口的带电子标识的车辆，其出卡口时间、入卡口时间等信息可以通过网络实时汇总到控制中心，可以输入车牌号查询车辆的动态轨迹，也可以输入卡口点号码查询某卡口某段时间内的出入车流情况。

③ 在控制中心的黑名单中输入相关车牌号并点击“发送黑名单”，就可以通过网络及时地把被盗车辆、在逃车辆等非法车辆的黑名单传送到各卡口识别站，当黑名单中的车辆经过卡口识别站时，基站可以通过声音、灯光等方式报警，提醒有关人员进行处置。

④ 在紧急情况下可以使用车载移动识别基站对特定路口机动地进行重点监视。

采用此技术可临时部署移动识别基站形成道路断面控制作业模式，支持车辆在“自由流”状态下进行自动识别，使卡口不会形成交通瓶颈，确保道路畅通。

（2）车辆全生命周期管理

基于 RFID 电子标签的车辆管控体系可以实时获取在用车辆的身份特征信息、路网运行时空信息及事件信息，并通过将现有业务系统中采集的涉车信息分类融合到统一的“车辆动态信息实时监测平台”中，从而为实现涉车信息的资源化开发和应用奠定基础。

平台可以实现与现有指挥调度业务系统、现有交通管理业务系统，以及现有治安防范业务系统中车辆信息的动态融合，实现对车辆的全生命周期管理，通过信息共享引导多部门联合管控，为车辆分类业务如公交车、长途客运车、长途货运车、渣土车、运钞车、应急车辆、校车、公务车辆等分类精准管理提供信息支撑。

平台通过车辆唯一标识可以实现车辆年检、保险、维修、报废等完整生命周期的记录，提高车辆业务服务水平和管理水平，减少违法事件的发生。该平台对在用车辆、驾驶员治安防控主要采用以下五个步骤来实现：

① 基于 RFID 技术为汽车装配一个“汽车电子标识”，面向该装置，建设以原道路违法信息采集系统和警务工作站为基础的覆盖辖区范围的 RFID 基站网络，建设起基于 RFID 涉车信源的车辆管控体系。

② 在用车辆治安防控信息系统以对汽车的“身份自动识别认证”功能为核心，建设一个“车辆动态信息实时监测平台”，向业务机关提供汽车的“身份特征信息”“路网运行时空信息”

“事件信息”等信息。

③ 业务机关根据信息系统所提供的汽车的“身份特征信息”“路网运行时空信息”“事件信息”等信息对在用车辆进行治安防控管理。

④ 利用“涉车涉驾信息资源”，建设“涉车信息公共服务平台”，进一步开发此信息资源，为交通、环保、保险等行业提供应用服务。

⑤ 通过项目实施，在已建成视频号牌识别、自动比对与报警的基础上，增加 RFID 射频识别，同时合理新增点位，建设视频-射频“双基型”的治安卡口，实现对机动车进出城的“双基识别”的有效管理。

在汽车电子标识信息规范内容中也有车辆用途类型的编码字段，这个字段可以开放给第三方涉车业务系统使用，可以设计符合各自业务需要的专用车辆管控业务。

(3) 车驾信息公共服务平台

“涉车信息公共服务平台”以涉车、涉驾信息资源为核心，以道路交通管理、运输服务领域的业务数据为基础，利用现代信息服务技术建立一个面向公安、交通、环保、税务、保险等多个领域的开放式信息服务平台，在提供最基本的涉车信息查询、统计、分析服务的同时，对各种分布式的、异构的道路交通领域的信息资源进行一体化组织与管理。其主要功能包括：

① 对区域性路网交通流信息的精细查询和统计，可为交通规划提供数据支持。在低成本的前提下，实现关键道路、关键路口、各个方向上交通流量的精确统计。同时，统计分析汽车运行的规律性，使交通规划设计建立在科学分析的基础之上。

② 通过交通流量信息的发布，可充分组织、调度、平衡道路资源的使用，由传统的被动管理交通变为主动组织交通，引导车流，减少阻塞，提高行车速度，从根本上消除交通的瓶颈路段和道口，实现交通通畅的目标。

③ 依据平台采集和发布的实时交通信息，自动修正车载导航器的行车路线，为用户提供真正意义上的动态导航服务。平台还可提供各类交通信息(交通拥堵情况、客运车辆班线等)，以便于公众出行安排路线和行程，减少交通拥堵和事故发生概率。

5.5.4 智能可视化运维

信息安全运维体系的作用是在安全管理体系和安全技术体系的运行过程中，发现和纠正各类安全保障措施存在的问题和不足，保证系统稳定可靠运行，有效执行安全策略规定的目标和原则。当运行维护过程中发现目前的信息系统不能满足信息化建设的需要时，应当制定新的信息化建设规划，进而通过信息化系统建设，使信息服务能力持续得到提升。

汽车电子标识识别和应用系统运维体系建设工作的内容应当包括制定流程和规范、制订阶段性工作计划、开展服务能力评估、实施安全分级、规范产品与服务采购、加强日常维护管理、提高紧急事件响应能力、进行绩效评估与改进等。

统一运维管理平台具备海量任务管理、调度、执行能力，能够满足百万规模数据中心的自动化作业管理能力，能够承担百万级并发任务的分钟级下发、执行能力，能够通过监控服务和自动化服务的联动实现智能故障自愈，能够支撑多个数据中心的日常运维场景，能够提供简便的场景编排能力将运维专家的经验固化成代码，能够以可视化的方式展现运维效能。智能可视化运维管理平台架构如图 5.55 所示。

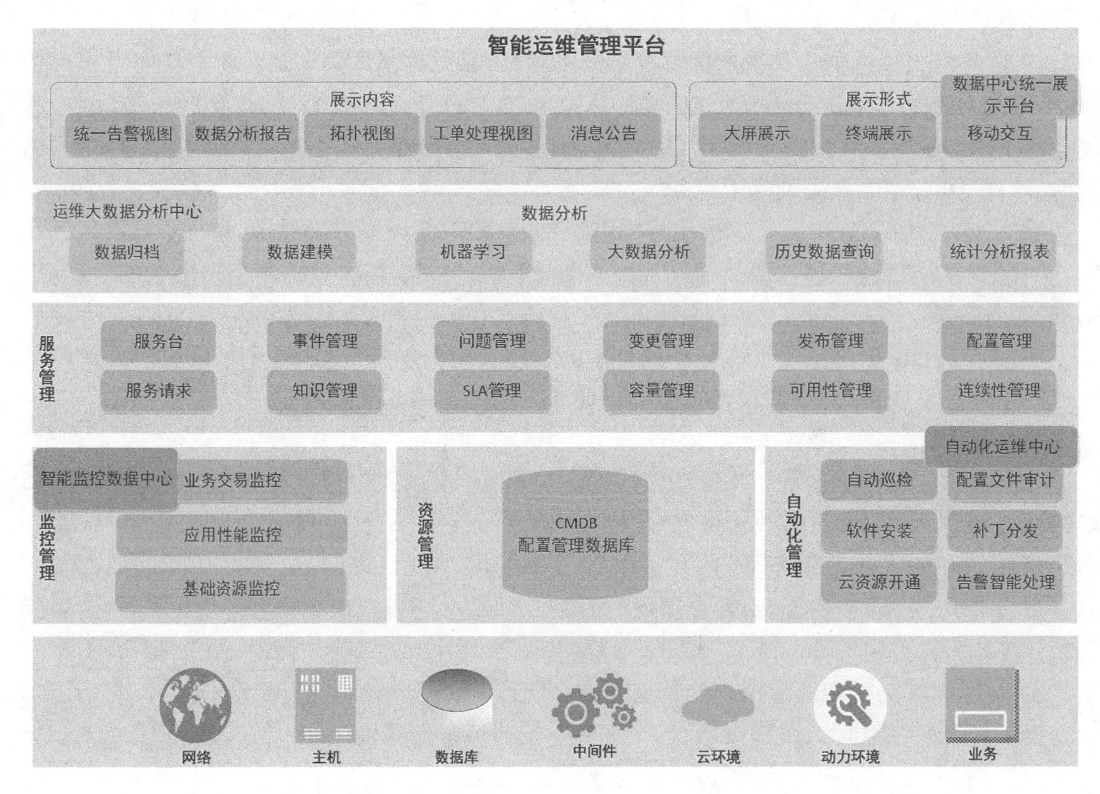

图 5.55　智能可视化运维管理平台框架

1）功能需求

统一的智能可视化运维管理平台支持自动化运维场景，包括：

① 上线下线涉及主机、服务和应用在线状态检查，确保应用运行在线率。

② 服务器自动部署。可自动部署操作系统和虚拟化平台。

③ 应用自动安装。即实现为操作系统批量打补丁、批量部署应用系统等功能。

④ 健康巡检。涉及服务器、虚拟机和操作系统级别，确保系统安全稳定运行。

⑤ 资源动态调度及故障自愈。通过脚本的编写与编排，并与监控平台告警联动，实现资源的自动弹性伸缩、迁移，以及一些简单故障的自愈作业。

⑥ 配置信息自动发现场景，包括服务器基础信息自动发现、存储设备自动发现、虚拟机自动发现等功能场景，实现配置信息自动发现，配置自动入库。

⑦ 运维运营可视化具备 2D/3D(二维/三维)可视化呈现能力，聚焦业务用户、业务的数字化运营，拉通各维度运营数据，打破互联信息孤岛，提供可视化、数字化、智能化的运营服务，数字化驱动、提前洞察改进机会点，挖掘数据价值。可视化展现可提供多维度、多视角、多层次的可视化呈现，实现管理者既能从全局视图纵览监测，又能从不同主题视图深入了解配置、性能、告警、网络等信息，直观地评估警务大数据的运维情况、运行效益、主要问题、关键风险，为领导决策提供支持。

2）实际效用

(1) 支持 2D/3D 可视化呈现

支持二维大屏呈现和三维实景仿真。通过三维建模的方式将电子车牌大数据中心园区，楼层结构，机房容量、设备端口及生命周期信息，管路及配线，动环、告警联动等，按实际部署及分布情况进行三维仿真，实现对数据中心、模块化机房、设备区、动环、设备安装及线路部署等运维专题真实、直观的三维展示，实现360°视角展现监控和报警数据，可以快速定位故障设备及线路，实时监控维护区人员工作动态，既契合了大数据中心运维工作需求，又方便了日常管理工作和价值呈现。

(2) 满足不同用户的可视化需求

支持对各级运营运维对象从全局到设备级的运行状态实时秒级展示，包括服务器、存储、网络、云资源等。

① 管理者：从经营角度掌控全网的综合态势，包括数据中心、网络、云资源。

② 运维人员：云数据中心运维整体情况、健康度、可用性、SLA(Service-Level Agreement，服务等级协议)。

③ 运营人员：运营服务的容量、用户体验、应用的生命周期管理。

3) 运维安全保障

(1) 安全分级

安全分级是指对信息及信息系统，按照本单位的安全策略及相关法规和标准的要求进行分级，以对不同类别的信息和信息系统提供不同等级的安全保护。应按照国家有关标准、规范，遵照国家关于行业信息系统安全等级保护工作的有关要求，确定本单位信息系统和信息子系统的安全级别。分级应考虑如下要素：信息系统的资产价值、信息系统的业务信息类别、信息系统的服务范围，以及信息系统对业务的影响。

(2) 风险评估

风险评估是指对信息系统面临的安全威胁，存在的脆弱性，以及它们综合作用带来负面影响的严重性和可能性进行系统化的分析和评价。风险评估的作用是了解信息和信息系统面临的安全风险，为实施安全控制措施以降低安全风险提供依据。

(3) 应急计划和事件响应

应急计划是在信息系统发生紧急安全事件(包括入侵事件、软硬件故障、网络病毒、自然灾害等)之后，为尽快恢复其正常运行，降低安全事件的负面影响而制定的预案。有关应急计划内容应包括计划制订、计划培训和计划演练。

事件响应是在安全事件发生后根据应急计划对事件进行监控、处置和报告，采取相应措施将损失降到最低程度并从中吸取教训的活动。事件响应工作应包括事件监控和事件处置。

4) 绩效评估与改进

绩效评估与改进的目的是通过对信息安全保障体系建设规划的执行情况进行全面测评和总结，准确了解信息安全保障体系实施的效果、存在的问题和安全需求变化，并根据实际情况采取相应的纠正和调整措施，从而不断完善信息安全保障体系。当通过绩效评估发现目前的信息安全保障体系已不适应本单位信息化建设的发展要求，不能有效防范所面临的安全风险时，应结合信息技术的进步并根据本单位新的信息安全保障需求，及时开展新一轮信息安全保障体系建设工作，使信息安全工作与信息化工作相协调，达到“以安全保发展，在发展中求安全”的目的。绩效评估工作可以委托第三方进行，但不能由参与了信息安全保障体系建设的信息安全服务商承担。

5.6 视图中台实施方案

城市公共安全视频图像数据中台(简称“视图数据中台”)由数据服务(Data API)和汇聚管理(Data Collection)两大核心组成,提供视频图像数据资产的规划和治理、视频图像数据资产的获取和存储、视频图像数据的共享和协作、视频图像数据业务价值的探索和分析、视频图像数据服务的构建和治理、视频图像数据服务的度量和运营六大功能。

视图数据中台是各信息前台应用系统实现敏捷开发、战略创新的基础。治安视频、车辆和人脸抓拍、电子警察抓拍、静态人像、多种营业场所图像资源等视图数据的汇聚、传输、跨网交互、各级业务对接等需求由“汇聚管理”核心模块高效赋能。实现应用系统敏捷开发、业务系统快速使用视图数据等需求则由“数据服务”核心模块提供高效的数据服务支撑。

总之视图数据中台是聚合和治理跨域视频图像数据,并将数据抽象封装成服务,提供给前台以业务价值的核心数据组件。

5.6.1 需求理解

城市公共安全视频图像数据中台是一个庞大的基础资源库体系,技术要求高,适应性广,其构建是一个循序渐进、分步实施的过程。本着“统一规划、统一管理、统一应用、资源共享”的总体建设思路,通过搭建一个云平台,整合多源异构前端和子系统,实现数据采集、存储、统筹规划和数据共享,提升城市安全数据管理信息化和现代化水平。

根据城市公共安全视频建设的实际情况(包括前端视频、车辆和人脸抓拍、电子警察抓拍,以及静态人像资源、各种图像资源等),建设视频专网和业务内网的视频图像信息资源库,实现对各种价值视频图像资源进行统一汇聚管理,对各种依托视频图像资源的应用提供支撑,满足内外网不同业务的需求,支撑部省市县多层级的共享。

视频图像信息库整体分为数据接入、基础资源库、数据关联融合、专题资源库、服务提供五层逻辑结构,如图 5.56 所示。数据接入主要是对结构化或非机构化数据进行接入并按照数据标准进行清洗。清洗后对数据进行分类建库存储。数据关联融合层主要对接入的实时/非实时数据进行关联、融合、碰撞、分析,专题资源库主要是对分析后的数据生成专题库以支撑上层应用。

5.6.2 视频云平台组成

视图库系统处于 DaaS(Data as a Service,数据即服务)层中,针对用户对数据查询应用特点,采用分布式数据库和全文索引库构建成数据存储和查询平台,对下采集整合多种视频数据资源,对上提供查询功能。

数据存储和查询平台具备数据采集、数据管理、数据服务的功能,能为各类视频应用、用户查询提供数据支撑,包括大数据服务、专题库、基础库等。

视图库系统对接现有数据采集系统(人像结构化系统、车辆结构化系统、视频结构化系统、高清卡口平台、视频云平台等),支持与省级视图库系统进行级联,并对其他业务系统[警务大数据平台、新一代 PGIS(警用地理信息系统)地图服务、移动警务系统等,包括运维期内的其他业务系统]提供视图库的数据服务，视图库将作为警务大数据中的一个补充。城市级视频云架构示意图如图5.56所示。

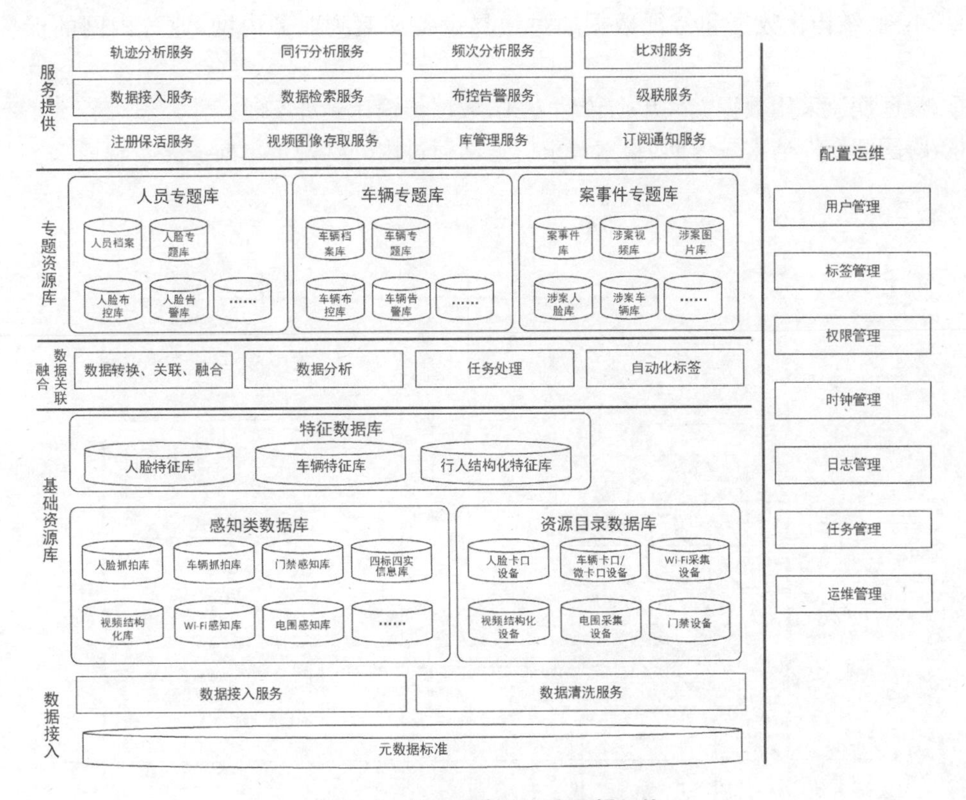

图 5.56　视频图像信息库逻辑架构

5.6.3　数据资源分布及管理策略

视频图像信息库逻辑架构如图 5.56 所示，包含基础资源库和专题资源库。

基础资源库模块主要是对前端感知数据进行建库存储、查看，基础资源库包括基本的图像资源库：人脸抓拍库、车辆抓拍库、视频结构化库等。

基础资源库对于图像联系紧密的非图像库也提供支持，包括 Wi-Fi 数据资源、手机数据资源、四标四实库等。

专题资源库主要存储基础资源通过数据分析模型分析、处理后生成的数据，分为人员专题库、车辆专题库、案事件专题库三大类。

为节约建设资金，大体量原始视频图像在视频专网或业务内网保存，且只保存一份。在此原则下，视图库既要对原始图像进行存储和管理，也要对其他系统或模块内存储的视频图像资源通过 URL 链接的形式进行管理。

为保证视频专网和业务内网双网双平台数据融合的效率，需要与业务数据深度融合的结构化数据、小图数据和特征数据，在业务内网也要保存一份。

为保证基层处警速度和效率，布控业务在视频专网侧实现。

因此，可采用如下数据分布方案：

① 原始图像资源库部署在视频专网，保存期为 3 个月。

② 视频图像的结构化计算和特征计算在视频专网内进行，小图、结构化数据和特征数据在视频专网内保存。

③ 小图、结构化数据和特征数据通过边界设备摆渡到业务内网，业务内网的保存期为1年。

④ 数据摆渡采用数据文件单向传输方式，数据传输达到准实时。

⑤ 跨网的布控请求—返回、检索请求—返回通过内外网两个单向链路实现。

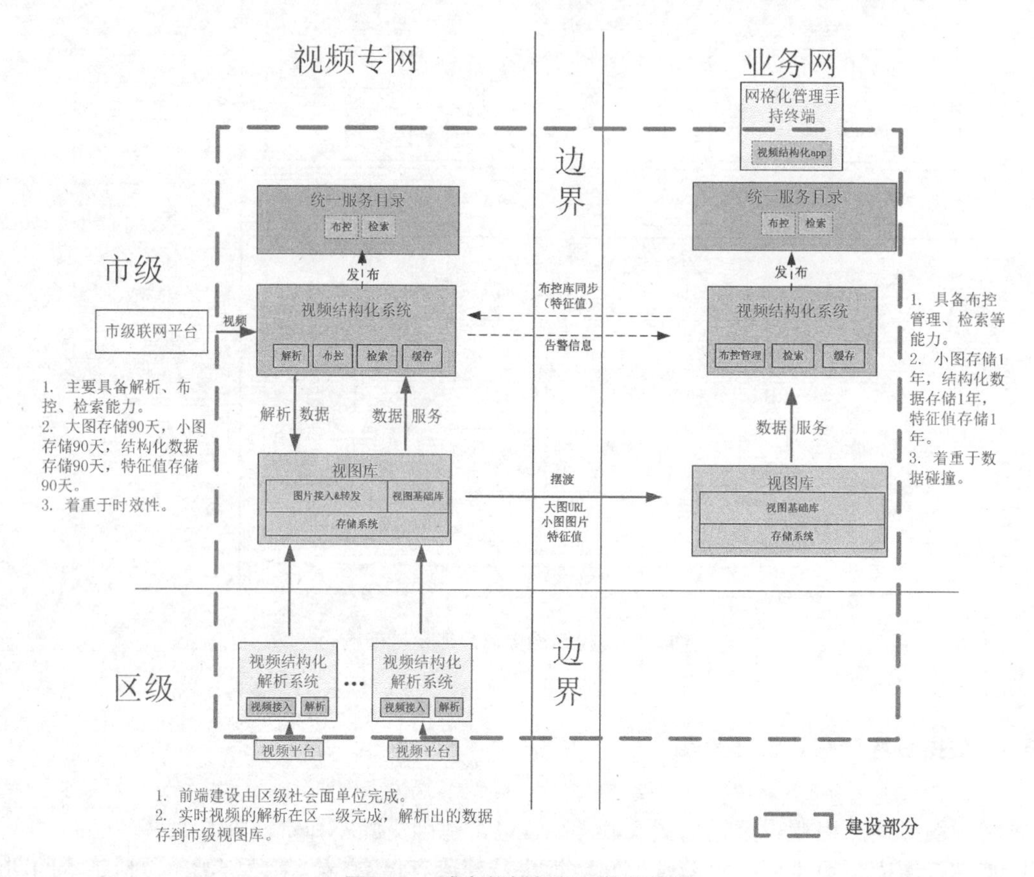

图 5.57 城市级视频云架构示意图

5.6.4 应用接口及级联

1) 对接前端采集平台，汇聚管理

视图库前端对接人脸采集系统、车辆采集系统、视频管理平台，对数据进行汇聚管理。通过视图库标准采集接口、消息队列中间件、调用 SDK 或 API 集成等方式获取数据，再汇聚到视图库。

2) 视图库基础信息管理

视图库基础信息管理主要包括数据清洗、数据转换、数据关联、数据检索、数据服务、数据透传。视图库通过大数据技术栈中的工具结合数据开发手段，在不影响当前信息系统正常运行的情况下，从海量、多样的城市安全大数据中采集不同类型数据，并进行清洗、处理、计算，从而得到规范的数据，解决信息存储与查询问题。

3）与其他视图库进行级联

各级视图库按照《公安视频图像信息应用系统　第 4 部分：接口协议要求》(GA/T 1400.4—2017)采用级联接口进行逐级互联。视图库依托视频云进行建设，业务网节点由业务网视频云划分资源予以部署，统一管理及对外提供数据服务，为治安卡口缉查布控系统、交通管理综合应用平台提供过车数据、违章数据等。视图库资源、服务目录注册至省信息资源服务平台对外统一发布。

4）对其他业务系统的数据支持

视频图像信息库支持对接人脸结构化系统、车辆结构化系统、视频结构化系统，以及其他应用系统，业务系统通过视图库标准数据服务接口与视图库交互，实现数据的获取及回写。

视图库系统是公共安全视频图像信息应用体系的核心，是公共安全视频图像分析设备/系统、在线视频图像信息采集设备/系统，以及应用平台之间的枢纽。内外网边界接入及上下级系统级联关系如图 5.58 所示。视频专网通过边界接入平台接入业务信息网。

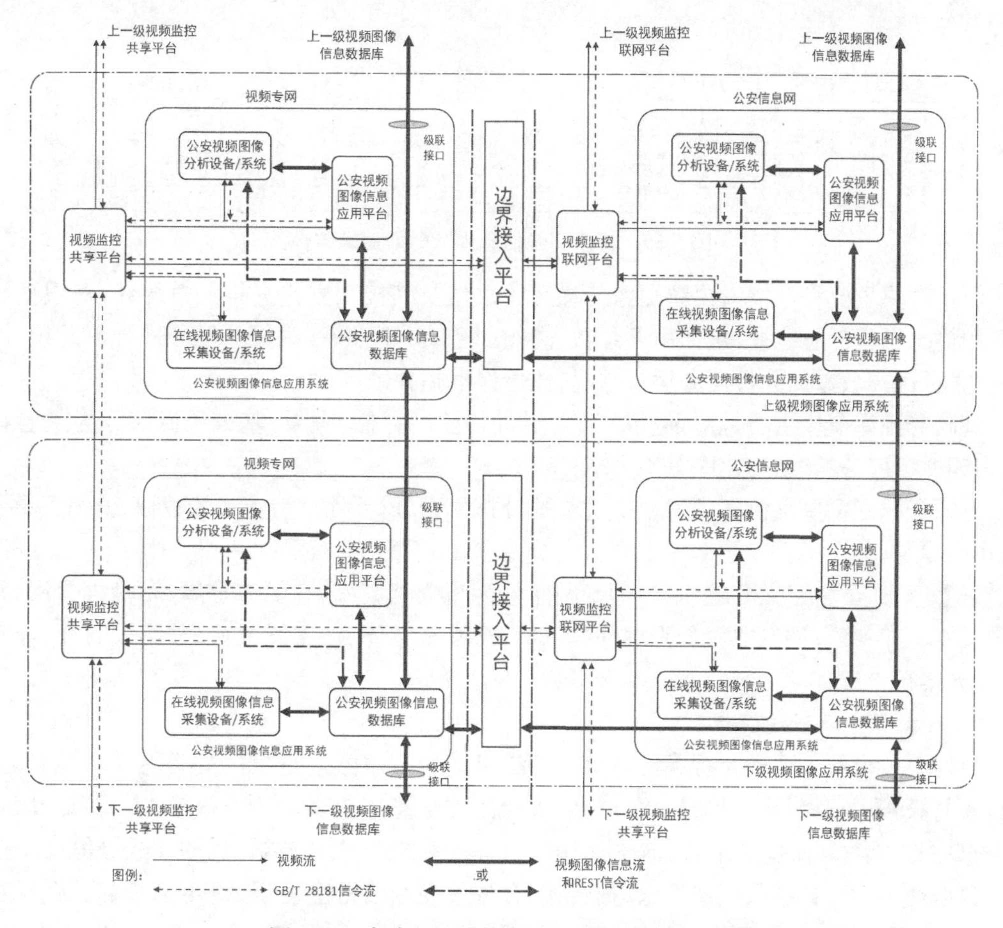

图 5.58　内外网边界接入及上下级级联关系图

5.6.5　公安视频图像信息数据库

数据库应符合《公安视频图像信息应用系统　第 3 部分：数据库技术要求》(GA/T 1400.3—2017)中的规定，其提供的采集接口、数据服务接口、级联接口等应符合《公安视频图像信息应用系统　第4部分：接口协议要求》(GA/T 1400.4—2017)中的规定。

通过数据服务接口为应用平台、分析设备/系统、其他信息系统提供服务。

采用分布式部署方式，部署在视频专网内的视图库通过级联接口和边界接入平台向部署在业务信息网内的视图库共享数据。

各上下级各级视图库通过级联接口实现联网。

1）总体构成

视图库各数据子库分布如图5.59所示。

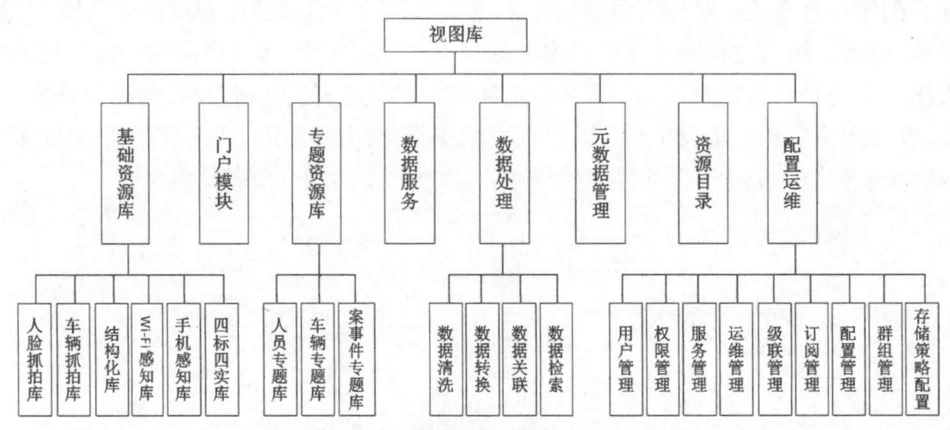

图5.59　视频图像信息库功能数据库结构

门户模块主要是对接入视频图像信息库的数据及其接入方式进行汇总统计，对数据服务的调用情况进行汇总统计，包括服务总数、高频服务、调用方等，对服务任务进行汇总统计，包括任务运行情况、数据分析任务运行情况、注册保活拓扑图等。

基础资源库模块主要是对前端感知数据进行建库存储、查看，基础资源库分为人脸抓拍库、车辆抓拍库、视频结构化库等。

专题资源库主要存储基础资源通过数据分析模型分析、处理后生成的数据，分为人员专题库、车辆专题库、案事件专题库三大类。人员专题库分为人员档案库(一人一档)、人员布控库、人员告警库、人员自定义专题库；车辆专题库分为车辆档案库、车辆布控库、车辆告警库、车辆自定义专题库；案事件专题库分为案件信息库、涉案视频库、涉案图片库、涉案人脸库、涉案车辆库、涉案行人库、涉案非机动车库、涉案物品库。

2）数据服务及资源目录

数据服务模块主要是对视频图像信息库提供的所有服务进行统一分类展现，按照库及库所具备的服务进行展示。可通过服务检索视频图像信息库提供的所有服务，查看每个服务的服务ID、接口状态、连接应用数、描述、调用地址、调用方式、调用参数、返回参数等信息。

数据处理过程包括数据清洗、数据转换、数据关联和数据检索等。平台针对接入的结构化数据，按照预设的清洗规则进行清洗，并依照元数据库进行重新审查和校验，检查数据的一致性，处理无效数据、缺失数据与重复数据，确保数据可用。

对接入的结构化数据进行类型转换，按平台预设的转换规则进行数据转换，对数据进行重组后入库。对于非结构化数据，须进行关联融合处理后，再做数据转换。

平台通过多种基础资源关联，对基础资源、级联进行管理与维护，并提供增删改查等多种管理功能。平台数据检索引擎包括分布式结构化数据检索引擎与分布式特征数据检索引擎。

元数据是用于定义视频图像信息库数据结构的基础元素。通过元数据标准规范统一定义平台中所有数据表中数据项的名称、类型、长度、遵循的规范等，为后续数据应用、数据服务提供参考标准，规范数据采集、存储、共享过程，从另一角度保证数据整合的一致性、唯一性。

元数据管理主要是对元数据进行增、删、改操作，元数据按照资源目录、人员、人脸、车辆、行人、非机动车、Wi-Fi、门禁、电围、网吧、旅业、停车场、案事件进行分类。

资源目录管理主要是对所有接入视频图像信息库的数据中的设备信息进行接入、展示，资源目录数据从一机一档系统同步，在视频图像信息库中不做修改。平台支持通过接口或手动添加的形式接入设备资源信息。资源目录只有管理员账号能看到。资源目录的分类包括人脸卡口资源、车辆卡口资源、Wi-Fi 采集设备资源、门禁采集设备资源、电围设备资源。

(1) 视频专网和业务内网的视图资源分布

① 大体量原始视频图像保存且只保存一份(视频专网和业务内网)。

② 需要与业务数据深度结合的结构化数据、小图数据和特征数据，保存在业务内网内。

③ 布控业务在视频专网实现。

(2) 人脸图像数据分布

① 原始人脸图像资源库放在视频专网内。

② 人脸图像的结构化计算和特征计算在视频专网内进行，人像小图、结构化数据和特征数据在视频专网内保存。

③ 人像小图、结构化数据和特征数据通过边界设备摆渡到业务内网。

④ 数据摆渡方式采用数据文件单向传输方式。

3) 级联同步

数据处理模块的级联同步功能与汇聚接入模块的级联同步功能紧密协同运作，提供如下两种方式的同步：下级的数据通过级联同步功能接入本级平台，按照同步配置，将下级平台的数据实时或定期同步，并按类型存储至对应的主题库；本级的数据同步到上级平台，按照同步配置，将本级平台的数据实时或定期同步到上级平台。

级联同步包含的功能如下：

① 下级视图库的数据通过实时或定期同步两种方式同步至本级视图库中，本级视图库按类型存储至对应的主题库中。

② 本级视图库的数据通过实时或定期同步两种方式同步至上级视图库中，上级视图库按类型存储至对应的主题库中。

③ 视频专网视图库的数据通过实时或定期同步两种方式同步至业务网视图库中。同步的数据包括基础资源库和专题资源库数据。

④ 视频图像信息库提供级联同步管理功能，提供同步方式、数据种类等的配置管理、支持同步任务的启停、任务执行情况的监控。

⑤ 级联同步的配置管理。提供同步方式、数据种类等的配置管理。同步方式分为实时同步和定期同步。定期同步可以通过消息总线实现，列入定时任务管理模块中。用户可以根据数据资源目录，选择需要同步的数据种类。

⑥ 级联同步任务的管理。针对定期同步的任务的启动、停止等进行管理。

⑦ 级联同步的监控。针对数据同步的执行情况进行监控，若同步出现异常，则进行告警并通知维护人员及时进行处理。

系统通过上下级视图库的级联接口实现上下级系统之间的级联联网。上下级系统级联联网的结构参见图 5.58。

上下级系统的级联联网符合《公安视频图像信息应用系统　第 3 部分：数据库技术要求》(GA/T 1400.3—2017)中的相关规定。

视图库建设中，要在业务网和视频专网内对多种业务进行支撑，需要在两个网内进行数据透传。由于视频专网的大量数据需要传输到业务内网，视频专网到业务内网采用单向数据传输方式。为方便布控等实时性要求高的业务，业务内网可通过信令数据通道向视频专网发送布控数据和指令，如图 5.60 所示。视频安全接入链路主要设备包括防火墙、视频安全接入系统（视频接入认证服务器、视频隔离光闸、视频用户认证服务器）、监管探针。结合现实需求，面向市级城市公共安全保障建设一条接入链路，实现视频专网内的人脸和车辆等图片数据安全可控地交换至业务内网，并用来分析研判。

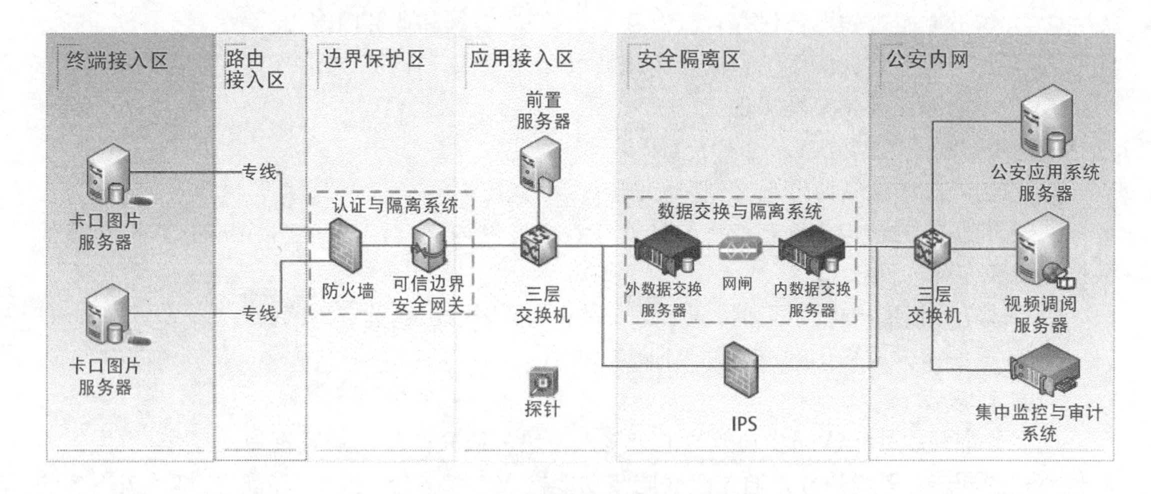

图 5.60　数据交换网络拓扑图

具体业务实现如图 5.60 所示，数据交换平台的外数据交换服务器主动发起数据交换请求，将前置服务器上的数据经网闸、内数据交换服务器交换到公安信息通信网，实现数据由外向里的交换业务。

提供给外网卡口系统的数据通过内数据交换服务器，经网闸、外数据交换服务器交换到相应的前置服务器上。各卡口系统从相应的前置服务器获取其所需的数据。

4）部署实现

视图库由省、市两级组成，分业务网、视频专网进行部署。

全市范围内视图库统一规划、集约建设、分级部署。按照“物理分布、逻辑统一”原则采用分布式架构部署，支持云存储。全市范围内，有且仅有一套视图库。

视频专网视图库为接入管理节点，直接汇接交管卡口、治安卡口等公安道路卡口设备（摄像机、卡口终端盒等）、前端人脸抓拍设备，以及接入公安机关共享的社会面道闸卡口数据平台等数据，实现设备接入与管理、数据采集缓存、布控与告警等功能，支持本地应用（设备接入与管理主要面向公安道路卡口，接入公安机关共享的社会面道闸卡口仅要求建档备案）。

市级业务网视图库为汇聚共享节点，负责跨网全量同步视频专网视图库车辆、人脸图像信息资源，为车辆、人脸图像信息跨地区共享应用及与信息资源服务平台其他业务数据互通互用提供条件。

省级视图库负责桥接各市级视图库流转服务请求，实现车辆、人脸图像信息跨地区共享应用;对全省重点路段、重点车辆、人脸图像信息进行省一级汇聚、分析和应用。

各级视图库按照《公安视频图像信息应用系统　第 4 部分:接口协议要求》(GA/T 1400.4—2017)采用级联接口进行逐级互联。视图库依托视频云进行建设,业务网节点由业务网视频云划分资源予以部署,统一管理及对外提供数据服务,交付治安卡口缉查布控系统、交通管理综合应用平台提供过车数据、违章数据等。视图库资源、服务目录注册至省信息资源服务平台对外统一发布。

视图库包含应用功能、管理功能、数据接口功能三大功能模块。

应用功能模块包括注册保活、对象 CRUD 操作、布控与告警、订阅与通知、联网服务等功能。

管理功能模块包括存储管理、用户管理、设备管理、运维管理、数据管理、日志管理和时钟同步等功能。

数据接口包括数据采集接口、数据服务接口和数据级联接口。接口协议应采用 REST 架构进行定义,REST 服务通过 HTTP 的方法实现,消息体采用 JSON 进行封装,符合《公安视频图像信息应用系统　第 4 部分:接口协议要求》(GA/T 1400.4—2017)中的相关要求。

视图库通过数据服务接口为其他业务应用系统提供接入认证与鉴权、布控与告警、订阅等服务。视图库通过级联接口为上下级视图库提供接入认证与鉴权、布控与告警、订阅与通知、联网等服务。

5.6.6 视图库大数据治理

大数据是以半结构化和非结构化数据为主,以结构化数据为辅,各种大数据应用是对不同类型的数据内容进行检索、交叉比对、深度挖掘与综合分析。面对这类应用需求,传统数据库无论在技术上还是功能上都难以满足。大数据治理平台技术架构图如图 5.61 所示。

鉴于越来越大的数据规模,采用常规基于 DBMS 的数据分析工具和方法已经无法满足大规模数据分析的需求,视图库将基于大数据平台体系进行大规模数据的运算,通过集群的方式实现大数据运算,提供大数据的价值。

下面对大数据治理平台中的各个相关组件的功能和效用进行简单介绍。

根据数据源的多样性特点,数据存储采用混合架构:关系型数据库管理系统+大数据平台。面对半结构化和非结构化数据,基于大数据平台开源体系的系统平台更为适合。通过对大数据平台生态体系的技术扩展和封装,实现对半结构化和非结构化数据的存储和管理。对数据量比较小的数据,传统的 RDBMS 已经可以满足数据的存储需求。这类混合模式可以充分发挥各类平台的优点,能满足多样化的数据存储要求。

大数据平台 Hadoop 使用 HDFS 作为其存储系统。HDFS 提供了一个具备高度容错性和高吞吐量的海量数据存储解决方案,非常适合应用在大规模数据集上。HDFS 的特性包括:成本较低、支持存储数据的种类多和数量大、可靠性高和容错性好、数据完整性强、吞吐量大等。

HBase 依赖于 HDFS,是一种分布式的面向列族存储的非关系型数据库,可扩展支持海量数据存储,延迟比较低,可以接入在线业务。HBase 可以存储结构化和半结构化数据,数据最终落地在 HDFS 上,支持高效随机读写,不支持 SQL,不支持复杂事务,仅支持单行事务。

Hive 是建立在 Hadoop 上的数据仓库基础构架。作为 Hadoop 的一个数据仓库工具,Hive 可以将结构化的数据文件映射为一张数据库表,并提供简单的 SQL 查询功能。Hive 是用来管理和查询结构化数据的，它屏蔽了底层将 SQL 语句转换为 MapReduce 任务过程，为用户提供简单的 SQL 语句，将用户从复杂的 MapReduce 编程中解脱出来。

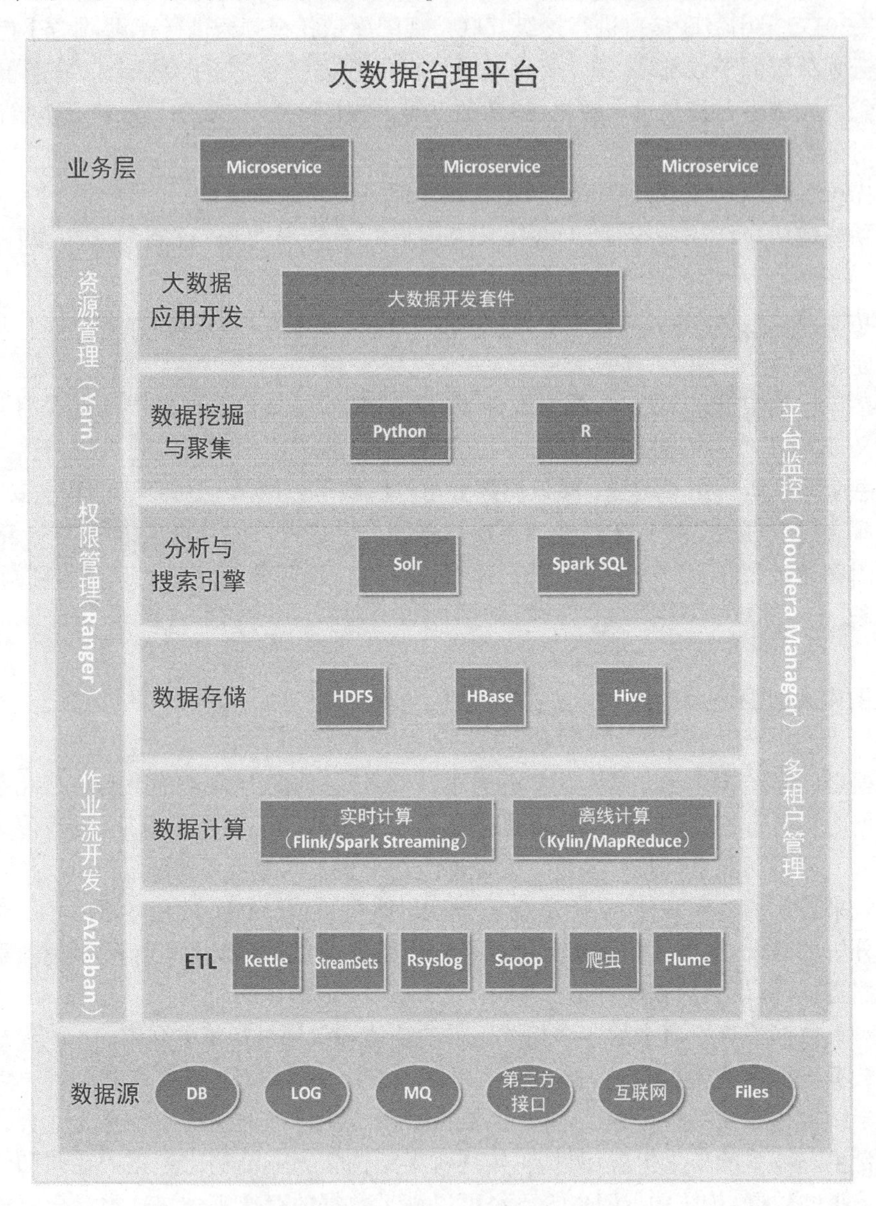

图 5.61　大数据治理平台技术架构图

Spark 是一种通用和多功能的大数据处理引擎，支持多种数据源、多种计算（机器学习、图形计算），可以执行 SQL 查询，也可以通过多种语言（Java/Python/R）代码处理复杂任务。其中 Python 提供了命令行方式运行。Spark 对其他大数据组件的兼容性较好，支持 Hive、HBase、HDFS、数据库、Kylin、Kafka 等。Spark SQL 能兼容 Hive 的 SQL 语法，但是执行时只是读取 Hive 的元数据，SQL 的执行是通过 Spark 自己执行的，效率上比 Hive 高很多。场景符合时用 Spark SQL 来做 Hive 的查询，Hive 本身只作为表的元数据管理来用。

目前离线计算在大量数据的慢速处理业务场景中采用 Hive，能在减少资源占用的同时保证大量数据能完成处理。在需要快速处理的业务场景中，目前主要通过 Spark 任务进行数据的处理。Spark 有多种优化方式，能保证任务的执行，方便调优。

Spark Streaming 语义上比 Storm 要完整，使用比 Storm 要简单，吞吐量也更大，实时性不如 Storm，但 Spark2.3 也推出了结构化流毫秒级的实时处理。本系统采用 Spark Streaming 作为流式处理引擎。

分布式图计算框架的目的，就是将对于巨型图的各种操作，包装为简单的接口，让分布式存储、并行计算等复杂问题对上层透明，从而使得复杂网络和图算法工程师可以更加聚焦在图相关的模型设计和使用上，而不用关心底层的分布式细节。Spark GraphX 是一个分布式图处理框架，它是基于 Spark 平台提供对图计算和图挖掘简洁易用而丰富的接口，极大地满足了对分布式图处理的需求。

数据查询与搜索引擎指数据存储后，经过一定的信息整理以后，提供给用户进行查询的系统。数据查询搜索引擎整理信息的过程称为“创建索引”。搜索引擎不仅要保存搜集起来的信息，还要将它们按照一定的规则进行编排。这样，搜索引擎不用重新翻查它所有保存的信息而迅速找到所要的资料。用户向搜索引擎发出查询，搜索引擎接受查询并向用户返回资料。搜索引擎随时接到来自大量用户的几乎是同时发出的查询，它按照每个用户的要求检查自己的索引，在极短时间内找到用户需要的资料，并返回给用户。

ElasticSearch 是一个实时的分布式搜索和分析引擎，使系统以很快的速度去处理大规模数据，可以用于全文检索、结构化检索、推荐、分析及统计聚合等多种场景。ElasticSearch 是一个基于 RESTful Web 接口的搜索服务器，提供了一个分布式多用户能力的全文搜索引擎。ElasticSearch 是用 Java 开发的，并作为 Apache 许可条款下的开放源码发布，是当前流行的企业级搜索引擎。ElasticSearch 可以进行分布式实时文件存储，并将每一个字段都编入索引，使其可以被搜索；可以扩展到上百台服务器，处理 PB 级别的结构化或非结构化数据。

6 典型系统及设备

6.1 人证核验设备介绍

人证核验设备常用于重要场所通道式自助通行应用。当前，人一般在设备上刷身份证或射频工作证，设备读取身份证或工作证内的电子照片等信息，并和当前人脸进行 1∶1 图像比对，根据结果即是否为同一人决定是否放行。该设备也可用于访客登记、小区出入人员管理等需要核验身份证件的场所。

该设备按形态一般分为台(立)式人证核验设备和通道式人证核验设备。前者多用于访客身份登记核验，后者多用于楼宇或重要场所出入通道自助核验通行。

如图 6.1 所示为公安部第三研究所开发的台式及立式人证核验设备。其中，证件支持 13.56 MHz的员工射频卡和二代身份证，前置摄像头具备活体检测功能，能够有效避免利用照片进行虚假核验的现象。本产品广泛应用于访客身份核验、员工考勤场景。

图 6.1　立式及台式人证核验产品外观

如图 6.2 所示为通道式人证核验闸机外观图，其中左图为普通通道式人证核验闸机；右图为多生物特征核验闸机，具备人脸、身份证、指纹、虹膜等多种方式组合验证的功能。左图中的普通人证核验闸机产品前面板安装有双目摄像头，可实现活体检测。右图中，虹膜认证模块和枪球联动摄像头集成在外置组件上，可以灵活装拆选用。虹膜认证模块具备俯仰机构，能够实现中远距离的虹膜采集和验证，闸机后端枪球联动摄像机具有全景-特写画面联动采集功能，能够实现对通道通行人员的伴随人员进行抓拍，并对场景内人员进行计数等功能。

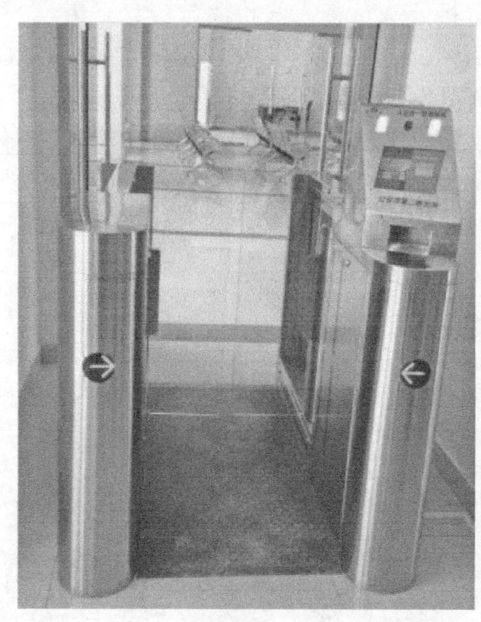

图 6.2　普通人证核验闸机和多生物特征核验闸机

多生物特征核验闸机功能框架如图 6.3 所示。从图中可以看出，本设备采用了人像比对、指纹识别、虹膜识别等三种以上身份认证方式进行复合验证，并通过融合决策给出最终判断结果，最大限度避免了单一身份核验技术的决策错误和应用场景局限。

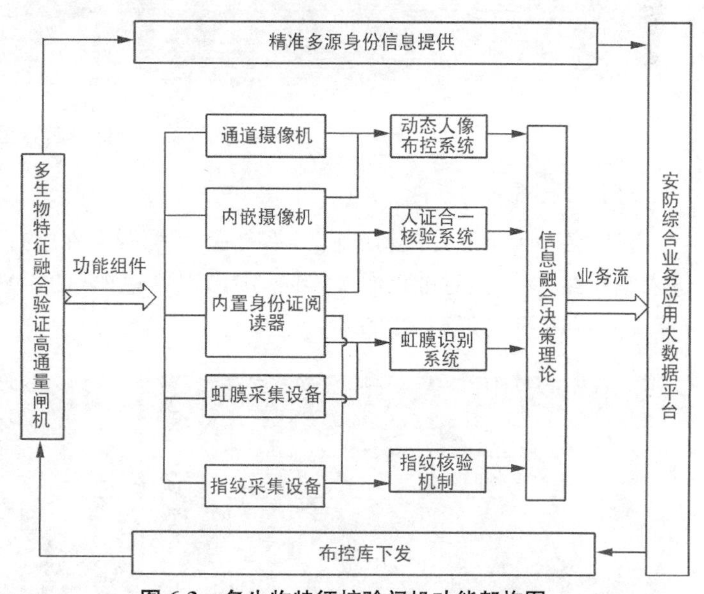

图 6.3　多生物特征核验闸机功能架构图

该产品已经在新疆一些县市的客运总站、治安大队、交警大队等单位进行了广泛试用，反馈效果良好，有效地实现了科技助警，提升了社会安全保障能力和水平。

1）*产品定位*

高性能人证核验产品，采用公安部第三研究所自主研发的深度学习人脸识别算法和多模态识别引擎，可实现人员身份信息和生物特征信息的快速、便捷、安全自助验证。可与各种系统集成，广泛应用于安防、银行、证券、保险等领域，也可用于对人员身份一致性要求较高的场合，如治安、民航、教育、酒店、园区等。

2) 使用场景

刷身份证并通过高清摄像头自动采集人员现场照片，与射频读卡器读取的芯片照片自动进行相似度判断，确认人员是否持有本人证件并记录识别结果。

3) 产品功能

产品基础功能为人证核验功能。设备前置摄像头负责人脸检测与信息采集，在图像中准确定位面部位置及大小、检测出有效人脸图像。人证核验算法提取面部图像的特征数据与身份证照片中的特征数据进行比对，通过阈值设定，输出匹配结果。系统采用了深度学习架构，基于深度学习的全新自然光人脸识别算法，具有人脸特征自学习功能，能够有效解决人脸随岁月缓慢变化导致识别精度下降的问题，可基于不同的光照、视点、年龄、身份、表情的人脸进行深度学习，在该平台上成功进行过验证的人脸信息可以自动在数据库中建立档案，作为后续验证模板。

系统主要功能是人证核验功能、白名单通行功能、黑名单禁行功能及虹膜验证通行功能。

(1) 人证核验功能

打开软件进入工作界面，将人脸对准摄像头，屏幕中出现红色框(即识别出人脸)，将二代身份证放在闸机的刷卡区域，核验通过则放闸通行，如图 6.4 所示。

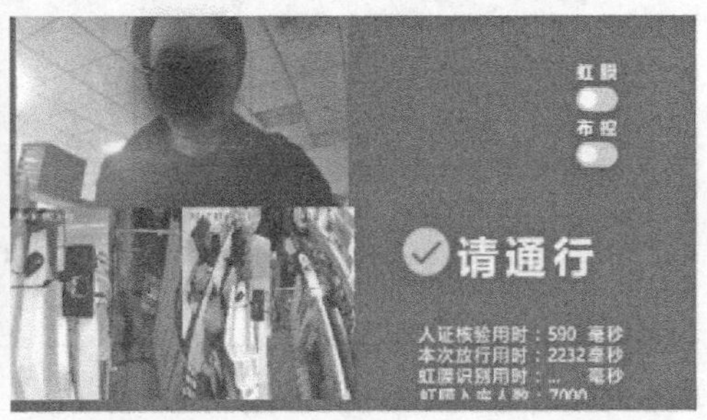

图 6.4　人证核验功能及其界面

(2) 白名单通行功能

将白名单人员照片更新到白名单中后，在配置文件中打开白名单功能，然后启动核验软件进入主界面，将人脸对准摄像头，屏幕中出现红色框(即识别出人脸)，点击界面上的“无证通行”按钮，即可正常通行，如图 6.5 所示。

图 6.5　白名单通行功能及其界面

(3) 黑名单禁行功能

将黑名单人员照片更新到黑名单中后，打开配置文件中的黑名单功能，然后打开核验软件进入主界面，打开界面上的“布控”功能，将人脸对准摄像头，屏幕中出现红色框(即识别出人脸)，再将二代身份证放在闸机的刷卡区域，由于在黑名单列表中，不能正常通行，界面显示“故障　联系工作人员”，如图 6.6 所示。

图 6.6　黑名单禁行功能及其界面

(4)虹膜验证通行功能

打开软件进入工作界面，然后打开界面上的“虹膜”功能，将人脸对准摄像头，屏幕中出现红色框(即识别出人脸)，并将二代身份证放在闸机的刷卡区域，下方显示虹膜与重点数据库中的虹膜样本的比对结果，识别通过则能够放行，如图 6.7 所示。

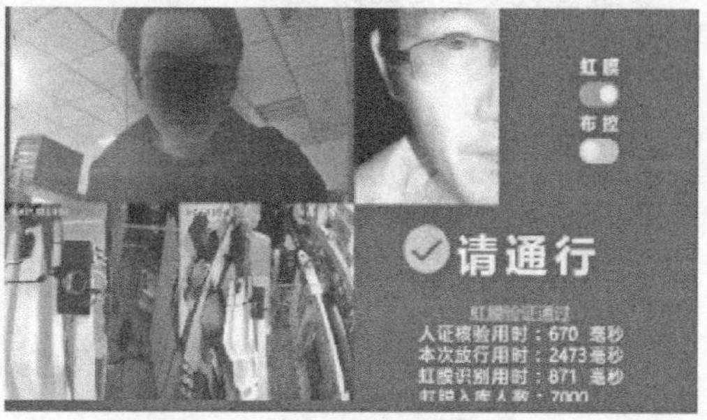

图 6.7　虹膜比对功能及其界面

4) 台式(立式)产品规格参数

操作系统：Windows10。

硬件平台：主频 1.8 GHz，四核 CPU，4GB DDR3，512GB SSD 硬盘。

显示屏：10 英寸彩屏，分辨率 1280×976 像素。

摄像头：专用摄像头(500 万像素)。

拍摄距离：30～80 cm。

人证核验正确率高于 98%。

人证核验时间：小于或等于 2 s。

记录容量：50 万条(包含现场证件、人脸数据)。

5) 通道闸机产品规格参数

多生物特征核验闸机的主要性能参数如表 6.1 所示。

表 6.1　多生物特征核验闸机主要性能参数

序号	性能描述
1	人证合一对比正确率高于 99%
2	人证合一验证时间不高于 800 ms
3	枪球联动系统抓拍到的人脸高清图像分辨率不低于 300×300 像素
4	从刷卡到闸机放行时间不高于 2 200 ms
5	支持 7 000 人的虹膜特征对比
6	支持虹膜采集距离为 500 ～1 100 mm(俯仰式)
7	虹膜识别时间不高于 1 000 ms

前文已经介绍了台(立)式及通道式的人证核验设备,在前期的成果基础上,我们在进行社区风险管理相关课题研发工作时,针对社区网格化管理中对社区出入人员进行身份核验,以及巡检中对可疑人员进行身份核验登记的需要,开发了具有人证核验、指纹比对、声纹识别功能的多生物特征核验网格员设备,设备功能强大,便于携带。产品外观及主要功能如图 6.8 所示。

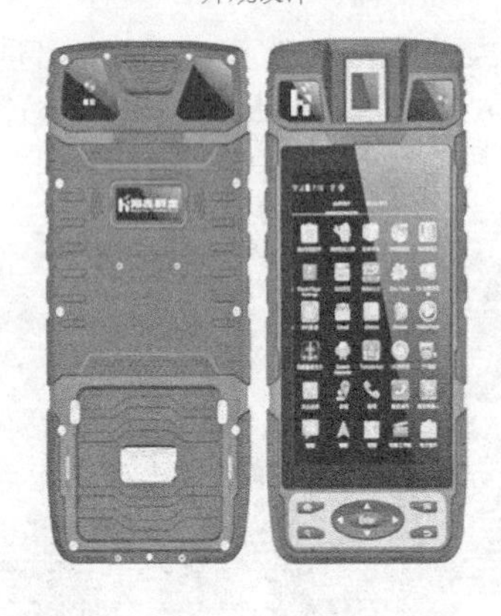

- 基于Android平台的具备人员信息采集、存储和比对功能的设备;
- 将采集到的人员(指纹、人脸)信息与居民身份证芯片中的信息进行1:1的身份核验;
- 将采集到的人员信息与预先导入设备内的指纹、人脸、声纹库信息进行1:*N*的脱机身份核查;
- 将采集到的人员信息通过网络通信模式与后端更大的人员信息库进行联网的身份核查,比对结果返回至终端,进行核查结果确认。

图 6.8　网格员设备外观及功能简介

6.2　立体云防控系统

立体云防控系统是基于多摄像机协同、全景拼接技术及增强现实技术集成应用的一套设备平台,主要由高新兴等厂商开发。产品要素包括“云眼”“慧眼”“画中画”及“BS 系统”。简单地说,立体云防控设备就是使高低点的摄像机有效联动,并结合 AR 和人工智能视频解析,实现大场景全景监控和事态细粒度感知的结合。在这种应用模式中,高点摄像机为全景监控负责全局态势感知,低点摄像机为抓拍摄像机实现细节捕捉。

其中“云眼”是指高点 AR 摄像头或全景摄像机,一般安装高度高于 50 m,用于高点俯瞰,重点标注,整体展现监控区域情况。“慧眼”是低点摄像头,一般安装高度低于 5 m,用于捕捉细节,并在人工智能算法支持下实现对象特写画面的细粒度解析。“画中画”是在 AR 标签周围显示实时视频画面的小窗口。“BS 系统”是指系统基于浏览器和服务器的服务架构,有浏览器即可访问。系统的特点为 AR 技术和视频地图引擎相结合。

全景监控有多种实现模式，可以通过同一型号的摄像机阵列进行画面物理拼接实现，也可以对不同摄像机的画面基于图像特征进行自动拼接。对于一般情况下的场景监控，也可以采用800万像素以上分辨率的摄像机配低畸变的广角镜头实现单设备的全景监控。此外，对于画面刷新率要求不高的情况，也可以通过PTZ球机等间隔水平旋转180°抓拍形成的图片序列拼接成全景照片，这种情况下，相邻抓拍画面应有重叠。

6.2.1 立体云防控系统主要功能

1）AR标签灵活标注

（1）多种类标签灵活标注

可以对监控对象进行标签标注，可以分为执勤点、人、车、商场、酒店、学校、医院、功能交通、位置等多个类型的标签。

（2）标签内容多形式展现

针对指定的标签，通过画中画（实时摄像头视频流）、文字、图片、图片集、链接文档等多种形式进行联合展现。

（3）标签数据动态呈现

后台可以实时推送数据到对应的标签上展现。例如在人脸识别标签上，可以实时显示识别图片或者布控抓拍结果图片。展现的图片随着标签的移动而同步移动，清晰、准确、直观地展现识别抓拍结果。

（4）AR视频录像

AR标注汇集到录像视频流之中，录像回放，突出重点信息显示。

2）多图层分层展现

呈现重点区域、重点类型数据。例如，人流密集监控点可设置只显示人脸、人流分析等类型标签，将人脸分析、人流分析的结果突出显示。

3）接入呈现大数据分析结果

可以将大数据分析的图片、文字结果动态呈现在客户端上。

4）敏感结果告警

可以针对布控人群中的异常对象，产生实时告警，准确定位告警的发生时间、监控地点。

5）GPS移动端实时监控指挥

可以将移动的能够提供GPS信息的监控对象，如单兵装备，接入立体防控网络。可以实时查看执法仪在监控范围的位置，连接单兵装备的视频点播系统实时了解现场情况。可以将第三方BS系统嵌入到立体云防控系统中，简单地实现多系统整合，达到立体防控的目的。

6）多球联动功能

全景摄像头可启动多球联动，可通过搜索标签和3D定位触发。

（1）开启3D定位

鼠标左键框选全景区域任意地方，可以把全景距离100 m以内的带GPS坐标的球机在高点中以画中画的形式打开。如图6.9所示。

（2）标签搜索联动功能

可通过客户端软件，在标签列表中挑选或输入标签标题两种方式搜索标签，并能联动附近的多个球机转向该标签获取监控画面。如图6.10所示。

图 6.9　多球联动功能

图 6.10　标签搜索联动功能

(3) 3D定位联动功能

可通过客户端软件，开启3D定位功能，通过标签搜索到联动的高点如图6.10所示画面时，在全景视频画面中任意单击或者画框全景中任何位置的目标物，会自动联动附近的多个球机转向该目标物获取监控画面。

(4) 标签添加

在全景添加的标签，在联动球机也会添加，但不能修改删除，并且全景摄像头添加的标签不区分设备标签和平台标签。双击联动球机的视频窗口，可跳转到球机，球机显示全景的标签和自己本身的标签。

(5) 无人机画面接入

普通球机具备的功能无人机大多数都支持，系统支持无人机画面接入，无人机在行驶过程中，间隔一段时间会自动更新标签，实时显示标签位置(1 km以内)，超过范围的标签不再显示。无人机高点监控画面如图6.11所示。

如图6.12所示为高低点摄像机及联动画面调度展示。

图 6.11　无人机高点监控画面

图 6.12　立体云防控系统应用场景展示

6.2.2　全景-特写联动监控

安防领域常见的全景画面的获取生成方式有枪型摄像机画面拼接及鱼眼摄像机画面采集两大类。两者的区别和优缺点如图 6.13所示，严格来说，鱼眼摄像机获取的“全景”画面畸变太大(图 6.14)，和人类自然视觉区别较大，不是真正意义上的全景。基于枪球联动的全景-特写画面捕捉是目前安防监控领域的主流应用方式。枪球联动的全景监控

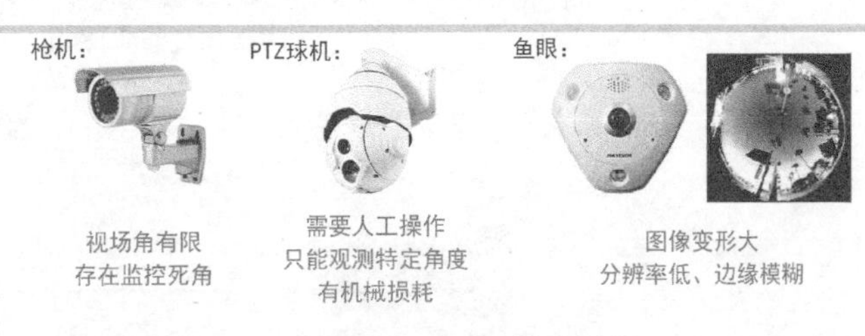

- 新型多相机拼接式360°摄像机：
  - 无死角、无机械部件
  - 相机间图像实现无缝融合
  - 变形小，成像分辨率均匀
  - 视场范围大，垂直视场可达300°

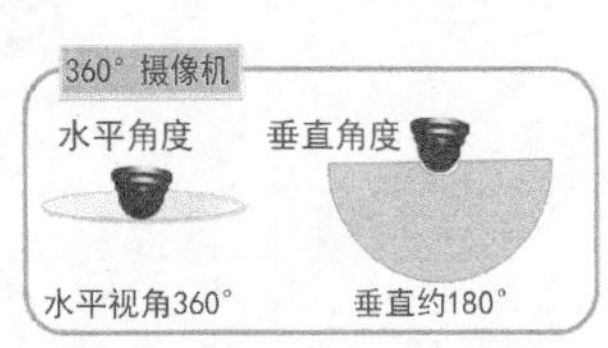

图 6.13　拼接式全景和鱼眼全景对比

设备主要有厦门博聪科技公司相关产品，基于广角定焦枪机和 PTZ 协同实现的全景-特写多目标智能监控系统拓扑图如图 6.15 所示。

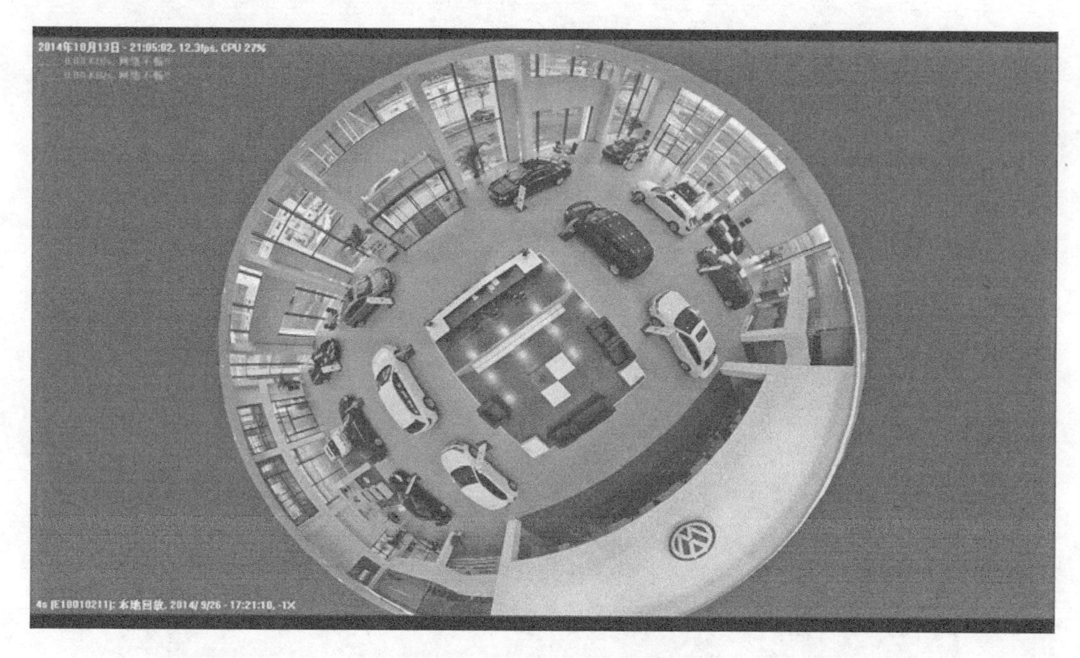

图 6.14　鱼眼镜头全景画面

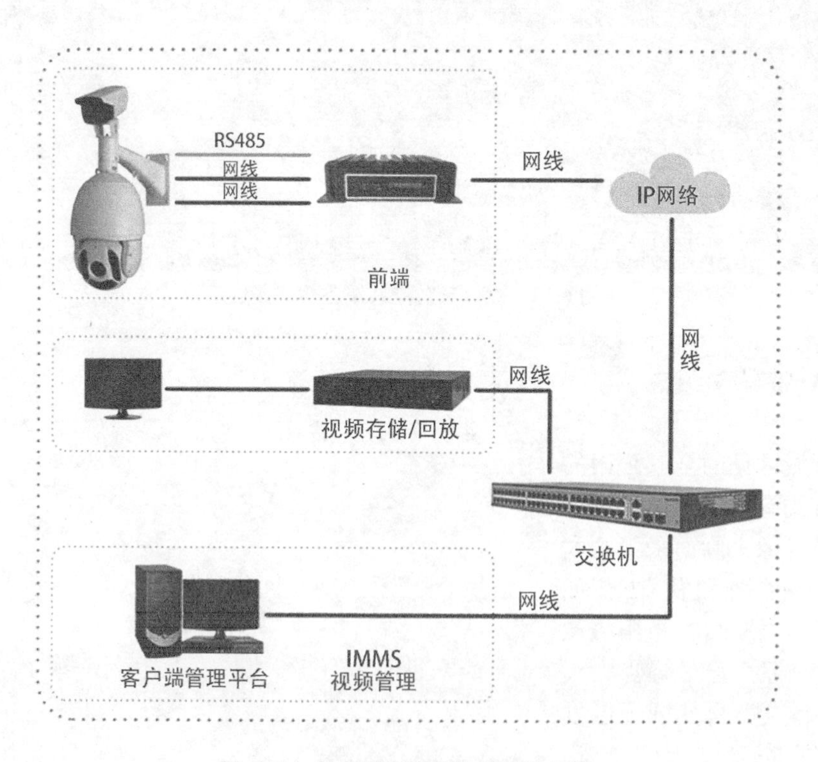

图 6.15　多目标智能监控系统拓扑图

枪球联动的全景监控设备广泛应用于市民广场(图 6.16)、火车站广场(图 6.17)、工业园区(图 6.18)、机场停机坪等场地的全景监控和特写细节捕捉。

图 6.16 中上图为定焦宽视野枪型摄像机全景画面，下图为具有 30 倍以上变焦能力的 PTZ 摄像机获取的特写画面。

图 6.16　全景及特写联动

图 6.17 中的全景画面即由火车站附近高点 PTZ 摄像机水平等角度定焦旋转生成，画面刷新率取决于云台完成半周扫描的时间和后台对半周扫描序列画面完成拼接的时间之和。

图 6.17　某地火车站全景监控画面

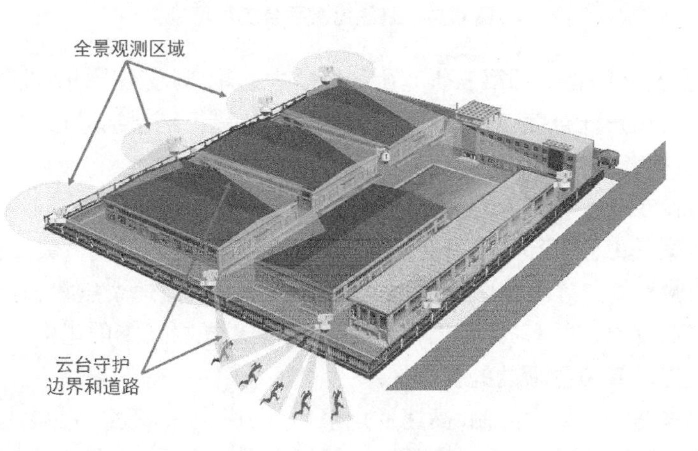

图 6.18　工业园区全景监控

6.3　虹膜识别产品

虹膜识别技术应其准确性及稳定性，在社会公共安全领域日益被重视，应用领域不断拓展。

虹膜比对平台在城市公共安全保障中的应用主要分为两个层面：一个层面是对重点人员的身份核实，另外一个层面是对帮扶对象的身份服务。第一个层面常见的应用场景包括城市交通枢纽、车辆服务机关、道路盘查、移动执法等场所用于对可疑人员的身份核实。针对帮扶对象的公共服务，包括对流浪人口、走失老人、智障人群等的身份核验。虹膜比对平台的应用场景如图 6.19 所示，可以看出虹膜比对平台在人口精细化管理、人口动态管控、重点场所管控，以及被拐及走失人员救助帮扶等方面发挥了重要作用。

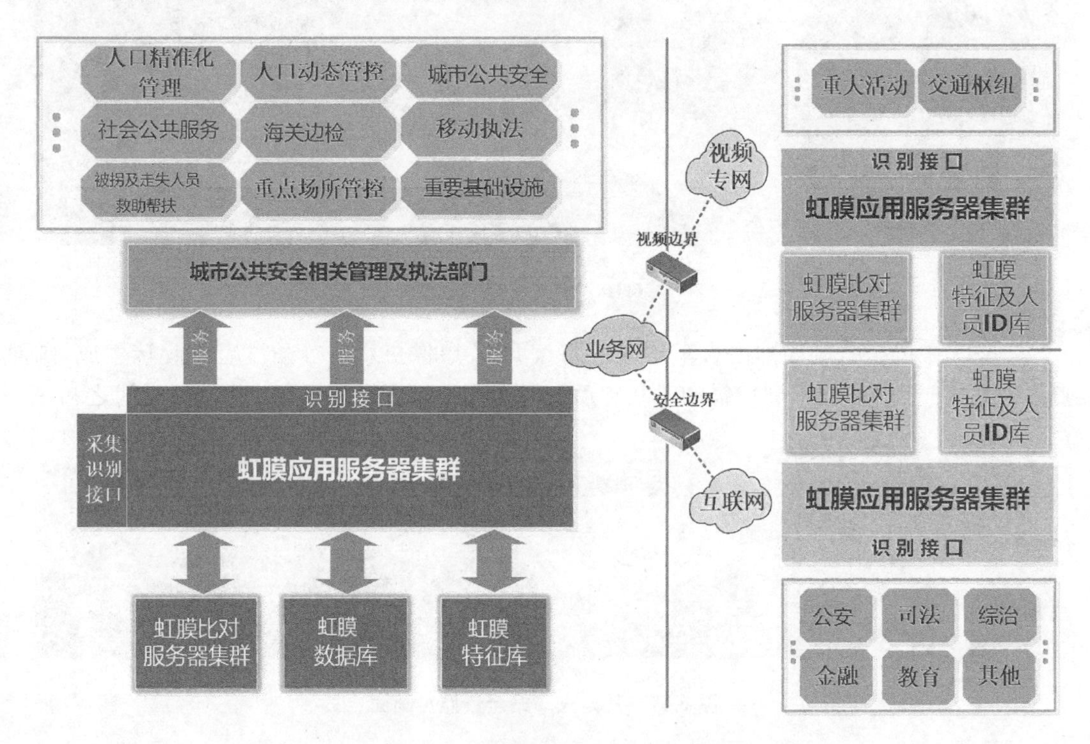

图 6.19　虹膜比对平台应用场景

下面，我们主要介绍公安部第三研究所开发的中远距离虹膜识别闸机产品，并根据远距离虹膜识别的距离与用户配合度，对目前常见的远距离虹膜识别系统进行比较。

1）中远距离虹膜识别设备现状

（1）自动伺服方案

自动伺服方案是由公安部第三研究所推出的中远距离虹膜识别方案。该方案识别距离为 1.5～2 m。将人脸检测与虹膜识别相结合，摄像头始终处于高速聚焦状态，对拍摄的图像进行人脸检测，并根据人脸位置驱动高速云台，保持人脸处于拍摄视野的正中心，镜头自动变焦，放大虹膜区域并拍摄到聚焦清晰的虹膜图像。

自动伺服方案是高速云台控制、高速变焦聚焦、高速图像采集三种技术相结合的方案，该方案由两个部分构成：采集子系统、运动控制子系统。虹膜采集自动伺服机构如图 6.20 所示。

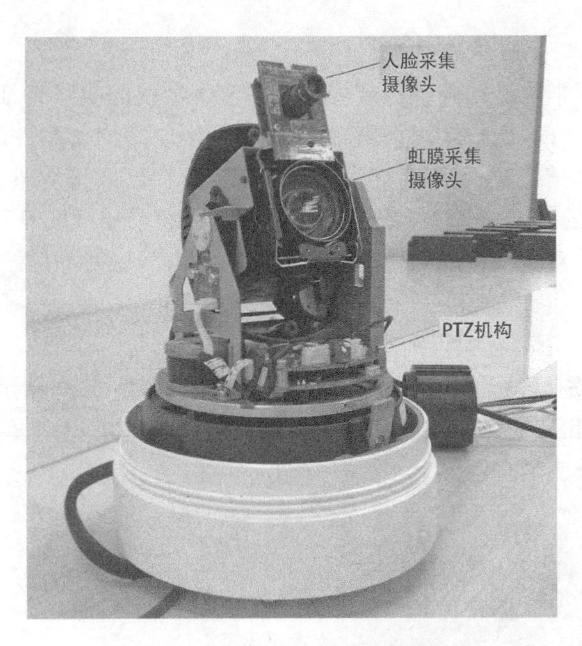

图 6.20　虹膜采集自动伺服机构

运动控制子系统利用全向电动云台，绕自身垂直轴线转动，并上下俯仰。利用人脸定位算法始终跟踪人脸的位置，并驱动全向电动云台运动，保证云台上的摄像机始终对准用户的虹膜，以保证虹膜处于图像的正中心位置。

采集子系统采用一台高速黑白数字摄像机，分辨率为 4096×2160 像素，帧频 30 帧/s。后台计算平台运行高精度的聚焦评估算法，控制镜头的变焦与聚焦，保证采集到清晰的虹膜图像。如图 6.21 所示，在镜头准确聚焦的情况下，图像可以同时覆盖两只虹膜的区域，并满足对虹膜清晰度的要求。

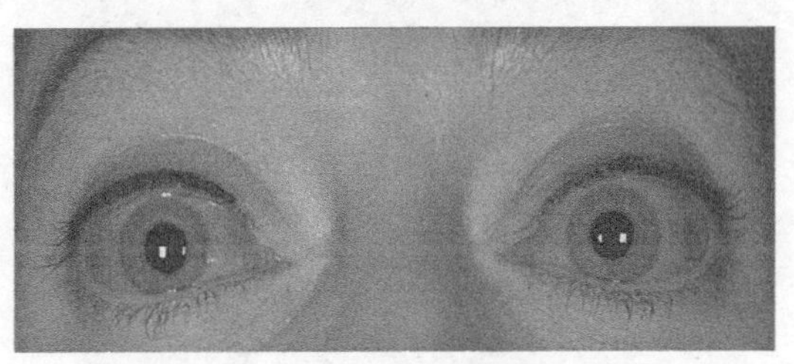

图 6.21　中远距离采集的虹膜图像

自动伺服方案具有以下设计特点：自动化程度高，图像质量稳定，对于不同用户适应能力强。此外，因为人脸定位算法始终跟踪人脸的位置，并驱动全向电动云台运动，保证云台上的摄像机始终对准用户的虹膜，所以对于光照单元的触发条件可以实现精确控制，完成多光谱光照单元的自动切换。多光谱融合技术的采用，可以提高远距离非协作虹膜识别系统的精度，减少远距离采集到的低质量图像所带来的消极影响。

(2) 性能参数

常见远距离虹膜识别系统性能参数见表 6.2。

表 6.2　自动伺服方案的远距离虹膜识别性能参数

性能	参数	性能	参数
识别距离	0.5～1 m	用户人数	标准版 1 万人，支持无限扩容
采集空间	以设备为球心，半径 1.5～2 m 的半球	主要应用	通道管理、机场安检、边境安检
识别速度	<1 s	工作模式	联机工作
吞吐量	每分钟 30 人		

2）几种主要中远距虹膜识别设备

研究表明，虹膜识别是最精确、最难伪造、处理速度最快的生物特征识别技术。其识别精准度比人脸识别高 100 倍，比指纹识别高 1 000 倍，可为公安刑事案件的侦破提供有力支撑，为重大赛事活动保驾护航。中远距离虹膜识别能有效解决虹膜采集不便的问题，在城市公共安全保障中具有广阔的应用前景。本段主要介绍国内外目前出现的几种中远距离虹膜识别设备，有些已经在城市公共安全管理中得到推广应用，有些产品应用场景和需求更为独特，还处于实验室改进阶段。

（1）上海聚虹中远距离虹膜识别系统

中远距离虹膜识别模块也可与通道式闸机设备集成，实现高精度人员自助通行，如图 6.22所示为上海聚虹和公安部第三研究所联合开发的闸机虹膜识别设备，该设备通过第三方测试，性能和功能完全满足实用要求。

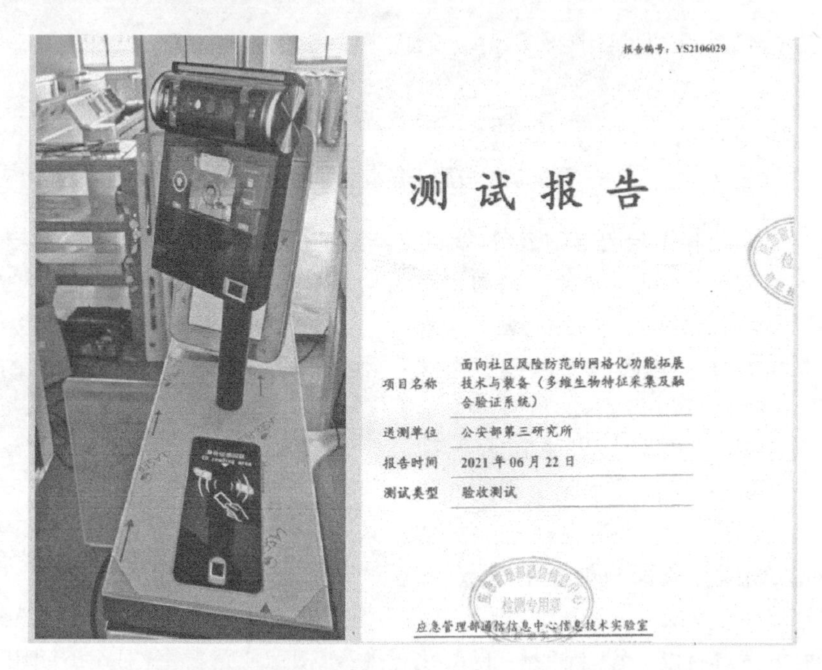
报告编号：YS2106029

测 试 报 告

项目名称	面向社区风险防范的网格化功能拓展技术与装备（多维生物特征采集及融合验证系统）
送测单位	公安部第三研究所
报告时间	2021 年 06 月 22 日
测试类型	验收测试

应急管理部通信信息中心信息技术实验室

图 6.22　中远距离虹膜采集模块和闸机产品集成

此外，中远距离虹膜识别技术也可以应用于现有门禁场景，如图 6.23 所示。

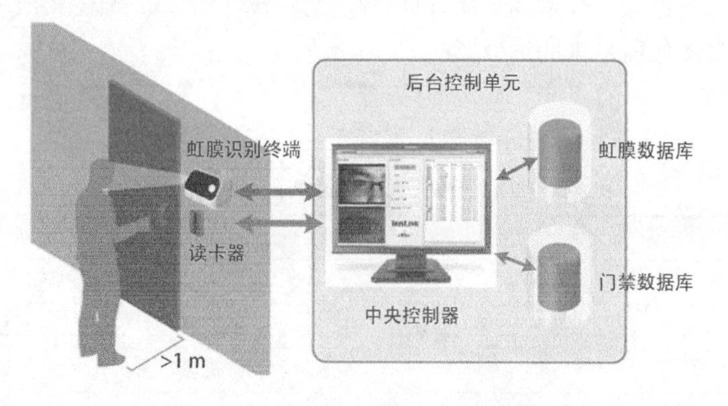

图 6.23　中远距离虹膜识别门禁系统

(2)航天科工远距离虹膜识别系统

该系统是中国航天科工二院203所推出的一款用户身份管理远距离虹膜识别系统，可实现远距离快速准确识别人员身份。该系统识别距离超过1 m，远大于国内同类型产品的识别范围，填补了国内远距离虹膜识别技术领域的空白。同时，该系统单次识别时间小于1 s，吞吐率可达每分钟20人，可用于大流量身份认证场合；提取超过200个虹膜特征点进行编码，误识率低于千万分之一；抗干扰性强，受人体晃动、光照变化影响较小；具有活体虹膜检测技术，不会受到虹膜照片、视频等的欺骗。此外，该系统还具有信息安全性高、可扩展性好、无光学辐射危害等特点。

该产品安装方便、使用便捷，识别距离最远可达1.5 m，戴透明眼镜甚至是戴墨镜都可识别，用户体验良好。该产品也适用于门禁、通道管理。其采集过程中，要求用户站在距设备1 m处，双眼注视设备。该产品的基本性能参数如表6.3所示。

表6.3 航天科工远距离虹膜识别系统性能参数

基本性能	参数	基本性能	参数
识别距离	1 m	工作温度	−1～32℃
识别速度	<1 s	工作湿度	30%～90%
吞吐量	每分钟20人	工作模式	单机工作/联机工作
主要应用	通道管理		

(3) 中科虹霸IR 6000

IR 6000是中科虹霸推出的一款远距离虹膜识别系统，该系统识别距离为1.3 m，用户需要站在指定区域完成虹膜识别。

IR 6000在采集过程中要求用户站定在距设备1 m的区域中，同时采集人脸与虹膜信息，将虹膜图像从人脸图像中提取出来进行识别。该系统性能参数如表6.4所示。

表6.4 IR 6000性能参数

基本性能	参数	基本性能	参数
识别距离	1.3 m	功率	175 W
采集空间	34 cm×43 cm×180 cm	工作温度	0～40℃
识别速度	2 s	工作湿度	<90%，不结露
主要应用	通道管理		

(4) IOM PassPort SL

IOM PassPort SL是美国Sarnoff公司推出的一款用于通道管理的远距离虹膜识别系统，该系统识别距离为3 m，用户以1～1.5 m/s的速度通过通道时，可以完成虹膜识别。

IOM PassPort SL的设计很好地解决了通道管理问题，当人们以自然步速通过入口时，最远在他们距离设备3 m的时候，其双眼虹膜和人脸图像就能够被采集到。PassPort SL创新应用了非接触识别方式，解决了移动中行人的识别问题。

该产品的性能参数如表6.5所示。系统部署示意图如图6.24所示。

表 6.5 IOM PassPort SL 性能参数

基本性能	参数	基本性能	参数
识别距离	3 m	主要应用	通道管理
采集空间	50 cm×50 cm×20 cm	电源	120 V AC，2 A，最大功率 250 W
识别速度	<1 s	工作温度	−1～32℃
吞吐量	每分钟 30 人	工作湿度	30%～90%
用户人数	可定制	工作模式	单机工作/联机工作

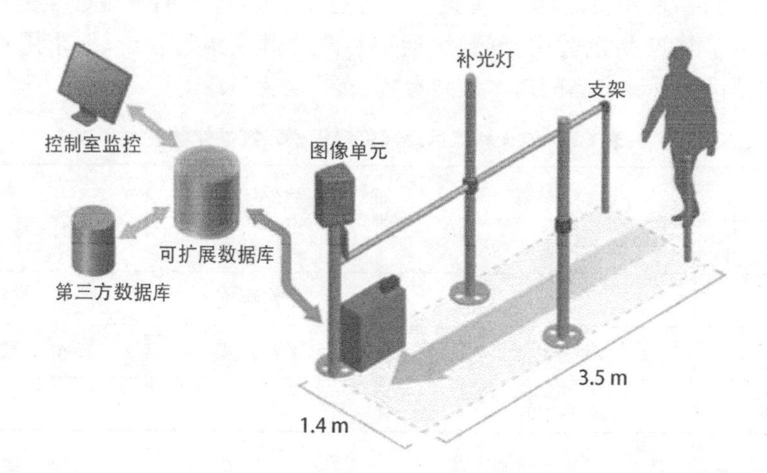

图 6.24 IQM Passport SL 部署示意图

(5) InSight Duo

InSight Duo 是由美国 AOptix 公司推出的一款双目远距离虹膜识别系统，该系统识别距离为 1.5～2.5 m，用户需要站在指定区域注视识别设备完成识别。

InSight Duo 在采集过程中要求用户站定在距设备 1.5～2.5 m 的区域中。同时采集人脸与虹膜信息，将虹膜图像从人脸图像中提取出来进行识别。其采集空间范围较大，可适应 0.9～1.9 m 身高的用户。采集空间示意图如图6.25所示。

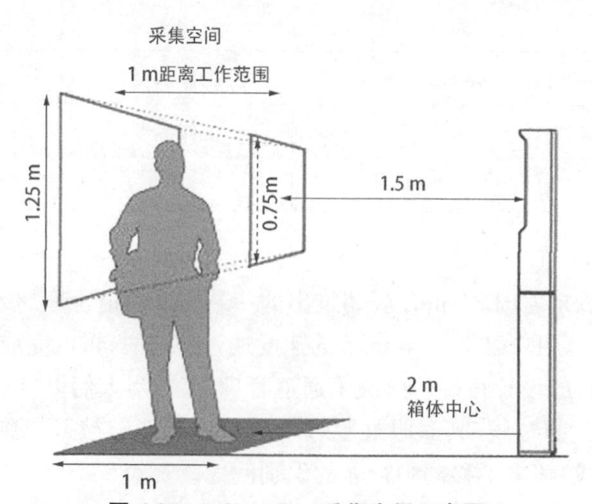

图 6.25 InSight Duo 采集空间示意图

该产品的主要性能参数见表6-6。

表 6.6 InSight Duo 性能参数

基本性能	参数	基本性能	参数
识别距离	1.5～2.5 m	主要应用	通道管理
采集空间	75 cm×200 cm×100 cm	电源	100～240 V AC
识别速度（双眼虹膜与人脸信息）	4 s	工作温度	—20～45℃
用户人数	普通版 10 000 人	工作湿度	0～95%
红外波段	820～860 nm		

（6）卡耐基梅隆大学远距离虹膜识别系统

该识别系统为卡耐基梅隆大学实验室产品，产品外观及使用模式如图 6.26 所示。使用时摄像头需要严格对准后视镜，并且用户需要反复调整眼睛在后视镜中的位置，以保证被摄像头采集到，这个过程可能需要十几秒，而且在调整过程中，没有任何调整反馈；操作者需要对摄像头进行微调，包括角度、聚焦，并且手动标定眼睛的位置窗口，这个操作过程很难自动完成。

图 6.26 交通流中远距离虹膜识别产品的使用模式

该产品可用于交通流中的司机身份识别。从图 6.26 中可以看出，该产品通过后视镜在交通流中实现对司机虹膜图像的无感知采集，整个采集过程需要人工介入进行镜头调整，虹膜区域需要手工定位，无法实现自动化的采集识别，目前还不能进行实用化部署。

此外，韩国 Iris ID 公司推出了一款远距离虹膜识别系统 D1000，该系统要求用户站定在 0.5～1 m的距离进行虹膜识别。

基于采集距离、识别速度、用户体验（配合度）三方面，对以上介绍的几款中远距离虹膜识别系统性能进行比较，参见表 6.7。

表 6.7　各方中远距虹膜识别产品性能比对表

厂商	型号	识别距离	识别速度	用户配合度	使用场景
上海聚虹	自动伺服方案	1.5～2 m	<1 s	系统自动追踪拍摄虹膜图像,用户仅需站在指定方位并注视摄像头	机场安检 边境安检 通道管理
航天科工	无	1 m	<1 s	站立在指定区域,双眼注视设备	闸机通道
中科虹霸	IR 6000	1.3 m	2 s	站立在指定区域,注视反射滤镜	机场安检
Sarnoff	IOM PassPort SL	3 m	<1 s	在指定通道内,注视摄像头,以 1～1.5 m/s 的速度步行	机场安检
AOptix	InSight Duo	1.5～2.5 m	4 s	站立在指定区域,注视反射滤镜	机场安检
Iris ID	D1000	1 m	2～3 s	站立在指定区域,注视反射滤镜	暂无详情
卡耐基梅隆大学	无	12 m	无法准确测量,>5 s	在后视镜中反复对准,操作员需要在电脑上准确选中虹膜区域	实验室产品,没有投入市场使用

由表 6.7 可见,目前中远距离虹膜识别从距离角度分类可分为三大类:中远距离(1～1.5 m)、远距离(3 m)、超远距离(12 m)。其共同问题在于随着识别距离的增大,所需的用户配合度急剧提高。

航天科工远距离虹膜识别系统的识别距离为 1 m,识别速度快,但其摄像头倾斜向上的设计要求用户双眼必须在摄像头主光轴上,导致不同身高的用户无法站在同一区域进行识别。同时,该系统没有显示屏进行交互,用户配合度急剧提高。

IOM PassPort SL 的识别距离为 3 m,识别速度快,但该产品的形态限制了使用场景只能是通道管理,用户必须在规定的通道内以 1～1.5 m/s 的速度正视摄像头前行。

IR 6000、InSight Duo 与 D1000 识别距离相近,使用时需要用户站在指定区域注视反射镜,这样的要求对于视力不够好的用户而言具有较高的难度,导致此类用户识别率远低于正常水平。

卡耐基梅隆大学远距离虹膜识别系统虽然实现了 12 m 远的虹膜识别,但全过程无法自动完成,需要非常烦琐的手动调节,需要使用者和操作者的相互配合,而且以上过程是在非常理想的条件下实现虹膜识别,而理想的条件(停车的位置、眼睛的姿态、镜头的拍摄角度和聚焦)不可能在正常环境下轻易具备,也不可能在短时间内通过自动调节实现。

上述产品中非配合式虹膜采集使用需要一个学习过程,由于用户受教育水平、理解能力、身体协调能力不同,对于过度复杂的配合要求接受能力存在差异,很可能导致一部分用户始终无法掌握要领,识别率远远低于正常水平。而通过球机自动聚焦的中远距虹膜采集方案从根本上解决了用户学习的问题,通过全景摄像头寻找人脸,并驱动云台自动聚焦虹膜区域。利用自动跟踪、自动聚焦的方式,自主地采集用户虹膜,使得用户配合度需求大大降低,从而提升用户使用体验感。

6.4 天空地一体化监控系统

国务院于 2018 年 3 月根据第十三届全国人民代表大会第一次会议批准的国务院机构改革方案，在职能构建上，将国家安全生产监督管理总局的职责，国务院办公厅的应急管理职责，公安部的消防管理职责，民政部的救灾职责，国土资源部的地质灾害防治、水利部的水旱灾害防治、农业部的草原防火、国家林业局的森林防火相关职责，中国地震局的震灾应急救援职责，以及国家防汛抗旱总指挥部、国家减灾委员会、国务院抗震救灾指挥部、国家森林防火指挥部的职责整合，组建应急管理部。

应急管理部在信息化建设方面，以原消防救援指挥信息系统、地震灾害监测系统为主线，根据新的职能使命，积极进行整体规划设计，在《应急管理信息化发展战略规划框架(2018—2022)》(以下简称《规划框架》)中，明确要求充分运用云计算、大数据、物联网、人工智能、移动互联等新一代信息技术，推进先进信息技术与应急管理业务深度融合，构筑应急管理信息化发展“四横四纵”总体架构，如图 6.27 所示，形成“两网络”“四体系”“两机制”。“两网络”指全域覆盖的感知网络、天地一体的应急通信网络；“四体系”指先进强大的大数据支撑体系、智慧协同的业务应用体系、安全可靠的运行保障体系、严谨全面的标准规范体系；“两机制”指统一完备的信息化工作机制和创新多元的科技力量汇集机制。

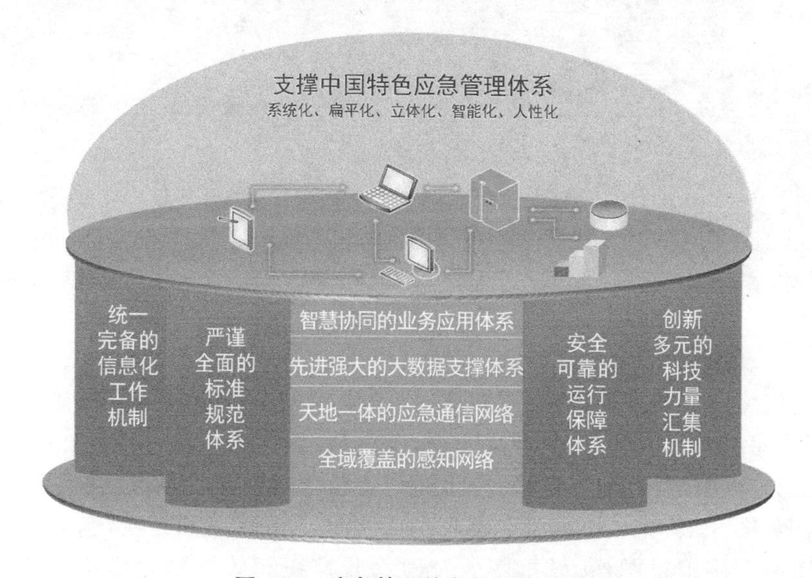

图 6.27 应急管理信息化总体架构

《规划框架》要求到 2022 年全面形成应急管理信息化体系，感知网络实现全域覆盖，天地一体化应急通信网络韧性、高速、智能、融合，信息化基础设施性能强大、稳定可靠，大数据、人工智能、机器人、移动互联等新技术得到广泛应用，形成高度智能、自我进化、共享众创的应急管理信息化新生态，实现应急管理全面感知、动态监测、智能预警、扁平指挥、快速处置、精准监管、人性服务，信息化发展达到国际领先水平，为构建与大国应急管理能力相适应的中国现代应急管理体系提供有力支撑。

天空地一体化监控系统在此背景下得到了国家科技部重点项目的立项支持，经过了近

3 年的辛苦研发和边疆地区艰苦无人区域的应用示范，在技术体系的先进性和实战性方面都取得了显著成果。对应于图 6.27 的总体框架，天空地一体化监控系统主要覆盖卫星影像(天)、无人机或热气球航拍(空)和地面监控网络(地)的有机融合，实现全域覆盖的视频感知网络，在光学频段上包括可见光及红外光等频段。在天空地一体的应急通信网络方面，主要是指通过地面无线通信(移动通信、宽带数字集群专网)、热气球通信中继及北斗卫星通信等技术手段的融合应用，实现无人区等特定场景下的通信全覆盖。基于天空地一体化监测技术手段，我们开发了天空地一体化协同指挥系统，用于对边远地区、山区、矿区及无人区的一些突发事件和公共安全隐患进行立体化全方位的协同应急处置，系统界面如图 6.28所示。

图 6.28　天空地一体化协同指挥系统界面

天空地一体化监控系统是按照《规划框架》中要求的建设全域覆盖的感知网络进行集成研发，通过卫星影像、低空无人机及地面视频监控画面的集成融合，对重点区域进行从高空到地面的总体-细节的粗-细粒度的研判解读，全局总体把握，细节纤毫毕现，全域覆盖感知应用示意图如图 6.29 所示。本节中谈到的天空地一体化监测系统，包含两个层面的内容。一个层面是利用卫星图像、航拍图像及地面监控视频的立体化多维度的视频监测分析，属于图中全域覆盖的感知网络中的视觉全域感知内容，如图 6.29 中虚线框部分的天空地视频综合监测手段。另外一个层面就是天空地一体的应急通信，利用警务通、地面移动通信、飞艇通信中继乃至卫星通话终端等天空地多种通信中继传输方式实现通信无死角全覆盖，如图 6.30 所示。

其中，在低空这个维度，在郊野等开阔场地，常用飞艇对地面 350 MHz 通信基站进行中继，确保 15 km 范围内的应急通信，如图 6.31 所示。

天空地一体化监测及通信系统在很多场景下都有广泛的应用需求，包括社会安全保障、自然灾害预警及救援、海上油田事故应急救援等方面，见表 6.8。

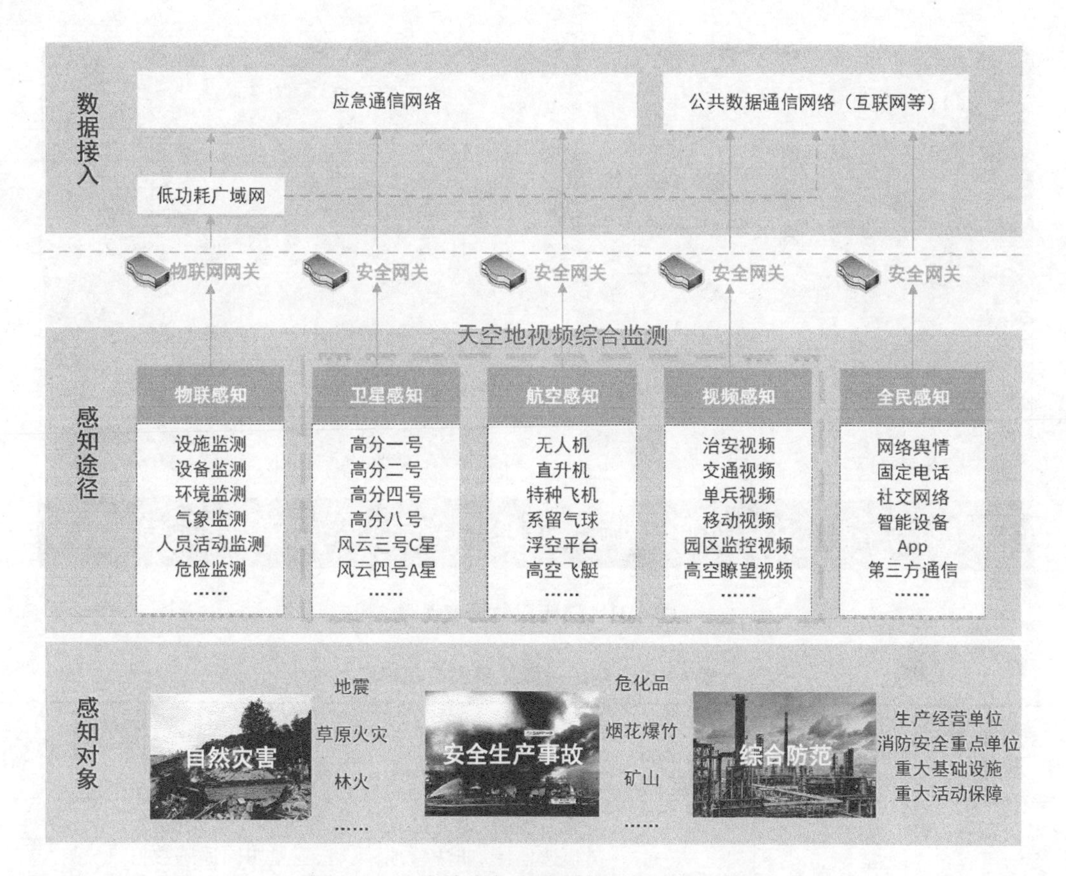

图 6.29　天空地应急全域覆盖感知应用示意图

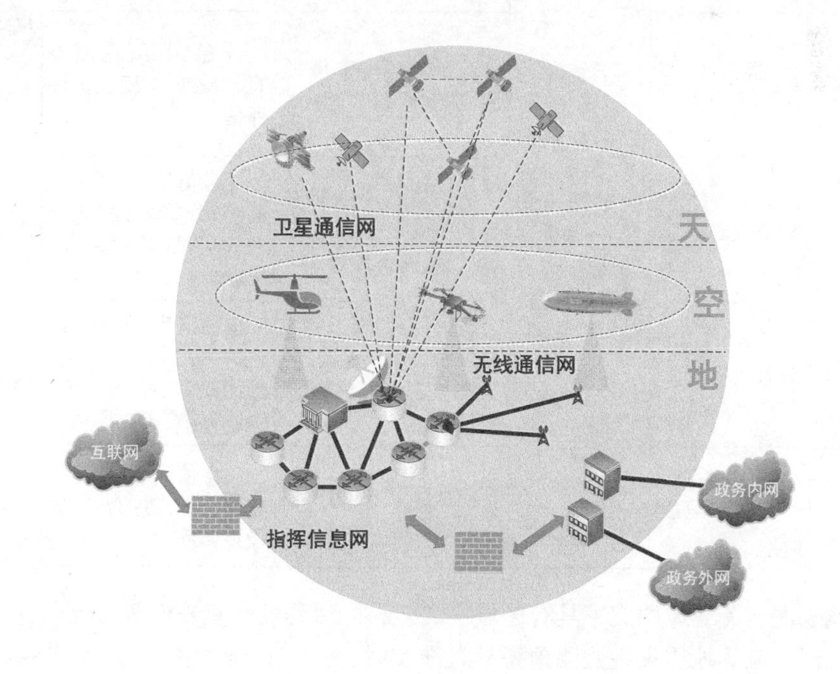

图 6.30　“天空地一体化”应急指挥通信网

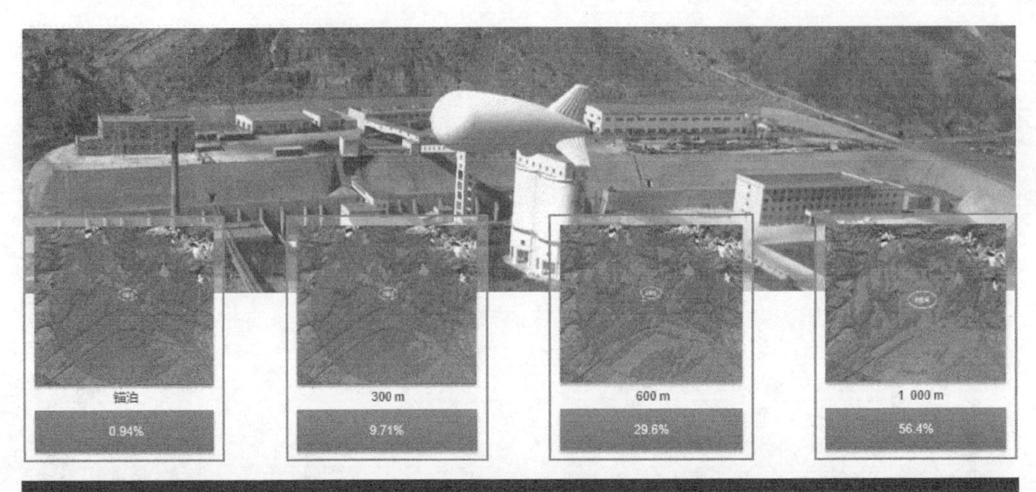

图 6.31　飞艇应急通信保障

表 6.8　天空地一体化系统应用场景

突发事件类别	典型应急事件	预防准备	监测预警	处置救援	恢复重建
社会安全	应急救援	卫星遥感数据采集服务；无人机巡航数据采集服务；基础遥感信息采集、更新；决策模型维护管理	警务值班、无人区人员痕迹监测、非法营地预警监测、公共安全协同平台、行动预测模型	区域单兵、无人机、飞艇、卫星协同遥感数据，指挥车协同应急调度指挥，资源保障	事后监测，风险评估
	群体性事件应急		人流监测、密度监测、疏散预案	应急调度、疏散方案、指挥调度、事件评估	
自然灾害	地质灾害应急		防护值班、灾害监测与预警、灾害预案管理、地质灾害预报	应急值班、灾害蔓延监测、分析研判、职能辅助决策、指挥调度、资源保障	灾后评估、次生灾害预防
	森林火灾应急		防火值班、林火监测与预警、平台建设、防火预案管理、火险预报、防火报表	应急值班、火情蔓延监测、分析研判、职能辅助决策、指挥调度、资源保障、火灾评估	灾后评估、暗火发现
事故灾难	海上溢油应急		溢油监测、航路航线管理、溢油预警	应急值班、溢油蔓延监测、调度决策、救援指挥调度	灾后评估、次生影响分析

山体滑坡、泥石流等地质灾害具有区域性、突发性、过程性和频发性等特点，天空地侦测系统用于滑坡、泥石流等地质灾害监测预警具有准实时、高动态、全方位、全周期等独特优势，提升了灾害应急监测能力，满足了应急保障需求。如图 6.32 所示为多种监测手段在地质灾害监测预警中的应用，如图 6.33 所示为地质灾害监测系统应用拓扑架构图。

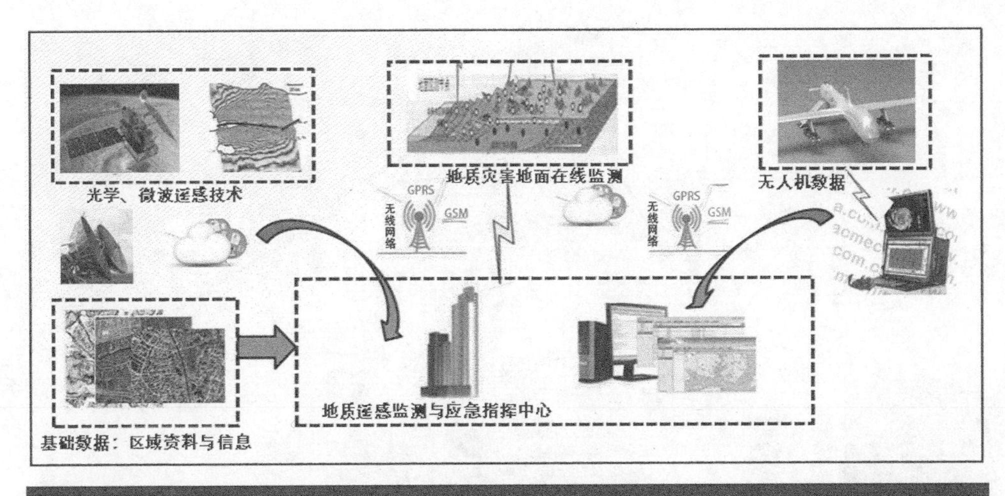

图 6.32　天空地监测系统地质灾害监测预警应用示意图

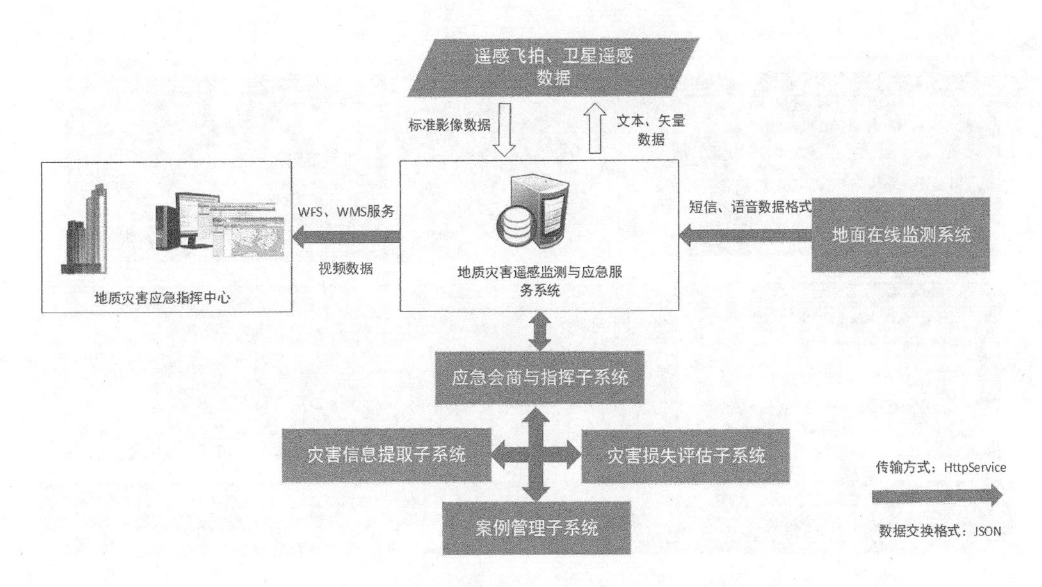

图 6.33　天空地监测系统地质灾害监测应用拓扑架构

在森林火灾遥感监测和应急处置方面，天空地监测系统也具有独特优势，能够快速全面了解森林火灾过火面积，火场蔓延趋势，并能够在应急通信系统支持下快速调度多部门进行协同处置，如图 6.34 和图 6.35 所示。

通过天空地一体化监控技术，我们能够解决应急指挥调度中常见的“察不了”(异常变化和隐患)、“看不见”(无人区全局态势地图)、“听不到”(现场讯息)、“调不了”(协同指挥作战力量)等常见痛点，有效地实现立体化全图景全域感知和协同作战、智能推演决策。对于重要性高的侦测任务，可通过多卫星影像源进行复核确认，如图 6.36 所示。

重要区域的夜间态势感知可以通过卫星的红外光频段成像技术对可疑活动目标进行侦测，如图 6.37 所示即为边远地区矿区地面的大视场夜光监测画面，解决了此类无人地区夜间活动目标或异常事件发现不了或寻迹困难的现实问题。

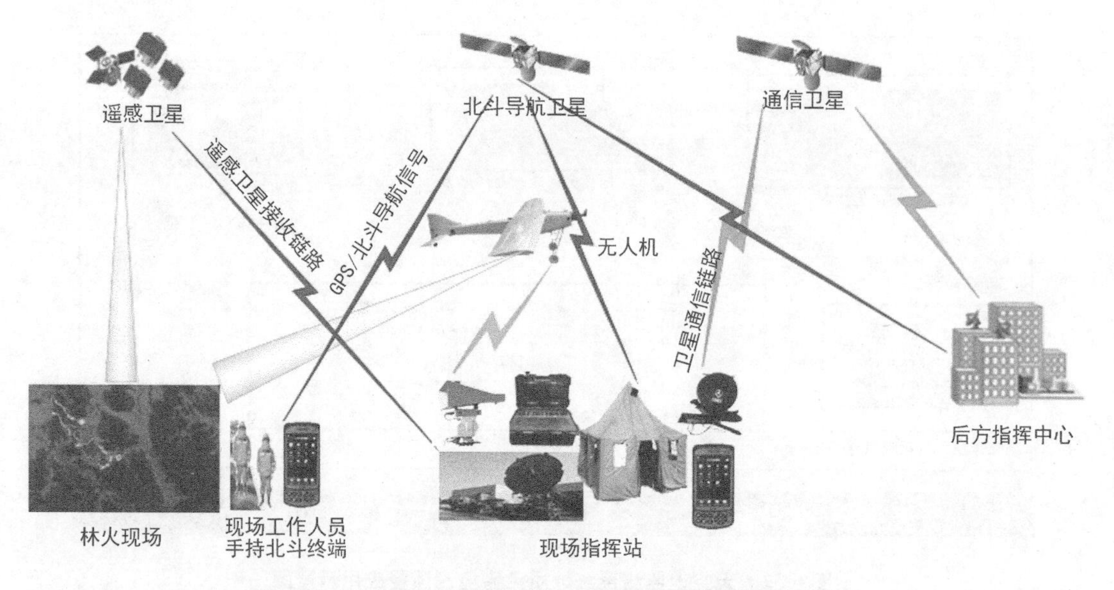

图 6.34　天空地监测系统森林火灾遥感协同监测原理示意图

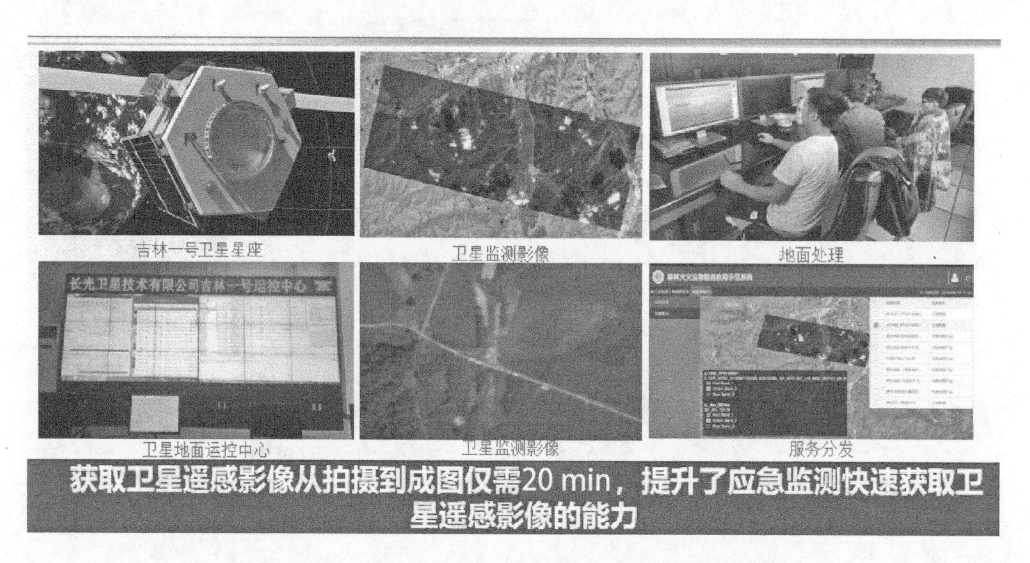

图 6.35　天空地监测系统森林火灾应急处置应用流程

吉林一号数据异常发现结果

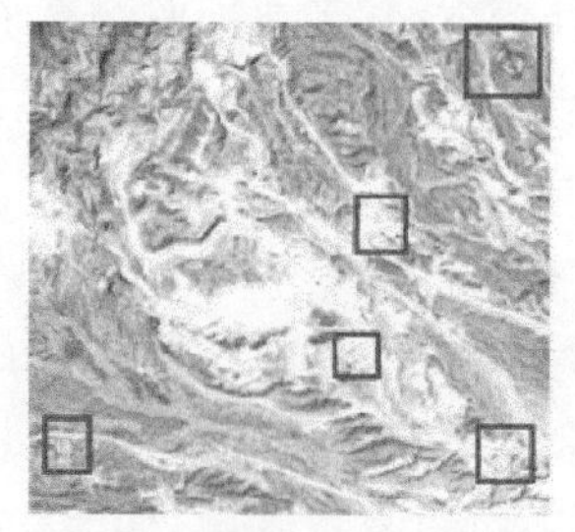

高分二号数据异常发现结果

百度地图数据异常发现结果

图 6.36　遥感影像异常目标检测

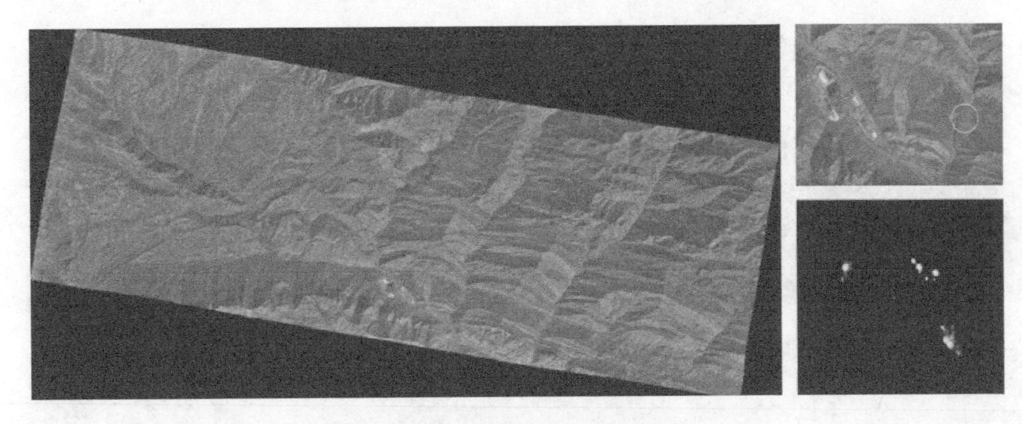

图 6.37　卫星对矿区地面夜光遥感

对于此类场景，在卫星影像发现异常区域后，可以通过无人机低空可见光航拍或加载激光雷达扫描进一步获取现场详细态势快速生成二维和三维地图，获取更具实时性的细粒度的现场图像信息，卫星图像和无人机图像融合应用如图 6.38 所示，现场航拍和三维地图快速生成如图 6.39 所示。航拍图像和卫星影像之间融合配准可以进一步为可疑目标近期活动轨迹溯源提供研判依据。

天空地监测的广泛应用，涉及卫星数据、无人机数据、地面监控数据，在数据形态上包括视频、音频、激光点云数据及其他文本数据等，不论是数据体量、来源、格式还是价值方面，都具有典型的大数据应用特质。因而，在天空地监测应用系统中，大数据处置和大数据安全技术是所有相关行业深度应用的共性基础。

图 6.38　卫星影像和无人机航拍图融合应用

图 6.39　无人机航拍及三维地图快速生成

基于零信任理念，以数据安全和应用安全为核心建设“身份要认证、访问有授权、数据可管控、攻击可阻断、行为可溯源、态势能感知”的应急管理信息化安全保障体系总体架构图6.40所示。

应用管理大数据支撑体系和数据中心的安全运营，需要先进的自动化运维体系提供高可用、高可靠、高性能的应急信息化服务。在运维保障方面，利用大数据分析、人工智能等技术手段，以标准化为基础、平台化为载体、自动化为手段、智能化为核心，构建智能运维运营体系，实现立体化实时监控、全覆盖资源管理、自动化主动运维、标准化流程服务、智能化辅助运营、多样化可视交互。自动化运维拓扑架构如图 6.41 所示。

通过卫星遥感技术开展天空地一体化观测和研判是公安部第三研究所牵头承担的天空地一体化大数据国家重点研发计划项目的重要研究内容。公安部第三研究所及项目合作团队长光卫星公司利用高分辨率遥感观测数据全方位展示了冬奥会的场馆之美，记录了场馆的建设过程，并从卫星视角见证了冬奥会的开启和完美落幕。同时，与地面数据开展多维度融合分析和风险评估等工作，为冬奥会期间特殊天气变化对赛事带来的影响提供有效的研判支撑，对雪上运动等受气象条件影响大的项目进行保障。

为满足冬奥会安保需求，从 2021 年下半年开始，公安部第三研究所视频安全团队投入技术及运维实施人员在北京、崇礼、延庆等地提供现场保障和技术支持，不间断维护相关设备系统的正常运行，持续推进视频监控安全防护、视频智能化应用等各项工作，利用冬奥会安全保障工作的各项经验和基础，推动相关技术在全国的推广应用及各项安全保障工作的落实，发挥部属研究所强有力的支撑作用。

此次保障工作是利用高科技在国际性重大活动的安保活动中的一次重要演练，创造了多个“首次”：

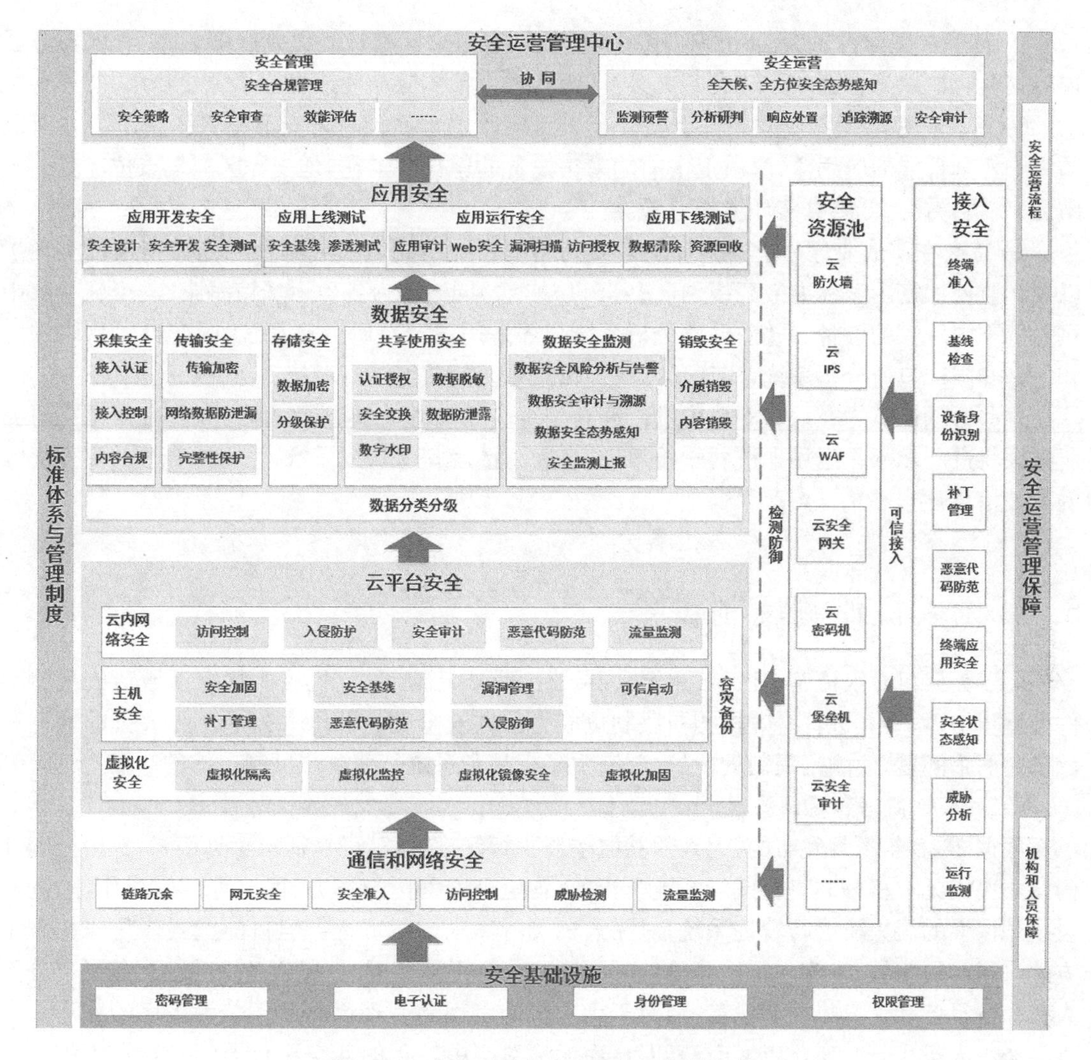

图 6.40　应急系统安全保障体系拓扑架构

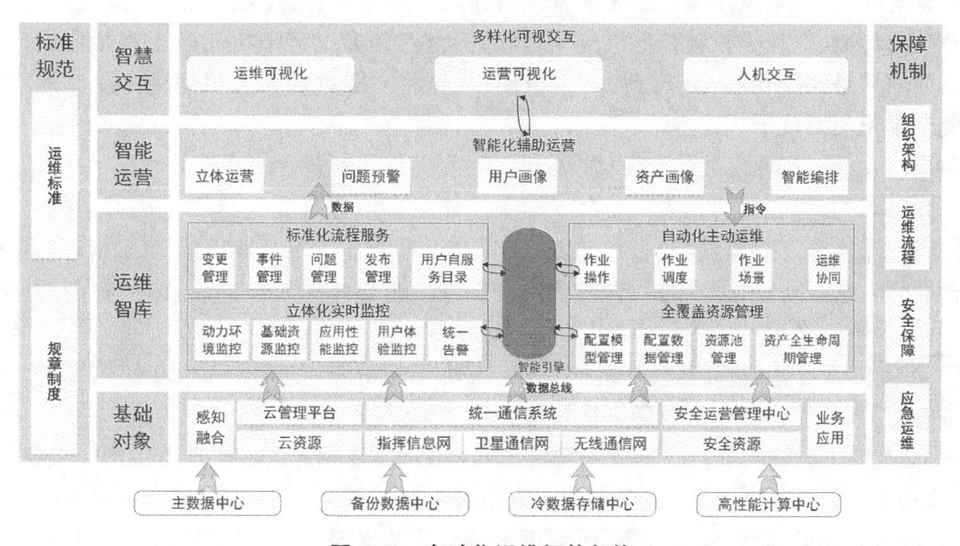

图 6.41　自动化运维拓扑架构

① 首次在国际性重大活动中使用视频监控加密国家标准最高级别(GB 35114 C级)开展视频安全防护保障。这些系统在冬奥会开、闭幕式等重要活动环节发挥了重要作用。

② 首次在极端低温实战条件下验证了设备应用的可靠性。公安部第三研究所自主研制的视频安全智能的应用盒、海盾卫士前端采集设备的运行在崇礼、延庆赛区前端点位经受住了山区、夜间、雪况、低温真实环境的考验。

③ 首次在实战业务环境中验证了公安部第三研究所的解决方案。视频加密系统实现了以视频监控加密国家标准最高级别(GB 35114 C级)同时接入各奥运场馆海康、大华、宇视、中星微等不同厂家的设备、系统;遥感分析系统全部采用国产自研卫星系统、国产自研物联网感知平台和国产自研分析系统,实现了与各类信息系统的兼容运行对接。

这些首创试点为在后续实战中推广高新技术应用树立了典型示范标杆,公安部第三研究所未来将进一步深化运用先进科学技术,结合大型活动安保实战需求,大幅提升公共安全保障的科技信息化水平!

6.5 无人机侦测反制设备

随着无人机对人流密集区域、重要公共设施、重要政府场所、机场等特定区域造成威胁事件的逐步增多,对其进行有效探测与反制也成为公共安全领域的重大需求。无人机的侦测和反制是两个问题,侦测是反制的前提,现有很多产品和系统是侦测与反制一体的。

1) 无人机侦测和反制要求

根据2018年1月发布的《无人驾驶航空器飞行管理暂行条例(征求意见稿)》,应由公安部门建立民用无人机公共安全监管系统。当前,各地公安部门与军方、民航等部门合作,陆续建设了地区性的无人机飞行管控系统,对无人机飞行需求进行审批。但目前主要还是依托人工方法进行简要审核,未建立智能化的数据研判和分析手段。同时,尽管各地陆续配备了部分无人机侦测设备和无人机反制设备,但对于无人机的发现和管理仍然处于较为无序的状态。由于各类无人机飞行状态难以实时获知,从而无法对空中发现的低空飞行器的飞行行为的合法性进行有效判断,也难以保障合法无人机的可靠飞行和对非法无人机的迅速处置。无人机在工业、农业、物流、军事等领域被广泛应用,其通信及控制方式将不再局限于视距内通信,所有可用的通信网络(4G/5G、Wi-Fi等)都将被使用,这将不断增加无人机侦测及反制的难度,必须发展全频段侦测及干扰技术。

在当前无人机产业发展趋势下,需要开展无人机公共安全智能管控关键技术研发工作,以建立一套可靠的、智能化的无人机公共安全管控体系。该体系通过智能化技术手段对低空空域内的飞行器实施有效监管与干预,保障防御区域和重大任务或活动的低空安全,对合法飞行无人机的行为进行智能化监测,及时发现未经许可的非合作无人机的闯禁行为并对其进行有效干预,实现数据全程可追溯。主要包括以下技术:

① 无人机飞行计划智能化审核。开展无人机飞行审查,基于无人机注册信息、操作人员身份信息、无人机飞行历史信息等开展智能化审核,实现无人机飞行计划审批。

② 无人机飞行智能管控。开发和部署无人机智能监管平台,监控各类民用无人机的运行状态,应用无人机智能化反制系统,实现无人机身份智能识别、无人机实时飞行数据自动化采集、飞行异常自动监控、智能化处置、无人机飞行态势展现等;支持对城市级不少于1 000架无人机的轨迹进行实时监控和异常识别,支持同时对不少于100架异常无人机进行即时处置。

③ 无人机飞行数据智能化研判。应用城市安全大数据资源，结合无人机飞行过程和其他背景信息进行评估分析，挖掘飞行模式，识别违规行为；对飞行路线、区域的相关事件进行综合研判分析，指导区域空域规划、反制系统策略和反制装备部署等。

④ 相关标准体系。构建面向公共安全的无人机智能管控与应用标准体系，从无人机智能管控平台、无人机侦测与反制系统、设备应用管理等方面推动相关标准体系的建立。

目前，世界各主要国家都已研发出了无人机侦测与反制的产品。以色列拉斐尔先进防御系统公司研制的"无人机穹顶"(DroneDome)防空系统除了能阻隔无人机与地面遥控装置之间的通信联络，还可以对全球导航卫星系统信号进行干扰；英国研发的 AUDS 反无人机系统，能在 6 英里范围内检测无人机，通过阻隔无人机与操作者之间的无线电信号进而控制目标无人机；俄罗斯国有防务公司研制了一种超高频微波炮，通过摧毁无人机的无线电电子设备，使其无法定位，同时可以对无人机精密制导系统进行破坏，能有效摧毁 10 km 范围内的无人机。

在我国，北斗开放实验室于 2018 年发布的诱骗式民用反无人机系统，通过全面干扰、压制、欺骗等方式，实现对目标无人机的有效捕获。不少业内主流厂家研制了侦测与反制一体化的无人机反制系统，系统通过雷达的主动探测手段和无线电监测设备的被动发现手段的结合，实现对远距离无人机的实时探测发现，获取目标无人机的高精度定位信息，再通过光电设备的联动介入实现对目标的确认、识别、锁定、追踪及取证。系统确认可疑无人机后，通过导航诱骗设备及干扰设备对目标进行多组合策略的快速、有效处置，实现对目标的驱离、原地迫降、定点诱捕、航向诱导等功能。

表 6.9 列出了一些常见的无人机侦测方式及其优缺点。在城市场景，光电式和雷达应用得较多。

表 6.9　一些常见的无人机侦测方式比较

方式	工作原理	工作方式	工作模式	优缺点	便捷性及实用性
光学式	光学检测	可见光目标检测；红外检测	被动	受天气干扰	易于部署，实用性强
	光电联动	雷达扫描和光学检测结合	主动＋被动	易受天气干扰	
无线电式	辐射频谱侦测	检测无人机和遥控器之间的指令	被动	采用频谱分析，没有电磁污染，可根据数据库比对确定无人机型号；多径反射影响对目标距离和数量的判断；架设 3 个以上接收点才能准确探测出目标的距离和方位；消费类无人机使用的频段多数是 ISM(工业、科研和医用)自由频段，易和手机误判；无法跟踪跳频	易于部署，依赖先期数据库
	散射频谱侦测	侦测无人机对于其他信号(例如城市的数字电视信号)的反射或者散射信号	被动	不需要事先建立无人机样品数据库，利用宽带接收机，只要选一个当地信号幅度最强的电视信号即可。这种技术介于雷达探测和辐射频谱探测之间，兼具两者优点，又兼具两者缺点。其主要优点有两个：①没有辐射，类似于"辐射频谱侦测技术"。②不受外界 ISM 频段的干扰，这个优点类似于雷达侦测技术。③这个技术比辐射型侦测和雷达型侦测都具有更远的探测距离。缺点：如果电视信号停播或改频，此方法失效	实用性差

（续表）

方式	工作原理	工作方式	工作模式	优缺点	便捷性及实用性
雷达	多普勒频移原理	相扫式	主动	易受建筑物反射和电磁干扰；无法检测悬停目标；反应快速	易于部署
		机扫式	主动	易受建筑物反射和电磁干扰；无法检测悬停目标；反应速度受旋转天线惯性影响	
声波	声纹识别	探测无人机旋转部件产生的声波并分析匹配	主动	声波探测技术通过无人机的电机和旋翼发生旋转对声波产生固定周期的调制，并对该调制声波进行探测。主要探测频率在 0.3～20 kHz 的范围内，通过与既有的无人机音频数据库进行匹配，以类似人类声纹识别的方式探测无人机目标。这种探测距离有限，易受环境影响	实用性差

无线电侦测与反制技术是城市公共安全保障的重要手段，已经成为无人机探测与反制领域的研究热点之一。未来应开展宽带高精度探测与干扰技术的研究，实现全频段探测；突破智能多目标干扰技术，实现全方位多无人机反制；攻克低功率无人机智能干扰，实现绿色、低附带杀伤的无人机反制技术。

在城市低空防护应用中，无人机无线电侦测及反制系统受到多方面限制。一方面，无人机通信频率与民用设备频率重叠，无线电干扰附带杀伤大，将遭到抵制；另一方面，电磁环境复杂，无人机无线电侦测与反制系统作用距离小，必须开展低成本、网络化无人机无线电侦测与反制系统的研究。

一般要求雷达或频谱侦测距离为1～5 km，距离侦测精度为小于 5 m，侦测角度覆盖范围为180°～360°。

2) 无人机侦测设备

(1) 无人机光学探测设备

无人机光学探测设备以飞机、车辆或行人目标为主要侦察监控对象，通过高倍数可见光成像和红外成像图像跟踪系统驱动伺服转台实现对重点区域重要目标的远距离、大范围和长时间的侦测跟踪，设备可以对无人机取证，捕捉实时态势。一般具有可见光、红外两种技术体制，有些设备还具有激光照明功能。无人机光学侦测设备外观参考照片如图 6.42 所示，其中左图为侦测设备，右图为侦测和干扰一体化设备。如图 6.43 所示为无人机光电侦测反制系统界面(本图来自旭日蓝天公司官网)。此类设备主要技术指标如下：

主要技术指标：

可见光探测距离：不小于 5.5 km，跟踪不小于 5.0 km。

红外探测距离：不小于 2.0 km，跟踪不小于 1.8 km。

可见光识别距离：不小于 4.0 km。

红外识别距离：不小于 1.2 km。

技术体制：具有可见光、红外两种机制。

转动角度：水平 0°～360°，俯仰－60°～＋60°

伺服转台速度：水平 0.05～60(°)/s，垂直 0.05～45(°)/s。

干扰范围：GNSS、GPS、北斗；2.4 GHz，5.8 GHz。

反制方式：驱离、迫降、定点迫降。

数据交互：设备带网口进行数据交互（指挥中心控制打击角度等）。

GPS 定位功能：无。

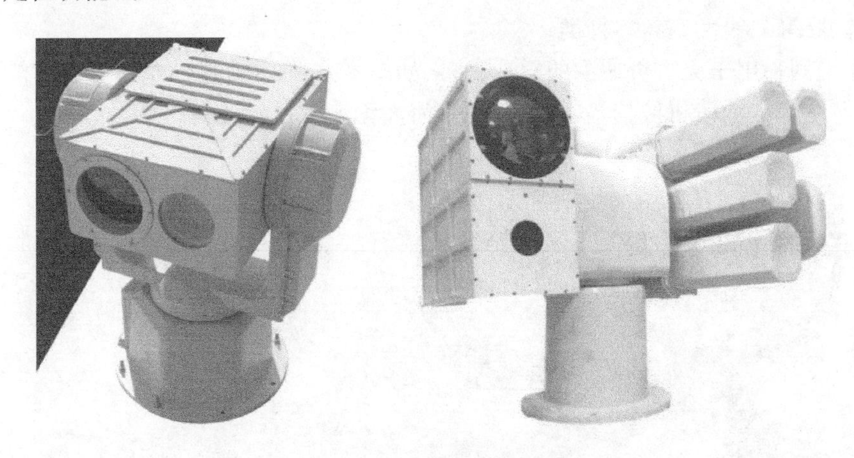

图 6.42　无人机光学探测设备

图 6.43　无人机光电侦测反制系统界面

除了光学探测方式外，光电联动的探测方式也很常见。光学探测仪可以接受来自雷达、频谱、TDOA 的引导信号对特定空域进行快速探测。光电联动的多光谱热成像无人机追踪防控一体化系统，将超长焦可见光高清摄像机、远距离红外热成像探测器、智能识别模块、伺服云台和干扰器集成于一体，实现多光谱、多通道昼夜互补成像，满足全天候监测需求。系统支持通过 UDP 或 RS422 协议快速接受来自雷达扫描或频谱扫描定位“低小慢”可疑信号，通过低空目标检测光电信号融合分析，实现自动快速锁定和精确追踪。

(2) 无人机侦测雷达设备

雷达技术是使用在无人机上的一种成熟的探测技术。雷达探测技术在使用的过程中具有能够满足远距离探测、目标定位精确、反应效率高的优点，但雷达探测技术在使用的过程中存在着近距离盲区，且雷达探测技术不能实现对非导体材料无人机的探测。若无人机悬浮在空中或者处于慢速飞行状态，因为多普勒频移较低，雷达就不能准确地探测到无人机。此外，在临海区域、存在大面积遮挡的环境中，雷达技术的探测精确度会快速下降。

按照不同的扫描形式，可以将雷达分为相扫、机扫等种类；按照不同的调制方式，可以把雷达划分为脉冲编码、线性调频等种类。

下面介绍两种用于无人机侦测的雷达设备，如图 6.44 所示。其中左图为多功能相位扫描监视雷达；右图为 S 波段机械扫描雷达，可用于海面无人机目标搜索。

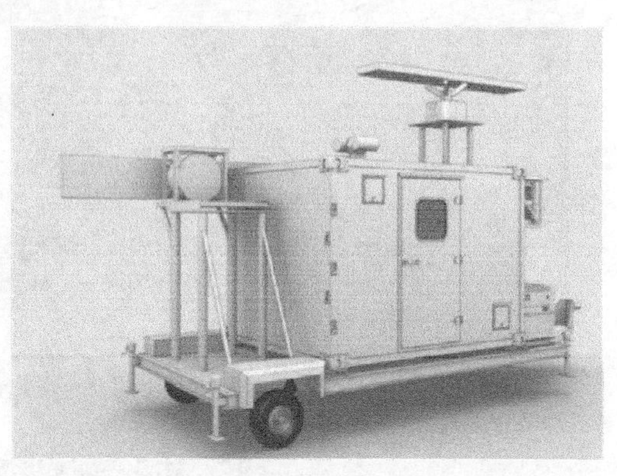

图 6.44　多功能监视雷达和 S 波段机械扫描雷达

① 多功能监视雷达：多功能监视雷达以探测地面、低空目标为主，兼顾海面目标。采用调频连续波体制，具有优良的抗干扰能力、地/海面杂波抑制能力。方位向采用电扫描，波束捷变，能够实现快速扫描及多目标跟踪，降低机械转动带来的磨损和维护成本，并可以实现多目标区域边扫描边跟踪功能，任务可靠性较高。设备结构紧凑，便于架设，操作使用简便。高性能防雨、雷电、沙尘及烟雾设计，连续工作能力强。适用于边境防控和重点监视区域内人员、车辆、舰船、无人机等"低小慢"目标实施全天候连续探测和监视。多功能监视雷达包括雷达主机、雷达终端、雷达转台、AC/DC 电源及连接电缆等，设备外观参考照片如图 6.44 所示。

主要技术指标：

工作体制：调频连续波。

探测距离：(检测概率 80%，虚警概率 10^{-6}，目标速度大于 2 m/s)。

地面目标：人员≥8 km，车辆≥25 km。

海面目标：船舶≥35 km(30 t 渔船，视距)。

低空目标：旋翼机≥4 km(目标 RCS=0.05 m^2)，无人机≥8 km(目标 RCS=0.5 m^2)。

测量精度(均方差)：距离精度 10 m；方位精度 0.8°。

方位覆盖：电扫范围±45°，机械调整范围±175°。

环境适应性：防护等级 IP65。

波束宽度：方位 3.3°，俯仰 5.3°。

波束扫描方式：方位电子扫描±45°，方位机械扫描±175°(扇扫、凝视)。

数据录取：自动/半自动/人工，最大录取目标批次为 50 批。

② S 波段机械扫描雷达：S 波段机械扫描雷达具有探测距离远，全方位扫描，体积、功耗大等特点。

主要技术指标：

工作体制：脉冲多普勒。

探测距离：≥5 km。

测量精度：距离精度 10 m；方位精度为水平方位 1°，垂直方位 0.9°。

方位覆盖：360°。

工作模式：窄脉冲。

环境适应性：天线部分 IP67，转台部分为 IP22（根据不同环境要求可选择 IP65），室内单元为 IP22。

工作频段：S 波段（3 060±20）MHz、X 波段（9 660±20）MHz。

输出脉冲功率：固态发射机，S 波段为 500 W（±0.6 dB），X 波段为 200 W（±0.6 dB）。

输出脉冲宽度：15 μs。

脉冲重复频率：10 kHz。

（3）无人机侦测无线电设备

目前在针对低空旋翼飞行器的安保管制领域，使用最广泛的应该就是无线电侦测系统了，业内也常常有别的叫法，如“无源雷达”“无线电侦听设备”“电磁波侦测系统”“频谱探测系统”等，均指同一产品。无线电侦测系统一般都由一个数据处理主机加多根天线组成，这些天线根据具体应用设计形态各异。其主要工作原理为通过接收空中的电磁波，检测其中是否存在无人机与遥控器之间的通信信号以判断防区内是否有目标存在。无线电侦测系统是一种被动接收式的侦测系统，本身不发射任何电磁波信号，对周边的电磁环境不产生影响，十分高效安全。

基于无线协议的侦测设备用于侦测无线监测区域内飞行中的无人机。它可接收不同制式的无人机广播信号，并将数据通过有线以太网或 4G/5G 无线网卡发送给远程后台服务器。根据所需部署区域的无线环境和覆盖要求，可以从多种接收机和天线配置方式中灵活选择。该设备能快速识别主流无人机的通信链路，获取无人机类型、飞行状态、飞行轨迹等信息，对其实行远程识别与监管，有效避免无人机所带来的潜在威胁。无人机侦测无线电设备外观如图 6.45所示（本图来自旭日蓝天公司官网）。

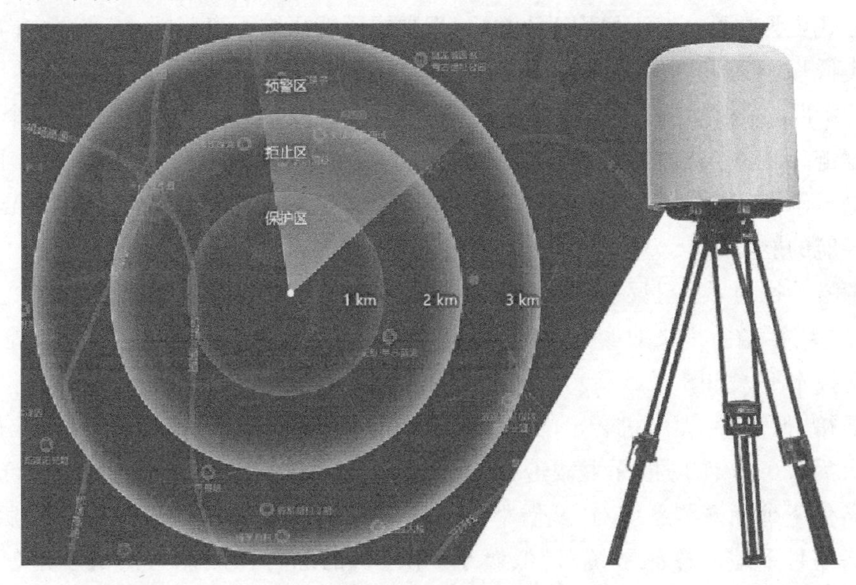

图 6.45　无人机侦测无线电设备

主要技术指标：

侦察工作频段：2.400～2.483 GHz，5.725～5.850 GHz。

侦察预警距离：3 km（通视）。

侦察预警覆盖空域：0°～360°。

侦察瞬时工作带宽：监测≥150 MHz，测向≥50 MHz。

电源供电：PoE 或者 12 V DC。

数据交互：设备带网口进行数据交互（直接上报指挥中心侦测信息）。

GPS 定位功能：无。

无线电测向精度：1.5°（RMS）。

无线电侦察发现设备系统具备对空（无人机）、对地（无人机操作人员）两种侦察能力；设备可通过侦察小型无人机遥控、遥测及数传链路来发现无人机，通过对无人机通信信号的测向来确定无人机所在的空间方向；系统侦察模式为无感探测，能 360°被动探测入侵的无人机，不对外发射任何无线电波，不影响周边的电磁环境；具备多种预警方式，支持界面预警、声音预警。

无线电侦测与反制是目前国内外无人机侦测与反制的重要手段之一。无线电侦测技术的被动式接收特性在一定的情况下也会失效。对于事先做好路径规划的无人机，仅通过预置指令向指定地点飞行或者按照指定轨迹飞行，飞行过程中不启用人工遥控，地面站或遥控器和无人机之间的通信关闭，无人机处于无线电静默的状态，则无线电侦测系统无法探测到该无人机，预警功能将不起作用。

3）无人机反制设备

针对无人机的违法违规滥用，目前常见的有无人机挂网、声波干扰、激光炮及信号干扰等无人机反制方式。除此之外，相对于简单的压制式干扰反制系统，通过数据链欺骗或导航信号欺骗的诱导式反制系统，就具有更高的技术含量。在城市低空领域，考虑到空间有限，建筑密集，常见的无人机反制目的是干扰飞行或迫使降落并俘获，很少直接摧毁。这种情况下，采用信号干扰方式更为常见。对于民用无人机，一般要求干扰压制距离范围为 5 km 之内。

消费类低慢小无人机的无线数据链有 3 个常用的频段，分别是 2.4 GHz、5.8 GHz 和 915 MHz。所以，一般的反制干扰器主要集中在 2.4 GHz、5.8 GHz 和 915 MHz 三个频段。除了无线数据链，无人机导航信号也可以被干扰压制，目前国内的导航方式主要是北斗和 GPS，只要无线电压制信号的幅度足够强，且频率能够覆盖以上的卫星导航频点，那么，无人机就会失去自动导航的能力。

采用信号干扰的无人机反制设备分为固定式、便携式、车载式三款。设备以无线电干扰压制为手段，对无序飞行、黑飞的低空、慢速、小型无人机进行有效干扰和打击，大大提升应急处置和整体防控水平。如图 6.46 所示为三种无人机反制设备。

针对防御“低慢小”无人机袭击的重大需求，经过深入研究、迭代论证、跨行业研讨和广泛征求意见后，2022 年 3 月“无形截击”无人机与反无人机对抗挑战赛组委会发布了《简单野外背景条件下地面探测系统对“低慢小”无人机的综合探测能力测试规范（1.0 版）》和《简单城区背景条件下地面探测系统对“低慢小”无人机的综合探测能力测试规范（1.0 版）》。文件中对“低慢小”无人机的定位为“飞行高度不超过 200 m，对地速度不超过 200 km/h，最大尺寸不超过 3 m，X/Ku 波段雷达截面积不超过 0.5 m^2”。以上两项规范对野外及城区简单背景下无人机反制设备的有效探测和有效锁定能力进行了规范认定，并给出了综合探测能力评定方法，包括平均锁定精度比率、锁定时长比率及能力综合三个要素。以上测试规范的出台，为无人机反制设备效能评估提供具备标准化和一致性的依据，将有力促进无人机反制系统和设备的研发。

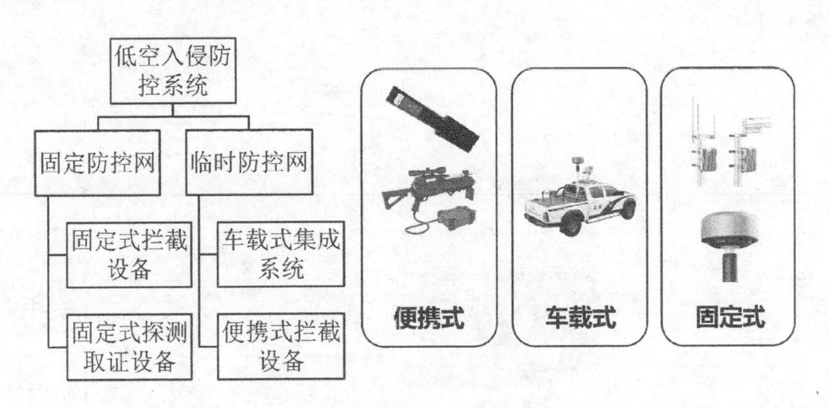

图 6.46　无人机反制设备组成

(1) 固定式反制设备

固定式反制设备提前架设到需要保护的区域，通过指挥中心命令进行无人机反制。固定式反制设备一般用于机场或重要场所等。干扰单元在侦察结果的引导下，自动或者手动对入侵无人机进行精确干扰，使无人机迫降或者返航；同时具备测控、导航信号干扰能力，干扰频段和功率可定制。设备外观如图 6.46 所示。

主要技术指标：

管控频段：2.400～2.483 GHz，5.725～5.850 GHz，1.559～1.620 GHz。

管控距离：3 km。

管控信号样式：单载波、噪声调频、梳状谱、模拟、数字调制等。

数据交互：设备带网口进行数据交互(指挥中心控制打击角度等)。

GPS 定位功能：无。

操作平台：目前自带操作平台(需要嵌入指挥平台)。

(2) 便携式反制设备

移动手持反制设备体积小、重量轻，便于随身携带和手持工作，可以随时启动工作，支持飞控阻断，对 Wi-Fi 信号干扰小。手持式及枪式设备外观如图 6.46 中所示。

主要技术指标：

管控频段：2.400～2.483 GHz，5.725～5.850 GHz，1.559～1.620 GHz。

管控距离：1 km(无人机距离遥控器 200 m，高度不低于 30 m 时)。

等效全向辐射功率：43～49 dBW。

数据交互：设备无任何接口进行数据交互。

GPS 定位功能：无。

波束宽度：水平面 27°，垂直面 26°。

工作时间：≥4 h(典型工况，单块电池)。

机身质量：1 550 g。

(3) 车载式反制设备

如图 6.47 所示，车载式无人机反制及取证平台配有雷达及光电侦测系统，能够对非授权无人机实现高精度的实时侦测预警，并可通过无线电干扰入侵无人机的飞行，还能起降车载无人机进行取证作业。

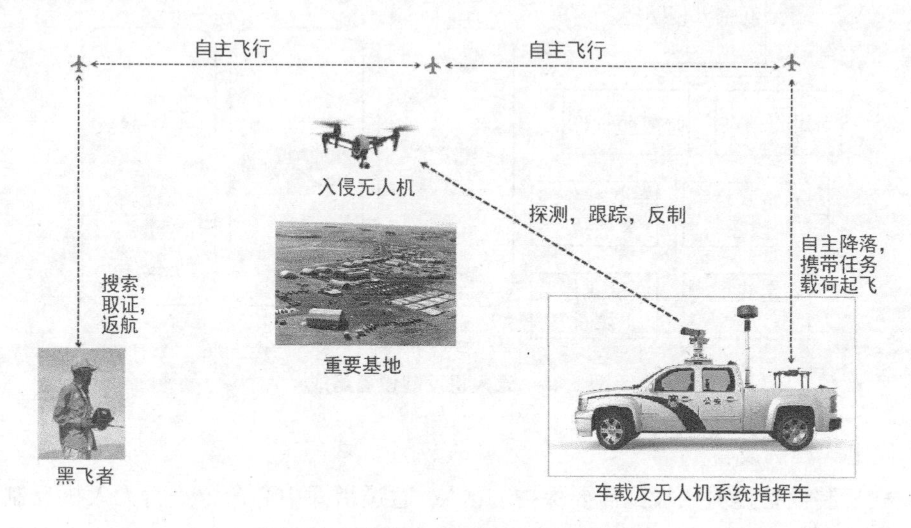

图 6.47 车载式反制及取证平台

4) 无人机反制集成系统

无人机自动反制系统对于重要场所、重要会议安保至关重要，但是，无人机反制系统怎样才能真正发挥作用，这是一个需要认真探讨的课题，应该针对不同的应用场景，例如不同的场合和不同的侵入对象，做不同的配置。

第一类是对于一些临时性商业会议现场的安保警卫任务，防范对象为航拍业余爱好者的情况，简单配置一个干扰式反制枪，由持枪警员人工警戒即可。第二类是对于高等级的现场安保，就要配置高可靠性、可以移动布防的无人机反制系统，以确保万无一失。这类系统必须具备自动侦测、自动报警和自动反制能力。第三类是对于固定的重要场所，例如，重要的国家机关、重要交通枢纽、重要石化基地、重要的港口码头等，由于需要长期防范，就必须装备固定式全方位的无人机侦测、报警和反制一体化的全自动反制系统。全自动无人机反制系统，应该包括全自动侦测、全自动报警和全自动处置的全部系统。自动侦测系统(雷达式和频谱式)发现目标以后，立即声光报警给值班人员，同时将热备份中的反制干扰系统(压制式和欺骗式)天线对准目标，自动开启干扰装置，对非法无人机的数据链和卫星导航信号实施干扰(压制式或欺骗式)，直接使非法无人机在受保护区域外进行迫降或者坠毁。

管控指挥中心是无人机反制集成试验系统的操作核心，操作人员在指挥中心可全局掌控整体防御态势，可 24 h 对空中目标进行实时监控。如果发现空中的可疑目标，可直接引导监控系统进行目标识别和跟踪，并根据危险程度选择处置操作。管控指挥中心系统架构如图6.48所示。

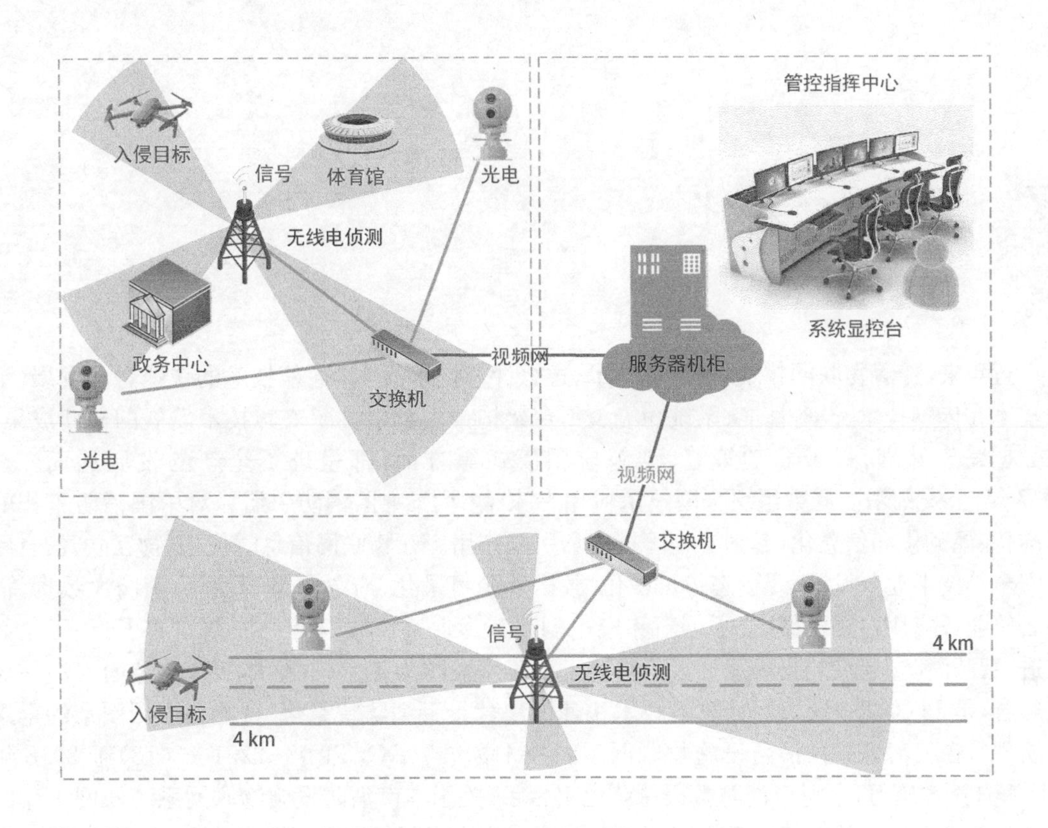

图 6.48　无人机管控指挥中心系统架构图

7 安消一体化

近年来，随着物联网技术、云计算技术、边缘计算技术及5G通信技术的快速融合发展，消防技术在传感技术、设备性能、系统功能及平台架构方面都借鉴了安防技术发展的最新成果，在数据采集处理、报警联动策略、创新应用模式等方面，都呈现了全新的发展局面。在2007年，公安部消防局曾组织全国技术应用专家编撰了《中国消防手册》，对中国消防工作的标准化、规范化和信息化，起到了显著推动和引领作用。在物联网信息时代，万物互联、信息网络安全等技术充分发展，现场态势可视化、救援资源目录化、应急预案智能化，消防大数据、消防云等业务应用蓬勃发展，技术创新和应用创新互为促进。2017年公安部发布了《关于全面推进"智慧消防"建设的指导意见》，消防技术以智慧消防为把手，在整体架构上走向安消一体化融合，是IT、物联网、边缘计算等技术快速发展背景下消防智慧化、智能化应用图景的全景式展现。在上海，随着《消防设施物联网系统技术标准》(DG/TJ 08-2251—2018)于2018年5月1日正式施行，上海市消防救援总队也出台了《关于本市消防设施物联网系统联网工作的通知》，要求全市相关部门按照市区两级架构将消防物联网感知数据联通接入"一网统管"各级城市运行管理平台，实现消防物联网数据融合共享，双向赋能。

2018年12月，应急管理部颁发的《应急管理信息化发展战略规划框架(2018—2020年)》要求按照信息安全等级保护三级要求设计建设应急指挥通信网，该网络属于非涉密网络，由核心层、汇聚层和接入层组成，应用IPv6、软件定义网络(SDN)等先进组网技术，覆盖部、省、市、县四级。由此可见，信息网络安全作为安全底座，是城市安全各个信息化系统的重要基石。

2020年10月，工信部和应急管理部联合印发了《"工业互联网＋安全生产"行动计划(2021—2023年)》(工信部联信发〔2020〕157号)，要求增强工业安全生产的感知、监测、预警、处置和评估能力，加速安全生产从静态分析向动态感知、事后应急向事前预防、单点防控向全局联防的转变，提升工业生产本质安全水平。坚持工业互联网与安全生产同规划、同部署、同发展，构建基于工业互联网的安全感知、监测、预警、处置及评估体系，提升工业企业安全生产数字化、网络化、智能化水平，培育"工业互联网＋安全生产"协同创新模式，扩大工业互联网应用，提升安全生产水平。行动目标为到2023年底，工业互联网与安全生产协同推进发展格局基本形成，工业企业本质安全水平明显增强。一批重点行业工业互联网安全生产监管平台建成运行，"工业互联网＋安全生产"快速感知、实时监测、超前预警、联动处置、系统评估等新型能力体系基本形成，数字化管理、网络化协同、智能化管控水平明显提升，形成较为完善的产业支撑和服务体系，实现更高质量、更有效率、更可持续、更为安全的发展模式。在行动计划的规划中，城市安全中重点生产企业的生产安全和监管要求，消防物联网结合安防应用平台先进框架促生的安消一体化，也是智慧城市建设的题中之义。

针对部分建设成熟的业务场景，如安防、交通、消防等，场景内的软硬件一体化解决方案能力将决定智慧城市项目的实施周期与应用效果。数据资源将成为驱动城市治理乃至智慧城市发展的核心能力，基于数据资源打造的城市大数据平台将成为智慧城市的赋能中心，支撑应用层业务。就消防行业来说，丰富底层物联感知数据的采集，强化边缘计算的数据解析能力，是活化利用好消防大数据资源的必要前提。

智慧城市建设方兴未艾，诸多应用图景波澜壮阔，安消一体化创新应用也必是其中最抢眼的一幕。

7.1 现状与前景

7.1.1 总体认识

安消一体化，是"数字孪生城市"的最佳应用场景，融合了消防物联网、视频监控网络及信息空间安全的多层面总体安全，在应用视角上看，是对实体空间和"数字孪生体"的双重保障。安消一体化总体图谱如图 7.1 所示。

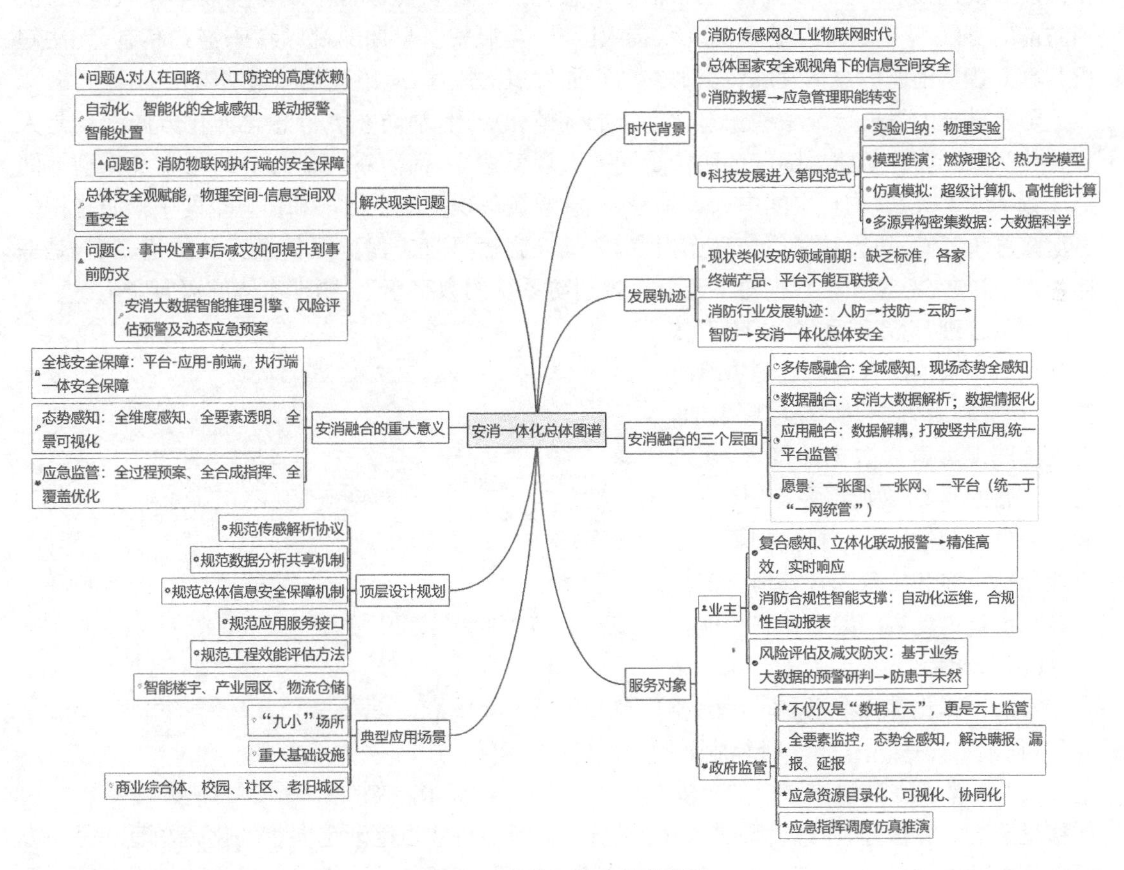

图 7.1 安消一体化总体图谱

安消一体化时代背景主要有四个方面：

1）工业互联网时代

在工业物联网时代，IPv6 协议的落地推广，万物互联成为现实，全链接主义得以实现。在此背景下，消防终端传感器专用协议解析全面 IP 化，借助安防大平台接入互联网实现安消数据融合、业务融合、策略融合。

2）科技发展进入第四范式

消防科技的研究从火场物理实验（第一范式）到燃烧理论模型、温度场（第二范式）到超算燃烧模拟仿真（第三范式），目前进化发展到人工智能、消防大数据解析，即大数据科学（第四范式）。

3）总体国家安全观

网络信息安全是国家安全的基本内容之一，不仅仅关注网络空间安全，也关注物联网执行端信息安全。总体国家安全观在实体安全和信息安全两方面并重，不仅注重现实社会安全，也注重作为现实社会的数字孪生体的物联网空间安全。

4）管理部门职能提升

消防救援管理机构改革为应急管理部门，使得消防领域的工作目标由事中处置、事后救援前置到风险研判、防灾减灾和应急管理。

从历史映照现实的角度来看，安消一体化也是必然的趋势，是“智慧消防”沿着“智慧安防”相似发展轨迹发展的必然之路。当下消防信息化发展现状类似智慧安防发展早期状况，目前消防前端协议不一，各家传感产品互联接入困难，类似安防早期的视频编码格式私有，无法解析共享。智慧消防的总体发展将类似安防行业发展的规律，应用进化脉络清晰。

随着科技的发展以及一些信息化系统的规模化应用，消防领域信息化演化方向必然是人防→技防→云防→智防。随着消防传感网的大规模建立，消防系统信息空间与现实物理空间形成数字孪生关系，物理空间中火灾预警、应急救援等现实安全需求和信息空间中预防指挥信息泄露篡改、防范执行端非授权动作指令、关键设施运行日志保护等信息安全防范需求，是一体两面，必须在总体安全观视角下充分重视消防系统的数字孪生、物理实体的双向安全。

应急管理部成立后，对消防工作的管理从日常消防救援前置到风险防范，工作重心由事中事后提前到事前，立足于城市运营大数据的接入，实现消防隐患的早期甄别预警，工作机制和业务模式的创新需要科技创新支撑风险甄别防控和应急综合管理。安消一体化也是由现实问题内在驱动催生的，如图 7.2 所示。

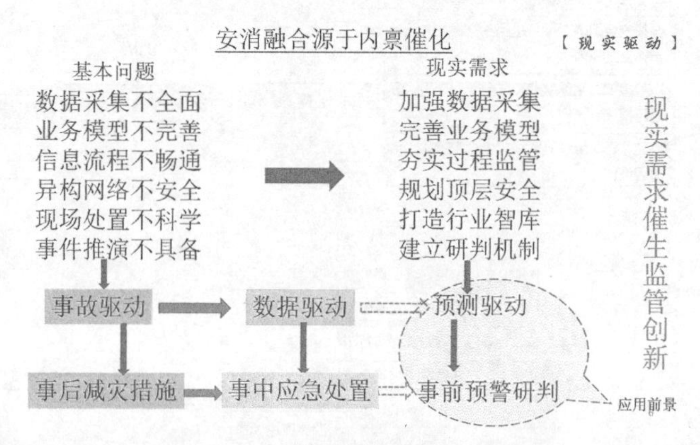

图 7.2　安消一体化内在催化及现实驱动

安消一体化融合在当前时代已经具备可行性。一方面是政府体制改革，2018 年起消防管理从原来的公安部移交至应急管理部，应急管理进入规范化轨道，消防行业也逐渐走向市场化、智能化；另一方面是技术发展的变化，尤其是物联网技术的快速发展，给智慧消防带来了很大的发展空间。消防市场也正在逐渐脱离原来较为封闭的状态，转变为一个更开放的市场。

从发展阶段看，目前整个消防市场正处于传统消防向智慧消防转型的初期，也就是安消一体化的起步时期，市场竞争非常激烈。主要有两个原因：一方面，整个市场从原先的IT(Information Technology，信息技术)时代过渡到DT(Data Technology，数据技术)时代。在IT时代，各个产业的厂家都有自己的边界，过渡到DT时代后，产业的边界被打破，每家公司都可以全产业链地去参与各端的商业竞争，导致整个市场的竞争比任何一个市场阶段更激烈。另一方面，现在的商业因为资本杠杆的带动，市场更迭更快，现阶段可以提前布局未来两三年的事情。

应当明确认识到，安消融合，有别于消防信息系统自身向"智慧消防"的进化，是全新的总体大安全视角下的全新机制；安消一体化是总体安全视角下的融合，是消防实体安全、安防实体安全、信息空间安全"三驾马车"的并驾齐驱；安消一体化涉及多传感融合安防、多传感融合消防、多层融合安全三个层面的融合，包括传感手段的融合、接口-协议-应用的融合，以及大数据的融合。

"安消一体化"的推进，必须正确认识"安消一体化"和"智慧消防"之间的关系。"安消一体化"是以物联网安全为基石，从整体视角来看待人、事、地、物、组织的总体安全，是基于物理实体和"数字孪生体"的互动双向安全保障的全新视角。"智慧消防"仍然立足于消防业务层面，主要通过安防中的视频监控引入消防事件的可视化，在整体架构和业务逻辑上仍然是消防和安防生态的割裂。"智慧消防"只是阶段目标。"安消一体化"是智慧消防的必然途径，智慧消防只是安消一体化融合发展的初期形态。安消一体化融合发展是要在总体安全的框架内通过进一步的安消大数据深度应用、预案动态生成等服务于风险预判、应急综合管理。

安消一体化是技术发展的必然，更是应急管理机制创新下的科技支撑。它不仅仅是技术层面的融合，更是从"数字孪生体"视角和总体安全视角，从物理世界"安、消"两方面的安全保障，到物理空间-信息空间的全维度安全保障。它是对现有安、消分置架构的全新整合，必将更好地服务于政府监管和用户防灾减灾。

7.1.2 安消一体化的内涵与范畴

安消一体化在技术层面的核心是"借鉴、复用、连接融合"，具体表现为领域间新技术、新思路的相互借鉴，前后端硬件算力及网络基础设施的复用，各领域子系统的连接，领域间数据的融合应用。安消一体化在社会管理层面的核心是"社会组织单位的有机协同"。安消一体化的目标是"实现能力一体化以降低总体拥有成本并提升组织管理效率"。

安消一体化内涵丰富，涉及组织管理一体化、信息标准一体化、规划设计一体化、技术一体化、设备一体化、平台一体化、网络一体化、平台一体化等。

1) 组织管理一体化

我国安防行业的主管部门是公安部和各省市级业务机关，主要负责对行业实施行政管理，研究制定行业发展规划，参与行业体制改革，对安防产品及安防进行设计、施工、维修备案等。

消防改革之后，公安部下属的消防部门和武警中与消防相关的单位全部被划分到了新组建的应急管理部。公安部领导的边防局、消防局被撤销，武警边防部队、消防部队不再接受公安部业务上的指导。根据国务院新出台的《消防安全责任制实施办法》，消防安全责任已经完全下发给了政府，公安部在这里更多的是监管者，而不是责任者。

消防并入应急，"大安全、大应急、大减灾"时代下消防边界不断扩大，消防需求也逐渐由被动转变为主动，在城市公共安全领域更重视威胁城市安全运营的重大风险预测与精准管控。

安防、消防业务呈现出相互渗透的趋势，也必将促进政府监管职能的一体化进程。安防先进技术向消防领域的全面赋能，从数据流、控制流到决策调度链，精准滴灌，打破原有行业应用的壁垒，全面消除原有消防信息系统应用中的痼疾，以安消一体化的理念统筹安防消防整体设计，在统一架构内共享前端感知、数据处理、平台解析等功能模块，以点带面促进整个消防信息系统智慧化的深度发展，并通过数据驱动和算法迭代提升应急仿真推演能力。

在物业管理方面，当前业主的消防主管在保安部长的领导下工作，安防人员和消防人员为两套队伍。在一套系统、一套人员的安消一体化管理体系下，培训既懂安防又懂消防的工作人员，能起到减员、增效的作用。

安防系统工作与消防系统工作在岗位设置、职能安排、工作内容及工作流程上的一体化进程会更进一步。

2）信息标准一体化

信息标准一体化主要是指安防信息标准与消防信息标准相互借鉴，对于有重叠的部分，可进行综合考虑。比如安消一体摄像机，在完成电子围栏功能的同时，也提供消防所需火焰检测的功能，在其标准的制定上，需要安防与消防协作完成。

从现状来看，安防信息标准化工作处于非常活跃的状态，且标准化工作向纵深、细化方面持续推进，比如《安全防范人脸抓拍设备技术要求》(T/CSPIA003—2020)团体标准于 2020 年 11 月 25 日开始实施。该团体标准专项研究了安全防范人脸抓拍设备的产品形态、技术路线、功能和性能特点，以及检测方法，针对二维、三维人脸采集设备，提出了安全防范人脸抓拍设备的功能要求、性能要求、信息安全要求及相应的检验方法，旨在规范安防行业用人脸采集设备的研发、生产、检验和使用的规范化。

相较于安防而言，国内消防信息化发展相对滞后，智慧消防或消防物联网相关技术标准相对滞后，不能有效指导快速发展的业务。目前，消防信息化系统建设相关性较高的标准有《城市消防远程监控系统》(GB 26875)、《城市消防远程监控系统技术规范》(GB 50440—2007)、《火灾自动报警系统设计规范》(GB 50116—2013)、《自动喷水灭火系统设计规范》(GB 50084—2017)及《消防设施物联网系统技术标准》(DG/TJ 08-2251—2018)等。《城市消防远程监控系统》(GB 26875)共由 8 个部分组成，分别对用户信息传输装置（标准第 1 部分）、通信服务器软件功能需求（标准第 2 部分）、报警传输网络通信协议（标准第 3 部分）、基本数据项（标准第 4 部分）、受理软件功能要求（标准第 5 部分）、信息管理软件功能要求（标准第 6 部分）、消防设施维护管理软件功能要求（标准第 7 部分）、监控中心对外数据交换协议（标准第 8 部分）进行了描述。但伴随着信息技术、网络技术、软件技术的快速发展，尤其是物联网、移动互联网技术的日新月异，原有标准在传输效率、网络安全方面已经不能满足要求，加之该标准只有第 1 部分的第 4、7 章，第 2 部分的第 3 章，第 5 部分的第 4、5 章，第 6 部分的第 4、5 章是强制性的，而与信息交换管理最为相关的第 3、4、7、8 四部分是非强制性的，导致很多设备厂商、系统集成商不遵从相关协议标准，市场上标准不统一，大大制约了智慧消防的发展。相关企业、协会、机构正在推进标准的更新工作。

智慧安防、智慧消防乃至更大范畴的智慧城市信息化建设都开始大规模使用物联网技术。物联网系统本质上是嵌入式单片机技术、移动互联网技术、大数据云计算技术的集成应用。在新标准的更新、制定工作中，对安防、消防领域的利益相关方（厂商、集成商、客户、政府监管）都给予充分考虑，对促进大数据时代的应用是非常必要的。

物联网基于大规模传感器的并网应用，其通信网络多样化（如基于移动运营商的授权频段蜂窝网络技术的 eMTC/NB，基于非授权频段的 LoRa/ZiGBee 等）。在物理层、链路层、网络层、传输层其通信协议有相应标准，应用层因细分应用繁多，在同类应用（如水压传感数据）中完全没有标准。

当前，为响应“十四五”规划中关于“积极参与数字领域国际规则和标准制定”的指导意见，一些企业、行业协会着眼于特定应用的物联网系统标准的制定，如智能三表（水表、电表、燃气表）的信息数据标准制定工作都在紧锣密鼓地开展过程中。

安防、消防的信息化标准要求硬件设计专家、信息化专家、网络安全专家、大数据专家等多领域专家统一合作，在性能、安全、效率间折中、平衡，这对信息标准制定者是一大挑战。

不解决标准化的问题，原有各地方不同、各生产制造商不同、各信息系统承建商各搞一套的混乱格局不改变，大数据的融合智能分析就无法进行，智慧城市建设也就无从谈起。

我们提出安消一体化的建设思路，充分考察并抽取安防信息系统与消防信息系统的异同，充分考虑不同系统硬件、网络、数据、业务，并兼顾政府、业主、制造商、运营商、集成服务商的诉求，运用全新的思路，构建新一代安全、高效、可定制伸缩、兼容性及扩展性好、生命力强的信息协议，助力新标准的制定。

信息标准跟上技术发展，信息标准能保障数据有效流通，是智慧城市信息系统建设首先要解决的问题。

3）规划设计一体化

针对安消一体化，系统分析师面临的情况纷繁复杂，且要求其充分了解安防、消防的现状与需求，灵活统筹设计。通过一体化设计，解决了重复建设、重复投资的问题，在节约成本的同时，也为大数据分析铺平了道路。

新一代系统的设计，既要适度前瞻，也要兼顾兼容性；既需要充分吸收原有系统的经验，同时又不受历史遗留系统掣肘，其成果适用于全新一体化信息系统的建设。

在设计时，对两类系统的共性进行抽象是关键。比如，传统消防信息系统的功能包括基于角色的人员权限管理、管理监控中心、查询联网单位（日期、名称、类别、所属区域、监管等级、设施信息）、管理联网单位信息、对联网单位值班人员进行查岗。传统安防信息系统的功能包括生物识别门禁、基于视频的人员分析（人脸分析、人数清点、行为分析）、RFID 物品管理等。将二者的信息进行抽象，并进行数据库的统一设计是安消一体化信息系统设计的关键步骤。

安消一体化信息系统的规划设计要充分重视如下三点：系统架构的设计选择与评估，尤其注意基于应用场景的评估；强调复用，采用产品线开发的思想，重视核心资源的开发；规范化处理流程设计。

安消一体化信息系统的设计开发上技术面广，主要包括嵌入式系统与企业信息系统。设计者要在面向数据流的结构化分析设计方法、映射现实世界的面向对象分析设计方法、面向领域服务方法之间灵活选择与综合应用。

对历史遗留的安防及消防信息系统进行一体化，是一件很困难的工作，对于系统分析设计师而言是极大的挑战。

遗留系统的处理策略大致从以下四个方向进行思考：

① 对于技术含量、业务价值都低的系统，采取淘汰策略。即全面重新开发新系统来代替，这是一种极端的方式。当遗留系统不再能适应企业运作需要或是原有的维护人员、维护文档都丢失时可以考虑。

② 若遗留系统技术含量低，但已经满足企业业务要求，还具有较高的业务价值，目前业主还依赖此系统，此时可以采用演化策略。即开发新系统时，兼容原系统的功能与数据模型。

③ 若遗留系统技术水平、业务价值都较高，则对原来系统功能进行增强，对数据模型进行改造。

④ 若遗留系统技术含量高，但业务价值低，则可考虑在新系统中集成原有的模块，以降低成本。

对现有消防、安防系统的一体化，宜首先考虑旁路设计，即数据分流、UI 集成的渐进演化设计。

4）技术一体化

智慧安防与智慧消防两领域技术相互融合、渗透，比如，在安防中使用的图像识别技术也在消防中用于消防设备环境异常的检测，在消防中用于微小颗粒侦测的光电技术也可用于安防中的有毒气体检测。各种无线传感技术更是普遍用于安防和消防领域。安防、消防系统的原有覆盖范围及其融合应用如图 7.3 所示。

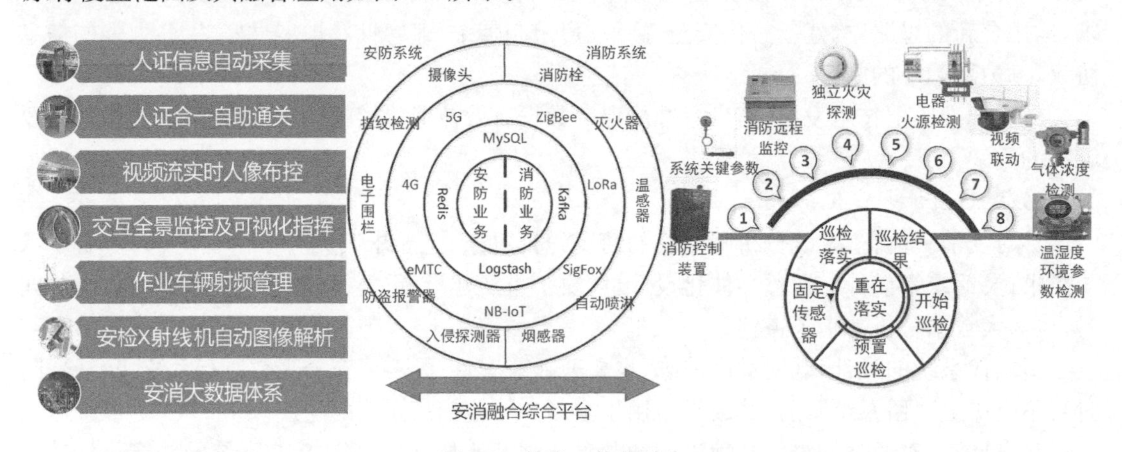

图 7.3　技术一体化融合

随着海量嵌入式物联网设备的使用，其数据既可用于安防，也可用于消防。

物联网、大数据、人工智能、云计算技术在智慧安防中发展很快，相关技术可以伴随安消一体化的工作外延到智慧消防的业务中。比如视频的安全技术、数据智能分析技术都可以应用到消防信息数据的安全保障与分析工作中去。

消防信息系统的数据，除用于原有消防业务外，也可辅助安防系统，丰富其数据源，进一步提升安防智能水平。比如将有毒气体、火点探测与安防摄像机云台联动，有助于对现场的评估，与人脸识别系统、访问控制系统结合，可第一时间控制蓄意破坏人员。

多传感器数据源融合、多控制子系统智能联动是安消一体化的重要方向。

5）设备一体化

前端设备一体化，是指向高集成、小型化、无线化方向发展。一些兼有安防、消防双重属性、功能的新产品、新应用初露头角。一体化的安消防产品，通过技术融合提升了报警广度、精度和速度。

比如危险气体检查、烟雾探测、气压及温湿度传感器等消防传感器与云台摄像机、红外摄像机、超声波等安防产品进行集成。新冠肺炎疫情防控期间已有厂商研制出了人体感温的摄像机，可以分析画面中不同区域的温度，在不接触个体的情况下完成体温分析，对发烧人员进行甄别。带防火警戒的安消摄像机，既可用于安防中的人员监控，也可用于消防中的火光及燃烧烟雾的监测与预警。红外摄像机，兼有安防(可疑目标侦测)、消防(救灾中的生命体侦测)功能。多光谱摄像头，除传统的安防监控外，还可以挖掘出更多的有用信息。对于重要设备监测传感器，可整合我国自主研发的北斗高精度位移监控功能，既可侦测人为的破坏，也可发现应力导致的形变。

通过提高集成度，可以共享网络、共享安全芯片(或软沙盒)之类的外围设施，提高施工维护的效率，降低信息系统集成的难度，节约成本。硬件通用化，即基础平台能力通用化，软件算法、策略动态可配置化，也是端产品的一大方向。

当下，海康威视、大华股份等传统安防企业纷纷布局智慧消防市场，一些跨界企业也开始布局智慧安防与智慧消防行业，比如阿里巴巴、腾讯、华为等。还有一些拥有较强研发实力的企业，也积极拥抱新技术在安防、消防领域的重造与升级。

目前常见的可视化烟雾探测器配备高清鱼眼摄像头和烟雾探测报警器，可探测本地烟雾并实现报警和联网报警功能，其安防应用可直接接入或通过 NVR 设备接入业务平台实现安防管理，并作为早期的火灾预警、报警，以及现场警情的可视化复核功能，实现安消一体化应用。

安消一体化产品可以应用于一些特定场所，如视频应用前端系统设置热成像摄像机对仓库、厂房、油库等重点场所进行测温监控，系统收到报警后可根据摄像头与前端探测器所在区域的对应关系，自动调出视频图像，实现对重点单位处理火警过程的监管，并自动保存视频作为管理依据。一体化的消防产品，通过技术融合后，可提升报警广度、精度和速度。

6) 网络一体化

消防信息系统因历史原因，形成了自己的前后端组网技术，如 RS485、RS232、RJ45 等技术手段。安防以 RJ45 组网方式为主，在室内定位中也使用 ZigBee、RFID 等组网技术。之前的消防信息化进程中，以上组网方式大都通过用户信息传输装置接入到互联网系统进行报警信息推送和状态监管，该设备实际承担了物联网网关的职能。

在安消一体化发展过程中，前端设备将在功能上实现安防消防统一集成和传输 IP 化，在传输协议上以全链接的思路支持直接接入互联网。在安消一体的总体网络设计中，充分兼顾各网络的部署特征，最大化减少重复建设。5G 网络的商用化，同时促进了消防现场指挥、安防监控的发展，物联网的窄带网络也同时被安防与消防业务使用。

一些前端的网络设备随着处理能力的增强，可完成信息预处理、结构化、融合的工作，统一提供数据的汇集、压缩、对称加密、数字签名等工作，提升了效率。

7) 平台一体化

统一且标准化的用户安全综合管理平台，是安消一体化的大趋势。

智慧消防与智慧安防的平台一体化，实现安防、消防信息的统一管理、分析与应用。安防与消防的功能联动是重点，比如在火灾发生时自动关闭安防门禁、放下道闸、调度安防视频网络中的周边云台摄像机复核现场火警。

安消一体化综合管理平台基于实例化的部署架构，提供设备接入、设备管理、监控运维、数据流转、数据管理、处理分析等功能，协助客户在数字化转型时拥有更完整的信息。

该平台提供的基本功能包括消息路由、策略引擎、设备监控运维、时序数据存储、视频服务、数据分析、LoRaWAN 网关接入、NB-IoT 接入、设备身份认证、安全 OTA，以及大数据可视化等，如图 7.4 所示。

安消一体化综合管理平台核心模块如下：

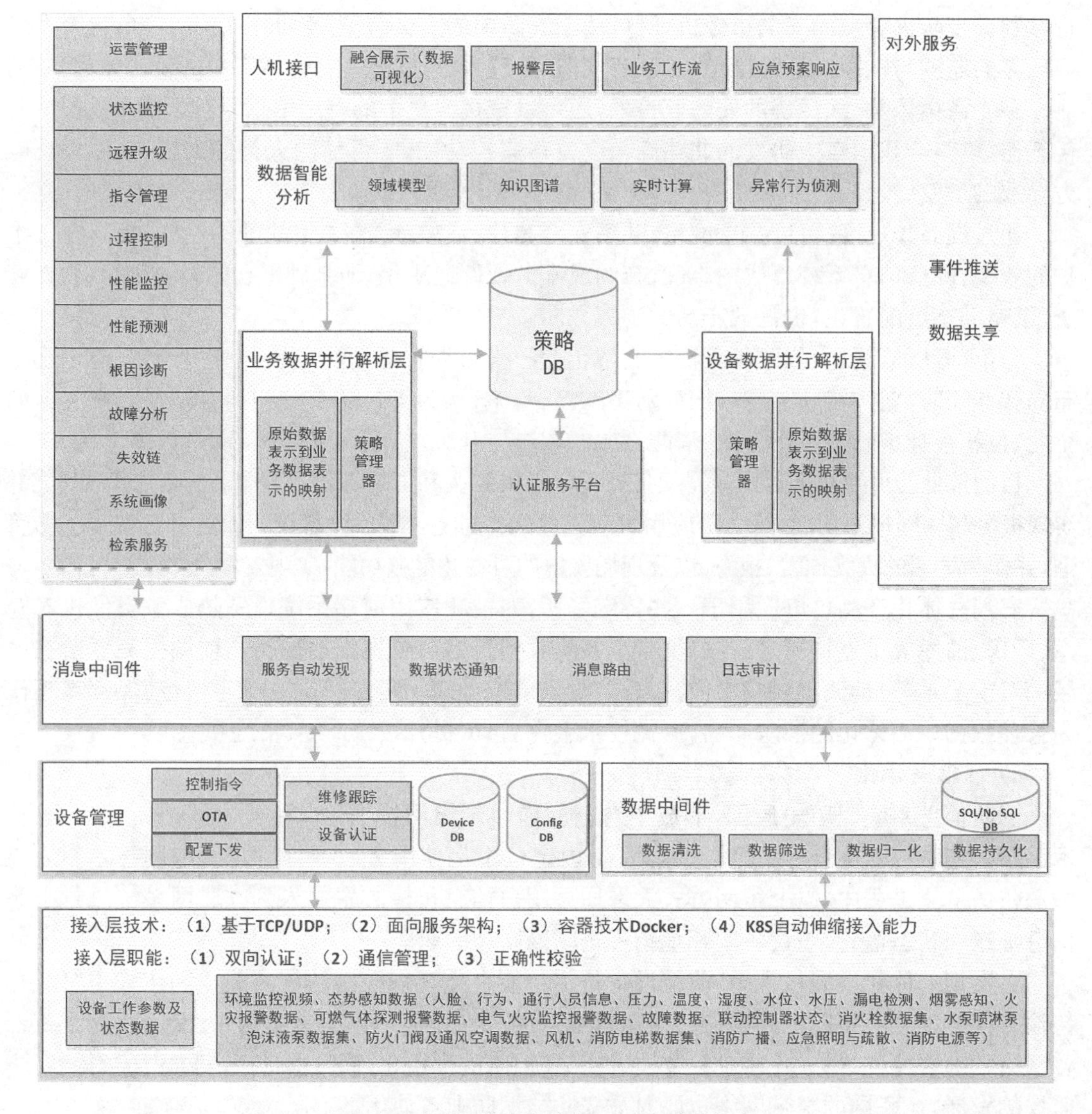

图 7.4　安消一体化综合管理平台功能框图

（1）一张图

当前安防、消防信息系统的集成商因技术实力的限制，多借助第三方地图供应商，如百度地图作为基础位置服务，通过将设备位置以 POI(Point of Interest，兴趣点)叠加图层的方式进行基于位置的管理(Location Based Management，LBM)，这样做成本低、效率高，但是却不能完成各类专题地图的制作，使得效果大打折扣。

充分了解安消一体化的需求，如设备管理、智能时空分析，然后建立一套安消所需要的 GIS/RS 基础设施，并结合局地三维可视模型，将对安消一体化系统的建设有巨大的促进作用。

真正实现广域小比例、局部大比例、建筑内无线定位＋三维场景地图的功能，将安消数据及其分析结果进行分层(按比例尺)、分级(比如按重要性)展示。将地图作为融合安防数据、消防数据的基础载体，真正实现“一张图”的作业平台。真正实现一张图指挥、一张图调度、一张图分析、一张图决策。

针对安防、消防业务的真实需求研发基于位置信息的分析展示平台(尤其强调行业专题地图的制作)，是安消系统一体化建设的工作重点。

(2) 统一数据挖掘

统一数据挖掘，可以最大化复用理论知识，提升生产效率。

数据挖掘通过决策树、概念树、模糊论、粗糙集、深度学习、遗传算法、统计分析、分类、聚类、关联依赖分析、公式发现、可视化分析等技术，从海量数据中探索出隐含的、先前未知的、对决策有潜在价值的关系、模式、趋势，并利用发现的知识、规则建立数学模型，为 CIM(City Intelligence Modeling，城市智能模型)/BIM(Building Informattion Modeling，建筑信息模型)提供预测性决策支持。

现有部分安防、消防系统或多或少都有自己的数据挖掘功能，如关联分析、聚类分析、分类分析、同一事件的时间序列分析、同一时段的聚集分析等。

但目前大多数的系统还仅仅是传统的数据分析[如：查询、报表、OLAP/OLTP(On-Line Analytical Processing/On-Line Transaction Processing，联机分析处理/联机交易处理)]，或在此基础上增强 UI 效果，做酷炫的数据可视化展示。其主要原因是专业人才，如数据科学家、数据分析师及通晓安防及消防信息化专家的缺失；专家之间缺少合作交流的平台，难以碰撞出创新的火花、灵感。

同一集成商各项目的数据(如某一 CBD 的安消数据)只能作为数据集市，不同集成商的数据表达有差异(数据标准化是安消一体化的难点)，如何将不一致的数据整合到同一个数据仓库中，如何处理非结构化数据的元数据建立、海量存储的高成本将成为安全一体化后数据挖掘要解决的难题。

要解决统一数据挖掘的问题，需要安消领域专家对现有安消数据有深刻的理解、统一的思考。对数据进行采集、预处理、存储时，要注意元数据的管理。应与数据科学家、智能专家通力合作，并与业务专家交流，从多个维度真正发挥数据挖掘的价值。真正进行数据挖掘，完成数据、信息、知识、洞见、智慧全链条是未来发展的必然方向。

(3) 设备管理

基于“一张图”管理平台，除支持传统的管理功能，如对设备基本信息(设备编码、类型、型号、制造商、出厂编号等)的查询统计、支持设备的维修(故障录入、派单、跟踪、结果评估等业务)、报废外，在新一代的安消一体化系统中，还需要支持密钥更新、运行状态显示、通信模组远程升级、下发校时、控制指令管理与下发、工作参数配置下发、OTA 固件升级等功能。

信息安全已经成为制约物联系统全面建设的“拦路虎”，为提升系统的安全性，防止网络攻击，设备管理系统应该与可信认证系统对接完成密钥管理，目前很多消防信息系统达不到要求。我们希望在新一代信息系统的设计与建设中，能充分考虑这一部分。

安消设备的安全性、互操作性、电源处理能力、可扩展性和可用性都非常重要。可以通过采用标准协议，例如开放移动联盟的设备管理(OMA DM)和轻量级机器对机器(OMA LwM2M)协议，或使用供应商提供的服务来解决其中许多问题。设备管理可帮助客户大规模集成、组织、监控和远程管理支持 Internet 设备，并提供整个生命周期内的设备健康维护、连接性和安全性管理。这些功能包括设备注册、设备认证/授权、设备配置、设备监控和故障诊断等。

(4) 连接管理

连接管理子系统需要监控感知层设备、网络设备(交换机、路由器、防火墙)、服务器(业务、数据库)的工作状态，为快速排障提供技术支撑。

连接管理子系统可以控制设备上线的时间策略、强制下线及各类连接控制指令。比如，对于定期上报数据的业务，需要设计数据的错峰上报的数学模型，以防止数据“涌浪”。

(5) 业务管理

基于“一张图”管理平台，将消防与安防日常管理业务统一到一起，实现数据分流、统一存储、检索、共享安全、智能分析、统一设备管理、统一预警、统一展示。

应在符合平台信息安全要求的前提下，进行业务数据的加密、解密、签名、验签运算，以及业务逻辑处理、数据分发转发、数据汇聚、数据存储、数据分析挖掘等工作。

8) 信息安全一体化

在安消整合系统中，需要考察端、场、边、管、云、用全链条上各个环节的安全，形成网络架构、身份管理、业务数据的全域信息安全(即安全闭环)。

全域信息既要考察网络各层，如物理层(电气)、链路层、网络层、传输层、应用层全链路的安全，也要注意信息安全技术系统建设与信息安全管理制度建设的协调统一。实现不可窃听(加密)、不可篡改(摘要)、不可抵赖(数字签名)、可供(可访问，即海量连接、低延时、防 DDOS 攻击、容错、灾备)、可控(可以按既定规则控制)的全面信息安全检查。

7.1.3 安消发展现状

欧美国家并没有把安防与消防截然分开，而是将它们都归于社会公共安全的范围。相较国外，国内安防与消防在相当长时期内是独立发展的，形成了大量独立信息系统、信息孤岛。

智慧安防的发展趋势主要是大数据、人工智能、云计算等新兴前沿技术的应用。智慧安防以人员、重要物品管控为主要功能，以视频分析为核心应用，同时结合无线定位技术、射频技术等对重要物品进行跟踪管理。

作为安消一体化发展的前置阶段，智慧消防概念经过这些年的发展，已经广为人知。

消防信息化建设从硬件和软件两个方面融合，应用于城市中现有的高层建筑、医院、学校、工厂、园区、文物古建等各种场景，通过大数据、云计算、物联网、应用系统等前沿技术逐步普及。当前的消防场景正在从传统的事后灭火转向重点在“防”、防消结合，运用科技手段，通过消防物联网的全覆盖，实现消防设备设施的在线监测、各种报警器的联网、视频联动、地理位置信息应用等，实现智慧消防、远程消防，为消防的日常管理、火灾隐患监控、消防设备设施的维保等工作提供更为便捷的管理应用方案。

智慧建筑领域互联互通是发展趋势，在智慧建筑标准编制和技术研发方面，应推动安防、消防一体化产品和系统的发展应用，推动消防系统架构的网络化和智能化，从规范和政策层面整合消防、安防等智能化设计和行业资源，并总体纳入智能建筑智慧运营一体化管理平台内，这不仅仅是系统的整合，也是社会产业资源的集中整合。

基于安防一体化及消防一体化的现状，通过数据、控制管理、可见性三个层面的集成融合，将各个信息孤岛连接起来产生新的应用价值，成为安消一体化建设的核心目标。

1) 挑战和困难

目前，安消一体化进程中存在的挑战和困难涉及以下几个方面：

(1) 协议标准化

安消一体化建设的重要任务之一是消除信息孤岛，完成数据的流通、共享、智能分析，从而产生新的应用价值。安防、消防各系统间交换数据协议格式的标准化是首先要解决的问题。许多历史遗留系统在建设时对数据的交换缺少考虑，导致数据流通工作量巨大，甚至不可行。

不同时期的产品、不同的集成商、不同的业主诉求使得系统升级改造(含原有数据的处理、转换、清理、迁移)极其困难。

(2) 管理组织的重构

涉及安防、消防两个体系管理职、权、利的重构。安消一体化需要消控室、监控室合并设置,消防和安防通常有两家施工方(消防公司和弱电承包商)、两家供货方(消防系统和安防系统),如果在设计和设备招标阶段不能有效解决两者之间的对接,会给后期的施工及验收带来困难,实际上很多消控、监控室在验收阶段都会存在一些不合理因素。

(3) 测评体系不足

安消一体化的挑战之一也体现为测评体系不足,即测试、评估、防真的理论、工具、方法欠缺。2015 年 2 月正式发布的信息技术服务标准(Information Technology Service Standards, ITSS)模型是我国自主研发的理论与最佳实践的集合,可以作为测评的参考依据。

(4) 安全保障

除传统的网络安全挑战外,物联网网络的多样性、环境的复杂性使得传统网络安全体系需要重构、外延以满足物联网、大数据时代的新挑战。

(5) 架构和通信接口存在差异性

消防系统要实现与安全防范、建筑设备管理、应急响应等智能化系统平台互联互通,现阶段在技术上尚无统一标准,其功能实现需要产品供应方、软件商等多方进行通信接口及系统集成的二次开发,这一方面会造成成本增加,另一方面非标架构必然会增加运维管理的难度。规范层面不兼容的结果必然是系统和产品间的隔离,通过系统架构对比并分析两者的主要产品形式可以看到,在一些特定领域,安消一体化产品在不断地推出,但建筑行业整体从设计、施工、产品供应到后期的运维管理,安防和消防系统是两个不同的领域,在管理平台层面可能有一些功能融合和信息互通,但在系统架构和布线形式层面两者是独立和隔离的。

(6) 城市安全形势严峻

国务院在《"十四五"国家应急体系规划》中指出,城市面临的形势很严峻,包括以下几个方面:

① 风险隐患仍然突出:我国安全生产基础薄弱的现状在短期内难以在根本上得到改变,危险化学品、矿山、交通运输、建筑施工等传统高危行业和消防领域安全风险隐患仍然突出,各种公共服务设施、超大规模城市综合体、人员密集场所、高层建筑、地下空间、地下管网等的大量建设,导致城市内涝火灾、燃气泄漏爆炸、拥挤踩踏等安全风险隐患日益凸显,重特大事故在地区和行业间呈现波动反弹态势。

② 防控难度不断加大:随着工业化、城镇化持续推进,我国中心城市、城市群迅猛发展,人口、生产要素更加集聚,产业链、供应链、价值链日趋复杂,生产生活空间高度关联,各类承灾体暴露度、集中度、脆弱性大幅增加。新能源、新工艺、新材料广泛应用,新产业、新业态、新模式大量涌现,引发新问题,形成新隐患,一些"想不到、管得少"的领域风险逐渐凸显。同时,灾害事故发生的隐蔽性、复杂性、耦合性进一步增加,重特大灾害事故往往引发一系列次生、衍生灾害事故和生态环境破坏,形成复杂多样的灾害链、事故链,进一步增加风险防控和应急处置的复杂性及难度。全球化、信息化、网络化的快速发展,也使灾害事故影响的广度和深度持续增加。

③ 应急管理基础薄弱:应急管理体制改革还处于深化过程中,科技信息化水平总体较低。风险隐患早期感知、早期识别、早期预警、早期发布能力欠缺,应急物资、应急通信、指挥平台、装备配备、紧急运输、远程投送等保障机制尚不完善。基层应急能力薄弱,公众风险防范意

识、自救互救能力不足等问题比较突出，应急管理体系和能力与国家治理体系和治理能力现代化的要求存在很大差距。

此外，由于不同的消防应用场景的火灾防范痛点各不相同，如何适用于差异化的应用场景，将是安消一体化建设需要探索的又一课题。

2) 机遇

安消融合，打破消防产业生态封闭圈，不是安防领域的下探或消防产业的上探，两者的融合发挥了“1+1>2”的作用，实现了资源的集约化，提升了信息智能化水平，拓展了产业蓝海。

在国家政策的大力扶持下，智慧消防迅速发展，安防企业纷纷进军消防市场，消防与安防的融合成为发展的必然趋势。另外，市场需求也进一步加快安消一体化的进程。安消一体化迎来前所未有的机遇。

随着消防改革的逐步深入，安防和消防的边界逐渐模糊，安消一体化将有机地融入弱电智能化系统中。在此背景下建设的新型弱电智能化系统中消防并非孤立单元，而需要与视频监控、报警、门禁、停车场等多个子系统互相联动，统一管理。在这个过程中可能受益的企业包括以下几类：

① 安防硬件生产企业。这类企业可以在消防领域寻找新的业务增长点，可将人工智能、热成像等先进技术带入消防行业以解决一些长期困扰用户的痛点，如传统消防火灾报警误报多的问题。

② 安消一体化平台解决方案供应商。安消一体化平台融合不同的子系统，实现统一界面、统一管理。安防和消防同属安全领域，都强调设备联网化、数据分析等的应用。安防企业进军消防领域，将为消防注入新的活力。

③ 安防(弱电)工程商。这类企业随着消防施工、维保资质的逐步放开进入消防领域，打通整个弱电智能化系统，改变消防项目分包的传统。

随着技术的发展，消防产业转型升级到安消一体化是未来的发展趋势。当前安消一体化方案主要是对火灾自动报警系统的一体化管理，火灾自动报警系统只占了消防八大系统的一小部分，接下来在其他子系统中都会出现安消一体化的融合，例如视频监控就将广泛应用于应急照明、疏散指示标志系统中。消防产业应抓住机遇，将安防行业快速发展的成功经验和先进技术引入到消防行业中，以开放的心态加快产业的融合升级。

在大安防概念及智能化驱动的今天，安消一体化已成为安防行业及安防企业的发展新蓝海。越来越多的安防公司也开始跨界涉足消防领域，凭借自身的技术优势和安防行业积累极大促进了安消一体化的形成。

例如，一些传统安防平台厂商，率先将消防子系统、视频子系统、门禁子系统和中心平台相结合，形成安消一体化消防运营平台，实现消防数据检测、报警管理、报警视频复核、消控室人员管理、消防巡查、消防培训、应急疏散可视化、人工智能识别、统计分析等应用。方案针对消防现有痛点，进行多方面创新。其中，最突出的亮点为实现了人工智能技术在消防领域的应用，利用原有安防资源，平台采集相关视频、图片，实现对消防通道堵塞、消控室人员离岗、灭火器遗失、电瓶车违规进楼道等常见消防隐患场景的智能分析判断及报警。这不仅提高了报警的及时性，还大幅降低了人工查看监控造成的人工成本，实现了消防远程监控、消防报警视频复核、火灾门禁控制，以及应急疏散可视化。安消一体化的应用，不仅仅是安防领域先进成果向消防领域的全面赋能，更多的是要从防灾减灾的角度服务于城市应急管理。

任何产业的发展，都具有其客观规律，不可能总是一帆风顺。安消一体化亦是如此。目前安消一体化在业务生态和规划方面已经体现了蓬勃发展的趋势，但在相关规范标准方面还落后于实际应用，缺乏权威的测评和认定标准，需要典型示范工程的样板效应引领工程项目实施方向。

通过对《浙江省消防事业发展“十四五”规划》的研究解读，我们发现，浙江省消防规划在平台层面聚焦关注智慧消防智能管控平台及人工智能应急预案（人工智能综合解析研判）的推进，这些属于强安防领域的下沉赋能；在消防物联网方面，关注城市消防远程监控系统建设项目，特别是高层建筑的接入；在基础设施方面，关注消防救援站的提档升级及消防救援指挥中心建设；在前端布点方面，关注基于人工智能视频流的高点联动消防监控视频网建设，关注天空地一体化应急监控系统建设。可以看出，安消一体化的建设与探索，作为推进城市安全治理能力现代化的必选项，前景广阔。安消一体化建设作为城市治理体系内的关键一环，如何将海量的安防非结构化数据、半结构化数据和结构化数据，以及消防物联网数据进行充分融合，最终为城市治理大数据、云计算、人工智能等前沿技术的运用提供数据基石，已成为安消一体化建设的难点。

7.1.4 安消融合新图景

安防消防的一体化应用，给传统消防产业带来了极具冲击力的产业技术升级的巨大机遇和发展新动能。在消防领域的业务应用模式中，也催生了一些新颖的应用场景，由此带来了整个行业业务生态的重塑。

传统消防产业链条可以分为上、中、下游，上游是基本元件供应商，中游核心环节包括消防产品、消防工程、运维及技术，下游为应用领域。

2018 年是变革的一年，应急管理部成立、消防部队改制，到 2018 年底智慧消防全面接入，改变了消防产业的格局，也标志着安消一体化进程的启动。近几年来，安消一体化的产业发展体现了以下的嬗变和创新。

1）嬗变

2017 年 10 月 10 日，公安部消防局发布了《关于全面推进“智慧消防”建设的指导意见》，意见中提出建设“智慧消防”的重点任务和明确工作目标。智慧消防的最终目标就是能够达到智慧感知、智慧防控、智慧指挥、智慧作战、智慧执法、智慧管理。从这个意义上来说，智慧消防的实现路径就是安消一体化。

面向智慧消防的新需求，主要是火灾防控自动化、执法工作规范化、灭火救援指挥智能化、部队管理精细化。实现新需求，最关键的就是要有新技术。新技术主要包括物联网、云计算、大数据、移动互联网等，也就是说运用各种新技术获取和发挥数据的价值，实现全面感知、开放共享、预测预警、研判分析和指挥决策。

现代科技与消防工作的深度融合，为消防安全提供了整体解决方案，消防上、中、下游产业流程中的服务内容也就随之发生了变化。上游由最基本的元件供应商转变为数据算法提供商、芯片制造商和其他电子元器件供应商，中游则变为硬件供应商、软件供应商、系统集成商和厂商，下游应用领域主要是应用于智慧城市建设。由此，形成了升级版的消防产业链条，即“智慧消防产业链条”。智慧消防产业链上、中、下游的领域分布、任务分配及代表厂商或城市如表 7.1 所示。

表 7.1　安消一体化上、中、下游主流厂商或城市

产业流程	领域	内容	具体代表
上游	算法提供商、芯片提供商、电子元器件提供商等	物联网、云计算、云边协同、知识图谱、人工智能	腾讯、阿里巴巴、华为、百度、海康威视等
中游	硬件供应商、软件供应商、系统集成商、设备生产厂商	远程监控系统、实战指挥平台、消防预警系统及安全管理系统等	瑞眼科技、意静科技、展业消防、特领安全等
下游	应用领域	安消一体化融合	雄安、杭州、深圳等

从图 7.5 可以看出，安防技术在上、中、下游都已经融入消防全产业链，实现了对消防产业的整体赋能。

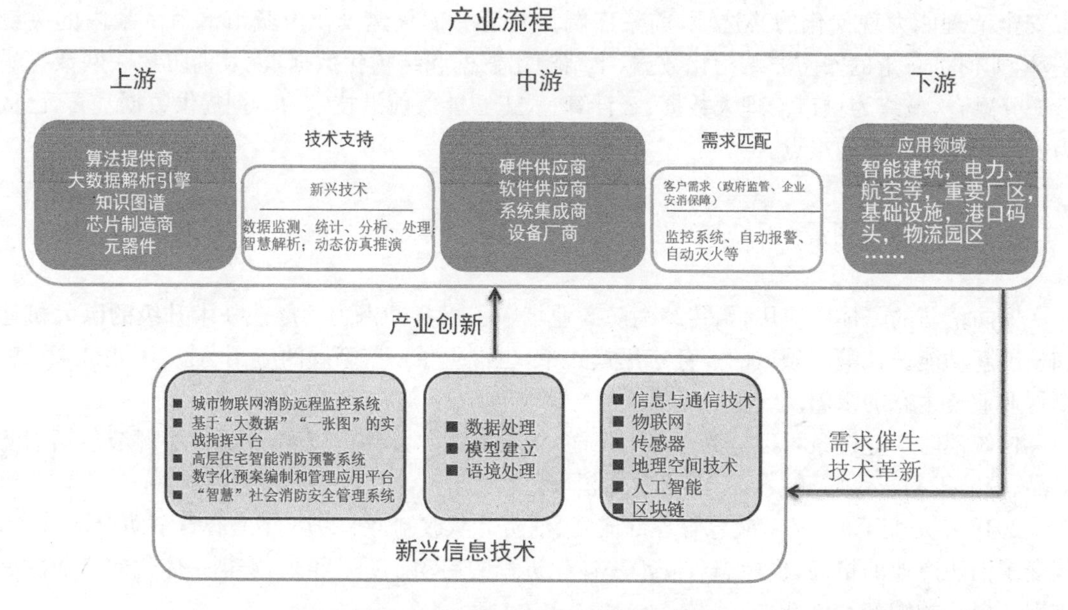

图 7.5　安防技术融入消防全产业链

虽然我国的消防产品生产企业已超过 5 000 家，消防行业整体规模较大，但大多数消防企业生产的产品种类单一、技术含量较低，缺少行业领军企业。

智慧消防提出以后，人工智能、物联网、大数据、云计算等技术运用于消防行业已经成为行业趋势。消防产业对于新技术的需求，让众多科技企业加入智慧消防布局。

一方面，阿里巴巴、腾讯、华为、海康威视等作为提供数据算法、通信技术、电子元器件的科技企业，纷纷入局智慧消防领域，并研发出了相关的智慧消防产品。如阿里云推出的 City Link 城市物联网平台，智慧消防就是其中的重要组成部分；华为作为 NB-IoT（窄带物联网）标准的提出者和主要参与者，为 NB-IoT 智慧消防提供了技术土壤；海康威视在安消传感芯片集成方面推出了一些大众产品，移动运营服务商和一些消防平台厂商在智慧消防安全服务云平台建设等方面也开展了广泛合作。

另一方面，新兴智慧消防代表公司如瑞眼科技、意静科技、展业消防、全兆智能等，自主研发智慧消防产品，进入智慧消防市场，并保持本身的行业地位。如瑞眼科技的城市物联网消防远程监控系统、意静科技的智能维保系统及物联网远程监测服务，以及展业消防面向园区设备设施的智慧园区综合安全管控平台等。

安消行业在融合发展进程中，体现了以下的嬗变：

（1）产业升级，安消企业战略转型

面对智慧消防发展趋势，除阿里巴巴、腾讯、海康、大华等平台企业或安防头部企业跨界融入消防行业外，在原有的消防企业中，一些拥有较强研发实力的企业也积极拥抱新技术在消防领域的重造与升级，由传统消防企业转型升级为智慧消防企业。这些企业拥有自主研发能力，有效融合互联网与消防技术，借助物联网技术、监测传感技术、大数据分析技术，实现对消防安全隐患的实时在线监测并做出统计、分析处理，提供了完整、专业、全面的智慧消防一体化解决方案，对行业发展趋势提供了有利引导。

（2）纵深发展，拥抱智能时代明天

安全是群众的一项基本需求，人民日益增长的美好生活需要，老百姓对美好生活的追求，需要建立在安全的基础上。智慧消防是应对新形势、新挑战下的新课题、新机遇，谁先发展谁就占得先机。

从升级版的产业链条中可以看出，把高新科技、信息技术与消防工作紧密结合起来，将带来无穷的战斗力和巨大的发展空间，为消防工作注入前所未有的创新力，能够更好地掌握火灾防控主动权。

尽管这些年在推进智慧消防建设、创新社会消防治理方面做了许多有益探索，取得了一定成效，但总体上看还处于试点起步阶段，系统建设统筹不足，数据采集和实战运用不足，缺乏高素质专业队伍。

在人工智能、5G、边缘计算、物联网等前沿技术的驱动下，安消一体化将继续向纵深发展，拥抱智能时代的美好明天。

（3）国内“大安全”产业空间巨大

随着社会的快速发展，应用于消防领域的监控探测、火灾报警等技术的发展与应用越来越先进。国内消防与安防的结合已经是一个非常明显的趋势。

以国内展会为例，“2020合肥消防安全与应急产业展、2020安徽智慧城市与社会公共安全展”合二为一，将两个体系集成在一起，完成合理的资源整合，深度打造安消一体化，助推大安全产业快速融合发展。

消防产品和系统架构在标准化方面，相对于安防系统来说，具有行业独特性，主要工作目的为现场火灾监测预防、火情态势感知、救援资源可视化调度服务（包括人员和物资）及资源优化部署等。中心任务是火警预防和应急处置。现场传感设备和执行设备自动化联动，常见的为烟感探测器和自动喷淋系统的联动。

传统消防信息化更多地着重于现场传感的智能化和处置的自动化，在火情感知、警情推送层面缺乏统一的服务接口定义。

安消一体化的发展，将通过先进的安防平台和大数据技术赋能消防领域，有效促进融合创新，提升行业发展动能。

2）创新和价值

安消网络安全一体化概念存在以下三个层面的含义：

第一层意思：是针对现有安防消防业务融合的发展趋势，以等级保护、信息安全、零信任体系等技术全覆盖安防、消防业务网络，实现安防消防物理空间和信息网络安全空间两者一体的总体安全。体现出我们相对于传统安防、消防厂商的优势在于安消一张网、总体安全赋能业务网络。

第二层意思：是体现我们业务发展领域全覆盖现有安防、消防、网络安全相关业务并融合集成，全面支撑智慧城市公共安全的一体化；为城市数字孪生体、元宇宙的安全保障提供总体解决框架。

第三层意思：实现对行业管理部门的监管支撑和业务聚焦，体现在对公安、应急、消防、民防，以及关键信息基础设施等领域的业务拓展；提供对用户单位的实体空间和信息空间的全面安全服务保障体系。

总而言之，安消一体化是物理世界里安防、消防与网络安全技术，业务与产业的深度融合，更是数字世界里安全数据的无缝对接与联合赋能，为数字孪生城市、元宇宙落地应用提供全面智慧的安全保障体系。

(1) 安消融合带来的创新的主要表现在以下方面

① 产品层面的技术创新：在通信组网及控制方式上，由原来基于工控网或专用协议的工业网，向通用 TCP/IP 架构上的通信传输方式转变；由原来单一的烟感、温感、压感、液位感知等单一方式，向多传感融合感知方式进化。

② 业务模式上的创新：原来的各单位自行建设消防报警系统，信息在场域闭环流动，消防系统自成独立体系，消防管理部门往往是接到人工报警后才进行资源调度和应急出动，在到达现场之前，对现场态势不了解，应急处置预案固化不灵活，资源优化方案缺乏。安消一体化融合后，重要单位的消防报警信息可以第一时间多维度推送给火警处置单位，立体化展现现场态势，并自动评估应急资源需求，优化应急资源调度，生成动态应急预案。

③ 应急管理机制的创新：安消一体化融合应用，不仅仅是技术层面的手段融合，更是通过底层安防、消防手段的多态传感融合，自然地促进管理机制的融合。安消一体化的现实应用，使得应急管理工作在工作方法、功能规划、基础建设等方面自发地加强与安防部门的联动协同，不再是两者分别进行边界拓展的“大安防”或“大消防”，而是业务融合倒逼管理机制创新，借助安防系统的人工智能、大数据等成熟先进的应用经验，应急管理的仿真推演数据更为翔实，迁移学习、强化学习等安防领域知识的人工智能成果赋能消防应急管理，形成借助安防系统先进架构理念的提升应急管理工作效能的新思路、新局面、新发展。

(2) 安消一体化的价值体现

安消一体化不仅仅是技术手段的融合，更是催生了行业升级、管理革新和资源集约优化。简要地说，主要体现在以下方面：

① 用户价值：安消一体化的推广应用，使得基层单位的安防人员和消防专业力量有机融合，既给原有人员提供了职业技能培训的机会，提升了相关人员的职业技能素质和专业化水平，也通过安消业务融合组合优化了劳动资源配置，提高了应急处置自动化效能。

② 产业价值：通过安消传感融合需求，拉动了传感芯片上的新型传感器设计需求，为应用于安消一体化新领域的国产嵌入式智能传感器生产制造提供了新的契机。目前，虽然在高端嵌入式 ICT 芯片领域，以华为、中兴为代表的国产主流厂商遭受美国的霸道封杀，但在安防监控智能芯片领域，安消一体化具有中国市场独特需求和规模应用优势，国产中低端芯片发展空间广阔，安消一体化更为国产芯片提供了大显身手的舞台。

③ 管理价值：安消一体化中引入的先进人工智能成果和大数据解析理念为政府管理部门的云上监管、虚拟仿真、应急推演等提供了强大的信息集约能力和算力，以及模型的支撑。

④ 社会经济效益：安消一体化对于安防消防原有业务领域、业务模式的重塑，使得一些处于两者之间的小众化的业务需求得以在同一规范框架内统一，两者边界的模糊的另一方面

是领域范围的融合扩大。

(3) 创新价值的实现,将在以下几个方面进一步导致传统消防业务的嬗变

首先,传统的消防预警系统是一种人在回路,人工确认警情并上报在信息流传送里面起到非常明显或者主导的地位。在安消一体化的架构中,在感知环节,人在回路中人的作用被削弱,更多地是通过多传感融合的高可靠性有效降低虚警率,确保火情警报的准确性。此外,基于物联网架构的安消一体化,也更多地体现了一些高等级场所和紧急情况下对火警触发后对消防设施等执行端的自动联动控制。也就是说,以往的感知端和自动喷淋等执行端的联动,在单一传感方式的情况下,还存在一定的虚警和误触发,在多传感联动的消防物联网架构下,感知端—多传感融合决策—执行端,这样一种融合决策机制,使得直接感知预警直接自动触发执行端这样的风险和失误大大降低,因而,自动喷淋或排风等执行端的自动化程度在安消一体化框架下得到更大程度的应用,人在因素的影响大幅降低。

另外一方面,安防前端感知终端的智能化水平较高,在视觉感知领域,基于片上系统及嵌入式硬件等(主要是 ARM 或 DSP,也有一些 FP 业务芯片)的支撑,通过边缘计算实现了智能前置,一些之前依赖于平台实现的初级解析功能和数据分析功能在传感端即可实现,"软件定义摄像机"就是安防领域通过边缘计算在摄像机端实现智能前置的典型实例。这种先进理念也必将通过安消一体化反哺消防信息化系统智能前置到感知端,为消防终端多模态多源的非结构化数据的解析提供了前端算力和算法支撑。

此外,安防领域中图计算、图数据库、知识图谱等先进技术体系也将通过安消一体化架构赋能传统的消防信息化,使得消防大数据解析实现了领域知识的体系化、情景计算的智能化、应急预案的动态化,安防领域中的位置服务、安防机器人、无人机等先进技术的成熟应用,也为消防领域中的救援人员可视化、火场态势 BIM 信息系统等提供了开拓性的应用先行探索。

3) 应用图景与新生态

安消一体化的典型应用图景包括但不限于以下安防和消防需求融合的场景:智能楼宇安消一体化、重要仓储中心安消一体化、港口码头机场安消一体化、化工厂区安消一体化、智能家居安消一体化、大型市政广场安消一体化、大型展馆安消一体化,以及重大基础设施工控消防系统。

此外,还涉及城市地下智慧管廊等。特别是智慧管廊,作为城市信息化系统的"生命线",它承载着能源、信息,涉及水、电、网、风等基础设施,是城市运营的生命线,是城市数字孪生体的"血管"。现代综合管廊已经不再是传统意义上的阴暗逼仄只能弯腰检查维护的小管道。大中城市的现代综合管廊往往采用盾构机进行工程施工,管廊内动力线、信息线及通风管路等分层排列,标识清晰,井然有序,有些综合管廊还留有轨道,可供自动化运维小车自动巡检运维。因而,地下综合管廊也成为城市公共安全的高价值保护目标。地下综合管廊内拥有众多高价值的基础设施,出入通道相对封闭、空间有限,不适合派人常驻,常规消防车辆和大型消防设施难以进入,不论是从安防还是从消防角度来说,都是格外需要重点保护的场所。对于这种无人值守且同时具有安防和消防高等级防范需求的场所,是安消一体化最有发展前景的应用场景。

此外,化工厂区场景,由于具有重要石化能源和重大消防风险防范需求,也是安消一体化落地的最佳场景。

如图 7.6 所示为安消一体化理念下的化工园区应急管理框架,在前端和应用系统层面有机融合了现有的安防、消防和工控技术手段,并通过大数据智慧解析和物联网安全防范,最终服务于应急管理动态预案的生成。

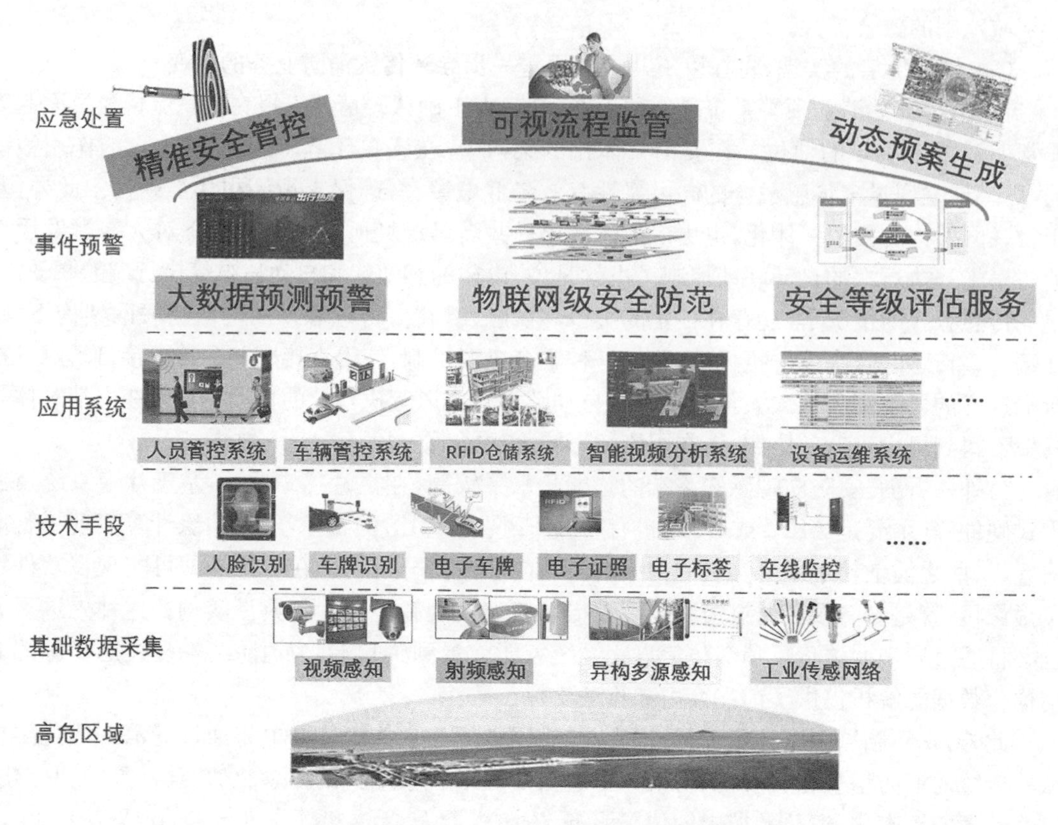

图 7.6　化工园区安消一体化应急管理框架

7.2　安消一体化框架

7.2.1　拓扑架构

安消一体化在感知层着力推进智慧前置，通过边缘计算对现场数据进行初步解析。在感知层和传输层之间依靠现有的物联网网关，打通行业专用协议和 TCP/IP 架构之间的传输隔离，另外，对传统的基于专用协议的消防传感器进行升级换代和重新设计，实现基于 TCP/IP 等互联网协议直接接入互联网，这是必然的趋势。

在安防视频监控网络方面，传输层涉及的主要标准包括《公共安全视频监控联网系统信息传输、交换、控制技术要求》(GB/T 28181—2016)、《公共安全视频监控数字视音频编解码技术要求》(GB/T 25724—2017)等。

在应用层和管理层，则充分借鉴安防大平台的成熟先进技术，对以往泾渭分明的安防消防的应用需求和业务功能模块进行有机融合，在数据解析引擎、信息推送机制、人工智能辅助决策等方面实现大一统的管控模式。

安防应用层面涉及的主要标准包括《公安视频图像信息应用系统》(GA/T 1400—2017)、《公安视频图像分析系统》(GA/T 1399—2017)等。

基于业务层面的广泛研究，通过参考消防物联网相关架构和安防领域视频监控网络相关标准体系，我们提出了安消一体化拓扑框架，如图 7.7 所示。

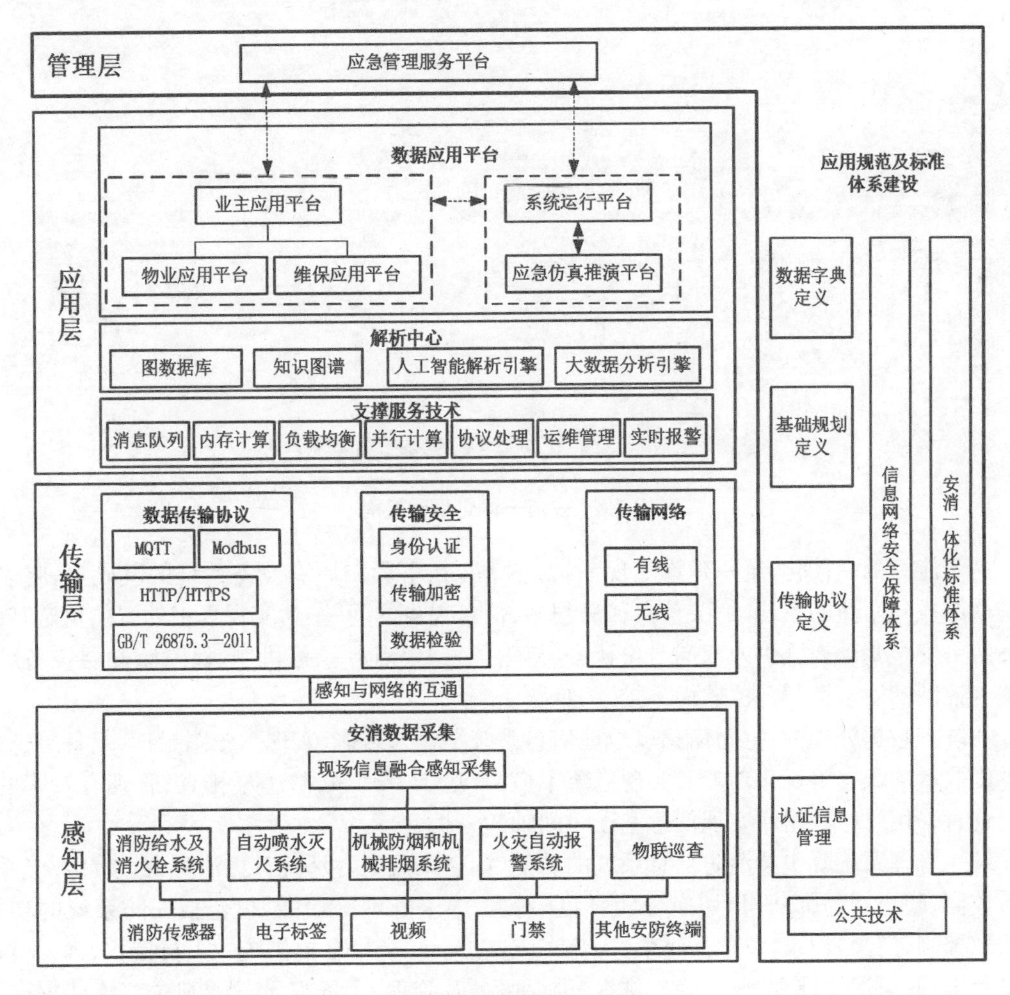

图 7.7　安消一体化拓扑框架

安消一体化在技术层面的核心是“借鉴、复用、连接融合”。消防与安防系统都由若干子系统组成，在系统层面，可以尝试将二者统一设计、统一施工、基础设施复用、统一维护、数据融合、统一分析、统一应急，以降低客户的总体拥有成本为目标；在功能层面，对于需保持兼容无法升级的原有系统，原有消防、安防属性明显的设备及子系统仍然独立运行，通过“旁路设计”，将数据抽取到第三方平台，完成大数据分析；在设备层面，引入安消功能一体的设备，如既能进行人脸比对、行为分析，又能测定温度的摄像机；在网络层面，安防、消防通过复用部分网络设备及安全基础设施，减少了重复投资。

安消融合实现一体化后，其平台架构如图 7.8 所示。

统一设计就是指能力一体化，这对建设者的综合能力要求很高。在具体实践上，通过做加法并秉承“1＋1＞2”的思想，从前端、网络到后台，对能进行归并的功能进行归并，通过一次性投入建设即完成干系人对安防、消防的需求；通过提供融合解决方案，避免重复建设、降低成本、提升效率；通过旁路设计，在保持原有安防、消防子系统的基础上，向上抽象叠加，形成综合系统与原有系统并存的格局，并产生新的增值应用。

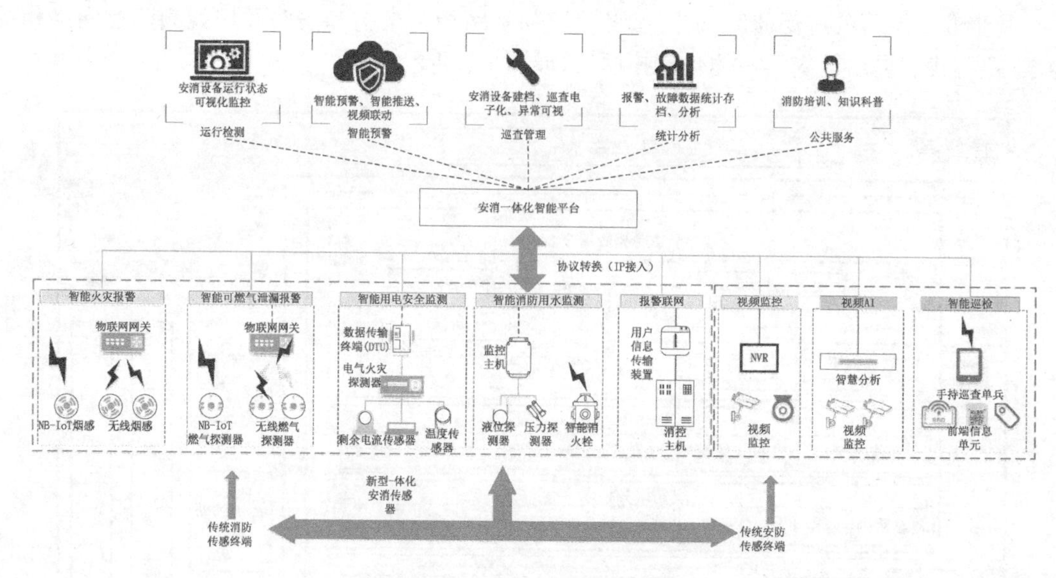

图 7.8　安消一体化平台架构

基于能力的一体化，统一建设实现一站式采购，在不影响原有设备系统的基础上，将多个系统联结成一个新的系统，解决信息孤岛很多、信息很少的问题，为实现真正的智能奠定基础。

统一安全基础设施引入双向身份认证、传输加密、单点登录等机制，保障感知层设备统一配置与控制的安全性，解决“监而不控”的难题。

在统一数据分析中，空间信息以地理信息系统平台为载体，实现一张图指挥，具备层进式、多维度展示的数据可视化功能。实现应急不慌乱、运维有秩序、隐患早排查、管理有效率的目标。通过采用时序数据库实现信息基于时间轴的分析。

统一管理系统既包括消防信息系统的功能，如整体概览、报警信息、消防火/水/电/气系统运行监测、隐患管理、2D/3D 切换、风险信息列表、施工管理等功能，也包括安防系统的功能，如获取控制(门禁)记录，危化品车辆、人流车流监控。综合平台提供统一人员授权、远程监控、设备状态、巡更巡检计划管理、隐患排查、维保服务及管理、大屏显示、视频监控、统计查询、日志管理、数据管理分析诊断与智能专家系统、风险评估，形成整个安全的大态势。平台具备及时通知(短信、电话、微信)、事件信息历史记录的功能。平台还具备对接统计、气象、住建、交通局、卫健委、市场监管、综治、民政的数据接口。

7.2.2　常见融合应用模式

本节从前端感知层、网络传输层、平台处理层三个层面分析智慧安防、智慧消防二者的异同，从技术、产品两个方面分析二者的互补性、可综合性，探索二者结合可能的功能与应用。

以智慧城市建设为着眼点，以能力一体化为抓手，通过安防与消防的一体化建设，构建完整的产品链，打造整体化解决方案。实现从 IBMS(Intelligence Building Management System，智能楼宇管理系统)构建到 ICMS(Intelligence City Management System，智能城市管理系统)构建的延伸。

智慧消防、智慧安防近年来都采用了大量的物联网技术，基于 RFID、红外技术的产品在安防、消防领域都有应用。比如 RFID 标签在安防领域用于重要物品的管理，在消防领域用于消防器械的管理；再比如红外在安防领域用于人员的探测，在消防领域用于救援时对生命体的探测；烟感、气感、门磁是安防与消防共同关心的数据；智能视频的电子围栏功能也用于消防器械的挪动检测、消防通道堵塞检测、电动车入楼检测等。以物联网融合感知技术赋能前端，提供一体化企业安全综合解决方案是安消一体化建设的突破口。

监控建筑物状态、预防灾害、快速响应是智慧消防建设的重点之一。智慧安防着眼于安全防范，人的管理是重点。在现实的社会管理中，将安防与消防的数据打通，在建筑状态、人员、事件、物品信息数据间建立关联，实现数据、信息、知识、洞见及智慧的不断提升，是智慧城市建设的重要组成部分。

通过分析，安消一体化常见融合应用模式如图 7.9 所示，安防视频在安消一体化融合应用中不仅仅是视频复核，还可以通过对现场视频内容的智能解析，为消防事件提供进一步的溯源分析。

安消一体化：彼此赋能，建立人、事、物的联结，
构建人员与建筑状态的全景视图

- 火灾发生时，调动安防视频监控进行确认
- 人员疏散时，调动安防视频监控确认状态
- 安防视频智能分析判定消防器材的异常挪动、消防通道堵塞、电动车进楼、防火门开关异常等
- RFID判定消防器材的位置变化
- 视频烟、火探测与消防火灾探测二源交叉认证确认
- 安防视频辅助应急指挥
- 安防视频对灾情过程进行重建与取证
- 数据融合智能分析，利于灾情的溯源
- 安防对异常人员的控制，对人为破坏提前布控预防

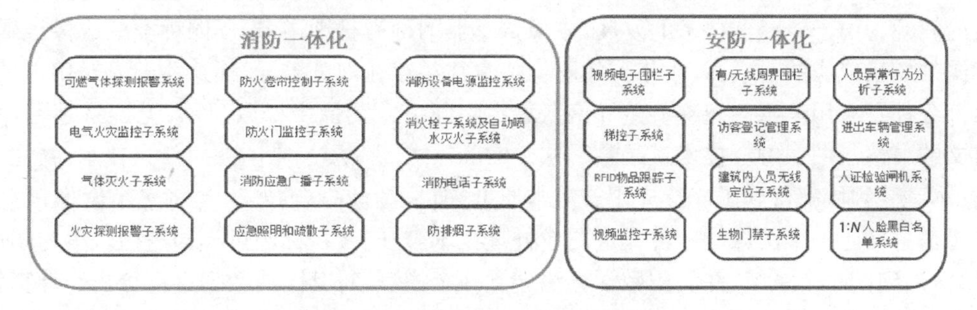

图 7.9　安消一体化常见融合应用模式

7.2.3　支撑技术

1）多传感融合技术

（1）图像与其他传感技术的融合

传感器(sensor)曾被称为换能器或变送器(transducer)，近年国际上多用“sensor”一词。我国国家标准《传感器通用术语》(GB/T 7665—2005)中对其的定义为“能感受被测量并按照一定的规律转换成可用输出信号的器件或装置”，又指出传感器“通常由敏感元件和转换元件组成”。现在有些传感器中敏感元件和转换元件是合为一体的。

在信息领域和物联网系统中，传感器就是最基础的信息感知终端，就如人的眼(视觉)、耳(听觉)、鼻(嗅觉)、舌(味觉)等，负责各类信息的分析与采集，随着半导体技术特别是微机电技术(MEMS)的迅速发展，传感器正向着高灵敏度、高集成度、智能化的方向发展。在物联网、消费电

子、汽车、医疗等各领域都发挥着重要的积极作用，在安消一体化领域的应用更是非常广泛。

在交通和安保领域基于可见光的图片和视频成像式监控设备已经大量布置组网，并且基本普及了高清数字化和网络化。近年视频监控设备配合人工智能算法（AI）已经实现人脸识别比对、车牌识别、行为分析等功能，在交通管理和治安管理上发挥了巨大作用，成效显著。但是现有技术仍然存在着一些局限性，如夜晚成像质量不高，受雨、雪、雾等天气影响太大等，还不能满足全天候的工作需求；仅基于图像和颜色信息很多情况判断并不准确，无法做到目标的准确识别等。

在传统消防领域用到的传感器主要是烟感、温感、可燃气体等非成像式烟、火、气等相关物理量采集的传感器。这些传感器具有成本低、维护简单、灵敏度高等特点，但是也存在着反馈不直观、误报率高等问题，而且发现险情往往还需要人工二次确认，十分危险并容易延误险情的早期排除与控制。

安消一体化并不仅仅是把安防系统和消防系统简单地并网组合在一起，而是要实现安防与消防的传感端及信息处理端的信息互通与互融，特别是在传感器端就应该实现多物理量融合，以实现更准确、更直观的信息采集与判断。其中最值得关注的就是多图像融合技术，比如红外与可见光图像的融合，在安防领域可以实现全天候的图像采集，在消防领域可以强化对烟火的判断。再如可见光图像与红外线测温单元的融合，可以实现在人脸识别的同时进行体温检测，对疫情控制十分有用。

（2）可见光与红外图像的融合

图像融合技术是图像处理技术的一种，在安消一体化中其主要目的是解决单帧图像信息不足的问题。由于传感器技术的发展，成像传感器的种类日渐增多，不同种类的成像传感器在对相同的场景成像的时候，其收集到的图像信息往往存在部分差异，而这些差异对用户来说却绝大部分都是有用信息。把这些差异信息集中到同一幅图像中得以显示，无疑将是一件非常有意义的事情。图像融合技术正是基于这个实际需求而发展起来的一门新兴技术，并在安防、消防、军事等领域都得到了广泛应用。从本质上来讲，图像融合技术，是将多个图像信息或多种光谱信息融于一个图像的一种先进图像处理技术，把同一目标经过不同途径获得的图像（源图像）添加到同一个系统，并利用数学方法建立一个模型，对其图像数据进行分析和计算处理，将各个输入图像的差异信息整合，输出一个单一的融合图像，这个结果更加真实和准确地展现了目标物体（或者场景）的全貌，能够更加全面地再现原目标，从而为观察者（或者机器识别系统）提供更加丰富的依据来了解其中的目标事物，以获得对目标事物更客观更本质的认识。

可见光图像和红外图像都具有其固有的优势和缺陷，它们之间存在着显著的差异，而这些差异正好弥补了彼此的缺陷。利用 CMOS 图像传感器在可见光波段对场景成像，可见光图像携带的准确丰富的物体空间形态信息，与人眼对目标场景的直接成像状态一致；红外图像是凭借红外探测器而获得的图像信息，而这些信息都是人眼无法直接获取的，但却表征了目标物体的表面温度分布情况，将原本不可见的特征转换为图像形式，成为人眼可以接受的视觉信息。然而，由于红外图像不能如实呈现目标的空间轮廓信息，这给观察者（或者机器视觉系统）带来一些困扰，观察者只能看到目标场景中的温度分布情况，却因为目标与环境对比不明显而无法准确无误地分辨目标物体本身。由此可见，可见光图像对目标的空间轮廓的完美显示正好弥补了红外图像的这一缺点，若将两者的互补信息融合在一起，那就可以同时获得目标的空间边缘信息及表面温度分布信息。

通过对可见光图像和红外图像采用图像融合处理，将两者的互补信息整合，其输出的融合图像集两者优势为一体,既展示了目标物体的空间细节情况,又将其表面温度分布细节转换为可视信息,这对观察者而言,图像更加全面地展示了目标物体所承载的信息量,使得目标物体的空间结构和局部温度分布都一目了然。

图像融合技术是信号融合的一种,以多源图像为加工依据,成像传感器的性能及种类直接决定了图像融合过程所需要处理的数据信息量以及其之间的联系和差异,根据源图像携带信息的冗余性和互补性,图像融合技术对所有信息进行分析和整合,以实现信息集中到单一图像。这实际上也就是一个信号处理的过程,是众多图像处理方法的一种。

图像配准技术是图像融合的一个重要环节。图像配准是指将一幅图像与参考图像的对应场景点进行对齐的几何变换过程,对源图像进行严格的图像配准处理是图像融合技术的首要前提,构成了图像处理领域的一项重要技术。图像配准方法细分为特征提取、特征匹配、估计变换、非线性变换 4 个步骤。

在安消一体化中,主要运用到图像融合技术中的像素级图像融合。由传感器直接成像而得到的图像经过相对的几何变形配准处理之后,确保待融合的源图像在空间上是相互匹配的。对经图像配准后的图像实行图像融合处理,其输出的融合图像可以直接用于显示或者供进一步处理。

可见光与长波热红外融合可以分别采集高清的可见光图像和高温度分辨率的红外图像,同时通过图像融合技术实现可见与红外的灵活融合,可以在可见光的图像上实时标记热点区域的温度值,并且对热点目标温度变化进行监控。可见光与热红外融合相机具有夜视、透雾的视频监控的能力,并实现了温度、烟火感知等功能,安防与消防并重。主要应用在企业、港口、电力、石化、森林等多种关键重要场合的安消一体化领域,还可以用于人流量密集区域的疫情监控。

可见光和短波红外融合,可以在传统视频监控领域实现夜视、抗逆光及透雾等功能,是安防监控和交通监控中的潜在升级产品。下面将对可见光与其他传感器的融合特点与应用进行介绍。

多传感融合比单一传感在容错性、互补性、实时性、整体经济性等方面都具有显著优势,逐步得到推广应用。在安消一体化领域,可以通过多传感融合特别是将单一特定物理量信息与可见光图像信息融合实现高可靠、高效率的新型物联网终端,配合人工智能技术具备重要应用价值和广泛的应用前景。应用举例如下:可见光与热红外测温传感器融合可以在人脸识别比对的过程中同时完成体温检测,新冠肺炎疫情防控期间在门禁系统中得到大量应用;可见光与心跳传感器融合可以实现在有人进入的时候再开启监控或开启补光灯,既可降低功耗,又可降低数据储存量;可见光和紫外光图像的融合可以通过电晕检测的方式早期发现特高压输电系统的潜在故障,具有极高的应用潜力。

2) 接口与协议

物联消防、安防都大量使用无线网络技术。无线技术种类较多,常用的无线传输技术有 Wi-Fi、BLE、ZigBee、LoRa、NB-IoT、RFID、eMTC、UWB 及 5G 等,它们各有优缺点。不同的无线技术适用于不同的应用场景和终端产品,需根据项目实际实施环境选择不同的无线网络技术。

在安消一体化的框架内,原有的传统消防传感设备需要通过物联网网关接入 TCP/IP 框架内,再通过 JSON RPC 或 RESTful 框架对接安防系统的信息化应用管理平台。

常见的安防应用相关信息交换协议及接口包括《公共安全视频监控联网系统信息传输、交换、控制技术要求》(GB/T 28181—2016)、《公安视频图像信息应用系统　第 4 部分:接口协议要求》(GB/T 1400.4—2017)及《物联网　系统接口要求》(GB/T 35319—2017)等标准中规定的相关接口。

针对非结构化数据的解析，在《非结构化数据访问接口规范》(GB/T 32908—2016)中规定了分析接口模块的技术规范。在安防数据解析方面，安防视频图像方面的主要标准为《公安视频图像分析系统》(GA/T 1399—2017)。在消防领域，早期的标准《消防公共服务平台技术规范　第2部分：服务管理接口》(GA/T 1038.2—2012)对服务管理平台提供的服务注册发布和服务检索查询两类接口的功能和参数进行了规范定义。

在《物联网信息交换和共享　第4部分：数据接口》(GB/T 36478.4—2019)中分别规定了发送方和接收方的数据推送及接受接口要求。

在安消一体化大数据深度应用支撑方面，可以参照《信息技术大数据接口基本要求》(GB/T 38672—2020)进行接口和协议的相关设计。该标准基于《信息技术　大数据　技术参考模型》(GB/T 35589—2017)描述的大数据参考架构，给出安消大数据接口框架参考，如图7.10所示。该接口框架包含数据提供者、数据消费者、大数据应用提供者、大数据框架提供者、安全和隐私、管理模块之间的接口。其中，接口1是数据提供者与大数据应用提供者之间的接口；接口2是数据消费者与大数据应用提供者之间的接口；接口3是大数据应用提供者与大数据框架提供者之间的接口；接口4是管理模块与其他模块(数据提供者、数据消费者、大数据应用提供者、大数据框架提供者、安全和隐私)间的接口；接口5是安全和隐私模块与其他模块(数据提供者、数据消费者、大数据应用提供者、大数据框架提供者、管理)间的接口。

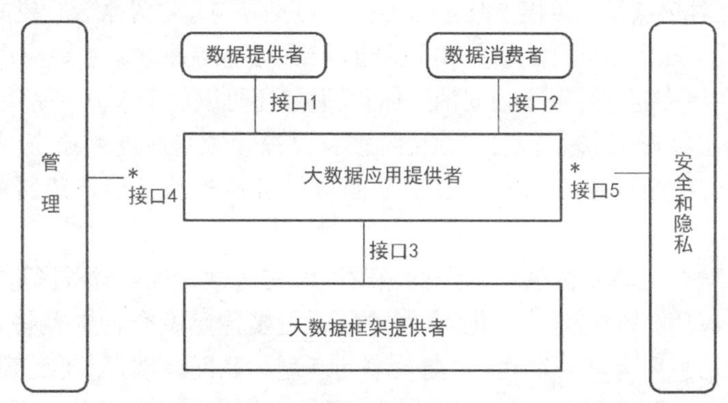

图7.10　安消大数据接口框架参考

安消一体化的融合发展，使得安防领域的云边协同、图数据库、非结构化数据解析、知识图谱等技术应用迅速拓展到安消大数据领域，相关数据接口、业务流接口也需要根据具体应用场景依托现有标准规范，也不排除特定情况下针对特定应用进行定制开发。

3) 安全保障技术

进行安防、消防信息化建设时，需要充分考虑安全的设计。随着物联网技术的发展，传统网络安全的边界变得模糊，外延扩充引入许多新的挑战。

(1) 规范及内容

进入物联网时代后，传统互联网的安全边界变得模糊，其技术手段、方法需要重构、调整。如传统身份认证手段PIN、生物特征、短信验证等已经不再适用，海量终端的接入与DDoS攻击，传统基于硬件指纹的认证可以被借鉴到物联网安全设计中等。只有解决了信息安全问题，才能解决"只监不控"的痛点，这是智慧消防、安防的研究重点。《信息安全技术网络安全等级保护基本要求》(GB/T 22239—2019)将安全分类为：物理环境安全、通信网络安全、区域边界安全、计算环境安全、管理中心安全、管理制度安全、管理机构安全、管理人员安全、建设管理安全、运维管理安全。新国标配合《中华人民共和国网络安全法》，适应云计算、移动互联、物联网、工业控制、大数据等新技术。其中，该标准 6.4、7.4、8.4、9.4 章节即"物联网安全扩展要求"对物联网设备物理环境、区域边界、运维管理提出了要求。

目前，物联网安全涉及的相关国内标准规范主要有：《公安物联网感知层信息安全技术导则》(GA/T 1267—2015)、《公安物联网系统信息安全等级保护要求》(GB/T 35317—2017)、《公安物联网感知终端接入安全技术要求》(GB/T 35592—2017)、《公安物联网感知终端安全防护技术要求》(GB/T 35318—2017)、《信息安全技术 物联网感知层接入通信网的安全要求》(GB/T 37093—2018)、《信息安全技术 物联网数据传输安全技术要求》(GB/T 37025—2018)、《信息安全技术 物联网感知层网关安全技术要求》(GB/T 37024—2018)、《信息安全技术 物联网感知终端应用安全技术要求》(GB/T 36951—2018)及《公安物联网感知设备数据传输安全性评测技术要求》(GB/T 37714—2019)。

(2) 重点方向

在安消一体化应用中，须加强信息安全保障。借鉴网络安全信息保障策略，须加强身份认证及密码体系的建设。

自然人的身份认证手段多样，传统的用户名密码、短信验证、生物识别、SIM 卡实名制、设备四码(IMEI/IMSI/PN/SN)等都可以成为身份识别的工具。面向设备的安全与面向人员的安全有本质上的不同，许多传统的身份识别安全机制不再适用于物联网的安全。

在新一代安消系统设计中，我们需要使用国密算法实现端设备与局设备的双向身份及传输加密；在以太网设备上使用 PKI 技术体系时，也需要使用国密算法(SM2/3/4)以实现信息的真正安全。

安消一体化信息系统，在感知层大量使用物联网技术，在资源受限(MCU 算力、低带宽、存储空间小、电池寿命有限)的约束下，传统 PKI 技术体系过于复杂，运算时间太长，很难适配，CPK(Combined Public Key，组合公钥)将成为安消一体化信息安全的标准配件。

在系统设计实现上，通常采用前、后端集成的技术方案。

图 7.11 为密码机制的整体框图，从前端设备、业务平台、产线管理系统、密钥管理基础设施四个层面进行有机统一。

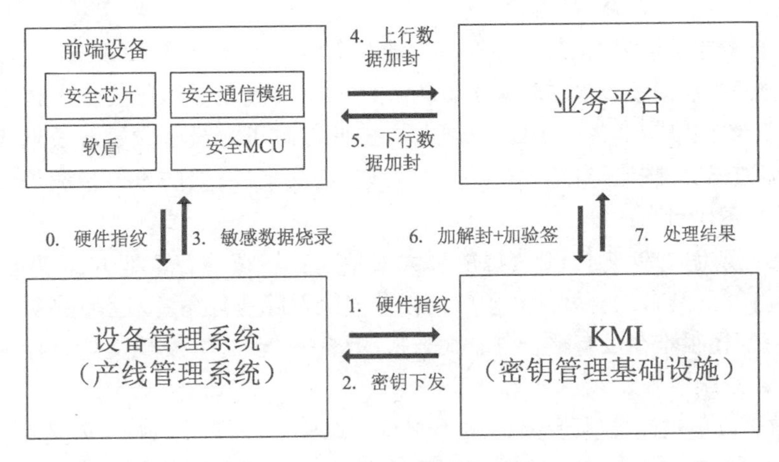

图 7.11 密码机制的整体框图

前端设备须尽可能配备有效技术措施来防止伪造,并具备“黑匣子”功能。前端信息安全可以通过在成本、效益、功耗、性能的影响之间进行评估后折中平衡,在安全芯片、SDK(软U盾、软沙盒)中做出选择。安全MCU或安全NB/LoRa/eMTC模块,也是产品设计者可以选择使用的。

前端设备在有条件的情况下需要集成硬件安全芯片,对私钥进行保护并保证运算环境绝对安全。对于不能改造的硬件平台,可以使用SDK(软U盾、软沙盒)以获取接近于安全芯片的安全级别。

后端方面,生产系统在模块生产流程中,需要与密钥管理系统对接,完成硬件指纹的提取及密钥的生成与分发(烧录)。

业务系统对接用以完成上行数据的验签、解密及下行数据(OTA)的加密与签名。

业务系统伴随大量设备的接入,需要保障系统安全可靠、响应实时,要配置IDS(Instrusion Detection System,入侵检测系统)/IPS(Instusion Protection System,入侵保护系统),对DDoS攻击尤需重视,并需要建立详细的安全审计数据库。

基于机器学习的异常行为侦测、安全势态感知在新一代后端系统设计时需要重点部署。

(3) 挑战

① 安消一体化信息系统的安全,其最大挑战是提升系统风险干系人(硬件厂商、系统集成商、业主、主管部门)的风险意识。在强制性标准、检测评估、市场准入许可不足的情况下,安全带来的成本上升、对使用便利性的影响,都制约着系统安全性的提升。

② 对历史遗留系统的改造升级牵涉太广,其技术可行性、经济可行性都要评估。

③ 不同系统集成商、设备供应商技术水平参差不齐,数据协议多样;新安全产品、技术成熟度及对现有系统的影响有待验证;制度、法律、法规、监管及检测标准缺失等也大大制约了信息安全体系的建立。

4) 视频大数据解析技术

智慧解析主要是实现对视图、语音等非结构化数据的自动解析,并按照一定的语法规则生成支持交互检索的文本表达式。

在安消一体化领域中,安防领域的监控摄像头作为最直观的方式,被大量引入消防领域来实现烟雾、火苗等自动检测以及现场警情的确认。因而,视频数据的结构化解析是智慧解析中最重要的一环。安消一体化融合中的视频结构化监控与分析系统是在视频结构化描述技术的框架下实施的,在本书第2章中已做介绍。

视频数据有着非常巨大的容积,数据收集涉及多媒体、图像和其他非结构化数据等各种不同的格式,有价值的数据仅包含在几帧被称为关键帧的海量视频数据之中。体量巨大的视频数据的共享上传给网络带宽带来了巨大的压力,由此导致了海量视频资源长期闲置无法提取有效的信息,即数据资源“僵尸化”。公共安全管理,消防事件、安防事件预测等信息系统的冗余创建带来了一系列问题:

① 系统的冗余创建造成了IT资源的极大浪费。在城镇的各个地方都建立了如安防、消防系统等各种各样的具有独立软件和硬件的公共安全保障业务系统。系统的冗余建设造成了巨大的资源浪费,还很难在没有整合分布式数据的统一平台之下发现支持风险识别和事故预测的深层信息和复杂内容。

② 安消数据收集包括视频、音频、文本和其他非结构化、结构化数据。安消业务融合产生的大数据存在容积大、格式多样、单一文件价值低、处理速度慢等大数据共性特质,深度解析及共享

困难，特别是在风险甄别、事故预警和公共安全管理方面。为了有效地进行数据计算和存储，有必要运用基于云计算技术之上的统一体系架构和优化策略对它们进行存储、管理和处理。

③ 初级视频分析技术用于识别车辆信息(如车牌、标志和色彩等)和一些简单场景下的人脸识别，但是从海量视频数据中预测犯罪和发现线索大多是依赖人工研读，而且很难通过计算机发现深层信息和复杂的内容，也缺乏对分析内容的规范化描述。

④ 由于缺乏有效的资源管理和组织，大量的用于计算和存储的资源在分析和处理视频大数据时不能被高效利用。

⑤ 在没有业务知识数据库的情况下，很难从大量数据中挖掘更为复杂的关系和更深的语义，也没必要要求警方提供可能的信息、线索、案件发展趋势。

为了解决这些问题，知识挖掘、推理、模式识别、云计算等技术，在城市公共安全领域的安消大数据智慧解析中得到了广泛的应用，这些应用业务管理部门和用户从大量数据中发现有价值的信息并预测犯罪。

国务院在《"十四五"国家应急体系规划》中要求"坚持预防为主。健全风险防范化解机制，做到关口前移、重心下移，加强源头管控，夯实安全基础，强化灾害事故风险评估、隐患排查、监测预警，综合运用人防物防技防等手段，真正把问题解决在萌芽之时、成灾之前"。因而，安消业务数据的深度智慧解析，不仅仅是面向事中的应急救援和事后的减灾，更多的要着眼于城市公共安全领域的风险甄别和化解。

鉴于安消业务融合发展的实际需要，我们提出了一种新的框架用以展示是怎样对包含大量视频的安消业务数据进行处理、组织、管理和存储的。如图 7.12 所示，这个框架有三个部分：在第一部分中，视频智能分析(目标检测、目标跟踪、行为分析和事件分析)和视频结构化描述(VSD)被用于从大规模视频数据中发现有价值的信息(人、车、可疑的行为)，然后进行标准化描述。第二部分是构建了一个警务数据库用于数据挖掘、信息描述、知识推理等领域，也为犯罪预测提供了真实的案例。此外，如第三部分所示，虚拟化和云计算为上述技术提供了高效的计算环境，并为不同类型的结构化和非结构化数据提供了存储环境。

视频智能分析和结构化描述被用于安消事件中的原始视频处理，处理的结果是包含人、车的一些帧，以及对其运用标准格式的结构化描述。所有的数据都采用统一的标准格式进行封装，并传送到分布式的云平台，这提供了高效的存储和计算能力。由于有限的带宽，我们采用"前+后"模式，即在摄像机中运用简单的视频分析算法，并将结果发送给"云"，用以支持更复杂的计算和应用。该模式可以避免大规模视频大数据造成的网络拥塞。

知识数据库可以按照以下步骤建立：首先，知识收集，即收集和分析现存的案例、政策及法规，将它们作为知识库样本集。其次是知识发现，从收集的案例和规则中运用机器学习如支持向量机(SVM)或者专家指导等方法进行挖掘、聚类、分析，得到主要的知识。最后是知识表示，主要的知识和规则，应该用统一的格式如 RDFS、OWL 和 SWRL 进行表示，并存储于知识库和模型库中，用于支持训练模型、语义检索、推理及犯罪预测。

对于诸如视频内容分析、语义建模和推理、MapReduce、Spark、Storm，以及其他分布式处理等任务模型，被用于处理相关的任务。以视频检索为例，MapReduce 被用于支持该任务，其中关键点是用视频中的时间表示，视频中的数据被分成不同的部分，然后所有的任务同时执行。另外，为了提高数据存储的有效性、进行优化存储管理和满足最终用户的不同要求，在视频分析、处理和检索阶段，结构化描述数据、图像和视频数据将被分类。采用虚拟化技术支持 IT 资源整合和优化利用。

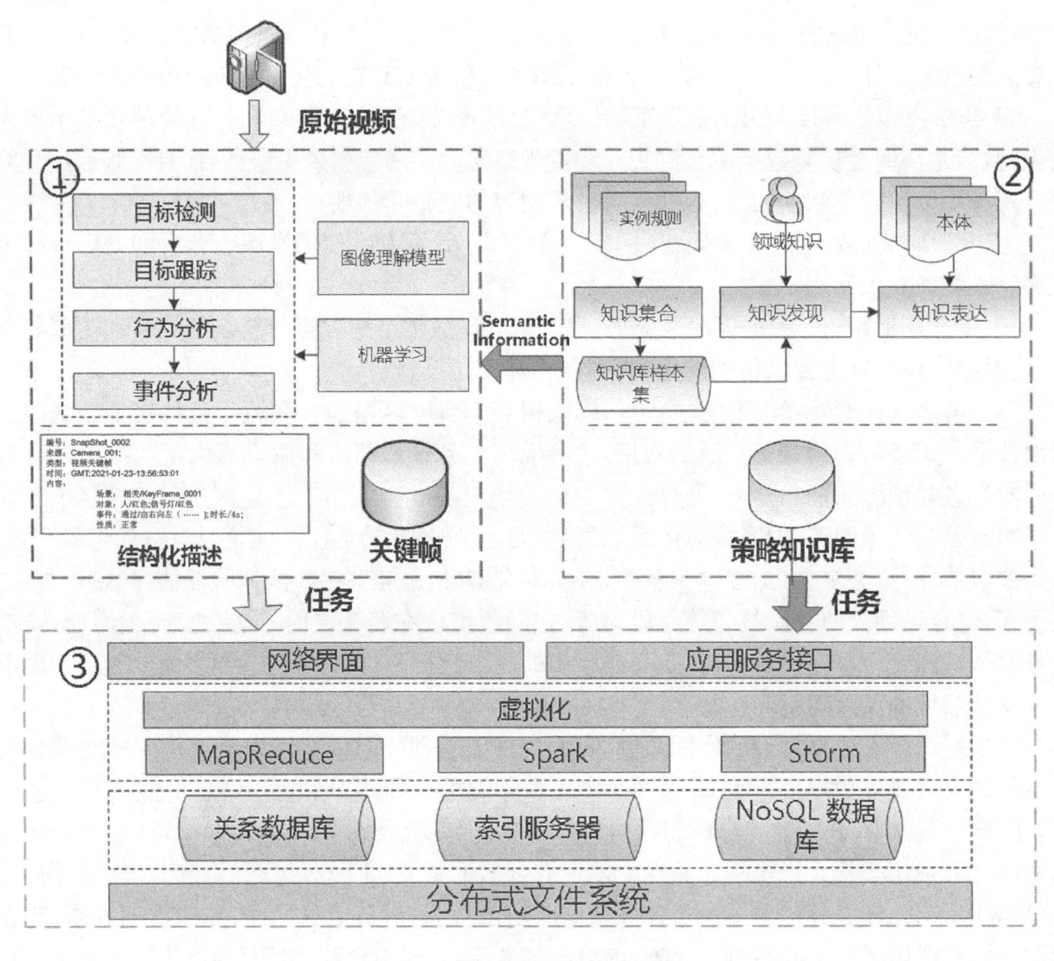

图 7.12　安消事件视频解析框架

我们为城市公共安全领域安消业务融合提供了一个云平台的架构，用于展示大规模异构数据的处理、组织、管理和存储。如图 7.13 所示。

由于有限带宽的限制，我们采用了“前＋后”的模式，即视频、音频和其他非结构和结构化数据从感知器诸如摄像头或者从现存的信息系统和在“前”部分的预处理中收集，然后将结果进行统一的标准格式的封装，并传送到“后”的数据中心，该中心具有较强的存储和计算能力，以支持更复杂的计算和应用。该模式可以在“前”数据预处理之后避免因分布式异构数据引起的网络拥塞。此外，基于云计算和虚拟化技术，云中心可以实现多信息的资源整合，并为如数据挖

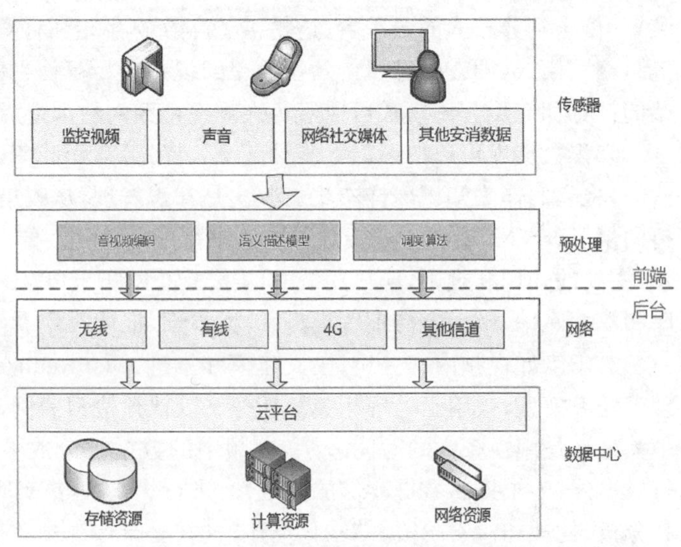

图 7.13　安消异构数据解析云平台框架

掘和语义推理的多数据分析和应用提供统一的计算和存储环境。

以视频监控系统为例，从摄像头中搜集视频数据，基于 ARM 的处理设备，被嵌入其中用于做一些例如视频编码、车牌识别，以及语义描述下的颜色识别等预处理，结果是将图片和结构化描述，以标准格式转移到后台，原始的视频数据被存储到数据库部署下的近镜头中。该中心为公安部门提供了一些支持深度分析和应用的资源。从公共安全系统收集的数据是非常巨大的和异构的，这将给数据的有效存储和组织、快速检索和计算带来巨大的挑战。诸如虚拟化，分布式存储和计算等云计算技术被用来解决这些问题。

为了提高任务计算和处理的效率，MapReduce、Spark、Storm 和其他分布式处理模型被用于处理如内容分析、语义建模和推理、其他复杂数据分析和挖掘这类任务。以视频检索为例，MapReduce 将用来解决这样一类任务，即关键点用视频中的时间表示，视频数据被分为若干个部分，然后所有的任务同时进行。虚拟化用于支持资源整合和优化利用。

在目前的信息系统中，检索可分为三种类型：结构化数据检索，图片、文本及其他非结构化数据检索，语义检索。这三种检索结果都是与知识库数据库关联的推理方法。

一些策略被用于提高数据检索效率和可用性。对于大规模结构化数据检索，分布式并行数据库系统和查询优化技术一直备受关注并被广泛应用。为了检索非结构化数据和高维数据，在特征提取和索引构建的过程中采用了降维技术，并且上述处理和任务可以在分布式计算框架下运行。

从公安系统和传感器收集到的数据包括结构化数据，以及视频、音频、图像、网页等非结构化数据，从数据处理和计算结构中得到的数据都是异构的。做出有用的策略来存储和组织这些数据并有效地用于不同领域来支持数据分析、数据检索和其他计算任务是非常关键和必要的。

对于结构化数据，采用并行数据库并且根据数据访问的频率和特点，对各种应用程序的访问频率和特征进行优化，以满足统计、检索、分析和可视化等应用。同时，对于分析应用，数据可以被存储在关系数据库和 NoSQL 数据库中，如 HBase 可以通过列读操作将数据存储于分布式文件系统如 HDFS 和 GPFS 等中，以便其他计算模型能够快速、高效地访问数据。

视频大数据的智慧解析，依赖于知识图谱和深度学习技术体系的发展。最初的深度学习开源框架都由国外的著名高校开发，比如 Caffe、TensorFlow 等，自 2018 年起，国内各大 IT 厂商都开放了深度学习平台，如小米开源了移动端深度学习框架 MACE，腾讯开源了基于自动化深度学习模型压缩与加速框架 PocketFlow，阿里巴巴开源了深度学习框架 X-Deep Learning，百度开放了源于产业实践的深度学习平台百度飞桨，旷视则开源了其核心深度学习框架 Brain＋＋。既然框架基本都是开源的，国内各家科技企业之所以重新自研一套，DL 框架之所以从高校转移到企业，是因为 AI 从来都不是局限于“象牙塔”里的学问，而必须面向真实的场景问题，必须能用于生产，能作用于各种实际业务。目前国内有很多技术领先的科技企业，它们都有着独特的业务场景与问题。这为研发自主的深度学习框架，构建更完美的硬件、算法系统提供了契机。百度开源的 Paddle 在自然语言处理等方面具有优异的积累。华为开源的 Mindspore，强调了软硬件协调及移动端部署的能力。2019 年 8 月，在世界人工智能大会上，旷视和华为、京东、中国平安、小米等企业一同入选了国家人工智能开放创新平台。在图像感知方面，科技部宣布将基于旷视自主研发的人工智能算法平台 Brain＋＋及整合能力建设“图像感知国家新一代人工智能开放创新平台”，该平台将帮助科研人员实现先进的深度神经网络在云端、移动端及边缘端计算平台的部署。

当回顾机器学习的应用的时候，我们发现，机器学习需要大量的人工干预，比如特征提取、模型选择、参数调节等，特别是深度学习的性能表现在很大程度上依赖于网络参数选择，很多时候被戏称为“调参艺术”，由此 AutoML 应需而生。AutoML 可以看作是设计一系列高级的控制系统去操作机器学习模型，使得模型可以自动化地学习到合适的参数和配置而无须人工干预。与 Google 的 AutoML 主要集成数据准备、特征工程、超参数优化、自动化模型部署功能相比，IBM 提出的 AutoAI 在自动化程度上更为全面，还包括模型测试评分、代码生成、去偏和漂移缓解、迁移学医，以及 AI 生命周期管理等功能。

7.3 标准与测评体系

目前，安消一体化作为安防、消防领域上、下游系统及产品的发展趋势，安防、消防融合应用的态势已经很明显，技术框架和脉络也渐趋清晰，相关应用模式行业已经达成基本共识。

就标准体系构建而言，安消一体化作为近年来出现的新概念和发展趋势，其相关标准体系的构建尚处于空白或酝酿中，一些理念或者互操作更多地体现在之前安防领域和消防智慧化相关标准中。

7.3.1 相关规范标准

1）物联网安全方面标准

安消一体化融合发展中的一个重要问题，就是标准规范化问题。正如我们在前文中提到的，安消一体化融合发展的基本形态，是消防传感网借助安防大平台，在预警信息推送、数据智慧解析、情景计算、应急决策、仿真推演等方面共享安防领域目前成熟的云边协同计算、大数据解析、知识图谱及人工智能等先进成果，简要地说，可以把安消一体化的基本形态理解为架设在安防业务网上的消防物联网。因此，在安消一体化应用发展过程中，必须重视物联网安全的相关威胁。目前，物联网安全领域的主要相关标准如下：

(1)《信息安全技术 物联网安全参考模型及通用要求》(GB/T 37044—2018)

本标准给出了物联网安全参考模型，包括物联网安全对象及各对象的安全责任，并规定了物联网系统的安全通用要求。

本标准适用于各应用领域物联网系统的规划设计、开发建设、运维管理、废弃退出等整个生存周期，也可为各组织定制自身的物联网安全标准提供基线参考。

该标准定义了参考安全分区划分，分别为感控安全区、网络安全区、应用安全区、运维安全区，并针对以上分区提出了物联网安全通用要求。此外，标准从物理安全、网络安全、系统安全、应用安全、运维安全、安全管理等方面规范了基本安全防护措施，

(2)《信息安全技术 物联网感知终端应用安全技术要求》(GB/T 36951—2018)

本标准规定了物联网信息系统中感知终端应用的物理安全、接入安全、通信安全、设备安全、数据安全等安全技术要求。

本标准适用于物联网信息系统建设运维单位对感知终端进行安全选型、部署、运行和维护。本标准也适用于指导感知终端设计和生产。

该标准从总体安全技术要求、基本要求、增强要求不同层面规范了感知终端的应用安全保障。其中，基本要求又从物理安全、接入安全、通信安全、设备安全和数据安全等方面做了具体

规定。

本标准的特点一方面总体上定义了安全框架，另外一方面根据物联网终端直接连接终端执行器的重要特点，对安全技术要求级别进行了明确限定。

(3)《信息安全技术 物联网感知层网关安技术要求》(GB/T 37024—2018)

本标准规定了应用在物联网信息系统中感知层网关的安全技术要求，主要包括安全技术要求级别划分及其物理安全、安全功能和安全保障等要求。

感知层网关是物联网信息系统的重要组成部分，在物联网信息系统中，感知层网关运行于感知网络的边缘，是连接传统信息网络(有线网、移动网等)和感知网络的桥梁，支持一种或多种有线/无线短距离通信协议(蓝牙、Wi-Fi 等)与广域网通信协议之间的数据编码和转换功能。

感知层网关通常由软件、硬件两部分构成，所具备的功能与部署环境有较强的相关性，在户外部署时，易受物理环境包括温度、湿度、供电、电磁、人为破坏等因素的影响。

在安消一体化实际应用中，必然需要物联网网关将现存的支持不同专有协议的各类消防传感器接入安防大平台，因而该标准对于安消一体化的推进具有重要意义。

(4)《信息安全技术 物联网数据传输安全技术要求》(GB/T 37025—2018)

本标准规定了物联网(工控终端除外)数据传输安全分级及其基本级和增强级安全技术要求等。

本标准适用于相关方对物联网数据传输安全的规划、建设、运行、管理等。

(5)《信息安全技术 物联网感知层接入通信网的安全要求》(GB/T 37093—2018)

本标准规定了物联网感知层接入通信网的结构，提出了通信网接入系统、感知信息传输网络及感知层接入的安全技术要求。

本标准适用于物联网系统工程中感知层接入实体的信息安全设计、选型和系统集成。

本标准按照感知层接入通信网的安全功能强度，划分为基本级和增强级两个等级的要求。本标准凡涉及密码算法的相关内容，按国家有关法规实施，凡涉及采用密码技术解决保密性、完整性、真实性、不可否认性需求的应遵循密码相关国家标准和行业标准。

2) 工业互联网相关标准

消防物联网前端感知设备直接对接控制现场执行器(自动喷淋设备及其他灭火设备等)。因而，工业物联网相关的协议标准也必须借鉴参考。

工业互联网产业联盟曾经于 2018 年 2 月发布过《工业互联网安全框架》，立足构建覆盖工业互联网各防护对象、全产业链的安全体系，完善满足工业需求的安全技术能力和相应管理机制，有效识别和抵御安全威胁，化解安全风险，进而确保工业互联网健康有序发展。在该技术文档中，撰写者提出了工业互联网安全发展的五个趋势：一是安全防护智能化将不断发展；二是工业互联网平台安全在工业互联网安全防护中的地位将日益凸显，现有安防平台基于云访问安全代理、软件定义安全、远程浏览器等技术的安全解决方案和模型将有效提升工业互联网平台的安全可视性、合规性、数据安全和威胁保护能力；三是对工业互联网大数据的分类分级保护、审计和流动追溯将成为防护热点；四是对于工业互联网现场设备的安全监测与威胁处置要求越发迫切；五是信息共享和联动处置机制呼声日高。

对于以上趋势判断，我们认为，这些也正是安消一体化发展过程中的必经历程。特别是第一、二、三点，正是目前安防大平台和大数据应用的热点领域。

工业互联网相关标准中最具有提纲挈领意义的技术文件是工业互联网产业联盟于

2020年发布的《工业互联网标准体系(版本2.0)》。在此文件中,指出了标准化的重点领域和方向,特别是通用需求标准和架构标准,基础共性标准主要规范工业互联网的通用性、指导性标准,包括术语定义、通用需求、架构、测试与评估、管理等标准。通用需求标准主要规范工业互联网的通用能力的需求,包括业务、功能、性能、安全、可靠性和管理等方面需求的标准。架构标准包括工业互联网体系架构及各部分参考架构,以明确和界定工业互联网的对象、边界、各部分的层级关系和内在联系。此外,该文件还指出了评测标准体系的重要性。

测试与评估标准主要规范工业互联网技术、设备/产品和系统的测试要求,以及工业互联网应用领域、应用企业和应用项目的成熟度要求,包括测试方法、评估指标、评估方法等。

在安全标准方面,主要包括设备安全、控制系统安全、网络安全、数据安全、平台安全、应用程序安全、安全管理等标准。

(1) 设备安全标准

设备安全标准主要规范工业互联网中各类终端设备在设计、研发、生产制造及运行过程中的安全防护、检测及其他技术要求,包括数据采集类设备、智能装备类设备(如可编程逻辑控制器)等。对于每一类终端设备,均包括但不限于设计规范、防护要求(或基线配置要求)、检测要求等标准。

(2) 控制系统安全标准

控制系统安全标准主要规范工业互联网中各类控制系统中的控制软件与控制协议的安全防护、检测及其他技术要求,包括数据采集与监视控制系统(SCADA)、集散控制系统(DCS)、现场总线控制系统(FCS)等安全标准。

(3) 网络安全标准

网络安全标准主要规范承载工业智能生产和应用的通信网络与标识解析系统的安全防护、检测及其他技术要求,以及相关网络安全产品的技术要求。

(4) 数据安全标准

数据安全标准主要规范工业互联网数据相关的安全防护、检测及其他技术要求,包括工业大数据、用户个人信息等数据安全技术要求、数据安全管理规范等标准。

(5) 平台安全标准

平台安全标准主要规范工业互联网平台的安全防护、检测、病毒防护及其他技术要求,包括边缘计算能力、工业云基础设施(包括服务器、数据库、虚拟化资源等)、平台应用开发环境、微服务组件等安全标准。

(6) 应用程序安全标准

应用程序安全标准主要规范用于支撑工业互联网智能化生产、网络化协同、个性化定制、服务化延伸等服务的应用程序的安全防护与检测要求,包括支撑各种应用的软件、App、Web系统等。

(7) 安全管理标准

安全管理标准主要规范工业互联网相关的安全管理及服务要求,包括安全管理要求、安全责任管理、安全能力评估、安全评测、应急响应等标准。

目前,已经有大量的互联网头部企业和工业企业合作,利用数据仓库和机器学习、深度学习等人工智能技术分析处理安全大数据,不断改善安全防御体系。工业互联网安全架构的重心也将从被动防护向持续普遍性的监测响应及自动化、智能化的安全防护转移。

另外,随着政务信息化的发展,政务信息系统兼具监管与服务双重属性,面对不断变化的网络安全威胁，产业界和政府须建立健全运转灵活、反应灵敏的信息共享与联动处置机制，打造多方联动的防御体系，能够进一步提升工业互联网企业安全风险发现与安全事件处置水平。

3）网络安全等级评估、检测相关标准

在安消一体化的业务系统中，可能涉及的组网系统包括传感网、用户单位局域网、政务网、视频专网等多种网络形态，跨网接入边界安全及网络安全等级评估，是重要的工作内容。

2018 年 6 月 27 日，公安部发布《网络安全等级保护条例（征求意见稿）》（以下简称《等保条例》），向社会公开征求意见。《等保条例》包括总则、支持与保障、网络的安全保护、涉密网络的安全保护、密码管理、监督管理、法律责任和附则等八章，共七十三条。

《等保条例》对于网络安全等级保护的各项要求、工作流程、涉密网络、密码管理等方面做出了非常细致的规定。对比《网络安全法》颁布之前的《信息安全等级保护管理办法》及其配套的相关规范、标准（以下简称"等保 1.0"），《网络安全法》颁布之后的网络安全等级保护制度（以下简称"等保 2.0"）结合新时期的网络安全新形势、新变化，以及新技术、新应用的发展提出了更高的要求，网络安全等级保护制度成为一个全新的国家网络安全基本制度体系。等保2.0相关标准将对象范围由原来的信息系统改为等级保护对象（信息系统、通信网络设施和数据资源等），对象包括网络基础设施（广电网、电信网、专用通信网络等）、云计算平台/系统、大数据平台/系统、物联网、工业控制系统、采用移动互联技术的系统等。

相关的标准解读如下：

（1）《信息安全技术　网络安全等级保护基本要求　第 5 部分：工业控制系统安全扩展要求》（GA/T 1390.5—2017）涉及工业控制系统定级以及工业控制系统的等级保护通用约束条件。

其中，在基本功能支持方面专门指出几个原则："除非有相应的风险评估，信息安全措施不应对高可用性的工业控制系统基本功能产生不利影响。""如果安全域边界保护进入故障关闭（阻止所有边界通信）和/或孤岛模式，应保持工业控制系统的基本功能。""发生在控制系统或安全仪表系统网络中的拒绝服务事件，不应妨碍安全仪表功能的运作。"以上原则，也应该在安消一体化的等保测试评估中贯彻。

（2）《公安物联网系统信息安全等级保护要求》（GB/T 35317—2017）分别从技术要求和管理要求对等级保护划分为四个级别，其中 1 级最低，4 级最高。在技术要求层面，主要涉及物理安全、网络安全、主机安全、应用安全，以及数据安全及备份恢复 5 个方面。管理要求主要涉及安全管理制度、安全管理机构、人员安全管理、系统建设管理、系统运维管理 5 个方面。本标准明确提出了对感知终端和物联网网关的物理安全要求。

（3）《信息安全技术 网络安全等级保护测评机构能力要求和评估规范》（GB/T 36959—2018）从测评机构能力要求和测评机构能力评估两个方面对测评机构的资质做出规范要求。

（4）《信息安全技术 网络安全等级保护基本要求》（GB/T 22239—2019）中提出数据融合处理的要求："应对来自传感网的数据进行数据融合处理，使不同种类的数据可以在同一个平台被使用。"安消一体化的应用场景就是多传感方式融合感知的典型场景。本标准提出了最低安全等级（1 级）中感知节点物理环境防护的最低要求："感知节点设备所处的物理环境应不对感知节点设备造成物理破坏，如挤压、强振动；感知节点设备在工作状态所处物理环境应能正确反映环境状态（如温湿度传感器不能安装在阳光直射区域）。"

此外，本标准将技术安全要求细分为三类：保护数据在存储、传输、处理过程中不被泄漏、破坏和免受未授权的修改的信息安全类要求（简记为 S）；保护系统连续正常运行，免受对系统的未授权修改、破坏而导致系统不可用的服务保证类要求(简记为A);其他安全保护类要求(简记为G)。本标准中所有安全管理要求和安全扩展要求均标注为G。本标准明确提出了“安全管理中心”的要求,包括系统管理、审计管理、安全管理和集中管控。

网络安全等级评估、检测相关标准包括:《信息安全技术 网络安全等级保护安全设计技术要求》(GB/T 25070—2019)、《信息安全技术 网络安全等级保护测评要求》(GB/T 28448—2019)、《信息安全技术 网络安全等级保护测评过程指南》(GB/T 28449—2018)、《信息安全技术 网络安全等级保护定级指南》(GB/T 22240—2020)、《信息安全技术网络安全等级保护实施指南》(GB/T 25058—2020)、《信息安全技术 网络安全等级保护测试评估技术指南》(GB/T 36627—2018)、《信息安全技术 网络安全等级保护安全管理中心技术要求》(GB/T 36958—2018)。以上标准,这里不再一一赘述。

7.3.2 综合测评及后评估

安消一体化工程效能的综合评估,应从工程建设之初,就按照全过程工程技术咨询管理的要求,引入第三方服务,从监理、审计、工程技术咨询服务等方面对工程质量、技术规范和资金使用等进行全面监管,并在工程验收前进行第三方的功能和性能检测。

安消一体化的测评,应包括互联网层面的网络安全和物联网层面的工控安全测评,以及基于应急管理层面的消防大数据深度应用的应急报警等功能性测评及业务能力测评。

安消一体化应用系统的安全测评,不同于完全的互联网应用系统的安全,安消一体化面临着消防物联网的常见安全威胁和互联网网络安全威胁,面临的安全威胁是两者的叠加,可能的后果也是现场灾难级的。

因而,安消一体化网络安全的测评,要完全贯彻“零信任”体系,以2019年5月13等保2.0核心标准(《信息安全技术 网络安全等级保护基本要求》《信息安全技术 网络安全等级保护测评要求》《信息安全技术 网络安全等级保护安全设计技术要求》)为准则,全面贯彻等保2.0的要求。另外,在边缘感知端和云-边协同端,要按照工控物联网的安全测试框架进行规范化测试。

从应急管控平台层面来说,高并发请求的情况很少遇到,但从中间层来说,现场态势的实时传感数据需要实时推送,应用接口应保持一定的高并发处理能力,高性能、高可用指标作为应急管理平台实时处置调度来说则是必须的。

《国家政务信息化项目建设管理办法》(国办发〔2019〕57号)中第二十五条要求:“国家政务信息化项目建成后半年内,项目建设单位应当按照国家有关规定申请审批部门组织验收,提交验收申请报告时应当一并附上项目建设总结、财务报告、审计报告、安全风险评估报告(包括涉密信息系统安全保密测评报告或者非涉密信息系统网络安全等级保护测评报告等)、密码应用安全性评估报告等材料。”第二十七条要求:“项目建设单位应当在项目通过验收并投入运行后12至24个月内,依据国家政务信息化建设管理绩效评价有关要求,开展自评价,并将自评价报告报送项目审批部门和财政部门。项目审批部门结合项目建设单位自评价情况,可以委托相应的第三方咨询机构开展后评价。”

参照以上要求,安消一体化工程的建设应该按照高屋建瓴、统一规划、分层落实等原则,上接应急管理部门监管需求,下联现场消防处置服务用户。相关工程建设后评估,应参照国办发〔2019〕57号文相关要求规范进行。

7.4 展望及推进

7.4.1 展望

国家发展改革委、中央网信办、工业和信息化部、国家能源局2020年12月28日向社会发布《关于加快构建全国一体化大数据中心协同创新体系的指导意见》，提出到2025年，全国范围内数据中心形成布局合理、绿色集约的基础设施一体化格局。同时，将在京津冀、长三角、粤港澳大湾区、成渝等重点区域，以及部分能源丰富、气候适宜的地区布局大数据中心国家枢纽节点。

在大数据时代，社会正在经历史无前例的深刻变革，创新是引领变革的原动力。安防、消防领域的发展也不例外，从理论、技术、产品、标准、平台到监管的各个层面都在不断地发展变化，以满足新时代社会发展的新需求。

从政府管理层面来看，随着改革向深水区挺进，政府组织结构与管理职能也在不断地优化重构。消防改革之后，公安部下属的消防部门和武警中和消防相关的单位全部被划分到了新组建的应急管理部。公安部领导的边防局、消防局撤销，武警边防部队、消防部队不再接受公安部业务上的指导。

从社会需求层面来看，消防并入应急后，在“大安全、大应急、大减灾”时代下，消防边界不断扩大致使居民消防安全意识逐年提高，消防需求也逐渐由被动转变为主动，更重视风险的预测与管控。2017年国务院颁布《消防安全责任制实施办法》，进一步明确了消防安全责任制，政府职能由管理向协同治理转变，深化“放管服”的变化也进一步落实了单位主体责任制。对于单位管理阶层来说，安全责任越大，对消防系统安全性要求就越高。

从技术、产品层面来看，软硬件及网络技术的日新月异，安防与消防的部分技术已经在相互渗透，部分产品已经开始一体化，比如：安防领域非常成熟的热成像技术、无线技术在消防领域也有强烈需求，都可以应用到消防领域；在信息化建设框架下，大数据管理分析技术已经为安消数据一体化提供了基础，连接安防及消防众多信息孤岛，利用大数据综合管理平台将大大促进城市管理效率。

从信息安全层面来看，安消一体化的过程中网络安全是重中之重。要考查端、场、边、管、云、用全链条上各个环节的安全，形成全域安全。做到既要考查网络链路的安全，也要注意信息安全技术系统建设与信息安全管理制度建设的协调统一，真正实现系统的安全可靠与自主可控。

安消一体化将推动建设工程领域设计和验收规范的发展；通过安消一体化，有效降低企业的整体拥有成本及社会管理成本，降低消防、安防人员操作的复杂性，提升处置效率。

展望未来，在智慧城市建设的大框架、大背景下，充分利用最新的物联网技术、人工智能、大数据技术，在大力推动智慧消防、智慧安防发展的同时，关注两个领域一体化融合是构建智能城市的必然方向，也是实现国家安全战略的重要组成部分。

7.4.2 推进策略

安消一体化其实是安防企业想要进入消防市场提出的一个新概念，是安防企业通过整合传统消防市场的痛点和已有的视频资源优势提出的解决方案。安消一体化最初只是一个概念，但从整个行业角度看，安消一体化确实是贴合用户需求、符合未来发展趋势的。例如，近年来一些安全事故频发，部分事故是由于消防通道堵塞才延误了消防救援，因此政府监管部门对这类风险隐患越发重视，才会选择用视频监控的方式来监测消防通道是否通畅。这是安消一体化需求的一个典型案例。

不管是消防还是安防，理论上都是整个社会安全管理体系的子系统，随着未来技术的发展，最终目的都是解决安全问题。无论是通过早期预警、过程管控还是指挥调度等方式，都是为了解决防火防灾的问题。2020 年 4 月 1 日国务院安全生产委员会发布的《全国安全生产专项整治三年行动计划》中也提到了这一点。未来，安防和消防两个市场是要融合到一起的，安消一体化是行业发展趋势。

目前，安消一体化仍处于市场初期阶段，从消防可视化角度看，现阶段更多是通过视频应用解决“可见”的问题，比如监测消防通道是不是被堵塞，消防的监控中心有没有人等。未来，智慧消防还需要融合更多视频技术，如红外相机、测温系统等，通过更丰富和直观的数据来辅助决策。

安消一体化的整体推进和市场培育，要注意从以下几个方面进行考虑：

1）正确认识市场建设差异

整个安防行业的全周期，从行业初期到发展阶段，再到市场寡头，现在的消防市场与 2003、2004 年的安防市场有很多相似的地方。从市场需求尤其是政府需求的角度看，2003、2004 年整个安防行业迎来了政府需求的激增，尤其治安管理业务、金融领域对安保有大量需求，而且当时也刚好是模拟转向数字的技术变革节点。由于政府需求和技术变革的推动，2003、2004 年整个安防市场迎来了爆发式增长。

安防和消防其实是两个不同介质的市场，都因为政府需求和技术变革的变化，先后迎来了市场爆发期。

目前智慧消防行业的企业主要有以下 4 类：①原来做传统消防的工程公司、设备公司；②安防企业；③创新型的物联网企业；④大型集成商。这 4 类企业分别有各自的优势，比如做传统消防的工程公司，由于在消防行业深耕时间较长，会更了解用户的前期需求；而创新型的物联网公司，优势在于创新的核心技术。企业抓住各自的长处，做一些优势互补的合作，未必不是一个好事。

安消一体化应该是头脚兼顾，“脚”指的是传感端，“头”指的是平台层面，在传感端要按照安防消防融合感知的方式对现有传感器进行技术升级设计，使得功能上统一集成，通信方式上规范一致，能够直接对接 TCP/IP 互联网传输要求。平台汇聚多维度的数据信息，通过物联感知实时输出安防和消防的预警消息，再通过大数据分析做区域安全的风险预测和管控，应该也是一个整体。安消一体化建设的发展需要一个过程，由于整个行业每天都在发生着改变，各种配套政策及体系需要完善，很多一体化建设没办法一蹴而就。

不同场景下（如商场、工地、学校等）的安消一体化建设有不同的需求侧重。比如商场人流量较大，商场的安消一体化建设会更加侧重一些出入口、人流量的监测，在疫情期间对测温的需求也比较大；而文物古建筑单位会更侧重火灾的前期预警，如何在不破坏古建筑木质结构的基础上部署无线传感设备，对文物古建筑进行 24 h 的安全风险监测是关键。

为了顺应时代科技发展热潮，安消一体化建设要与大数据、云计算、物联网等现代信息技术融合在一起，并实现在更多场景落地。以传感器为例，核心竞争力就在于拥有“端到端”的技术实力，从无线通信网络到芯片、传感器、基站、云平台都是自主研发，核心技术涵盖了物联网的全链条。

初期，我们聚焦在智慧消防行业做物联网解决方案的商业落地，但其实智慧消防只是物联网技术落地方向之一。基于自研的核心技术，未来的商业落地分为“端”和“平台”两部分。一方面是“端”，包括视频在内的各类传感器终端内嵌自研芯片，采集城市各维度的安全数据，如水、电、燃气、消防、人员车辆动态等，最终发展成完整的安全感知生态。另一方面是“平台”，无论是大数据还是人工智能算法，都应有自己的技术能力优势，传感器终端将各类感知、视频的数据汇集起来，传输至整个城市大脑中心，再进行大数据的处理分析，从而做一些模块化的决策，这样才能真正形成未来的城市级安全。

针对安消一体化和智慧消防，基于自主研发的智能感知设备、人工智能大脑、24 h 运行的管控中心、顶级的安全专家团队等优势，针对社区、校园、文旅景区、商业综合体等场所面临的普遍风险点，提供城市级“感知网络”的覆盖和智能安全服务，能够实现 24 h 实时监测与“秒级、远程”预警响应，最大化保障人们的生命与财产安全。这是安消一体化的愿景。

相比传统以“硬件产品售卖”为主的解决方案，以“服务”为主的方案，能够保证城市公共安全建设项目的长期应用质量，解决项目持续性应用过程中的各种技术、运维等问题，并根据实际需求实时调整，为客户提供从事前安全检测与评估、事中实时监测与远程预警到事后安全保险保障等全流程一体化、365 天全周期的风险管理与安全服务，保障项目可持续发展。

2) 加强标准建设

当前，我国安全生产形势保持了稳定向好的态势，但总体仍处于爬坡过坎期。各类事故隐患和安全风险交织叠加，安全生产形势具有严峻的复杂性，要更加积极主动地防范化解重大安全风险。

现在整个消防行业都在不断进行改革和进化。过去几年，政府出台的一些政策也都利好智慧消防整个行业的发展。例如，2018 年四部委联合发布的《关于加快安全产业发展的指导意见》要求聚焦风险隐患源头治理，着力推广先进安全技术、产品和服务；以企业为主体，以市场为导向，强化政府引导，积极培育新的经济增长点。2019 年版《消防法》规定了消防工作贯彻预防为主、防消结合的方针，实行消防安全责任制，要建立健全社会化的消防工作网络；国家也鼓励、支持消防科学研究和技术创新。这些都为智慧消防产业的进一步建设与发展提供了有力支持。

从行业现状来看，在发展初期，普通用户和企业对智慧消防的需求感知还是比较弱的，很多人觉得火灾发生的频率低，认为智慧消防是可有可无的，目前智慧消防的落地项目更多还是出于政府监管和消防验收的要求。未来，需要政府出台更多类似公消〔2017〕297 号文件的政策规范和行业标准，来推动整个行业的智能化发展。此外，还需要行业内的各个厂家做出能真正帮用户解决实际问题的产品。

安消一体化在各地的建设落地上肯定会有一些个性化的需求，不过目前主要还是依据国家统一发布的政策标准进行区域改革。

目前从整体应用成果看，安消一体化还只是传统消防的一个补充。现阶段安消一体化的核心还是消防通道的监测、在岗人员监控等，是通过在原先传统的消防基础上加一个智能摄像头实现的，这应该会成为消防行业的一个标配。安消一体化是安保及消防双向的优化，并不应该仅仅是在现有的消防基础上增加智能摄像头。

在发生火灾预警时，先用摄像头去做一遍过滤，判断是真实发生还是误报，在处理火灾和决策时，可以更快更有效，相当于多了一只眼睛。行业想要进一步发展，一方面需要把安消一体化变成一个国家标准或强制要求，这样市场的弱需求才会变成强需求；另一方面，应该从城市安全的整体角度去考虑整个行业发展。

3）加强示范工程引领

目前不论产业界还是学术界，对安消一体化的总体态势和发展前景是具有共识的，但在具体建设范畴上，很多工程实施方并不了解安消一体化工程的典型特质，很多单位把一些智慧消防的项目当作安消一体化融合工程。我们认为，安消一体化工程的特质，不仅仅在于传感层面的安防-消防传感器的融合，更多的在于安消大数据统一解析以及安消事件的整体预案推演，更多的在于基于总体国家安全观理念以信息安全为底座、以现实安全为框架建立起物理空间安全和信息空间安全两者大一统的整体安全理念，覆盖现实空间和数字孪生体的全维度安全需求。

有鉴于此，我们和上海市防灾安全策略研究中心一起携手制定了上海市团体标准《安消一体化工程技术标准》（T/STIC 130009—2021），该标准于2022年1月1日起正式实施，为江浙沪的安消一体化工程提供了相关工程实施规范和验收参考依据。同时，我们也面向工业园区和数据中心这两个典型应用场景，分别在浙江天时电器有限公司和亚细通数据中心（上海）建立了以网络安全为神经脉络，以安消集成安全为骨架的安消一体化示范工程，建设行业引领示范样板，为将来行业的整体提升进行先行先试，在不断更新迭代中逐渐实现规范化、规模化、可复制化。

2022年4月1日实施的中国工程建设团体标准《建设工程消防物联网系统技术规程》（T/CECS 950—2021）则从消防物联网的层面阐述了安消一体化融合的实质，涉及消防物联网的构成、消防物联网信息安全、数字孪生体，在安全评估管理、应急预案管理和全生命周期管理方面也补全了之前消防行业相关标准的内容缺漏，从消防行业的角度不谋而合地诠释了安消一体化技术框架中的智慧消防框架、信息安全框架和智能运维框架，也为建筑体内安消一体化的设计及施工提供了技术依据。

8 公共安全数据解析人工智能竞赛

当前，全球各国均不遗余力地投入人工智能新一轮科技竞赛。据统计，截至2020年年底，已经有50多个国家出台了人工智能国家战略。根据埃森哲公司2018年的预测，到2035年人工智能将推动12个国家16个产业的GDP增长14万亿美元，生产力将提高40%。对此，我国在人工智能产业领域也进行了重大规划，2019年科技部发布"国家新一代人工智能开放创新平台"，鼓励相关厂商积极投入构建人工智能新生态。《新一代人工智能发展规划》指出，到2030年，人工智能核心产业规模超过1万亿元，带动相关产业规模超过10万亿元。2022年工作报告指出，要加快发展工业互联网，促进数字经济发展，培育壮大人工智能等数字产业，提升关键软硬件技术创新和供给能力。国内的人工智能产业发展体现了软硬件融合赋能、端边云全场景覆盖的全新发展格局。在软件开源方面，华为昇思 MindSpore、小米、百度等深度学习平台支持原生大模型开发，已经开始赋能千行百业的众多应用场景。

人工智能的迅速发展和国家总体安全不断推进的深度需求是分不开的。目前，各类互联网应用正处于高速发展的态势，网络多媒体信息内容丰富、娱乐性强，又具备即时性、互动性等特点，满足了互联网时代众多群体的心理需求，吸引了广泛的受众，互联网用户在接收音视频等多媒体内容的同时，也成了内容的产出者，越来越多的人在网上发布自己的原创内容，"管不住"和"用不好"两大问题也日益突出。"管不住"是指网络多媒体内容的丰富产生了很多乱象，其中涉黄、涉暴、违法自采自编新闻信息等问题最为突出，直接或间接地侵犯了国家、社会、他人的合法权益，造成了严重不良后果，目前还缺乏自动的分析与识别技术。"用不好"是指现有技术一般是单模态分析与识别，仅针对信息有限的单模态数据，难以对多模态数据进行有效利用。如何让计算机看懂世界，实现对互联网多模态大数据的有效监管与利用，是目前亟须解决的重大问题。

随着人工智能的发展，深度学习和大数据技术广泛应用于多媒体信息的内容解析和检索，有效地缓解了传统技术手段在互联网音视频监管方面的压力。人工智能技术在多媒体信息识别与检索领域产生了很多先进技术和经验，这些技术和经验可以协助政府提升对多媒体信息的精准管控能力，提高对流媒体内容的合规甄别能力，及时响应自媒体公共舆情。为了在智能识别领域众多厂商和产品中选择适合业务需求的系统，全面掌握我国多媒体信息识别与检索技术的发展状况，政府相关部门近年来多次举办多媒体信息内容解析和检索领域的人工智能大赛，涌现出一批适用于公共安全音视频大数据智慧解析的先进技术和应用系统，锻炼了专业队伍，培育孵化了相关产业。本章从多媒体信息技术评价指标、相关多媒体信息识别与检索的比赛、深度学习相关公开数据集等几个方面提供参考。

多媒体信息技术主要包括图像识别与检索技术、视频识别与检索技术、音频识别与检索技术三大类。

8.1 音视频识别检索

8.1.1 图像分类与目标定位

图像分类的任务是判断图片中物体在给定分类中所属的类别;目标定位是在分类的基础上,从图片中标识出目标物体所在的位置,用方框框定,以错误率作为评判标准。图像分类和目标定位技术主要用在视频图像结构化解析技术中,如车辆、行人、物品、旗帜、Logo 等关注目标的检测及属性分析。图片包括多种角度、光照、部分遮挡、模糊、形变变化、缩放、旋转等变换。

如果我们想知道类别之间相互错分的情况,查看是否有特定的类别相互混淆,就可以用混淆矩阵画出分类的详细预测结果。对于包含多个类别的任务,可以很清晰地反映各类别之间的错分概率。

表 8.1 混淆矩阵

		真实值	
		Positive	Negative
预测值	Positive	TP	FP
	Negative	FN	TN

表 8.1 中,TP(True Positive)为正样本被正确识别为正样本的数量,TN(True Negative)为负样本被正确识别为负样本的数量,FP(False Positive)为假的正样本即负样本被错误识别为正样本的数量,FN(False Negative)为假的负样本即正样本被错误识别为负样本的情况。

混淆矩阵中的横排是模型预测的类别数量统计,纵列是数据真实标签的数量统计。对角线 TP-TN,表示模型预测和数据标签一致的数目,所以对角线之和 TP+TN 除以测试集总数就是准确率。对角线上数字越大越好,在可视化结果中颜色越深,说明模型在该类的预测准确率越高。如果按行来看,每行不在对角线位置的就是错误预测的类别。总的来说,我们希望对角线之和越大越好,非对角线之和越小越好。

根据上述 TP、TN、FP、FN 的定义,我们可以计算所有预测正确识别为正类和负类的样本占所有样本的比例,即准确率(Accuracy):

$$\text{Accuracy} = \frac{\text{TP} + \text{TN}}{\text{TP} + \text{FN} + \text{FP} + \text{TN}} \tag{8.1}$$

精准率(Precision)的定义为:计算所有预测是正类并且确实是正类的部分占所有预测正类的比例。

$$\text{Precision} = \frac{\text{TP}}{\text{TP} + \text{FP}} \tag{8.2}$$

召回率(Recall)的定义为:计算预测是正类并且确实是正类的部分占所有真实属于类别样本的比例。

$$\mathrm{Recall}=\frac{\mathrm{TP}}{\mathrm{TP}+\mathrm{FN}} \tag{8.3}$$

准确率和召回率是相互影响的,因为如果想要提高准确率就会把预测的置信率阈值调高,所有置信率较高的预测才会被显示出来,而那一些正确预测(True Positive)可能因为置信率比较低而没有被显示。一般情况下准确率高,召回率就低;召回率低,准确率就高;如果两者都低,就说明是网络出问题了。一般情况,用不同的阈值,统计出一组不同阈值下的精确率和召回率。改变识别阈值,使得系统能够依次识别前 K 张图片,阈值的变化同时会导致 Precision 与 Recall 值发生变化,从而得到 Precision-Recall 曲线。

如果一个分类器的性能比较好,那么它应该有如下表现:在 Recall 值增长的同时,Precision 的值保持在一个很高的水平。而性能比较差的分类器可能会损失很多 Precision 值才能换来 Recall 值的提高。通常情况下,研究者都会使用 Precision-recall 曲线来显示其提出的分类策略在 Precision 与 Recall 之间的权衡。

下面我们介绍平均精度(Average Precision,AP)与均值平均精度(Mean Average Precision,MAP)、灵敏度与特异度、真正例率与假正例率、接收者操作特征(Receiver Operating Characteristic,ROC)与 ROC 曲线下面积(Area Under Curve,AUC)等常见指标的定义。

AP 就是 Precision-Recall 曲线下面的面积,通常来说一个分类器越好,AP 值越大。MAP 是多个类别 AP 的平均值。这个 Mean 的意思是对每个类的 AP 再求平均,得到的就是 MAP 的值,MAP 的大小一定在[0, 1]区间,且越大越好。该指标是目标检测算法中最重要的一个指标。

灵敏度(Sensitivity)的定义等同于召回率 Recall。特异度(Specificity)的定义如下:

$$\mathrm{Specificity}=\frac{\mathrm{TN}}{\mathrm{TN}+\mathrm{FP}} \tag{8.4}$$

特异度即分类器预测为负样本并且确实是负样本的部分占所有真实属于负类的比例。

真正例率(TPR)的定义等同于灵敏度,也即召回率,代表所有正样本中预测正确的概率,或称命中率。假正例率(FPR)代表所有负样本中错误预测为正样本的概率,或称假警报率。

FPR 的定义如下:

$$\mathrm{FPR}=\frac{\mathrm{FP}}{\mathrm{FP}+\mathrm{TN}}=1-\mathrm{Specificity} \tag{8.5}$$

ROC 曲线,又称接受者操作特征曲线。该曲线最早应用于雷达信号检测领域,用于区分信号与噪声,ROC 曲线是基于混淆矩阵得出的。横坐标为假正率(FPR),纵坐标为真正率(TPR),如图 8.1 所示。对角线对应于随机猜测模型,而(0, 1)对应于理想模型。曲线越接近左上角,分类器的性能越好。

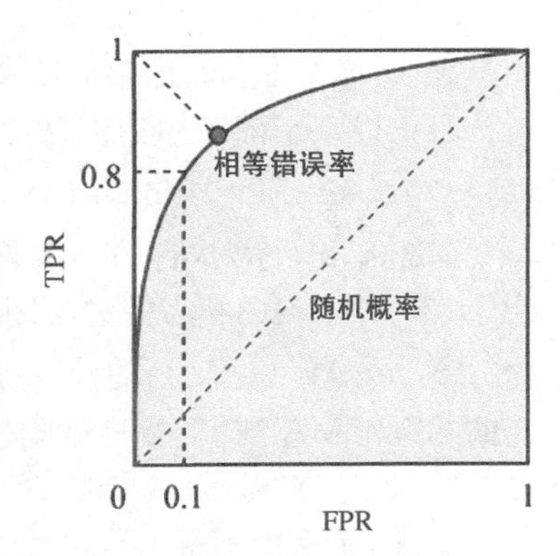

图 8.1 标准 ROC 曲线

ROC 曲线有个很好的特性:当测试集中的正负样本的分布变化的时候,ROC 曲线能够保持不变。在实际的数据集中经常会出现类不平衡(class imbalance)现象,即负样本比正样本多很多(或者相反),而且测试数据中的正负样本的分布也可能随着时间的推移而变化。因此,在面对正负样本数量不均衡的场景下,ROC 曲线会是一个更加稳定且能反映模型好坏的指标。

AUC 也就是指 ROC 曲线下的面积。AUC 越接近于 1,分类器性能越好。首先 AUC 值是一个概率值,当你随机挑选一个正样本及一个负样本,当前的分类算法根据计算得到的 Score 值将这个正样本排在负样本前面的概率就是 AUC 值。当然,AUC 值越大,当前的分类算法越有可能将正样本排在负样本前面,即能够更好地分类。

IoU(Intersection over Union) 的全称为交并比,可以理解为系统预测出来的框与原来图片中标记的框的重合程度。计算方法即检测结果(Detection Result)与 Ground Truth 的交集比上它们的并集,即为检测的准确率。只有当检测到的物体位置框 IoU 大于某个阈值 θ(通常设置为 $\theta=0.5$),并且对应该物体识别类别标签正确时,才算正确。

IoU 正是表达这种 Bounding Box(包含物体的一个紧致矩形框)和 Ground-Truth(真实的有效值)的差异的指标:

$$\mathrm{IoU}=\frac{\mathrm{AoO}}{\mathrm{AoU}} \tag{8.6}$$

其中,AoO(Area of Overlap)表示检测到的物体位置框与标准位置框之间的交集,AoU(Area of Union)表示检测到的物体位置框与标准位置框之间的并集。

1) 图像检索

下面主要介绍同源图像检索和相似图像检索。

同源图像检索是指在大规模图像数据集合中检索出经过不同图像处理变化后的图像。图像处理方式包括不同文件格式,不同压缩比,以及缩放、旋转、添加噪声、模糊、水印、黑白、平移、剪切、画中画编辑等。相似图像检索是指在大规模图像数据中根据图像信息检索与特定图像相似的图像,可对缩放、黑白、马赛克、水印等简单变化的图像进行检索。相似图像为相同的物体、相同的场景在不同的角度、时间、光照等条件下拍摄而成的图像。画面主体物体为同一物体或外观无明显差异的同类物体,如同一只猫不同角度的照片、同一型号的车辆照片等。

评价指标包括精准率(Precision)、召回率(Recall)以及 F_1-Score 等。Precision 和 Recall 定义同前。召回率与精准率互相影响,最理想的是二值都高。但一般情况下是"召回率高,查准率低",或者"召回率低,查准率高"。这里引入 F_1-Score 作为综合指标,就是为了平衡精准率和召回率的影响,较为全面地评价一个分类器。F_1-Score 也可称为 F_1,其定义,如下:

$$F_1=2\times\frac{\mathrm{Precision}\cdot\mathrm{Recall}}{\mathrm{Precision}+\mathrm{Recall}} \tag{8.7}$$

F_1 是精准率和召回率的调和平均数。

下面以一个例子介绍图像平均检索精度(Average Precision,AP)和图像均值检索精度(Mean Average Precision,MAP)。

如图 8.2 所示,执行第一次图像检索任务时,被正确检索到的相似图片在输出结果中排序为1, 3, 6, 9, 10;执行第二次图像检索任务时,被正确检索到的相似图片在输出结果中排序为2, 5, 7, AP 和 MAP 的计算过程和结果在图中已经完整地展示。三次及以上检索任务对应的 AP 和 MAP 的计算遵循同样的准则。

2) 文本 OCR

文本 OCR 识别技术包括手写文本 OCR 和印刷文本 OCR。OCR 识别技术包括两个检测任务,其一是检测出所有可能涵盖文字的文本框,其二是识别文本框中的文字内容。手写文本

OCR 技术是指从自然场景图片中检测和识别出，其中的手写体文字，文本存在一定程度的扭曲和变形。印刷文本 OCR 技术是指从自然场景图片中检测和识别出其中的印刷体文字，包含不同材质、尺寸、背景上的印刷文本，如常用卡证、票据、公文、条幅等，文本存在一定程度的扭曲和变形。

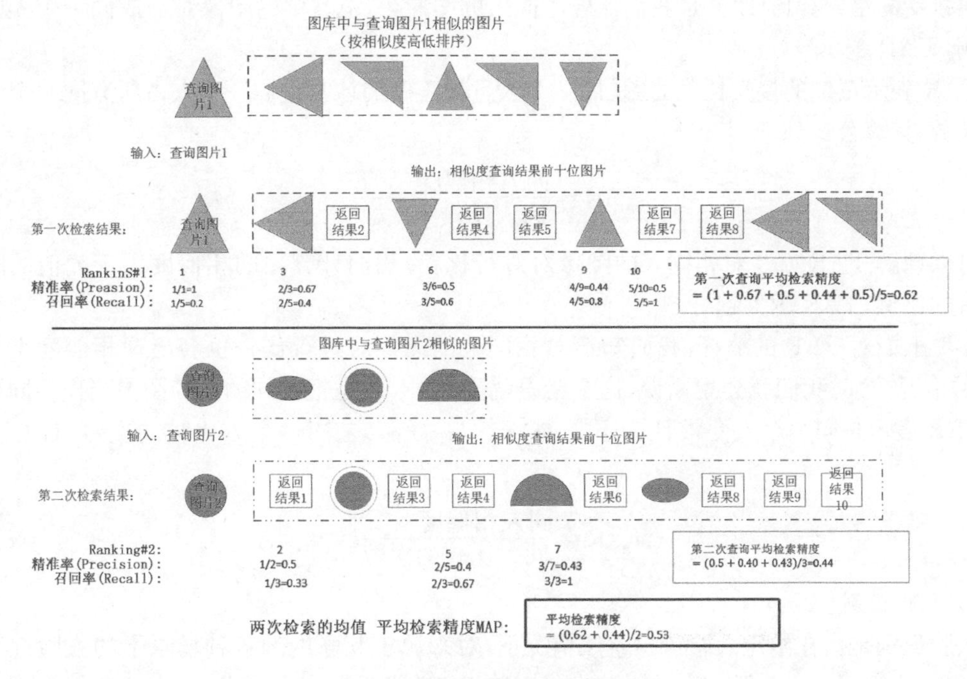

图 8.2　图像检索精度计算示例

评价指标包括准确率(Accuracy)和召回率(Recall)。

在文本框检测任务中，评测准确率和召回率时手写文字框检测正确与否的标准参照 ICDAR 2015 标准(详见 http://rrc.cvc.uab.es/? ch=4&com=tasks)。具体评判检测过程如下。

手写文字框检测使用 IoU 来判断。当检测文本框与标准文本框 IoU 大于某个阈值 θ 时(通常设置为 $\theta=0.5$)，则认为该检测框命中标准文本框。

3) 人脸验证

1∶1 人脸验证，比对两张图像是否为同一个人，常见的应用有火车站人脸闸机实名验证、手机人脸解锁，以及金融业务身份认证等。通过判断比对图像的相似度是否大于阈值，常用的性能评估指标有 FAR(False Accept Rate，认假率)、TAR(True Accept Rate，认真率)、FRR(False Reject Rate，错误拒绝率)。对于 1∶1 人脸验证来说，FAR 越低，TAR 越高越好。

FAR 表示错误的接受比例，指不是同一个人却被错误地认为是同一个人占所有不是同一个人比较的次数，计算公式如下：

$$\mathrm{FAR}=\frac{\text{非同人相似度} > T}{\text{非同人比较的次数}} \tag{8.8}$$

做人脸验证的时候我们会给出两张图像让算法判断两张图像是不是同一个人的。一般是先将两张图像表示成两个高维的特征向量，然后计算两个特征向量的相似度或者距离。在这里定义 FAR 时使用的是相似度，公式中分数就是指的相似度。在比较的过程中我们希望同一个人的图像相似度比较高，不同人的相似度比较低。我们会给定一个相似度阈值 T，比如

0.6，如果两张图像的相似度大于 T，我们就认为两张图像是一个人的，如果小于 T，我们就认为两证图像是不同人的。但是无论将 T 设置成什么值，都会有一定的错误率，就是FAR，因为我们提取的图像的特征向量总是不够好，并不总能满足"同一个人的图像相似度比较高，不同人的相似度比较低。偶尔也会出现不同人的图像的相似度大于给定的阈值 T，这样我们就会犯错误接受的错误。FAR 就是我们比较不同人的图像时，把其中的图像对当成同一个人图像的比例，FAR 越小越好。

TAR 表示正确的接受比例，指是同一个人且被正确的认为是同一个人占所有同一个人比较的次数，计算公式如下：

$$\text{TAR}=\frac{\text{同人相似度}>T}{\text{同人比较的次数}} \tag{8.9}$$

可以理解 TAR 就是对相同人的图像对进行比较，我们计算出的相似度大于阈值的图像对所占的比例，TAR 越大越好。

参考上面对 FAR 的解释，我们知道对相同人的图像对进行比较也会出现相似度小于阈值 T 的情况，这时我们就会犯错误，这个错误就是 FRR，就是把相同的人的图像当作不同人的了。FRR 表示是同一个人但被认为不是同一个人占所有是同一个人比较的次数，计算公式如下：

$$\text{FRR}=\frac{\text{同人相似度}<T}{\text{同人比较的次数}} \tag{8.10}$$

4）人脸识别

人脸识别是指在给定人脸待检索库情况下，对来源于互联网的各种场景下的人脸进行比对识别，检索返回 top50 置信度的人脸身份。待识别人脸包括各种表象变化，如表情、光照、年龄、倾斜变化等，且允许存在部分遮挡、模糊等。

评价指标为固定误报率下的召回率。

对于所有查询图像，检索系统应返回置信度最高的人脸身份及其置信度。当所有查询集检索完成后，检索的召回率为该系统正确匹配的人脸图像与查询集中对应底库中人脸图像的比例。误报率则为误检为底库中人脸的图像数占总查询集图像数的比例。一般常见设置为根据误报率为 10^{-7}、10^{-8}时的召回率衡量各模型性能。

8.1.2 音频识别与检索

1）声纹 1：N 辨认

声纹辨认是指经不同信道（如固话、手机、网络电话、微信、钉钉等）传输的语音做声纹 1：N 辨认，用以判断某段语音是否由一个特定目标人物所说。

评价指标为平均准确率和召回率。

2）语种相关关键词识别

语种相关关键词识别是指在特定语种的语音中检测出指定关键词及其时间位置的过程，常见的包括普通话关键词识别和英语关键词识别两项子任务。

评价指标包括精准率(Precision)、召回率(Recall)。

其中，若标注样本的中心与识别结果的中心偏差小于 500 ms，则认为位置正确；对于普通话关键词项，汉字与关键词一致则认为内容正确；对于关键词识别，当位置和内容同时正确，则可判断为关键词识别正确。

3）变种同源音频检索

变种同源音频检索是指在待检音频数据中检索出经转码、压缩或剪辑后的音频模板，并定位到音频模板及出现的开始时间。

评价指标为平均准确率(MAP)和召回率(Recall)。

8.1.3 视频识别与检索技术

1）变种同源视频检索

变种同源视频检索是指在检索库中检索出经格式变换后的相同视频。视频的变换种类如摄录(盗录)、画中画、压缩、降低画面质量(模糊、丢帧、对比度变换、压缩、改变分辨率和白噪声等)、平移、裁剪、水平翻转等变换。

评价指标为平均准确率(Mean Average Precision，MAP)和召回率(Recall)。

2）特定行为识别

特定行为识别是指从视频中检测并识别出人的某一类特定行为。特定行为的语义类别，如打架、追逐、跨越障碍物、群体聚集等类别。其中群体聚集行为识别是指通过图像视频帧分析，进行群体行为的识别判断。群体聚集行为界定为一群人有共同的行为目标或呈现一致的行动，且与周围人群的行为形成明显反差。群体集聚行为场景既包括远景群体行为，又包括近景群体行为，此类行为要与常规密集人群行为(如地铁站高峰时段拥挤、景点人群密集、大型演唱会人群密集等)进行区分。

评价指标为精准率(Precision)和召回率(Recall)。

8.2 深度学习相关公开数据集

深度学习是多层次的人工神经网络的建立和利用，可以把它看作是高度非线性的级联模型。一般来说，这些模型需要有大数据的支持，并且需要大量的超参数(hyper parameters)、正则化的精细调节。目前，深度学习的热门应用包括基于CNN的计算机视觉和图像识别、基于NLP的自动翻译等。

深度学习的发展受到两个条件的制约，一个是数据量，另一个是机器的运算能力。深度学习模型的效果则会随着数据量的显著增加而获得明显的提升。大数据的发展促进了深度学习的崛起，而深度学习又放大了数据的价值，它们两个相互促进、相辅相成。通常来说，深度学习的关键在于实践。从图像处理到语音识别，每一个细分领域都有着独特的细微差别和解决方法，研究者们也创建了专门的数据集用于对深度学习模型的训练和算法性能进行评估。下面主要介绍图像处理相关数据集和语音处理相关数据集。

8.2.1 图像处理相关数据集

1）MNIST 数据集

MNIST 是最受欢迎的深度学习数据集之一。它是一个手写数字数据集，包含一个含

60 000个样本的训练集和一个含 10 000 个样本的测试集，每个样本图像的宽高为 28×28 像素，数字放在一个归一化的、固定尺寸的图片的中心，有助于研究者在数据预处理上节约时间和精力。

2) MS-COCO 数据集

COCO 数据集由微软赞助，其对于图像的标注信息不仅有类别、位置信息，还有对图像的语义文本描述。COCO 数据集是一个可用于目标检测、分割和字幕标注的大型数据集。与 COCO 数据集中的图片包含了自然图片及生活中常见的目标图片，背景比较复杂，目标数量比较多，目标尺寸更小，因此 COCO 数据集上的任务更难。COCO 数据集的开源使得近两三年来图像分割语义理解取得了巨大的进展，也几乎成了图像语义理解算法性能评价的"标准"数据集。

该数据集有以下特点：目标分割、上下文关系识别、330 000 张图像(>200 000 已标记)、150 万个目标、80 个对象类别、91 种目标、每张图片 5 个字幕、包含 250 000 个人(已标记)。

3) ImageNet 数据集

ImageNet 是一个计算机视觉系统识别项目，能够从图片中识别物体，是目前世界上图像识别最大的数据库。它是由美国斯坦福大学的计算机科学家李飞飞模拟人类的识别系统建立的。ImageNet 有 1 400 多万幅图片，涵盖 2 万多个类别；其中有超过百万幅图片有明确的类别标注和图片中物体位置的标注。它主要用于评估机器学习算法的性能，或者训练执行特殊计算机视觉任务的算法。ImageNet 数据集是目前深度学习图像领域应用得非常多的一个数据集，关于图像分类、定位、检测等研究工作大多基于此数据集展开。每年的 ImageNet 大赛更是吸引国内外各个名校和大型 IT 公司及网络巨头的高度关注。ImageNet 数据集文档详细，由专门的团队维护，使用非常方便，在计算机视觉领域研究论文中应用非常广，几乎成了目前深度学习图像领域算法性能检验的"标准"数据集。

然而 ImageNet 并不完美，其标签存在大量噪声。近期多项研究表明，该数据集中许多样本包含多个类别，而 ImageNet 本身是一个单标签基准数据集。一些研究者提出将 ImageNet 转换为多标签任务评估基准，但由于标注成本过高，他们并未修复训练集。

4) PASCAL VOC 数据集

PASCAL VOC 数据集是视觉对象的分类识别和检测的一个基准测试，提供了检测算法和学习性能的标准图像注释数据集和标准的评估系统。图片集包括 20 个细分目录：人类；动物(鸟、猫、牛、狗、马、羊)；交通工具(飞机、自行车、船、公共汽车、小轿车、摩托车、火车)；室内(瓶子、椅子、餐桌、盆栽植物、沙发、电视)。该数据集包含 VOC2007(430 MB)、VOC2012(1.9 GB)两个下载版本。

5) Open Images Dataset 数据集

Open Images Dataset 数据集是一个包含超过 900 万个链接图像的数据集。其中包含 9 011 219张图像的训练集、41 260 张图像的验证集及 125 436 张图像的测试集。它的图像种类跨越数千个类别，且有图像层级的标注框进行注释。

6) VQA 数据集

VQA 全称是 Visual Question Answering，形式是给一个图片和一个关于这张图片的问题，并输出一个答案。这是一个包含有关图像的开放式问题的数据集，有以下几个有意思的特点：265 016 张图片(COCO 和抽象场景)、每张图片至少有 3 个问题(平均 5.4 个问题)、每个问题 10 个基本事实、每个问题 3 个似乎合理(但可能不正确)的答案、指标自动评估。VQA 的挑战之处在于，这是一个多模态的问题，需要同时了解文字和图片，并进行推理，从而得到最后的答案。VQA-v2 的版本比之前的版本大了一倍，一共有 650 000 个问题答案对，涉及 120 000幅不同的图片。

7) The Street View House Numbers (SVHN)数据集

这是一个为训练目标检测算法而“真实”存在的一个图像数据集——来自谷歌街景中的房屋号码。它对图像预处理和格式要求较低。它与后面提到的 MNIST 数据集类似，但 SVHN 数据包含更多的标记数据(10 个类别，共 630 420 张图像)。

8) CIFAR 数据集

CIFAR 数据集是由加拿大先进技术研究院的 Alex Krizhevsky、Vinod Nair 和 Geoffrey Hinton 收集而成的 8 000 万张小图片数据集。包含 CIFAR-10 和 CIFAR-100 两个数据集。CIFAR-10 由 60 000 张 32×32 像素的 RGB 彩色图片构成，共 10 个分类。其中有 50 000 张用于训练，10 000 张用于测试(交叉验证)。这个数据集最大的特点在于将识别迁移到了普适物体，而且应用于多分类。CIFAR-100 由 60 000 张图片构成，包含 100 个类别，每个类别有 600 张图片，其中有 500 张用于训练，100 张用于测试。其中这 100 个类别又组成了 20 个大的类别，每个图像包含小类别和大类别两个标签。

9) Fashion-MNIST 数据集

Fashion-MNIST 数据集包含 60 000 个训练图像和 10 000 个测试图像。它是一个类似 MNIST 的时尚产品数据库。开发人员认为 MNIST 数据集已被过度使用，因此他们将其作为该数据集的直接替代品。每个图像都以灰度显示，并与 10 个类别的标签相关联。

10) AFLW(Annotated Facial Landmarks in the Wild)数据集

AFLW 人脸数据库是一个包括多姿态、多视角的大规模人脸数据库，而且每个人脸都被标注了 21 个特征点。此数据库信息量非常大，包括了含各种姿态、表情、光照、种族等影响因素的图片。AFLW 人脸数据库大约包括 25 000 万已手工标注的人脸图片，其中 59%为女性，41%为男性，大部分的图片都是彩色的，只有少部分是灰色图片。该数据库非常适合用于人脸识别、人脸检测、人脸对齐等方面的研究，具有很高的研究价值。

11) LFW(Labeled Faces in the Wild)数据集

LFW 数据集是一个用于研究无约束的人脸识别的数据集，是目前人脸识别的常用测试集，其提供的人脸图片均来源于生活中的自然场景，由于多姿态、光照、表情、年龄、遮挡等因素影响导致即使同一人的照片差别也很大，因此识别难度会增大。该数据集包含了从网络收集的，13 233 个人脸图像，共有 5 749 个人，其中有 1 680 个人有两个或两个以上不同的照片，有些照片中可能不止一个人脸出现。每张图片的尺寸为 250×250 像素，绝大部分为彩色图片，但也存在少许黑白人脸图片。

该数据集被广泛应用于评价 face verification 算法性能。

12) WIDER FACE 数据集

WIDER FACE 数据集是香港中文大学的一个提供更广泛人脸数据的人脸检测基准数据集，由 YangShuo、Luo Ping、Chen Change、Tang Xiaoou 等人收集。它包含 32 203 个图像和 393 703个人脸图像，图像在尺度、姿势、表达、装扮、光照等方面表现出了大的变化。WIDER FACE 是基于 61 个事件类别组织的，对于每一个事件类别，选取其中的 40%作为训练集，10%用于交叉验证(cross validation)，50%作为测试集。和 PASCAL VOC 数据集一样，该数据集也采用相同的指标，对于测试图像并没有提供相应的背景边界框。

13) GENKI 数据集

GENKI 数据集是由美国加利福尼亚大学的机器概念实验室收集。该数据集包含GENKI-R2009a、GENKI - 4K、GENKI - SZSL 三个部分。GENKI - R2009a 包含 11 159 个图像，GENKI-4K 包含 4 000 个图像，分为"笑"和"不笑"两种，每个图像的人脸的尺度大小、姿势、光照变化、头的转动等都不一样，专门用于做笑脸识别研究。GENKI-SZSL 包含 3 500 个图像，这些图像包括广泛的背景、光照条件、地理位置、个人身份和种族等。

14) MegaFace 数据集

MegaFace 数据集包含一百万张图片，代表 690 000 个独特的人，每张图片中人物面部具有边界框。所有数据都是华盛顿大学从 Flickr(雅虎旗下图片分享网站)组织收集的。这是第一个一百万规模级别的面部识别算法测试基准。MegaFace 数据集是目前最为权威、最热门的评价人脸识别性能，特别是海量人脸识别检索性能的基准参照之一。

15) MALF(Multi-Attribute Labelled Faces)数据集

MALF 是为了细粒度的评估野外环境中人脸检测模型而设计的数据库。数据主要来源于 Internet，包含 5 250 个图像，11 931 个人脸。每一幅图像包含正方形边界框，头部姿态的俯仰程度包括Ⅰ、Ⅱ、Ⅲ 3 个等级的标注。该数据集忽略了小于 20×20 像素的人脸，大约 838 个人脸，占该数据集的 7%。该数据集还提供了性别，是否戴眼镜，是否遮挡，是否是夸张的表情等信息。

16) CelebA(Large-scale CelebFaces Attributes Dataset)数据集

该数据集为香港中文大学汤晓鸥老师组开源的数据集，主要包含了 5 个关键点、40 个属性值等，包含了 202 599 张图片，图片都是高清的名人图片，可以用于人脸检测、5 点训练、人脸头部姿势的训练等。

17) UCSD 数据集

UCSD 数据集是为人群密度估计而设计的数据集。该数据集分为 UCSD Pedestrain、People Annotation, People Counting 三个部分。

18) INRIA Holidays 数据集

该数据集用于图像检索任务，主要包含一些个人假期照片，包括了多种场景(自然、建筑、人文等)。数据集共 500 个图像组，每个图像组代表一个不同的场景或对象。该数据集以风景为主，一共 1 491 张图，500 张查询图(一张图一个 group)和对应着 991 张相关图像，已提取了 128 维的 SIFT 点 4 455 091 个，visual dictionaries 来自 Flickr60K。

8.2.2 语音处理相关数据集

1) LibriSpeech 数据集

该数据集是公开数据集中最常用的英文语料，是包含约 1 000 h 16 kHz 英语音频的大型语料库。这些数据来自 LibriVox 项目的有声读物，且已经过分割、对齐处理，整理成经过文本标注每条 10 s 左右的音频文件。

2) VoxCeleb 数据集

VoxCeleb1 和 VoxCeleb2 是没有重复交集的两个说话人识别数据集，它们均是通过全自动程序从开源视频网站中捕捉而得到的，区别在于规模大小不同。

VoxCeleb1 是一个大型的语音识别数据集。它由来自 YouTube 视频中的 1 251 名明星所讲的约 10 万句话组成。这些数据性别分布均衡(男性占 55%)，明星跨越不同的口音、职业和年龄，训练集和测试集之间没有重叠。通过这个数据集可以实现一个有趣的应用——区分和识别超级巨星。

说话人深度识别数据集 VoxCeleb2 包含超过 6 112 个明星的 100 万个话语，从上传到 YouTube 的视频中提取，其中包括视频 150.489 段，音频内容时长为 20 000 h 以上。

3) CHIME 数据集

包含环境噪声的用于语音识别挑战赛(Speech Separation and Recognition Challenge, CHIME)数据集。数据集包含真实、仿真和干净的录音。真实录音由 4 个发言者在 4 个嘈杂位置的近 9 000 段录音构成，仿真录音由多个语音环境和清晰的无噪声录音结合而成。该数据集包含了训练集、验证集、测试集三部分，每份里面包括了多个发言者在不同噪声环境下的数据。

4) AIDATATANG_1505ZH 数据集

AIDATATANG_1505ZH 数据集的数据时长为 1 505 h，是数据堂中文普通话语音数据库中的一部分，是声纹识别常用的数据集。采集区域覆盖全国 34 个省级行政区域，参与录音人数达 6 408 人，录音内容超 30 万条口语化句子。经过专业语音校对人员转写标注，并通过严格质量检验，句标注准确率达 98%以上，是行业内句准确率的最高标准。该数据集是目前业内数据量最大、句准确率最高的普通话开源数据集。

5) THCHS30 数据集

THCHS30 数据集是一个经典的中文语音数据集，包含了 1 万余条语音文件，通过单个碳粒麦克风录取，采样频率 16 kHz，采样大小 16 bit，大约 40 h 的中文语音数据，文本选取自大容量的新闻，这些录音根据其文本内容分成了四部分：A 组(句子的 ID 是 1～250)、B 组(句子的 ID 是 251～500)、C 组(句子的 ID 是 501～750)和 D 组(句子的 ID 是 751～1 000)。A、B、C 三组包括 30 个人的 10 893 句发音，用来做训练，D 包括 10 个人的 2 496 句发音，用来做测试。

它是由清华大学语音与语言技术中心(CSLT)出版的开放式中文语音数据库。数据库对学术用户完全免费。

其他一些开源中文语音语料库情况如表 8.2 所示。

表 8.2　开源中文语音语料库情况

数据集	时长(h)	录音人数	标注准确率
THCHS30	33.47	40	—
Primewords_set1	100	296	98%
AISHELL1	178	400	95%
ST-CMDS	500	855	—
AISHELL2	1 000	1991	96%
AIDATATANG_200ZH	200	600	>98%
AIDATATANG_1505ZH	1505	6408	>98%

8.3　视频智慧解析领域前沿进展

研究者指出，人工智能的发展经历了三个时代，分别是符号智能时代、感知智能时代和认知智能时代。当前认知智能还没有实现，亟须对 AI 基础设施加强构建，比如知识图谱的构建，知识图谱的一些认知逻辑，包括认知的基础设施等。如何基于计算机框架实现认知智能，可以从大数据的角度上做数据驱动，对所有的数据进行建模，并且学习数据之间的关联关系，学习数据的记忆模型；也可以从知识渠道出发，构建知识图谱。真正的通用人工智能应具有持续学习的能力，能够从已有事实和反馈中自学习。张䥽院士指出，应发展第三代人工智能，即融合了第一代的知识驱动和第二代的数据驱动的人工智能，利用知识、数据、算法和算力四个要素，建立新的可解释和鲁棒的 AI 理论与方法，发展安全、可信、可靠和可扩展的 AI 技术。

作为引领第四次科技革命的战略性技术，人工智能给社会建设和经济发展带来了重大而深远的影响，但数据隐私、算法偏见、技术滥用等安全问题也正给社会公共治理与产业智能化转型带来严峻挑战。数据的不安全和算法的不安全是制约当前人工智能产业发展的主要因素，也是发展安全可控人工智能需要解决的核心问题。中国信息通信研究院发布的《人工智能白皮书(2022 年)》中提到，人工智能下一步的发展方向将由技术创新、工程实践、安全可信“三维”坐标来定义和牵引。第一个维度技术创新还是围绕算法和算力，第二个维度突出工程的示范落地，强调人工智能对行业转型和社会进步的反哺和推动，第三个维度则将人工智能的发展纳入总体国家安全观，强调人工智能对人类社会的无害化和可信化，将合规发展纳入治理框架。

城市安全领域视频智慧解析的进展，属于人工智能发展的第一个维度层面，需要在算法和算力方面取得进一步的突破，以实现安全可控。“安全”是指打造数据安全与算法安全两大核心能力，“可控”既指应用层面的合规可控，更指核心技术的自主可控，以自主可控为根基，通过理论创新、技术突破形成核心竞争力。安全可控是发展第三代人工智能的核心基准，也是加快人工智能高质量发展的有力支撑。

8.3.1 从知识图谱到认知图谱

2012 年，谷歌提出了 Knowledge Graph，即知识图谱，本质上是语义网的知识库。知识库的发展最早可以追溯到 20 世纪 70 年代，当时叫知识工程，但是由于知识图谱的构建成本很高、应用场景不明确等原因，所以即使经历了如此长时间的发展，知识图谱还是没能发展起来。2012 年，谷歌发布的 570 亿个实体的大规模知识图谱彻底改变了这一现状。加上深度学习等技术的发展，又重新将知识图谱领域的研究带动了起来，这种大型的知识图谱在一些诸如推荐系统、情感分析类的应用中被运用起来。但是知识图谱的方法论始终有许多问题亟待解决，例如歧义问题、链接困难、组合爆炸等。要真正解决这些问题，需要重新考虑知识表示的框架与方式，从而推导出认知图谱的概念。

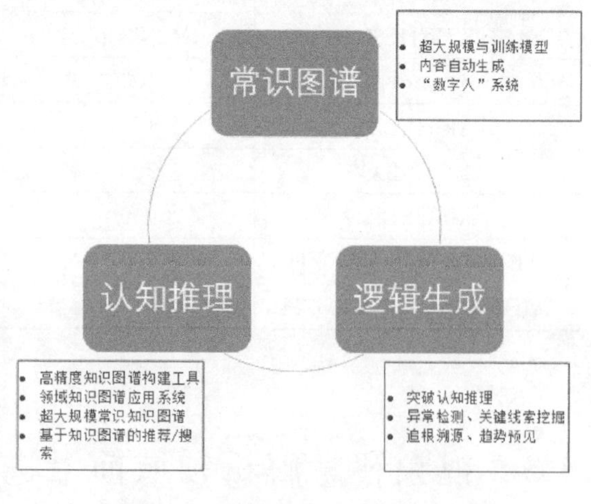

图 8.3　认知图谱的三个概念

清华大学教授唐杰在“MEET2021 智能

未来大会”上做了关于认知图谱的相关介绍。唐杰教授从人的认知和意识出发，总结和抽象出了 9 个关于认知的准则。

这 9 个准则分别为适应与学习能力、定义与语境能力、自我系统的准入能力、优先级与访问控制能力、召集与控制能力、决策与执行能力、错误探测与编辑能力、反思与自我监控能力，以及条理和灵活性之间的能力。

以这 9 个准则作为基础，唐杰教授又提出了一个全新的认知图谱的概念，概念的核心就是常识图谱、逻辑生成和认知推理，如图8.3所示（该图引用自唐杰团队）。

认知图谱有三个核心的要素。第一，常识图谱，包括高精度知识图谱的构建、领域知识图谱的应用系统、超大规模知识图谱的构建，还有基于知识图谱的搜索和推荐。第二，逻辑生成，这个和计算模型非常相关，需要超大规模的预训练模型，并且能够自动进行内容生成。常识图谱的进化，最终实现“数字人”的系统，具备系统中一定的知识生成能力。第三，认知推理，参考人的认知系统，存在“快”“慢”两种系统，第一种是基于直觉式的“快系统”，能够针对问题迅速从知识库中做匹配，这种也是当下深度学习所处的阶段；第二种是基于分析式的慢系统，也是深度学习发展的方向，针对问题需要做更多复杂的逻辑思考。两个系统之间是协作的，“快系统”第一时间把直觉匹配的内容推送给“慢系统”进行进一步解析，慢系统将分析的结果反馈给快系统，切换到下一个直觉匹配。

认知推理即让计算机拥有推理和逻辑能力，目前所有的深度学习都只是赋予了计算机直觉认知的能力，未来需要做的更多的就是让计算机拥有逻辑推理能力。

推理和记忆模型密切相关，巴德利记忆模型分三层，短期记忆就是一个超级大的大数据模型，在大数据模型中如何把其中一些信息变成一些长期记忆，转化为我们的知识，这就是记忆模型要做的事情。认知模型是一个新的需要我们构造的模型用以完成逻辑推理功能，认知图谱中最核心的就是知识图谱、深度学习结合认知心理方面的内容。

唐杰团队构建了一个面向认知的 AI 框架，如图 8.4 所示。这个框架的输入端是左边的一个查询接口，也可以说是用户端，中间是一个超大规模的预训练模型和一个记忆模型，记忆模型通过试错、蒸馏，把一些信息变成长期记忆存在长期记忆模型中，长期记忆模型中会做无意识的探测，也会做很多自我定义和条理与逻辑训练，并且做一些认知的推理。在这样的基础上构建一个知识和认知推理双轮驱动的框架平台。底层是分布式的存储和管理，中间是推理、决策、预测，上层则是各式各样的 API 供用户进行调用。

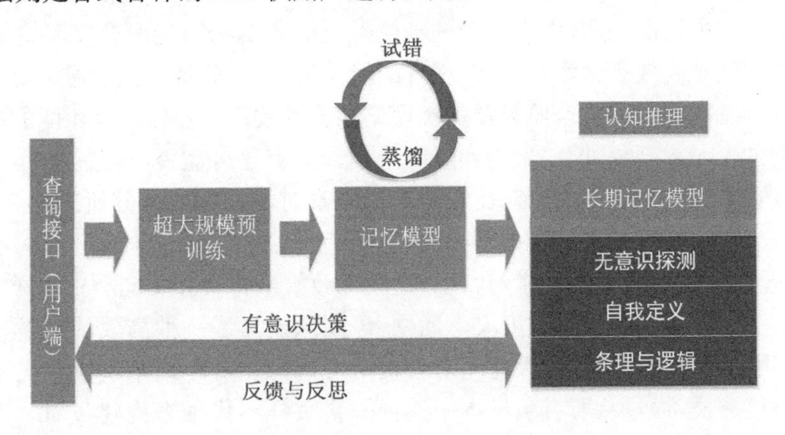

图 8.4　面向认知的 AI 框架

8.3.2 从表达学习到知识因果融合

在图像识别领域，深度学习框架发明之前的主流做法是利用特征工程来提取图像的统计特征，再结合一些如特征金字塔等的特征增强方法，最后利用支持向量机等判别器来完成识别任务。随着深度卷积神经网络的兴起，相关领域的研究者们更多地开始关注如何利用更强的深度模型去提升视觉表达的学习能力，自 2012 年起到现在的十年时间里，针对计算机视觉方面的研究，不论是残差网络还是目前热门的 Visual Transformer 架构，都是在试图构建一个强大的表达学习模型。

在深度学习如火如荼的发展过程中，诸如图像定位、目标检测、目标跟踪、实例分割等各类计算机视觉任务的性能也有了质的飞跃。但是如果只是通过神经网络模型的设计，无法从根本上解决计算机视觉理解的问题，因此这种模式的发展目前也遇到了问题和挑战。这些问题通过归纳总结可以分为以下两个方面：首先，是强调训练"性价比"(cost-effective)的高效表达学习，图灵奖得主 Yann Lecun 曾经在神经信息处理系统进展大会上的专题报告中提到，目前人工智能最值得关注和研究的方向就是如何利用无标注数据或者如何挖掘无标注信息。其研究内容包括了无监督学习、自监督学习和迁移学习等。其中最主要的研究内容就是发掘视频图像数据中的属性和先验信息。为了达到提升深度神经网络模型训练效率的目标，会通过预训练的技术手段得到归纳偏好然后再运用到实际任务中去。这种方法被广泛运用到自然语言理解、计算机视觉等领域，并且获得了很多的成功案例，目前是一种主流的工程实践方法和研究方向。其次，由于图像视频数据这类视觉数据不可避免地带有各种噪声，或者说视频图像数据不足以完整地呈现知识，而通过拟合这些数据得到的模型通常也夹杂着这些数据所具有的偏见和不足。因此无论是卷积神经网络、图神经网络还是 Transformer 模型，通过使用这些数据学习到的知识都有可能是错误的，且难以解释。

为了解决这一困境，从 2018 年开始，研究者们开始更多地尝试通过将结构化、符号化的知识表达，诸如知识图谱、常识库等，结合表达学习向视觉知识推理这一更高层面进行研究。加入这些知识规则的主要作用有两个：第一个是当缺乏有标注样本时，可以运用这些知识规则来提升和补充模型的学习能力。第二个是通过这些知识规则训练出来的深度神经网络模型能够在一定程度上与人类的认知保持一致。

关于以上两个方面的问题，中山大学的林倞教授的人机物智能融合实验室团队做了深入的研究。在如何实现高效表达学习方面，现有的研究表明，自监督对比学习需要十倍以上的训练量才能使预训练模型取得与全监督预训练模型相近的效果。林倞教授团队的研究则揭示了对比学习中的两个矛盾现象，即欠聚类和过度聚类。而上述自监督学习效率低下的原因就是欠聚类和过度聚类。欠聚类即由于对比学习的负样本对不能有效区分所有实际对象类，导致模型无法有效地学习并区分训练样本类间的差异；而过度聚类则意味着训练样本中存在过多的负样本对，模型无法有效地从中学习特征，这就导致模型将实际相同类别的样本过度聚类到不同的聚类中。为解决欠聚类和过度聚类问题，该团队提出了一种高效的截断三元组样本对组合方法，采用三元组损失趋于最大化正对和负对之间的相对距离来解决聚类不足问题。同时为了避免过度聚类，通过从所有负样本中选择一个负样本代理来构建负对。该方法同现有的自监督训练方法相比效率大幅提高，该团队实验验证了在主流的大型数据集上物体检测和行人再识别任务中这种方法的高效性，通过使用该方法训练出来的模型性能的表现甚至能够优于一些全监督方法。

而在视觉知识推理这一方面，该团队及国内其他学术团队做了很多利用视觉知识推理辅助高层视觉语义理解的工作，也取得了许多成果。因果表达学习领域的研究方面目前的热点是如何将因果表达学习与多模态结构知识融合实现去数据偏见的解释性和优越模型性能。

林倞教授团队认为目前绝大部分的知识融合表达学习工作依然无法完全实现两者的有效融合，其主要原因是高维度的视觉大数据难以避免地夹杂了各种混淆因子，导致深度学习模型难以从这些数据中提取无偏误的表征与因果相关的知识。鉴于此，林倞教授提出融入因果关系理解的知识表达学习的新视角和新方法。与现有因果推断作用于固定的低维度统计特征的做法不同，融合因果关系理解的表达学习往往需要结合复杂的多模态结构知识，以因果关系指导表达学习，再用学习到的表征反绎因果关系。

学术界也非常关注视频解析知识表达、认知图谱技术体系在工业界的应用和标准化工作，为进一步提升产业赋能，"国家质量基础设施体系"重点专项 2022 年度指南中专门设定"标准数字化演进关键技术与标准研究"专项研究，主要研究标准内容知识表达、语义关联、用户认知模型，大规模标准语义知识库自动构建、知识计算和用户画像等关键技术，建立标准知识库；研究面向数字化演进的标准内容生成共性技术与方法，包括标准要素通用本体建模、需求识别描述及匹配、内容模块化、面向标准全生命周期的业务与数据建模等；研究面向制造业的标准机器语言描述、标准中性格式的定义、表达与交换、机器语言标记和规则提取、智能推理等共性关键技术与方法；在信息技术、建筑、航空航天、智能制造等重点领域开展标准数字化探索研究。

从上述国家重点专项的立项情况可以看出，知识表达和知识计算将是中国版"工业 4.0"中智能制造、柔性制造与 MIS 系统的生产控制指令统一表达和解析的内核，是支撑工业互联网语义标准化的基础。

8.3.3 跨模态检索

跨模态检索是对一种模态的查询词，返回与之相关的其他不同模态检索结果的新型检索方法，是跨媒体检索的新兴技术，举例来说，在百度搜索中用文本搜索相应的图像，即属于跨模态检索。跨模态检索的主流方法大致可以分为四类：子空间的方法、深度学习的方法、哈希变换的方法和主题模型的方法。

相比子空间方法，深度学习方法取得了更好的检索结果，这部分得益于大量的训练样本、超级的计算能力和深度模型的丰富表示能力。然而上述方法主要关注的还是底层特征学习和高层网络相关性，而对不同模态内的数据局部结构和模态间语义类结构关联缺乏关注和深入研究。

当前，各大主流媒体已进入多模态阶段，可实现文字、图片、视频搜索，但相互间的壁垒依然存在。

2021 年 7 月 9 日世界人工智能大会(WAIC)昇腾人工智能高峰论坛上，中国科学院自动化研究所正式报告了基于华为 MindSpore AI 框架开发的跨模态通用人工智能"紫东太初"平台。该平台以全球首个图、文、音(视觉、文本、语音)三模态预训练模型为核心，并基于国产化自主 AI 基础软硬件平台(昇腾)开发实现，向更加通用型人工智能跨出一步。"紫东太初"三模态训练模型采用了多层次多任务自监督预训练的学习方式，提出三模态数据的语义统一表达，可同时支持三种或者任两种模态的若干数据预训练。这个模型不仅可以实现跨模态理解，还能实现跨模态生成,做到理解和生成两个最重要的认知能力的平衡,首次实现以图生音、以音生图的功能。中国科学院自动化所所长徐波指出,“大数据+大模型+多模态”将改变当前单一模型对应单一任务的人工智能研发范式和产业范式,多模态大模型将成为不同领域的共性平台技术,是迈向通用人工智能路径的探索。

2021年11月24日至25日,由中央网信办、中央广播电视总台、广东省委网信委联合主办的“2021中国网络媒体论坛”在广州市举行。在技术论坛上,人民日报社传播内容认知国家重点实验室与人民中科公司共同发布了面向内容安全的跨模态视频搜索引擎“白泽”,标志着人民网已经进入跨模态搜索领域,实现文字、图片、音视频互联互通。

人民网的“内容风控大脑”已具备基础的技术建设能力,具备文本、图像、广告、音视频等全量互联网数据的智能采集、智能认知和数据挖掘等能力,自动对内容进行风控和审核把关。

“内容风控大脑”是对全网海量内容进行高通量感知、机器理解、智能检索并自主进化的计算平台,“白泽”则是该计算平台的核心组件。“内容风控大脑”全部技术组件均实现国产化部署,提供视频搜索、内容风控、开源情报、反诈反恐、内容溯源、版权保护、实训靶场等多功能。当前,基于单个模态的内容提取及简单规则匹配的内容分析策略,已无法满足实际工作需要。对此,各厂商纷纷推出基于多模态融合和复合规则判断的多模态策略,但仍面临依赖大规模算力、模态之间信息相互隔离、运行和维护成本高、资源复用率低等问题。此次发布的“白泽”引擎,基于跨模态视频检索的策略,其跨模态引擎可实现单模态语义理解、多模态信息融合、跨模态语义关联,补全单一模态信息不足的现状,打破模态间信息孤岛。

跨平台、跨模态的视频搜索引擎是探索数字世界的重要工具,有巨大的社会价值和商业前景。据介绍,“白泽”引擎将文字、图片、语音和视频等不同模态信息映射到一个统一特征表示空间,以视频为核心,学习多个模态间统一的距离度量,跨越文字、语音、视频等多模态内容的语义鸿沟,自动关联多模态间关键要素。在此背景下,“白泽”引擎无须配置传统内容搜索所需的复杂匹配规则,通过自然语言描述即可快速检索出相同语义的视频,在不需要依赖大规模算力的情况下,有效应对新事件和突发事件,资源复用率高。

此外,面向内容安全,“白泽”引擎结合对境内外多平台内容的检索,可跨平台实现文本搜图片、文本搜视频、图片搜视频、视频搜视频、图片搜文字、视频搜文字等功能。在论坛现场相关人员展示了“白泽”引擎在视频搜索、溯源和辟谣、版权监测、视频生产等商业化应用场景中的功能。同时,为提升“白泽”引擎的安全性和效率,人民中科基于华为昇腾芯片研发了面向内容理解的“雨燕”智能计算加速卡,并采用全自主研发的模型压缩和加速算法,同等条件下能够实现4倍效率的提升。

除此之外,基于武汉大学MindSpore,武汉大学与华为还联合开发了全球首个深度学习遥感框架LuojiaNET,实现大规模卫星遥感影像的智能解释。百度PaddlePaddle赋能人民日报“创作大脑”,覆盖全媒体策划、采集、编辑等各环节和业务场景,能够对视频直播中关键人物、语句进行识别,根据全网热点数据自定义预测预警并生成可视化报告。

从上述人工智能在多模态检索领域的进展可以发现,全栈国产化通用人工智能平台的实践对中国实现AI领域科技创新、占领核心技术高地更具有重要的战略意义。

参考文献

[1] 吴超.14个有价值的城市安全系统学理论基础问题[J].安全,2020,41(4):54-58.
[2] 孙建平.上海城市运行安全发展报告(2019—2020)[M].上海:同济大学出版社,2021.
[3] 范维澄.发挥优势彰显特色 谱写应急管理新篇章[N].中国应急管理报.2022-02-25(02).
[4] 蒋罗.三维人脸重建与人脸识别[D].合肥:中国科学技术大学,2019.
[5] 王野.基于深度学习算法的人证核验解决方案[J].中国公共安全,2019(3):78-79.
[6] Wu F Z, Li S N, Zhao T H, et al. Cascaded regression using landmark displacement for 3D face reconstruction[J]. Pattern Recognition Letters, 2019, (125): 766-772.
[7] Mathivanan A, Palaniswamy S. Efficient fuzzy feature matching and optimal feature points for multiple objects tracking in fixed and active camera models[J]. Multimedia Tools and Applications, 2019, 78(19): 27245-27270.
[8] 王亚萌.基于深度学习的多摄像机目标交接跟踪技术研究[D].济南:山东建筑大学,2019.
[9] 史广亚.多摄像机多目标跟踪算法研究[D].武汉:华中科技大学,2019.
[10] 赵倩.多视角环境中多目标跟踪的关键技术研究[D].成都:电子科技大学,2019.
[11] 孙璐.基于热点目标的摄像机协同防控评价研究[D].北京:中国人民公安大学,2018.
[12] 周恺.基于振镜扫描的远距离大视场虹膜识别技术研究[D].西安:西安电子科技大学,2019.
[13] 肖珂,汪训昌,何云华,等.基于深度学习的虹膜人脸多特征融合识别[J].计算机工程与设计,2020,41(4):1070-1073.
[14] 徐毅广.谈谈公安视频结构化的应用[J].中国安防,2021(4):10-15.
[15] 贾志城.城市智慧公安综合视频系统关键技术研究:基于集成服务总线、视频结构化、深度学习的视角[J].中国安全防范技术与应用,2021(1):21-23.
[16] Smirnov E A, Timoshenko D M, Andrianov S N. Comparison of regularization methods for ImageNet classification with deep convolutional neural networks[J]. AASRI Proceedia, 2014(6):89-94.
[17] Rajkumar D. Image classification using network inception architecture application[J]. International Journal of Innovative Research in Science Engineering and Technology, 2021, 10(1): 329-333.
[18] 李荟,王梅.用于大规模图像识别的特深卷积网络[J].计算机系统应用,2021,30(9):330-335.
[19] 陆天乐.基于 Inception 与 Residual 结构的生成式对抗网络[D].南京:东南大学,2019.
[20] Horak K, Sablatnig R. Deep learning concepts and datasets for image recognition: Overview 2019[C]//Proceedings of Eleventh International Conference on Digital Image Processing (ICDIP 2019), 2019: 610-617.
[21] Girshick R, Donahue J, Darrell T, et al. Rich feature hierarchies for accurate object detection and semantic segmentation[R]. 2017.
[22] Ren S Q, He H M, Girshick R, et al. Faster R-CNN: Towards real-time object detection with region proposal networks[J]. IEEE Transactions on Pattern Analysis and Machine Intelligence, 2017, 39(6): 1137-1149.
[23] Redmon J, Farhadi A. YOLOv3: An Incremental Improvement[Z].Seattle: University of Washington.
[24] Jiang Z Y, Wang R R. Underwater object detection based on improved single shot multibox detector[C]//ACAI 2020: 2020 3rd International Conference on Algorithms, Computing and Artificial Intelli-

gence, 2020: 1-7.

[25] Wei X S, Xie C W, Wu J X, et al. Mask-CNN: Localizing parts and selecting descriptors for fine-grained bird species categorization[J]. Pattern Recognition, 2018, 76(4): 704-714.

[26] 张艳,相旭,唐俊,等.跨模态行人重识别的对称网络算法[J].国防科技大学学报,2022,44(1):122-128.

[27] Qian X L, Fu Y W, Xiang T, et al. Pose-Normalized Image Generation for Person Re-identification [C]//Lecture Notes in Computer Science, 2017: 661-678.

[28] Wei L h, Zhang S L, Gao W, et al. Person transfer GAN to bridge domain gap for person re-identification[C]//IEEE. 2018 IEEE/CVF Conference on Computer Vision and Pattern Recognition, 2018(6): 18-23.

[29] 罗蔚,曹国峰.基于电子车牌技术的停车场方案设计[J].中国新通信,2019,21(14):50-51.

[30] 刘亚东.基于 RFID 电子车牌数据的城市道路交通拥堵状态判别研究[D].重庆:重庆大学,2018.

[31] 赵晶,杨朋威,孙晓达,等.一种基于区块链的物联网标识码安全解析技术[C]//2019 中国网络安全等级保护和关键信息基础设施保护大会论文集,2019:182-185.

[32] 徐东一.区块链技术在视频侦查中的应用[J].现代计算机,2020(22):28-34.

[33] 罗栗.零信任网络发展与能力形成研究[J].网络安全技术与应用,2022(1):9-11.

[34] 李崇智.基于零信任架构的统一身份认证平台应用研究[J].信息安全研究,2021,7(12):1127-1134.

[35] 卢一男,单宝钰,关超.声纹识别技术现状与发展应用[J].信息系统工程,2017(2):11.

[36] 胡青.卷积神经网络在声纹识别中的应用研究[D].贵阳:贵州大学,2016.

[37] 于娴,贺松,彭亚雄,等.基于 GMM 模型的声纹识别模式匹配研究[J].通信技术,2015,48(1):97-101.

[38] 张芝旖.声纹识别相关技术研究及应用[D].南京:南京航空航天大学,2016.

[39] 胡正豪,翟昊,姜兆祯,等.基于多模态特征融合的身份识别研究与实现[J].舰船电子工程,2021,41(6):54-57,134.

[40] Li H F, Huang J H, Huang J W, et al. Deep multimodal learning and fusion based intelligent fault diagnosis approach[J]. Journal of Beijing Institute of Technology, 2021, 30(2): 172-185.

[41] 程晓涛,吉立新,尹赢,等.基于 D-S 证据理论的网络表示融合方法[J].电子学报,2020,48(5):854-860.

[42] 汪宙峰,徐建伟,龙沁洪,等.基于 GIS 的污水管网易爆气体时空分布特征研究[J].北京:中国给水排水,2021,37(15):63-69.

[43] 高小强.北京通州综合管廊智慧运营与安全管理研究[D].北京:中国矿业大学(北京),2019.

[44] 王昱力,丁斌,王格,等.基于移动感知的综合管廊电缆线路运行状态诊断系统设计及应用[J].高压电器,2022,58(1):199-206.

[45] 吴建松,蔡继涛,赵亦孟,等.城市综合管廊燃气爆炸传播特性实验研究[J].清华大学学报(自然科学版),2022(6):987-993.

[46] Gandhi D, Pinto L, Gupta A. Learning to fly by crashing[Z]. IEEE, 2017.

[47] Codevilla F, Muller M, Lopez A, et al. End-to-end driving via conditional imitation learning[Z]. IEEE, 2018.

[48] 朱壬泰.基于深度增强学习的无人机自主飞行方法研究[D].上海:上海交通大学,2019.

[49] Mellinger D, Kumar V. Minimum snap trajectory generation and control for quadrotors[C]//IEEE, Proceedings-Ieee International Conference on Robotics and Automation, 2011: 2520-2525.

[50] 宋雪倩.带臂四旋翼无人机控制系统设计与空中快速抓取研究[D].上海:上海交通大学,2018.

[51] 王秋生.电子车牌数据安全保障系统[J].现代信息科技,2020,4(15):48-51.

[52] Chen Y Q, Dai W P. Taking the human out of learning applications: A survey on automated machine learning[Z]. 2019: 1-20.

[53] Wang D K, Weisz J D, Muller M, et al. Human-AI Collaboration in Data Science: Exploring Data Scientists' Perceptions of Automated AI[J]. Proceedings of the ACM on Human-computer Interaction, 2019(3): 1-24.